구성주의 수학교실 3학년

Suzy Ronfeldt 지음
김진호 · 유대현 · 이진경 옮김

敎友社

역자 서문

학습자 스스로 지식을
구성하는 교실 문화 형성을 위해서

『구성주의 수학교실: 1학년』과 『구성주의 수학교실: 2학년』에서 구성주의를 반영하는 수학 교실 문화를 형성하기 위해서는 그 무엇보다도 "학습자관"에 대한 변화가 있어야 한다는 점을 지적하였었다. 『구성주의 수학교실: 3학년』의 역자 서문에서는 초등교사들에게 매우 익숙한 Piaget의 인지발달론으로 이 "학습자관"을 설명해 보도록 하겠다. Piaget의 인지발달론의 핵심은 모든 인간은 추론할 수 있는 지적 능력을 갖고 태어나며 그 지적 능력은 저마다의 지적 노력에 따라 발달 수준이 달라진다는 점이다. 그러나, 각 인간이 경험하는 인지발달 과정, 즉 지능의 발달 과정은 동일한 과정을 밟는다. 물론, 각 개인마다 그 발달 속도는 다르다. 다시 말해서, 그의 이론을 학습이란 입장에서 해석하면, 모든 학습자들은 저마다의 지적 수준이 다르고 저마다의 기저지식이 다르기 때문에 이들은 동일한 학습 경험을 하더라도 이들이 추출해 내는 추상은 서로 다를 수 있음을 인정하고 있다는 점이다. 이런 점 때문에, 그의 이론을 교육에 접목하는 것이 쉽지 않을 수 있다. 그럼에도 불구하고, Burns를 비롯한 그녀의 동료들의 헌신적인 노력은 이것을 인정하는 수학 수업을 추구하고 있다는 점에서 시사하는 바가 크다고 볼 수 있다. 우리는 그녀의 접근을 구성주의를 반영한 학습자 중심 수업이라고 범주화 할 수 있었지만, 최근에는 Piaget의 이론의 핵심을 수용하는 학습이론, 즉 개인화수업(Differentiated Instruction)이 나타나고 있다. 이는 1960년 말부터 한 시대를 풍미하다가 사라진 행동주의에 이론적 근간을 두고 있는 개별화수업(Individualized Instruction)과는 그 근본 뿌리가 다르다.

상식적으로 판단해 보아도 Piaget의 생각은 옳다. 초등학교에 있는 모든 학급은 이질집단이다. 단위 학교에서 운영하는 영재학급, 각 시도 지역 교육청에서 운영하는 영재학급, 대학에서 운영하는 영재학급처럼 선발된 집단마저도, 이집집단이라는데 대해서 누구도 부인하지 못할 것이다. 이를 인정한다면, 한 학급에 있는 모든 아이들에게 동일한 학습 목표를 강요하는 교사중심의 수업이 합리적인 수업이겠는가? 저자도 본문 중 여러 곳에서 지적하고 있듯이, 교사가 교사 중심의 수업을 한다는 것은 Piaget의 시각으로 보아서는 곧 교육을 포기했다는 것과 같은 의미이다. 왜냐하면, 이런 접근은 그 누구도(교사도 학생도) 만족할 수 없기 때문이다. 모든 학습자가 지적 희열을 느끼고, 그로 인해 교사는 자신의 직업에 보람을 느끼는 그런 현상이 벌어질 수 있는 것이 구성주의를 반영한 학습자 중심 수업이다. 학습자와 교사가 모두 상생하는 이런 교실 문화를 구성하는 것이 가능한 것일까? 2010년 대구광역시 수성구에 소재한 용지초등학교 5학년 한 학급을 담당한 홍금희 교사의 학급에서 이런 일이 발생했다. 이 학급은 36명의 학생이 있었다. 이 학급의 아이들은 수학 시간을 기다리고, 여가 시간에도 수학을 한다. 어떻게 이런 일이 벌어질 수 있는 것일까? 홍금희 교사가 아이들을 믿고 지적 반응을 존중해 주며 수업을 진행한 결과이다.

위의 아이디어를 수업과 결부하여 진술하면 다음과 같다. 교사가 동일한 과제를 아이들에게 제공하더라도 아이들은 저마다의 지적 수준에서 추상을 할 것이다. 이때 아이들의 지적 반응을 존중해 준다는 것은 모든 아이들이 자신들이 구성한 반응들을 허용적으로 발표할 수 있도록 해 주는 것이다. 아마도 교사 중심 수업에 익숙한 교사는 이 진술을 반영한 교수·학습 행위를 상상할 수 없을 것이다. 그러나 이를 허용하면, 학습 수준이 낮은 학생은 그 자신의 현재의 발달 수준에서 그리고 학습 수준이 높은 학생은 그 자신의 현재의 발달 수준에서 추상을 하고, 그들이 각자 추상한 것이 표현되기 때문에 학습자들은 각자 수준에서 지적 발달을 이룰 수 있다. 즉, 이런 접근을 하면, 학습부진아를 방지할 수 있을 뿐만 아니라 학습능력이 뛰어난 아이는 평균적인 아이들을 위한 학습목표를 뛰어넘는 추상을 이루어 갈 수 있는 기회를 가질 수 있다(조수윤, 2010[1]).

2007 개정교육과정에 따른 초등수학교과서의 특징 중의 하나는 개방형 과제의 수가 이전 초등수학교과서에서 그것의 수보다 많아졌다는 점이다. 개방형 과제를 수학교과서에 반영한다는 것은 여러 가지 측면에서 살펴볼 수 있겠지만, 2007 개정 교육과정의 입장에서 보면 아마도 개방형 과제를 통한 수학 지식의 학습이라고 보아야 할 것이다. 그런데, 현재의 초등수학교과서에서의 개방형 과제의 활용은 학습한 지식을 응용하는 측면에서 다루어지고 있음을 부정할 수 없다. 반면에, 본 역서에서 소개하고 있는 여러 개방형 과제들은 이 과제들을 통한 수학 지식의 학습이란 입장을 지지해 주고 있다.

학습자료 측면에서 한 가지 더 살펴보도록 하자. 교육과정에서 추구하는 학습자 중심

---

1) 조수윤 (2010). 구성주의 수학 수업이 추론 능력에 미치는 영향: 초등학교 3학년 나눗셈을 중심으로. 대구교육대학교 석사학위논문.

수업을 시도하면서 학습자들에게 제공되는 학습자료들이 40분 단위로 끊어진다는 것을 상상할 수 없는 것이다. 1분용, 5분용, 10분용, 40분용, 심지어는 3시간용 학습자료도 있을 수 있는 것이다. 학습자 중심 수업을 추구하는 학급, 학교, 교육시스템에서는 시작종 및 마침종을 없애야 한다. 교사가 아이들의 반응에 따라서 그리고 아이들의 지적 수준에 따라서 적절한 수업 자료를 제공할 수 있어야 한다. 그런 점에서, 개별과제, 2인 1 모둠 과제, 4인 1모둠 과제, 전체 학급 과제, 모둠 학습, 메뉴 학습, 순환 모둠 학습 등 다양한 형태의 학습이 유기적으로 작동할 수 있도록 교실이란 유기물이 작동할 수 있는 시스템을 교사가 마련해야 한다. 교육과학기술부는 교육과정이 추구하는 교육이 이루어질 수 있도록 교육시스템에 전면적인 정비가 있어야 함에도 불구하고, 매우 지엽적인 정비만 있었다는 점에서 안타깝기 그지없다. 이런 것들이 일선 교사들로부터 교육인적자원부, 직접적으로 국가 수준의 교육과정을 부정하고 개인 수준의 교육과정을 운영하는 단초를 제공하는 것이다.

미국의 교육시스템과 우리나라의 교육시스템이 다르기 때문에, 독자들은 이 책에 소개되어있는 수업자료들을 재구성할 필요가 있다. 특히, 이 책의 제목이 『구성주의 수학교실: 3학년』이라고 해서, 이 책에 소개되어 있는 "학습내용"이 현행 교육과정의 3학년의 그것과 일치하지 않는다. 이는 미국의 초등학교가 1학년을 시작하는 시기가 우리나라보다 반년 앞서고, 미국 문화에 맞도록 학습 내용을 학년에 배열하다 보니 양국간 동학년 학습 내용이 다르다. 따라서, 구성주의 수학교실 시리즈(구성주의 수학교실: 1학년, 구성주의 수학교실: 2학년, 구성주의 수학교실: 3학년 구성주의 수학교실: 나눗셈, 구성주의 수학교실: 곱셈)을 탐독하고 소개되어 있는 수업 소재들을 활용하기 바란다.

본서가 출판되기 까지 많은 이들의 노력이 있었음에 이들에게 감사하는 마음을 표하고자 한다. 특히, 우리는 어린이를 위한 수학교육연구회 회원들에게 감사한다. 모든 회원들이 약 2년에 걸쳐 한 달에 한 번씩 만나서 세미나를 하면서 초벌 번역 작업을 하는 수고를 아끼지 않았다. 특히, 이주영 선생님, 박소영 선생님, 임상미 선생님, 안희진 선생님, 홍은숙 선생님, 김경미 선생님, 남미선 선생님, 윤락경 선생님들로부터 큰 도움을 받았다. 우리는 이들의 수고에 조금 더 수고를 보탰을 뿐임을 밝히고 싶다. 그리고 이 책의 출판을 맡아 준 교우사 특히 편집부 직원분들과 오판근 사장님에게 감사의 뜻을 전하고 싶다.

김진호 · 유대현 · 이진경

추천사

수학 교수 · 학습에서 중요한 것 중 하나는 교육 과정을 일관성있게 계획하는 것이다. 우리는 학생들이 배워야하는 중요한 수학적 개념에 대해 고민해야 할 뿐만 아니라, 아이들이 생각하고 추론하는데 능숙한 문제 해결자가 되도록 도와야 한다. 또한 아이들이 수학을 즐기고 그들의 삶에 유용하게 활용할 수 있도록 격려해 주어야 한다. 이러한 성취는 선택 가능한 다양한 교육적 내용, 가르치는 기술, 교실에 있는 개별 학생의 요구에 대한 이해가 있어야 하며 또한 수학 교육과정의 전반적인 범위에 대한 이해를 필요로 하는 어려운 주문이다.

이 책은 1년 동안의 수학 교수·학습 계획을 위한 안내를 달별로 제공한다. 이 책은 세 권이 시리즈로 구성되어 있는 책 중의 한 권이고, 이 세 권의 책은 1학년, 2학년, 3학년의 수학 교수·학습 방법을 안내하기 위해 구성주의 수업에 익숙한 교사가 집필한 것이다. 각 책의 저자는 자신의 제안이 단지 계획을 성취하기 위한 접근이나 반드시 다른 사람들이 따라야 할 가장 좋은 접근이 아니라, 교실에서 1년 동안 경험해온 것으로부터 성장해온 계획에 따른 사려 깊고, 실제적이고, 매우 개인적인 접근이라고 말한다.

이 시리즈의 세 명의 저자는 구성주의 수업에 익숙한 교사이다. 경험이 풍부하고, 경력이 많으며, 매우 열심히 일하고, 성취한 것이 믿을 수 없을 정도로 많다. 그들은 자신들의 지혜와 경험을 책 속에 독특한 방식으로 담아놓았으나, 교사로서 그들은 공통적인 경험과 관점을 공유하고 있다. 각각의 작가들은 전문적으로 성장한 많은 학급을 보여주고, 그들 경력의 주요 초점을 가르치는 교실 만들기를 해볼 수 있도록 교사를 위한 워크숍을 제공하고 있다. 세 저자 모두 처음부터 수학을 좋아하거나 잘하지 못했다. 그러나 그들은 학생들에게 알려주고 싶다는 그들의 필요에 의해 수학의 진가를 알아보기 위해서 연구하고 고민했다. 그들은 수학 지도에 있어 매우 헌신적이었고, 아이들을 이해하고, 교실을 관리하는 방법을 알고, 가르치는 것에 대해 열정적이었다. 당신에게 이 책을 소개하게 된 것을 매우 큰 기쁨으로 생각한다.

MARILYN BURNS

저자 서문

수학적으로 추론하는 것은 마음의 습관이고,
모든 습관과 마찬가지로 마음의 습관은
많은 상황에서 일관된 사용을 통해서 발달되어야만 한다.

학교수학을 위한 원리와 규준,
류희찬, 조완영, 이경화, 나귀수, 김남균, 방정숙(공역), 경문사, 2007

여름 방학이 끝나고 학교로 돌아갈 준비를 하면서, 나는 새로 맡을 학생들을 위한 수학 프로그램을 계획한다. 27년 동안 아이들을 지도했음에도 불구하고, 내가 가장 잘 지도할 수 있는 방법에 대해 생각하고 그래서 그 결과로 학생들이 수학을 배우면서 사고하고 추론할 수 있는 기회를 가질 수 있다고 계획할 때 나는 열정이 생겨난다. 나는 아이들의 문제 해결을 위한 돈과 측정 상황에서 게임과 이야기 문제들에 이르기까지 유의미하고 흥미로운 상황들을 계획할 때 나는 신이 난다. 이 책에서, 나는 독자들과 나의 계획 과정을 공유한다.

나는 이전 해의 교수·학습 경험, 내가 참관하였던 공개수업 또는 워크샵에서 얻은 아이디어, 내가 읽은 새로운 책으로부터의 정보를 종합하기 때문에 나의 교실 계획은 매년 달라진다. 또한, 내가 수업 중에 아이들을 만나고 아이들과의 수업이 진행되어 감에 따라서, 내가 세운 계획들은 변할 것이기 때문에, 나는 계획을 세울 때 나의 계획들이 융통성 있게 해야 한다는 것을 잘 알고 있다. 이 책은 교사가 고려해야 하는 많은 제안들로 가득 차 있다. 그러나, 나는 교사가 자기 자신의 교육적 직감에 따라서 여기에 소개한 아이디어들을 세련시키고, 거부하기도 하고, 확장시키기도 할 것을 기대한다.

나는 아이들이 수학을 이해할 수 있도록 장려하는 수학 프로그램을 재구성하면서, 나는 읽기 시간과 쓰기 시간에 하는 교수와 같은 방식으로 교수하려고 한다. 예를 들어, 한 아이가 'Henry Huggins는 매우 근면한 사람이에요.'라고 말할 때, 나는 이 아이에게 그 이야기 속에 있는 언어로 자신의 아이디어를 증명할 것을 요청한다. 그는 '이 이야기 속에서 Henry는 Scooter에게 축구공을 사 주기 위해서 필요한 돈을 벌기 위해 많은 시간을 지렁이를 잡는데 보냈다.'고 반응할는지 모른다. 그러면, 나는 다른 학생들에게 돌아서서 그들이 동의하는지 동의하지 않는지 묻는다. 나는 Henry가 매우 근면한 사람이라는 점을 증명할 수 있는 내용이 이 이야기의 다른 곳에 있는지 묻는다. 아이들의 아이디어들을 오고 가게 하면서 학습을 한다. 이것은 수학 시간에도 이런 방식으로 수업을 진행해야만 한다!

쓰기 수업 동안, 한 아이가 쉬는 시간에 있었던 재미있는 일에 대하여 글을 쓸 때 나는 이 아이에게 쉬는 시간이 재미있던 이유를 좀 더 상세히 설명할 것을 요청한다. 이 아이가 회전 미끄럼틀을 타고 내려오면서 느낀 아찔함에 대한 글을 큰 소리로 읽을 때, 다른 아이들은 자신들의 의견을 내거나 질문을 하면서 열정적으로 반응한다. 학습은 학생들이 매일 경험하는 것에 대한 그들 자신의 아이디어들에 대해 대화를 하는 도중에 발생한다. 쓰기 시간에, 나는 나의 학생들의 목소리에 찬사를 보낸다. 그리고 나는 수학 활동을 할 때도 똑같은 것을 한다!

교사가 아이들의 훌륭한 아이디어로 수학 교실을 가득 채우려면, 프로그램 재구성해야 하며, 학생들의 사고와 추론을 촉발시킬 수 있는 매력적인 문제들과 탐구활동을 제공해야 하며, 아이들이 수학적 아이디어와 기능에 대한 의미를 이끌어 낼 수 있도록 아이들을 도와야 한다. 국어(문학) 수업은 문학 작품의 맥락을 벗어난 단어들을 활용하는데 제한이 없다. 쓰기 수업은 개인적 이야기를 작문하는 맥락에서 벗어나 대문자 사용을 위한 규칙을 배우는 것으로 제한을 두어서는 안 된다. 똑같은 것이 수학 수업에서도 적용될 필요가 있다. 수학 학습은 곱셈 구구를 암기하고 계산 절차를 반복하는 것으로 제한 될 필요가 없다. 오히려, 학생들은 자신들이 알고 있는 수학을 이용해서 자신들이 매일 풀고 있는 돈, 측정, 이야기 문제를 이해해야 한다. 그리고 학생들은 자신들이 한 답이 일리가 있는지를 단어, 수, 그림으로 설명할 수 있어야만 한다.

교사가 자신의 3학년 학생들을 위한 수업 자료를 재구성 할 때, 나는 이 책이 교사들을 도와서 교사가 운영하는 각 학급이 아이들의 훌륭한 아이디어로 가득 차고, 교사가 담당하고 있는 아이들의 학습 및 이해를 촉진시킬 수 있는 가치로운 문제와 수학적 과제들을 선택하는데 도움을 주기를 바란다.

목 차

- 역자 서문 iii
- 추천사 by Marilyn Burns vi
- 저자 서문 vii

1장		학생들을 맞이하기 전에	1
2장	9월/10월	덧셈과 뺄셈	15
3장	10월/11월	곱셈 소개하기	67
4장	12월	평면도형	123
5장	1월	나눗셈 도입	151
6장	2월	분수 탐구하기	203
7장	3월	덧셈과 뺄셈 후속활동	239
8장	4월	곱셈과 나눗셈 후속활동	271
9장	5월 / 6월	평면도형과 입체도형	305

- 후기 327
- 부록 329
- 참고문헌 365
- 찾아보기 369

부록목차

- 주사위 수 카드 ---------- 330
- 1-100 수배열표 ---------- 331
- 주고 받기 ---------- 332
- 두 장 주고 받기 ---------- 333
- 학급 공용물품 주문 양식 ---------- 334
- 반인치짜리 격자 종이 ---------- 335
- 학부모와 함께하는 원과 별 게임 ---------- 336
- 학부모와 함께 하는 곱셈 빙고 ---------- 337
- 곱셈 빙고 활동지 ---------- 338
- 과학박물관 상점 가격목록표 ---------- 339
- 판유리 차트 ---------- 340
- T 차트와 1-100 수배열표 ---------- 341
- 공통점 그리고 차이점 ---------- 342
- 정육각형 채우기 퍼즐 ---------- 343
- 나머지 게임 ---------- 344
- 나머지 게임 활동지 ---------- 345
- 과자 ---------- 346
- 과자 나누기 ---------- 347
- 분수 키트 게임 ---------- 348
- 정육각형 탐구를 위한 패턴 블록 모양 ---------- 350
- 노란색 육각형 만들기 ---------- 351
- 브라우니 ---------- 352
- 0에 얼마나 가까운가? ---------- 353
- 얼마나 0에 가까운가? 기록지 ---------- 354
- 책 측정하기 ---------- 355
- 곱셈 틱택토 ---------- 356
- 이쑤시개 점종이 ---------- 357
- $\frac{3}{4}$인치의 모눈종이 ---------- 358
- 1인치의 모눈종이 ---------- 359
- 2cm의 모눈종이 ---------- 360
- 12가지 펜토미노 모양 ---------- 361
- 상자를 채우는 퍼즐 유인물 A ---------- 362
- 상자를 채우는 퍼즐 유인물 B ---------- 363
- 상자를 채우는 퍼즐 유인물 C ---------- 364

제 1 장

학생들을 맞이하기 전에

"초등학교 수학 교수법의 주요 부분 중의 하나는 수를 다양한 물리적 재료로 표현하는 것이어야 한다."

학교수학을 위한 원리와 규준,
류희찬, 조완영, 이경화, 나귀수, 김남균, 방정숙 역, 경문사 학생들이 학교에 오기 전에, 교사는 수학 프로그램을 계획하고 그 프로그램을 지원하기 위한 교실 환경을 구성해야 한다.

수학 프로그램 계획하기

수학 프로그램을 계획하기 시작할 때, 이 책이 모든 교사에게 딱 들어맞는 프로그램은 아니라는 것을 명심해야 한다. 그 보다 이 책은 교사가 학생들에게 길러주고 싶은 수학 개념을 소개하고 학생들이 그 개념들을 이해하는데 도움을 주는 환경을 제공해 주는 책이다. 교사가 1년을 계획하고 교실 환경을 구성하기 전에, 이 책의 내용과 친숙해지기 위해 통독을 해야 한다. 그리고 이 책의 구성과 의도를 이해하기 위해 2장과 3장을 읽는데 시간을 들여야 한다.

이 책에는 한 단계 한 단계 따라갈 수도 있고, 재량껏 대체할 수 있는 다양한 프로그램이 기술되어 있다. 그리고 다양한 자료로부터 이미 모아진 문제 해결 프로그램도 소개되어 있다. 교사는 이 책에 소개되어 있는 활동들의 도움을 받아 자신의 수학 교실에서 의미있는 활동들을 재구성해 낼 수 있다.

각 장의 중요 관점과 시간 간격

3학년 수학은 9개의 장으로 이루어져 있다. 2장에서는 교사는 덧셈과 뺄셈 문제 해결을 위한 아이디어를 찾을 수 있을 것이다. 3장에서는 나는 학생들에게 곱셈을 소개하기 위한 제안들을 제공해 놓았다. 2장과 3장은 각각 학생들이 학교생활에 적응할 수 있는 시간인 6주 이상의 수업으로 구안되었다. 또한 이 책에서 제안하고 있는 학습 환경을 교사와 학생이 형성할 수 있는 충분한 시간이 주어지게 된다. 교사가 원한다면 2장과 3장의 순서를 바꾸어도 된다.

마지막 장인 9장에서는 기하에 초점을 맞추고 있다. 9장에 소개된 기하는 학기말 기간인 6주를 학습하게 된다. 다른 한편으로 1년의 다른 시간에 다루지 못했던 문제 해결 학습을 소개하거나 다른 수학 활동을 하는 시간으로 활용해도 된다. (이 책은 또한 4장에서 다른 기하영역을 다루고 있다.)

5~8장은 특정한 달에 4주간의 수학 프로그램으로 구성되어 있다. 5~8장은 연산(덧셈과 뺄셈, 곱셈, 나눗셈과 분수)으로 구성되어 있다. 만약 교사가 확률이나 통계, 자료의 수집, 대수를 학생들에게 소개하기를 원한다면 이러한 제제에 초점을 맞춘 다른 자료와

함께 이 책의 내용을 쉽게 사용할 수 있다.

각 장의 구성

이 책의 대부분의 장들은 비슷한 체제를 다루고 유사한 절들로 이루어져 있다. 그 구성은 다음과 같다.

학습 환경

각 장은 "학습 환경"이라는 절로 시작된다. 이 절은 교실 문화와 교수 중점사항들을 정렬하는데 도움을 주기 위해 작성되었다. 예를 들어, 만약 교사가 학생들이 수학에 대해 자유롭게 자주 의사소통하기를 원한다면, 교사는 교사의 질문은 학생들의 반응으로부터 나와야 하고, 학생들은 자신들의 추론을 공유하려고 노력해야 하고, 실수가 학습의 기회로 취급되는 환경을 형성할 필요가 있다. "학습 환경"은 그러한 교실을 조성하는데 도움을 준다.

만약 교사가 3장의 곱셈부터 수업을 하고자 하더라도, 2장의 "학습 환경"부터 읽어봐야 한다. 그 이유는 2장의 "학습 환경"에서 학년이 시작하는 6주간의 교수와 학습에서 일어나는 일들에 대해 설명하고 있기 때문이다. 만약 교사가 이 책의 순서대로 제시되지 않은 다른 장의 학습을 진행하길 원한다면, 각 장의 "학습 환경"을 읽어야 한다. 왜냐하면 각 장의 "학습 환경"에는 교사가 주안점을 두려고 하는 특정한 시기에 대해 설명해 놓았기 때문이다.

교사가 "학습 환경"에 소개되어 있는 아이디어들을 살피면서, 집중할 한두 가지 제안을 선택한다. 그러한 방법으로, 교사는 일을 단순하게 할 수 있을 것이다. 교사가 필요하다면, 교사는 이번 학년의 후반기에 나머지 아이디어들을 다룰 수 있다. 중요한 점은 교사가 지도하고 있는 수학에 대해 생각하는 것만큼 엄격하게 학습 환경이란 쟁점에 대해서도 엄격하게 생각해야 한다.

수학

각 장에서 "수학"은 "학습 환경" 다음에 설명되어 있다. 이 절은 그 장에서 다루는 수학 개념을 포괄적으로 설명하는 절이다. 교사는 이 책에서 소개하고 있는 "주요 수학 아이디어(big math ideas)" 중 일부를 자신이 생각하기에 자신의 학급에 좀 더 적절하다고 생각되는 다른 것으로 교체하거나 한 번에 서너 개의 아이디어만 초점을 두어서 하는 것으로 재구성할 수 있다.

만약 교사가 학생들로 하여금 그들 자신만의 전략들을 이용하여 수학 개념을 이해하기를 원한다면, 교사는 학생들이 자신들의 답을 구한 방법을 주의 깊게 경청할 필요가 있다. 학생들에게 먼저 구체적 모델을 이용한 후, 언어, 수, 그리고 그림(사고 순서에 따라 그림에 번호를 붙인다.)을 이용해서 자신들의 사고를 표현하도록 한다. 결국, 일부 학생들은 덧셈, 뺄셈, 곱셈, 나눗셈을 할 때 수들을 친숙한 수들(45=40+5)로 분해하거나 가까운 친숙한 수(39를 40으로 생각)로 바꾸어 수만으로 사고할 것이다. 이런 아이디어들이 좀 더 자세하게 "수학" 절에 논의되어 있다.

각 장의 이 절들은 교사가 덧셈과 뺄셈 사이의 관계(어떤 학생은 두 수의 차를 구하기 위해 "오름 세기"를 할 수 있다.)에 대해, 덧셈과 곱셈 사이의 관계(어떤 학생은 동량의 묶음들의 총합을 구하는데 덧셈 대신 곱셈을 할 수 있다.)에 대해, 곱셈과 나눗셈 사이의 관계, 그리고 나눗셈과 분수 사이의 관계를 생각하는 데 도움을 준다. 또한 "수학"은 뺄셈에서 구잔과 구차에 대해, 그리고 나눗셈에서 등분제과 포함제에 대해 논의한다.

각 장의 "수학"에서 탐구된 수학적 사고와 추론은 다음에 설명되는 아이들의 상황 속 문제 해결을 통하여 생활화된다.

상황 속 문제 해결

기하와 관련된 2개 장을 빼 놓고, 각 장에는 "일상 소재로 하는 수학"(일과활동과 활동들), 게임, 측정, 돈, 수학동화, 이야기 문제와 같은 순서에 따라 문제 해결을 제안하고 있다. 어떤 문제는 3~4일이 요구되는 문제도 있다. 교실 밖의 온도를 재어 어제의 온도와 비교하는 것과 같은 학급의 일과활동을 활용하는 것과 짧은 시간 동안 다루어지는 문제들도 있다. 이런 문제들 중 많은 것이 교사가 심화된 교실 활동 또는 숙제 배당을 위한 심화 활동으로 확장될 수 있다.

교사가 다루고자 하는 장을 선택했다면, 어떤 활동들 그리고 문제들이 학급구성원들과 교사의 관심에 가장 적절한지를 알아보기 위해서 "상황 속 문제 해결" 절을 먼저 살펴보아야 한다. 항상 그렇듯이, 교사는 이 활동들 중 일부를 자신이 예전에 사용한 활동들로 대체할 수 있다. 교사가 교실의 의사결정권자[1]임을 기억하기 바란다.

교사가 어떠한 선택을 하던지, 1주일 단위로 전개되는 한 달 간의 계획을 세우는 것이 도움이 된다는 것을 교사는 알게 될 것이다. 계획을 세울 때, 그림 1-1에서 보듯이 한 가

1) 우리나라의 대부분의 선생님들도 연간 수업 계획을 설계한다. 그러나 학교의 연구 부장 또는 학년 부장이 자신의 학년의 모든 동료교사들의 연간 수업 계획까지 마련해 준다. 또는 학년에서 교사들끼리 과목을 나누어 자신이 맡은 교과의 연간 수업 계획을 작성하기도 하며, 이것마저도 전년도의 계획을 참고하여 최소한의 수정을 거치는 수준이 대부분이다. 기본적으로 교사는 자신의 수업 계획은 자신이 해야 하고, 또한 아이들의 반응을 토대로 설계된 수업을 재구성해 갈 수 있어야 한다. 개별 교사가 이런 수업 설계 및 재구성을 하지 못하는 주 요인은 그들이 안고 행정업무이다. 교육청에 있는 관료 및 교장은 교사의 주 업무가 행정이 아니라는 점을 명심해야 하고, 교사들이 수업에 충실할 수 있도록 단위 학교의 교육 환경를을 개선해 주어야 한다.

월요일	화요일	수요일	목요일	금요일
6 - 개별지필평가 : 나눗셈이란 무엇인가? - **종이 과자 등분하기** 과자 등분하기 6개의 과자 4사람 5개의 과자 4사람 (분수에 대해 토의하기)	**7** - 4인 1 모둠에게 등분한 16개의 종이 과자 - **종이 과자 등분하기** 과자 등분하기를 계속하기 3개의 과자 4사람 2개의 과자 4사람 1개의 과자 4사람 (분수에 대해 토의하기)	**8** - 4인 1 모둠이 등분한 18개의 종이 과자 (나머지에 대해 토의하기) - 과자 등분하기 심화 활동 중 한 활동하기	**9** - 3자루씩 묶음지어진 연필 24자루 - 건포도 상자(어림하기) 개인별로 제공된 1 1/2 온스 건포도 상자에 담겨져 있는 건포도를 2가지 방법으로 세고 묶음짓기	**10** - 3권씩 묶음지어져 있는 16권의 책 (나머지에 대해 토의하기) - 건포도 상자(어림하기) * 4인 1 모둠이 가지고 있는 모든 건포도를 합해서 총합 구하기 * 이 전체 건포도를 모둠에서 등분하기
13 - **초인종이 울렸어** * 7개의 칸에 7개의 부분 이야기를 작성하는 것으로 시작하기	**14** - **초인종이 울렸어** * 7개의 부분 이야기를 완성하기	**15** 순환 모둠 시간 - 이야기 문제 - 교사 - **묶음으로 되어 있는 것들** 다시 활동하기 이야기 문제 : 포함제와 등분제가 한 짝이 되는 이야기 문제 작성하기(÷) - 보조교사 - 15개의 타일을 가지고 **나머지 게임** 지도하기 - 4, 5, 6, 7, 8, 9가 적혀 있는 주사위로 **원과 별 게임**하기	**16** - 학급 모둠의 수 문제 * 20명의 학생을 한 묶음에 2명, 3명, 4명, 5명, 해서 10명씩 묶음짓기	**17** - 학급 모둠의 수 문제 계속하기
20 마틴 루터킹 주니어 탄생일 (공휴일)	**21** - 개별지필평가 : 20÷4=5는 무슨 뜻입니까? - $5.00을 4명에게 등분하기 (2가지 전략으로)	**22** - $.50을 4명에게 등분하기	**23** - **배고픈 고양이 한 마리** * 3명이 과자 12개 등분하기 * 3명이 과자 8개 등분하기	**24** - 메뉴 시간
27 - 2장의 승차권 * 4명이 25장의 승차권을 등분하고 나서, 5명이 25장의 승차권을 등분하기	**28** - **100마리의 배고픈 개미들** * 100마리의 개미를 여러 가지 배열로 세우기	**29** 순환 모둠 시간 - 이야기 문제 - 교사 - 학생들이 혼동하는 영역을 다시하거나 다시 지도하기 - 보조교사 - 18개의 타일을 가지고 **나머지 게임**하기 - **원과 별 게임**을 하며 나눗셈 표기법 학습하기	**30** - 메뉴 시간	**31** - 개별지필과제 : 나눗셈이란 무엇인가? - 메뉴 시간

▲ **그림 1-1** 나는 이 대략적인 1월 계획표를 작성했다. 1월 계획표는 나눗셈에 중점을 두고 있다.

지 이상의 상황으로부터 도출해낸 학습 경험들을 포함시키는 것을 목표로 한다.

이 책에서 교사와 학생들은 여러 번 반복하여 일부 문제 상황들에 초대 될 것이고, 그 때마다 차이점을 강조되게 될 것이다. 예를 들어, 나의 1월 학습 계획인 나눗셈은 11월 곱셈에서 공부한 **원과 별 게임**을 다시 반복하게 된다. 마치 좋아하는 책을 반복해서 읽게 되듯이 친숙한 상황으로 반복 학습하는 것은 제시된 개념들을 이해하고 좀 더 발전시킬 수 있다.

또 다른 절들

대부분의 장은 "경험 교사의 조언" 절을 포함하고 있다. 각 장에 있는 이 절들에서, 나는 희망컨대 교사들에게 유용한 아이디어들과 교수 통찰을 공유한다. 일부 장들은 수학 메뉴(선택 문제 목록)를 설계하는 방법과 순환 모둠을 준비하는 방법을 제안하면서 마친다. 일부 장들은 부모에게 보내는 편지로 끝이 나기도 한다. 다른 장들은 다양한 방법의 평가(토의 과정을 듣고 하는 평가, 학생이 문제 해결 단계를 한 단계씩 기술해 놓은 일화 노트를 가지고 하는 평가, 일대일 인터뷰를 수행하기 위한 특정한 평가 문제를 과제로 주는 평가)를 다루기도 한다. 2개의 장에서는 표준화된 시험 준비를 논의하면서 끝나기도 한다.

각 장의 시작에 인용한 NCTM(2000)으로부터의 인용문은 각 장의 배경을 형성하고 있는 의미와 교사의 수고를 입증하고, 교사의 일을 고무시키기 위해 인용되었다.

교실 환경 구성하기

학생들이 수업에 들어오기 전 교실 정리를 할 때, 학생들이 교구에 쉽게 접근할 수 있도록 하기 위해 어떤 방법으로 배치할지 생각해 봐야 하고, 학생들이 그들의 동료들과 쉽게 자신의 생각을 의사소통할 수 있도록 공간을 어떻게 할지에 대해 생각해야 한다.

가구와 공간

러그 미팅 공간

국어의 읽기 시간과 마찬가지로 수학 시간에 중심이 되는 역할로서 의사소통을 할 때, 화이트보드나 칠판 옆에 모든 학생이 앉을 수 있는 충분한 공간을 확보해야 한다. 학생들은 그 공간에 앉아 다른 사람의 생각이나 대답을 쉽게 들을 수 있다. 러그 미팅 공간은 하루 동안 배우는데 있어 장면의 변화를 줄 수 있다. 학생들이 자기의 책상을 떠나 러그 미팅 공간으로 모일 때, 그들은 머리와 신체가 유연해 진다.

책상

학생들의 책상을 두 개씩 마주보게 해서 4인 1 모둠으로 배치한다. 또는 하나의 테이블에 두 명이 마주 앉아 4명이 한 모둠이 되게 앉힌다. 이러한 책상 배치는 학생들이 자신의 생각을 다른 사람과 이야기 해보도록 북돋아 준다. 전형적으로 학생들은 그들의 옆에 앉아 있는 짝과 문제해결을 하려고 한다. 그러나 그들은 그들의 생각 또한 마주보고 앉아 있는 학생과 공유하려고 할 것이다.

월별 수학 공간

교실에 이달의 수학 공간[2)]을 만든다. 교사가 제공하는 다양한 교구를 가지고 하는 개방형 탐구와 실험과는 별개로 이 공간을 설정한다. (10-14쪽의 교수자료 절 참고)

9월 동안, 교사는 패턴 블럭 통을 내 놓을 수 있다. 자신의 과제를 먼저 끝낸 학생들이 월별 수학 공간에 와서 평면디자인을 완성하는 활동을 할 때, 그들이 무엇을 하고 말하는지 관찰하고 듣도록 한다. 이 달의 말미에 학생들이 패턴 블럭을 가지고 할 수 있는 조사활동을 학생들의 아이디어를 바탕으로 선택하거나, 학생들에게 계속해서 자유롭게 탐구할 수 있도록 허용해 준다. 아마도 학생들은 대칭과 비대칭 디자인을 탐구할 수도 있을 것이다. 학생들이 이와 같은 구체물을 가지고 활동하는 것은 2월에 분수를 이해할 때 좀 더 형식화하는데 도움을 줄 것이다.

10월에 학생들은 쌓기나무(2cm 또는 1인치) 또는 플라스틱 연결정육면체(3/4인치)를 탐구할 수 있고 쌓기나무들은 다양한 크기의 상자에 채워 넣는다. 자유 탐구 기간이 끝나면, 교사는 학생들의 자유 탐구에 기반한 몇 가지 조사학습을 학생들에게 부여할 수 있다. 예를 들어, 크기가 다른 상자에 같은 개수의 쌓기나무가 들어가는 것은 어느 상자입니까? 가장 많은 수의 쌓기나무를 담을 수 있는 상자는 무엇입니까? 가장 적은 수의 쌓기나무를 담을 수 있는 상자는 무엇입니까?와 같이 물어볼 수 있다.

학생들이 패턴 블록 탐구를 하면서 학생들은 비형식적으로 다른 기하 모양들이 어떻게 서로 들어맞을 수 있는지 터득하게 된다. 쌓기나무와 상자를 사용하면서 학생들은 부피에 관해 감각적으로 이해하게 된다. 이러한 이해는 어떤 특정한 과제를 하지 않고도 충분히 터득하게 된다.

2) 구성주의 수학 학습은 학습자들의 활동을 토대로 이 활동들 속에 잠재해 있는 수학 지식을 학습자들이 스스로 구성해 가는 학습을 의미한다. 이때 학습자들의 활동 결과물 또는 활동 중인 자료가 전시될 공간이 교실의 어느 한 공간에는 있어야 한다.

물론 교사와 학생들은 어떤 규칙을 정할 필요가 있다. 교실에서 교구들이 공중을 날아다니며 무기가 되지 않도록 해야 한다.

벽과 게시판 공간

교실을 정리할 때 벽이나 게시판의 공간은 특정한 활동이나 하루 일과를 위한 전시물을 배치할 수 있도록 고려한다. 또한 학생들이 쉽게 접근하여 관찰하고 수행할 수 있도록 설계해야 한다.

오늘의 수와 1-100 수배열표

오늘의 수 활동은 교사가 매일 다른 수를 제시하고 벽에 알아보기 쉬운 곳에 게시하여야 한다. 9월이 끝날 때까지 달력을 이용하여 오늘의 수를 제시하여도 된다. 1부터 30까지의 수를 이용한 식을 적을 수 있다. 그런 후에 계속해서 1년 동안 학교에 오는 날을 이용하여 수를 제시 한다. 대부분의 많은 주에서 1년에 181일 정도를 등교하게 된다.

오늘의 수 활동을 하는 동안 학생들은 수와 관련된 식을 만들게 된다. 예를 들어, 만약 오늘이 9월 8일이라면, 학생들은 "4 더하기 4는 8" 또는 "10 빼기 2는 8"이라는 식을 말할 수 있다. 이와 같은 말을 식으로 나타내어 (4+4=8, 10−2=8) 수가 게시된 옆에 같이 게시하도록 한다. (이 활동에 대한 추가적인 아이디어는 『*Mathematical Thinking at Grade 3*』[Russell and Economopoulous, 1995]에서 얻을 수 있다.)

1−100 수배열표를 오늘의 수가 게시된 곳 옆에 걸어 놓음으로써 학생들이 쉽게 둘을 연관지을 수 있도록 한다. 4+4=8을 제안한 학생이 이 수배열표 앞에 나와 1−100 수배열표에서 동반하는 움직임을 보이도록 한다. 그는 "처음에 4칸을 움직여 4에 오게 되고, 여기서 4칸을 더 가게 되면 8에 오게 됩니다."라고 설명한다. 10−2=8을 제안한 친구는 1−100 수배열표 앞으로 나와 "10에서 2칸을 뒤로 오게 되면 8이 됩니다."라고 말한다.

1−100 수배열표는 교실현장에서 학생들이 수감각을 형성하는데 많은 부분에서 중요한 교구이다. 예를 들어, 만약 한 학생이 20씩 뛰어 세기를 하여 100까지 센다면, 그 학생은 1−100 수배열표를 이용하여 20, 40, 60, 80, 100을 보여주며 자신의 생각을 설명할 수 있다. 20씩 5번 뛰어 세기를 하면 100이 됨을 정확하게 알 수 있다.

출석 그래프

출석 그래프(그림 1−2 참고)를 게시할 벽이나 게시판의 공간을 확보한다. 학기가 시작되었을 때, 학생들로 하여금 돌아가며 출석 그래프를 작성해보도록 할 수 있다. 그리고 다시 색이 있는 펜을 사용하여 예를 들면 빨간색은 여자, 파란색은 남자로 다시 나타내거나 하나의 선으로 모든 학생이 출석하였음을 나타낼 수도 있다.

둘째 주

	9/10 월	9/11 화	9/12 수	9/13 목	9/14 금
여자	卌 |||	卌 |||	卌 |||		
남자	卌 卌 ||	卌 卌 ||	卌 卌		

그림 1-2
이 학급은 지금까지 9월 10일부터 9월 12일까지 출석을 기록했다.

온도 그래프

각 달에 온도를 기록할 수 있는 온도 그래프(그림 1-3 참고)를 벽에 게시한다. 가로축에 그 달의 날짜를 쓰고 세로축에 5도 간격으로 온도를 그려 넣는다. 학생들이 관찰하고 토론이 가능할 정도의 크기로 만든다. 좀 더 많은 정보를 담은 그래프로 만들려면 색을 달리하여 막대를 그려주도록 한다. 예를 들어, 검은색 막대는 비 오는 날, 파란색 막대는 맑은 날, 초록은 구름 낀 날 등과 같이 나타낸다.

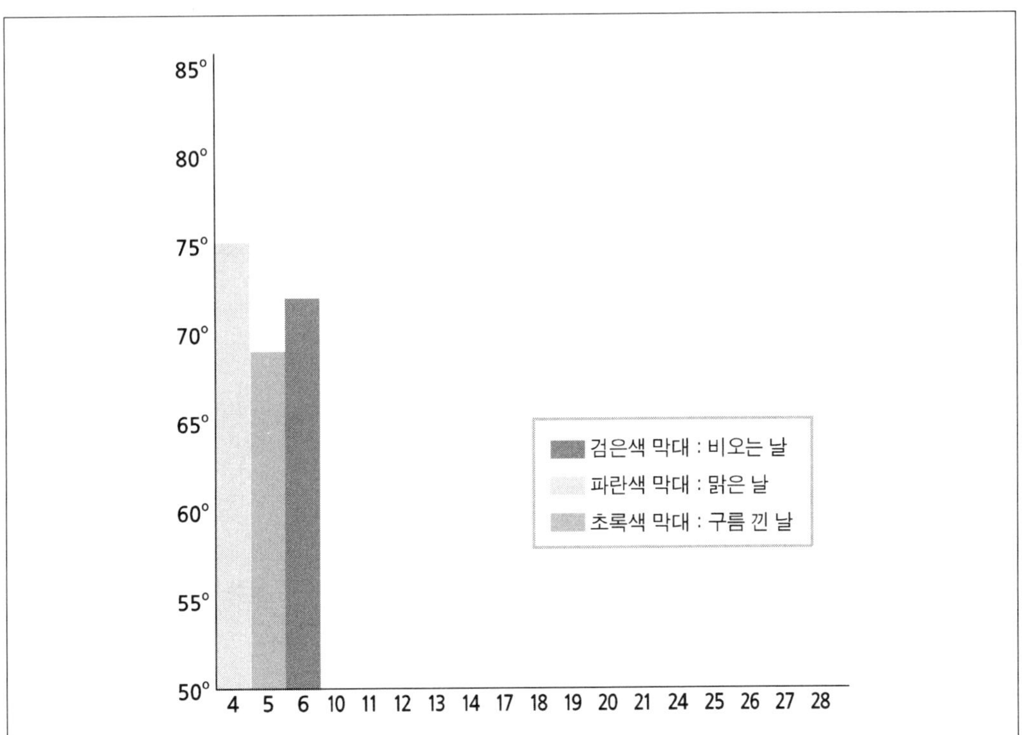

그림 1-3
이 학급은 지금까지 처음 3일 동안의 온도를 기록했고 부호화된 색막대를 사용하고 있다.

점심 식사 개수 그래프

일부분의 학생들은 학교 급식을 사 먹는다. 다른 학생들은 도시락을 싸 오기도 한다. 이러한 상황은 학생들에게 수로 나타내고 그래프로 나타낼 또 다른 기회를 제공한다. 벽이나 게시판에 일주일간의 식사를 사먹는 학생과 도시락을 싸 오는 학생 수를 게시하도록 한다. (그림 1-4 참고) 교사는 학생들이 돌아가며 X표시나 다른 표시를 할 수 있도록 한다.

▶ **그림 1-4**
이 학급은 빨간 색 X와 자주색 X를 사용해서 9월 10-12일 사이에 학급급식을 먹은 학생과 집 도시락을 먹은 학생을 기록했다.

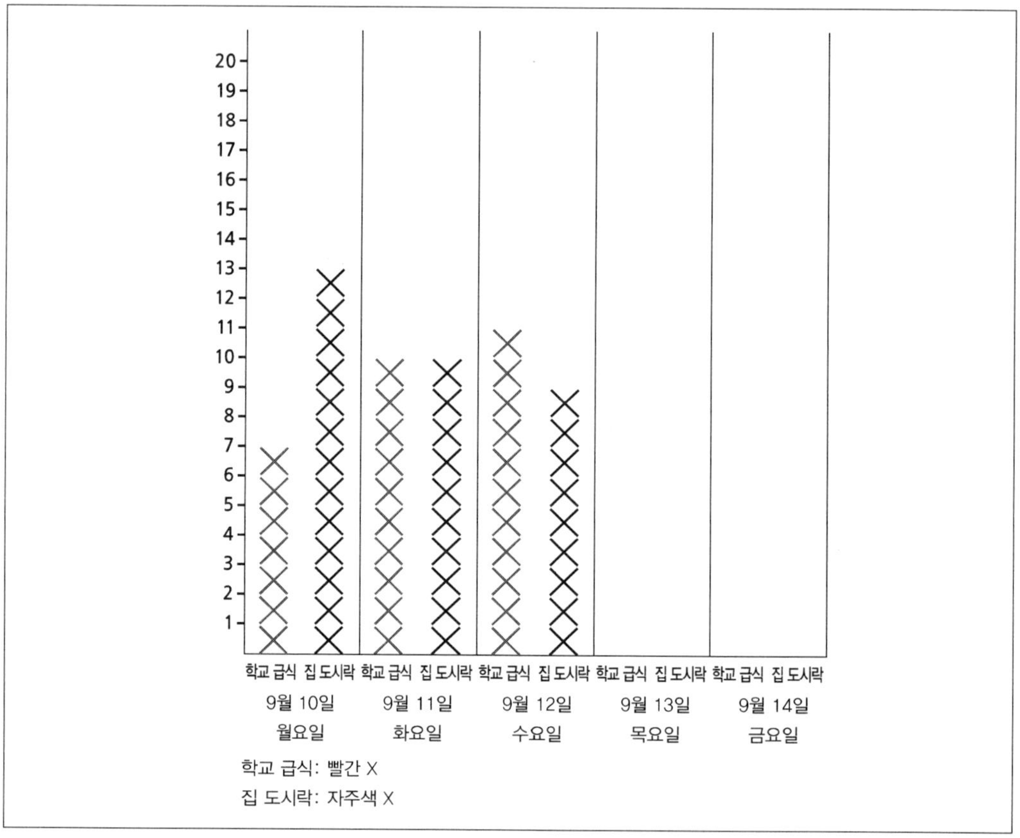

교수자료

수학 교구

어떤 교사들은 교구가 얼마나 비싼지, 학생들에게 어떤 가치가 있는지 알지 못한 채 교구들을 집어 던진다. 만약 여러분이 옷장 뒤에 숨어 있거나, 동료 교사 교실에 있거나, 아니면 다른 어느 후미진 곳에서 수학 교구를 발견한다면 그것을 빌리거나 보관해도 되는지 물어 보도록 한다. 아래에 올 한 해 동안 반드시 필요한 교구를 소개한다.

- 1인치 칼라 타일 (2000여개)
- 연결정육면체 (1000 여개)
- 패턴 블록 (1000 여개)
- 쌓기나무 (2cm 또는 1인치짜리 1000 여개)
- 플라스틱 가짜 동전 또는 진짜 동전(페니 200개, 니켈 200개, 다임 100개, 쿼터 80개)

ETA/퀴즈네르 또는 Nasco와 같은 회사에서 수학 교구 카탈로그를 받고, 학기가 시작하기 전에 학교장에게 이야기 하도록 한다. (교구를 주문하기 위해 이 책의 부록을 참고한다.) 만약 교구를 사기 위한 예산이 없다면, 학기가 시작할 때 보조금과 PTA와 같은 학부모회를 알아보거나, 학부모로부터 기부금을 모금한다. 이러한 교구는 가능한 빨리 구비하도록 한다.

또한 학교 내에 구석이나 다른 방에 숨겨진 아래와 같은 교구를 찾아보도록 한다.

- 속성블록
- 퀴즈네르 막대
- 기하 블럭
- 탱그램
- 펜토미노
- 10진 블럭
- 무게와 부피 교구

위의 교구들은 반드시 필요한 교구는 아니지만, 구비가 된다면 학생들에게 좀 더 풍부한 수학적 경험을 월별 수학 영역에서 시켜 줄 수 있을 것이다. 다시, 수학 교구 카탈로그에서 위와 같은 교구를 직접 구매할 수도 있다.

어떻게 교구를 효과적으로 배치할 수 있을까? 쉽게 구할 수 있는 갤런 크기의 플라스틱 봉지에 담아 이것을 다시 큰 플라스틱 박스에 보관한다면 도움이 될 것이다. 교사는 패턴 블록 세트를 하나의 봉지에 담고, 이 봉지를 통에 담을 수 있다. 이러한 방법은 교구를 학생들에게 쉽게 제공할 수 있게 한다. 예를 들어, 학생들이 4명씩 5모둠으로 앉아 있고, 패턴 블록을 활용하여 특정한 활동을 한다면, 교사는 다섯 개의 패턴 블록이 담긴 갤런 봉지를 모둠별로 하나씩 놓으면 될 것이다. 교사는 교구들을 활용하지 않을 때 통에 담아 선반 위에 보관하면 된다.

동전의 경우, 작은 지퍼 백에 페니 20개, 니켈 20개, 다임 10개, 쿼터 8개씩 담는다. 또한 5장의 1달러를 포함시킨다. 이상적으로 2명의 학생당 1개의 동전 백이 주어지는 것이 좋다.

필수적이지 않은 교구, 예를 들어, 퀴즈네르 막대나 10진 블록과 같은 것을 보관할 때, 학생들이 쉽게 손에 닿을 수 있는 선반에 보관한다. 추가적인 선반은 자와 주사위, 마커, 파인트(약 500ml 들이)와 쿼트(약 1L 들이) 크기의 통(각 크기 당 적어도 10개 정도), 작은 빈 상자(개인수표 상자, 머그 잔 상자, 스카프 상자, 장갑 상자 등)을 보관하는데 사용된다. 모든 교구들은 학생들이 수학 문제 해결을 하는데 있어서 손쉽게 사용할 수 있도록 해야 한다.

빈 전지 활동지

일부 교사들은 수학 개념이나 용어, 식, 학생들의 질문에 대한 대답들을 적기 위해 플립 차트(뒤로 제쳐서 넘기는 차트)를 사용한다. 또 다른 교사들은 전지 한 장을 칠판에 붙여 사용하고, 사용을 다 한 후에 다시 사용 될 때까지 말아서 보관하기도 한다. 여전히 많은 교사들이 칠판에 바르게 기록한 후에 수업이 끝난 후 전지에 옮겨 적는다. 다음날 교사는 이 전지를 칠판에 다시 붙이고 좀 더 폭 깊은 논의를 한다.

전지 활동지는 학생들이 서로 다른 수학 문제와 개념을 이해하기 위해 사용한 다양한 전략을 기록하고, 학생들로 하여금 다른 사람의 추론을 좀 더 쉽게 이해하기 위해 사용한다. 교사는 위의 "수학 이야기" 중 일부를 복사하여 수학 교실에서 토의의 힘을 볼 수 있도록 부모들에게 보내는 편지에 넣을 수 있다.

카드놀이

이 책에 논의 된 많은 수학 놀이들은 카드를 이용한 놀이가 많다. 학년이 시작되기 전에 학생들이 충분히 활용할 수 있는 카드 세트를 준비한다. 예를 들어, 4명의 학생으로 이루어진 5모둠이 있다면, 10세트의 카드를 준비한다. 2명 당 하나의 세트를 가질 수 있도록 한다.

줄이 있는 종이, 줄이 없는 종이 그리고 모눈종이

줄이 있는 종이를 많이 쌓아 두고, 3구 펀치를 선반에 준비한다. 어떤 학생들은 자신의 말로 한 대답을 그림이나, 다이어그램을 이용하여 다시 답해보기를 원할 수도 있다. 또한 3구 펀치를 이용하여 3구를 낸 줄이 없는 여러 가지 색의 종이를 구비한다. 만약 교사가 학생들로 하여금 그림을 그리거나 무언가를 쓰게 하였을 때, 줄이 없는 종이 사용이 힘든 학생은 줄이 있는 종이를 줄이 없는 종이 뒤에 대어 사용할 수 있도록 한다. 마지막으로

2cm 모눈종이, 1/2인치 모눈종이, 3/4인치 모눈종이, 1인치 모눈종이를 준비한다. 학생들에게 직사각형을 그리거나 상자를 만드는데 모눈종이가 도움을 줄 것이다.

수학 폴더

학생들이 그들이 한 활동을 철해 놓을 수 있도록 포켓이 있는 폴더를 준비한다. 다른 교과(예를 들어 언어와 과학 등과 같은)와 구별이 되도록 색이 다른 폴더를 사용한다. 각 학생들은 각자 자기의 수학 폴더를 준비한다. 학생들은 자신의 폴더에 낱장의 종이들을 철해놓고, 이에 이름과 날짜를 적도록 한다. 학생들은 폴더를 사용하지 않을 때 책상에 보관하도록 하거나 교실 내의 사물함에 놓을 수 있도록 한다.

하루가 끝났을 때 학생들로부터 폴더를 수합하도록 계획을 세우고, 그들의 내용물을 확인하다. 교사는 폴더의 내용을 확인함으로써 학생들이 이해한 것과 이해하지 못한 것, 학생들이 수학 문제를 이해하기 위해 사용한 다양한 전략을 알아볼 수 있을 것이다.[3] 교사는 개인 폴더를 다음날 무엇을 관찰할지 계획하는데 활용할 수 있다. 주기적으로 학생들의 폴더를 확인해 봄으로써 학생들의 발전과정을 평가할 수 있고, 문제 지점을 확인 할 수도 있다. 폴더의 결과물은 학부모와 교사와의 면담을 손쉽게 할 수 있다. 학생들은 자신의 폴더를 부모/교사/학생 면담에도 사용할 수 있고, 그 중의 한 장을 꺼내어 가장 좋아하는 활동을 보여줄 수 있고, 가장 힘들었던 과제가 무엇인지, 가장 어려운 문제가 무엇이었는지도 보여줄 수 있다.

교사는 학생들에게 비공개 파일을 만들어 교사 파일 캐비닛에 보관하기를 원할 수도 있다. 각 폴더에는 학생들의 관찰과, 과정에 대한 생각과 필요를 기록하고, 샘플 과제를 철해 놓을 수도 있다.

학급 명부

학생들의 성취들을 알아볼 수 있도록 학생들의 명부를 준비한다. 학생들의 이름별로 정리하면 가장 최선일 것이다. 나 같은 경우에는 A4 용지의 왼쪽 옆에 알파벳순으로 명부를 만든다. 그리고 이 종이에 5, 6개의 칸을 만들고 각 칸의 맨 위에 예를 들어, 뛰어 세기를 사용하기, 차를 구하기 위해 오름 세기, 4개의 수를 더할 때 잃어버린 것과 같은 과제명을 적고 각 칸에 학생이 활동에서 이해한 것을 일화로 적어 넣는다. 나는 또한 과제를 완수했는지 그렇지 못했는지 빠르게 적는데 활용하기도 한다.

---

3) 구성주의를 반영한 수학 수업을 한다는 것은 객관적 지식을 전수하는 것이 아니라 아이들의 반응을 토대로 아이들이 현재의 이해 수준 보다 진보한 이해 수준으로 전이해 갈 수 있도록 도와주는 것이다. 그런 점에서, 교사는 아이들의 현재의 이해 상태를 확인해야 하는데 아이들이 수업 중에 보인 반응들을 검토하는 것은 매우 중요한 교수·학습 행위 중의 하나이다.

접착식 노트

교사는 항상 주위 가까운 곳에 접착식 노트를 준비하는 것이 좋다. 이는 학생들의 수학적 "아하!" 또는 수학적 오류에 대해 관찰한 것을 손쉽게 적을 수 있게 한다. 예를 들어, 학생이 덧셈을 대신하여 뛰어 세기와 같은 수학적 개념을 갑자기 생각해 낸 것을 관찰하게 되면, 나는 개념과 학생의 이름, 그리고 날짜를 접착식 노트에 빠르게 적는다. 또한 학생들이 질문에 대해 혼란스러움을 보일 때도 적는다. 예를 들어, 학생들이 덧셈 이야기를 계속해서 적으면서 곱셈 이야기 문제로 그것을 생각할 때와 같은 경우도 기록한다.

하루가 끝났을 때, 나는 이 노트를 다시 읽고, 다음날 도움이 필요한 학생이 누구인지 결정하고, 학생들을 위해 준비한 비밀 폴더의 앞 장의 안쪽에 접착식 노트를 붙여 놓는다. 나는 이 노트를 각 단원이 한창 진행 될 때 다시 살펴보고, 메뉴 타임시간에 나의 주의가 필요한 학생이 누구인지 다시 한 번 상기한다.[4] 또한 학부모·학생·교사 면담 시간을 갖기 위해 리포트 카드를 작성하기 전에 각 학생의 이해력과 노력을 상기하기 위해 사용하기도 한다.

물론 교사는 학생이 수학을 배울 때 중요한 순간을 따라가기 위해 나름의 시스템을 개발할 것이다. 위의 방법은 단지 내가 발견한 도움이 되는 하나의 접근법이다.

학생이 쓴 과제에 직접적으로 기록하는 것보다, 나는 접착식 노트를 사용하는 것을 즐겨한다. 내가 학생들에게 그들의 추론을 수학적 용어, 수, 그림으로 종이에 설명하라고 요구할 때, 나는 무엇이 명확하고 확실한지, 무엇이 명확하지 않은지에 관한 지적을 이 노트에 기록한다. 그리고 나는 이 노트를 학생의 종이에 붙인다. 나는 학생이 나의 지적을 이용하여 그들의 어려움을 이겨내고 강해지기를 기대한다. 이 방법은 내가 초벌 원고를 가지고 작가들의 워크숍에서 사용한 방법과 같은 과정이다.

학생들의 수학 동화 제목

이 책의 각 장에서『*Scholastic's Hello Math Reader children's-literature*』시리즈로 출간된 책들을 이용한 활동이 소개되어 있다. (이 책의 말미에 있는 참고문헌 확인) 나는 이 책들이 작고, 합리적인 가격(5$ 이하)을 가지고 있기 때문에 추천한다. 각 책은 각 수학 동화와 관련된 "활동들" 절을 포함하고 있는데, 이 절에서 Marilyn Burns는 각 이야기와 관련된 수학을 논의하고 이 이야기와 관련된 문제들을 제시하고 있다. 교사는 학교 도서관이나, 동료의 교실 책장 또는 지역 교육과정 센터에 비치 된 이와 같은 책을 많이 찾아 볼 수 있을 것이다. 학생들이 이 책들을 빌려 집으로 가져가 가족들과 함께 읽을 수 있도록 계획해보도록 한다.

---

4) 학습자의 현재의 이해 수준을 파악하는 것은 다양한 형태로 이루어질 수 있다. 이런 이해를 위한 대부분의 자료는 수업 중에 매우 계획적이면서도 정밀하게 이루어지고 있음을 독자들은 인지할 필요가 있다. 즉, 수업이 수업이면서 평가이다.

제 2 장

9월 / 10월

덧셈과 뺄셈

교사는 학생들이 충분히 사고하도록 시간을 할애함으로써, 어린 학생들도 문제를 해결할 수 있다는 신념을 갖고서 학생들의 설명을 신중하게 경청함으로써, 학생들의 문제해결을 가치 있게 생각하는 환경을 구조화함으로써, 학생들의 문제해결을 촉진할 수 있으며 문제해결 전략의 명료화를 도울 수 있다.

학교수학을 위한 원리와 규준,
류희찬 · 조완영 · 이경화 · 나귀수 · 김남균 · 방정숙 역, 경문사

학교가 개학하기 전에, 대부분의 교사들은 자신들이 수학을 지도하기 위해서 계획한 것들이 가장 좋은 계획인지 그리고 학생들이 자신이 한 계획으로 고조될 수 있을지에 대해 고민을 하게 된다. 자신감을 갖기 바란다. 교사가 학습공동체를 형성하면서, 학생들을 이해하는데 초점을 맞추도록 한다.

학습 환경

주의 깊게 경청하고 각 학습자가 이해하고 있는 것을 알기 위해서 질문한다.

학생들이 주어진 문제를 이해한 방법에 대해 자신의 생각을 열고 설명하도록 하는 질문을 교사가 해야 하는데 이는 연습을 필요로 한다. 그러나 교사가 수학 교실에서 학생들의 아이디어들이 충만하게 유동시킬 수 있다면, 그 보상은 굉장할 것이다. 교사는 학생들에게 수학을 하는 방법을 "말해주는" 교사가 되는 것을 멀리해야 하고, 학생들이 각자 고유한 방법으로 수학을 이해하는 것을 "촉진시키는" 교사가 되어야 한다. 학생들의 아이디어에 대한 교사의 호기심이 수학 교실이 활기를 띠도록 할 것이다.

교사가 할 질문의 레퍼토리에 포함되어야 할 몇 가지 질문을 제시하면 다음과 같다. 교사들은 이것을 사용하다가 자신만의 질문으로 대체하고 점점 확장해 갈 수 있을 것이다.

"너의 답을 어떻게 구한 것이에요?"
"너의 답이 맞다는 것을 어떻게 알 수 있어요?"
"누가 ○○이가 말한 것을 다시 한 번 설명해 볼래요?"
"누가 다른 방법으로 이 문제를 풀어 볼까요? 너는 어떻게 풀었어요?"
"이 문제를 어떻게 이해했어요?"
"주어진 문제나 친구의 풀이에 대해서 어떠한 질문이라도 좋으니 질문하고 싶은 것 있어요?"

실수를 학습의 기회로 여기는 적극적인 청자와 질문자로 구성된 학습공동체를 형성한다.

대부분의 학생들은 자신들의 실수 때문에 조롱당하고 있다고 느끼거나 자신들이 무시당하고 있다고 느끼면, 이들은 자신들의 생각을 공유하려는 시도를 기꺼이 하지 않을 것이다. 따라서 교사의 역할은 아이들이 적극적인 청자가 되도록 해야 하고 각 아이들의 아이디어를 수용하는 것이다. 만약 일부 학생들이 듣지 않는다면 모든 것을 중단하고 "누가 ○○이가 말 한 것을 다시 한 번 설명해 볼래요?"와 같은 질문으로 그들을 다시 듣게 하도록 한다. 때때로 아이들에게 짝끼리 자신들의 전략들을 공유하도록 하고 난 후 전체 학급 구성원들과 함께 공유하기를 하는 것이 유용할 수 있다. 아이들이 우리 학급에서는 실수가 학습을 위한 좋은 기회로 여겨지고 있다는 것을 이해하도록 한다.

학년이 시작할 때, 학생들을 다른 사람의 의견을 듣기 보다는 자신의 의견을 공유하는 것에 더욱 신나 할 것이다. 교사는 학생들로 하여금 다른 학생이 발표를 할 때에는 자신의 손을 내리고, 말하는 사람을 쳐다보도록 해야 한다. 수학 토론은 짧고 빠르게-10분에서 15분정도-진행되도록 해야 한다. 『*Teaching Arithmetic: Lessons for Addition and Subtraction, Grade 2-3*』(2001)에서, Bonnie Tank와 Lynne Zolli는 학급 토론 중에 학생들이 듣기를 하는 동안 그들이 어떻게 해야 하는지를 제안하고 있다. 예를 들어, "여러분이 해야 하는 것은 Kim이 발표하는 것을 듣고, Kim이 한 것이 여러분의 것과 같은지 다른지를 알아보는 것이에요.", "Brian의 전략을 경청하세요. 그래야 여러분은 그의 전략을 자기 자신의 말로 설명할 수 있어요.", "Collin의 전략은 이미 누군가 말한 전략과 비슷하지요. 누구의 전략이 이것과 비슷한지 알아보도록 해요."

또한 교사는 일부 학생들은 소모둠에서는 자신의 생각을 잘 말하지만, 교실 전체 토론에서는 소극적이라는 것을 발견할 것이다. 아마 교사는 소극적인 아이들을 격려해서 자신들의 소모둠의 아이디어를 전체 학급구성원들과 함께 공유하도록 하거나 교사가 자신들의 아이디어를 공유해도 괜찮은지를 물어볼 수도 있다.

또한 교사는 학급 규칙 목록을 게시하여 처음 몇 주 동안 정기적으로 그것을 언급한다. 학생들로 하여금 각각의 학급규칙이 의미하는 바가 무엇인지 이야기하도록 한다. 교사가 판단하기에 학급규칙이 특별히 잘 지켜지고 있을 때 또는 문제가 발생했을 때, 이에 맞는 규칙들에 대해서 다시 한 번 학생들이 관심을 가질 수 있도록 한다. 예를 들면 다음과 같은 규칙이 있을 수 있다.

- 서로가 서로에게 공정하고 친절하게 대하기
- 조용히 바라보고, 듣고, 다른 사람으로부터 배우기
- 주의 깊게 행하고, 집중하기
- 이해되지 않을 때 질문하기

유의미한 상황을 토대로 다양한 문제해결 경험을 제공한다.

학생들이 덧셈과 뺄셈을 이해하는 방법이 모두 같지는 않다. 그렇기 때문에 교사는 다양한 문제 풀이 경험을 제공해 주는 것이 좋다. 이것을 통해서 학생들은 자신들에게 의미 있는 상황 속에서 덧셈과 뺄셈을 할 수 있다. 일부 학생들은 교구를 가지고 활동을 하다가 갑자기 이해하는 경우도 이다. 어떤 학생들은 게임을 하다가 "수학적 순간"을 경험하기도 한다. 어떤 학생들은 이야기 문제를 쓰다가 이해하기도 하고, 어떤 학생들은 수학 동화를 듣거나 읽다가 수학적 이해를 하기도 한다. 또 다른 학생들은 사물을 측정하다가 또는 돈을 다루다가 의미를 발견하기도 한다. 이 책은 각 상황에 맞는 문제 해결 활동을 제시하고 있다.

같은 것이 교사에게도 적용된다. 교사는 수학 동화를 수학 수업에 이용할 수도 있고, 게임을 수업에 이용할 수도 있다. 교사 자신이 편안해 하고 열정을 보일 수 있는 것으로 지도하기 시작한다. 교사의 흥분과 관심이 학생들에게 양분이 된다는 것을 상기하여야 한다.

수학교실에서 학생 각자의 목소리를 경축한다.

교사가 학생들의 통찰과 전략에 대해 호기심을 갖고 집중하는 것을 보일 때, 학생들은 교사의 지도를 따를 것이다. 교사가 화이트보드나 이젤에 붙어 있는 차트지에 한 전략을 기록할 때, 학생의 이름을 쓰도록 한다. 학생들과 그들의 부모님은 교실에서 학생들의 생각이 중요하게 다루어지고 있다는 것을 알게 된다. 1장에서 언급하였듯이, 교사는 이러한 차트지를 학기 초 학부모 간담회 때 학부모들과 공유할 수 있다.

어떤 학생이 전에 한 번도 공유되지 않았던 전략을 발표하였을 때, 남은 학기 동안 그 학생의 이름을 붙여 그 방법을 언급하도록 한다. 예를 들어, 9월초에 Nan이 1분 동안 얼마나 많은 별을 그렸는지를 묶어서 세어 보기 위해 뛰어세기가 유용하다고 마음먹었을 때, 나는 남은 학기 동안 뛰어세기 전략은 Nan의 전략이라고 언급했고, **덧셈 전략**이라고 제목을 붙인 벽보 위에 이것을 기록했다. 후에, 나는 이것을 **곱셈 전략** 벽보에도 추가했다.

Ray는 자신은 빼임수를 보다 작은 수로 가르기를 해서 뺄셈을 이해할 수 있었다고 말했다. "37마리의 새가 앉아 있었는데 19마리의 새가 날아갔다. 남아있는 새는 몇 마리입니까?"라는 문제에서 Ray는 19를 10+9와 같이 생각하고 37에서 먼저 10을 빼주었다. (37−10=27) 그다음에 Ray는 27에서 9를 빼주었다. 이와 같은 방법으로 9는 7+2로 생각하여 27에서 7을 먼저 빼주었다. (27−7=20). 마지막으로 20−2=18을 구하였다. 어떻게 Ray가 19에서 9를 가르기 했는지 주목하기 바란다.

학년 초에, 교사는 일부 3학년 학생들이 덧셈과 뺄셈을 할 때 머릿속으로만 추론하기 시작했다는 것을 발견할 수 있을 것이다. 학생들의 전략을 공유하길 요구할 때, 그들은 아마도 "그냥 알아요."라고 말 할 수도 있다. 교사가 그들 자신의 마음속에서 무엇이 어떻게 진행되고 있는지 듣거나 볼 수 없다는 것을 학생들에게 설명하고, 그들에게 자신들이 답을 구한 방법을 이해할 수 있도록 언어, 수, 그리고 아마도 그림으로 나타낼 필요가 있음을 알려줄 필요가 있다.

수학

학생들은 다양한 전략을 이용해서 100까지의 수를 이해해야 한다.

어린 아이들은 처음에는 사물들을 하나씩 세어서 덧셈과 뺄셈을 한 후, 이들은 교구나 그림과 같은 모델들을 이용해서 세면서 사물이나 양을 묶음짓기 한다. 결국, 이들은 언어나 그림의 도움을 받아 수만으로 사고하기 시작한다. 마지막으로, 이들은 암산을 이용해서 자신들의 머릿속에서 수만으로 추론한다. 서로 다른 아이들은 서로 다른 시기에 이 여정의 서로 다른 단계에 도달할 것이다. 이 최종적인 수만으로 하는 사고에 대한 탄탄한 기초를 형성하기 위해서, 모든 아이들은 20까지의 수을 이용해서 덧셈과 뺄셈을 하고 난 후 100까지의 수로 넘어가야 한다. 학생들은 반복적인 수세기 패턴(1, 2, 3; 11, 12, 13; 21, 22, 23)과 확장적인 수세기 패턴(1, 2, 3; 10, 20, 30)을 연습한다. 학생들이 너무 빠른 속도로 큰 수를 다루게 하는 것은 지양해야 한다. 교사는 학생들이 봄에 덧셈과 뺄셈을 다시 할 것을 상기하면, 이를 위한 충분한 시간을 가질 수 있다. 그런 후에 조차 교사는 1000으로 넘어가기 전에, 학생들이 100까지 수로 추론하는 것을 지원하는 것이 좋다.

학생들은 연속해서 세기와 묶음짓기 경험을 필요로 한다.

수는 양을 표현하고 현실 세계에 있는 사물들과 직접적으로 관련 있다는 것을 이해하기 위해서, 아이들은 만져볼 수 있거나 볼 수 있는 사물들을 세는 경험을 필요로 한다. 지면으로만 수를 다루는 것으로는 충분하지 않다. 학생들은 학급구성원 중 얼마나 많은 학생들이 테니스화를 신고 있는지, 얼마나 많은 학생들이 테니스화를 신고 있지 않은지, 왼손에 가지고 있는 콩의 수에 비해 오른손에 가지고 있는 콩의 수는 얼마나 많은지, 1분 동안 그릴 수 있는 별의 수는 몇 개인지, 그리고 그 외의 다른 활동을 통해 수에 대해 이해하게 된다. 교사들이 이와 같은 활동을 해 나갈 때, 어떤 아이들이 사물을 하나씩 세는지, 또는 어떤 아이들이 2개씩, 5개씩, 10개씩 묶어세기를 하는지 알아내야 한다. 교사는 “하나씩 세어 나가는 학생이 센 마지막 수가 자신이 센 양을 표현하고 있다는 것을 알아서 모든 것을 다시 세는 대신에 이어세기를 할 수 있는지?” 자문해야 한다. (예를 들어, Jarod는 15개의 타일이 있다는 것을 알고, 16, 17, 18, 19와 같은 방법으로 양을 세었다.) 일단 학생들이 수 세기에 편해지면, 수를 묶음지어 세도록 격려한다. 예를 들어, 36개의 연결정육면체를 세는데 10개씩 또는 5개씩 세는 것과 1개씩 세는 것 중 어느 것이 효율적인지 비교해보도록 한다. 10개씩 묶음지어 세는 것은 학생들이 10+10+10=30까지 세고, 6개의 남은 연결정육면체를 세어 30+6=36과 같이 양을 알아낼 수 있다.

학생들이 2, 5, 10 또는 다른 수를 이용하여 묶음 지을 때, 그들은 뛰어 세기를 시작한다. 학생들은 "10 더하기 10 더하기 10은 30이야."라고 생각하는 대신에 "10, 20, 30"이라고 뛰어 세기를 통해 덧셈을 한다. 학생들이 동량으로 묶음짓기를 시작할 때, 그들은 곱셈의 개념을 알아가기 시작하는 것이다. 그들은 또한 나눗셈의 기본 개념도 형성해 가는 것이다. (30개의 연결정육면체는 똑같이 10개씩 3 묶음으로 나누어진다.)

학생들은 수를 자신들이 친숙한 수를 쪼개어 이해한다.

학생들이 구체물을 통해 수 세기와 묶음지어 세는 경험을 충분히 갖은 후, 학생들은 그림이나 수로 그것을 나타낸다. 학생들은 수를 분해하거나 쪼개어 봄으로써 덧셈과 뺄셈의 개념을 이해하기 시작한다. (18쪽에서 Ray가 37－19를 하면서 했던 것처럼)

결국 학생들은 구체물을 이용하거나 그림을 그려보는 것에 덜 의지하게 되고, 정신적으로 그리고 자신이 친숙한 수로 종이에 수를 분해함으로서 수만으로 이해하기 시작한다. 25＋19를 할 때, 그들은 25는 20＋5이고 19는 10＋9로 생각한다. 그들은 수를 자리에 따라 나눈다. 그들은 10의 자리, 일의 자리라는 말과 같은 것을 사용하기 전에 자리 값 개념을 사용하게 된다. 그리고 20＋10을 하여 30을 만들고, 5＋9를 하여 14를 만든 후, 30＋14는 30＋10＝40이고, 여기에 4를 더해 40＋4＝44가 됨을 알아낸다.

세로 형식으로 문제를 제시하는 것보다 가로 형식으로 문제를 제시하는 것이 학생들이 수를 분해하고 조합하게 만드는 좋은 형태이다.

$$25 + 19 = \quad \begin{array}{r} 25 \\ \underline{+\ 19} \end{array}$$

가로 형식의 문제를 보면, 학생들이 종종 주어진 수들을 다룰 때 일의 자리 수 보다 먼저 십의 자리 수를 다룬다. 물론 대부분의 성인들은 이러한 방법이 타당하다는 것을 알고 있다. 그럼에도 불구하고 지필로 문제를 해결할 때, 일의 자리를 계산하고 십의 자리로 넘어가라고 가르치고 있다.

학생들이 문제를 풀 때, 그들은 각기 다른 속도로 다른 해석에 도달할 것이다. 어떤 학생들은 덧셈이나 뺄셈 상황에서 수를 세기 위해 구체물이 필요할 수도 있다. 다른 학생들은 그림과 언어가 그들의 생각을 끄집어내는데 도움을 줄 수도 있다. 교사는 아이들의 전략을 기록해 놓음으로써, 교사는 학생들이 수로 사고하는 방법을 모델링할 수 있다. 교사는 많은 시간 수만으로 추론하는 아이도 새로운 문제 상황들을 이해하려고 노력할 때 교구나 그림을 활용하려고 한다는 점을 상기해야 한다. 우리 어른들도 마찬가지이다. 또한,

어떤 문제 상황에서는 그림이나 구체물을 이용하여 문제를 다루는 것이 더 타당할 수도 있다는 것을 알아야 한다. 이해할 수 있는 모든 전략을 받아들이고 격려하도록 한다.

학생들은 가까운 친숙한 수로 다른 수를 이해한다.

어떤 학생은 25+19에서 19는 더 친숙한 수인 20으로 생각하여 이해한다. 그리고 25+20=45를 한 후 마지막으로 20은 19보다 1이 크므로 45-1=44를 알아낸다. 이러한 학생은 수를 친숙한 수로 분해하여 생각하는 것이 아니라 주어진 수 근처에 있는 친숙한 수로 가는 것이다.

18쪽에 나와 있듯이, Ray가 37-19를 할 때, 그는 자리 값에 따라 친숙한 수로 분해했다. 그리고 나서 27-9를 할 때 그는 가까운 친근한 수로 바꾸어 27-7을 해서 20(가까운 친근한 수)을 얻고, 2를 더 빼어 18를 구했다.

친숙한 수는 보통 5나 10의 배수이다. 이는 십진법에 기초하고 있기 때문이다. 23+75를 할 때, 어떤 학생은 23을 25로 생각하여 25+75=100이라고 생각할 수 있다. 그리고 23은 25에서 2를 빼면 되기 때문에, 100-2=98을 얻어낸다.

학생들은 덧셈 조합을 이해하면서 사고하고 추론한다.

가끔 학생들이 기계적인 반복을 통한 암기로서 20까지의 덧셈 조합을 배워야 한다고 가정하는 사람들도 있다. 대신에, 우리는 학생들이 이러한 수 조합을 배우고 이들 조합들을 좀 더 큰 수에도 할 때 수감각을 활용하기 위해서 아이들에게 사고하고 추론하도록 격려할 필요가 있다. 여기에 이러한 활동을 도와줄 몇 가지 전략을 소개한다.

- **같은 두 수의 합 +1, −1하기:** 학생들은 3+3=6, 9+9=18처럼 같은 두 수의 합을 구할 수 있다. 그들은 이러한 같은 두 수의 합을 다른 조합과 같이 사용한다. 예를 들면, 3+4의 경우 3+3=6을 하고 +1를 하여 7의 값을 얻는다. 9+8의 경우에는 9+9=18을 계산 한 후 −1을 하여 17의 값을 얻는다. 이와 같은 방법으로 33+4의 경우에는 33+3=36을 얻은 후 +1을 하여 37의 값을 얻는 계산에 적용한다.

- **10에 가까운 수와 10의 배수를 이용하기:** 10은 학생들이 덧셈 조합을 이해하는데 도움을 주는 친숙한 수이다. 8+3의 경우 8+2=10을 한 후 +1을 하여 11의 값을 얻는다. (3이 1+2로 분해되는 방법을 알아야 한다.) 그리고 9+7의 경우에는 9+1=10을 한 후, 6을 더하여 16의 값을 얻는다. (7이 1과 6으로 분해되었다.) 이러한 사고 전략은 좀 더 큰 수로도 확장 적용된다. 예를 들어, 49+7의 경우 49+1을 하여 50을 얻은 후 +6을 하여 56의 값을 얻는다.

- **좀 더 큰 수를 앞에 놓고 덧셈하기:** 덧셈은 교환법칙이 성립하기 때문에 순서를 바꾸어 계산할 수 있다. 이러한 덧셈의 성질은 학생들에게 10에 가까운 덧셈을 할 경우 중요한 전략을 제공 해 줄 수 있다. 예를 들어, 3+8을 할 경우 8+3을 생각하고 8+2=10을 한 후 +1을 하여 11의 값을 얻는다. 그리고 7+9의 경우, 9+7로 생각하고 9+1=10을 한 후 6을 더하여 16의 값을 얻는다. 이러한 전략은 큰 수에서도 같은 방법으로 확장 적용된다. 예를 들어, 3+28은 28+3으로 생각하고 28+2=30을 한 후, +1을 하여 31의 값을 얻는다.

학생들은 덧셈과 뺄셈의 관계를 만든다.

11−9=2의 경우, 어떤 학생들은 11개의 계수표시(tally marks)를 쓴 후 9개의 계수표시를 지운다. (/////////// → //×××××××××) 어떤 학생들은 1−100 수배열표에서 11을 찾은 후 9칸을 뒤로 와서 2를 찾는다. 좀 더 많은 학생들은 덧셈과 뺄셈의 역연산 관계를 만든다. 이러한 학생들은 2+9=11이기 때문에 11−9=2라는 것을 수리적으로 설명한다.

많은 학생들은 구차 뺄셈 문제(얼마나 많은지? 얼마나 적은지? 차는 얼마인지?)를 덧셈 또는 오름세기를 이용해서 이해한다. 예를 들면, 한 학생이 16자루의 연필을 가지고 있고, 다른 한 학생이 7자루의 연필을 가지고 있다면, 두 학생이 가지고 있는 연필의 차를 7+3=10을 구한 후, 여기에 6을 더하여 16을 얻는다. 그러고 나서, 3과 6을 더하여 9의 값을 계산한다. 또 다른 학생은 7+9=16이므로 16은 7보다 9가 큼을 설명하고, 차가 9임을 알아낼 수 있다, 하지만 여전히 16개의 연필을 한 줄로 놓고, 7개의 연필을 또 다른 줄로 만들어 두 줄의 연필을 일대일 짝지은 후 차를 알아내는 학생이 있을 수 있다.

교사의 역할은 학생들 각자의 전략을 격려하고 받아들이는 것이다. 점차적으로, 학생들은 머릿속으로 그리고 수만으로 추론하려고 할 것이다. 왜냐하면, 이 전략이 좀 더 효율적이기 때문이다. 교사는 학생들이 구잔과 구차와 관련된 구체적인 경험을 하고 이것을 이해하고 더 나아가 좀 더 추상적인 수 전략을 개발할 수 있도록 도와야 한다.

경험 교사의 조언

이 장의 나머지 절들은 교사의 수학 프로그램을 위해 가능한 문제 풀이 상황을 제공하고 있다. 이러한 아이디어들은 많은 자료 출처로부터 뽑아진 것이다. 교사가 이해하고, 관심 있는 것을 이용할 수 있다. 학생들이 합병 문제(병 속에 들어가는 연결정육면체의 수, 한 손에 쥐어진 콩의 개수),

구차문제(온도재기)와 구잔문제(give and take 게임)를 해결할 수 있도록 프로그램을 준비했는지 확인해야 한다.

교사의 수업 계획에 따라 게임이나 돈 관련 문제, 측정 문제, 수학동화를 이용한 문제, 이야기 문제를 쓰는 수학적 경험을 균형 있게 제공해 주어야 한다. 그리고 실수는 배울 수 있는 좋은 기회라는 것을 교사도 기억해야 한다. 모든 문제를 가지고 수학 토론을 하려고 하기 보다는 몇몇 의미 있는 문제를 선정하여 수학 토론에 이용하도록 시간을 주어야 한다.

일상 소재로 하는 수학

출결확인, 점심 급식자수 세기, 매일 온도 읽기와 같은 학급 일과활동들은 수학 문제를 위한 현실 상황을 제공한다. 이러한 활동들은 또한 아이들이 관심 있어 하는 맥락에서 덧셈과 뺄셈 기능을 연습할 수 있는 기회를 아이들에게 제공한다.

출결확인

학급의 학생수가 20명이고, 모두 출석하였다면, 이러한 상황을 이용하여 덧셈/뺄셈 문제를 만들 수 있다. 예를 들어, "오늘 20명의 학생이 모두 출석 하였습니다. 이중 12명이 남학생이라면, 여학생은 몇 명이에요? 그리고 어떻게 알 수 있어요?"와 같은 문제를 만들어 낸다. 제시된 문제를 풀기 위해서, 학생들로 하여금 종이와 연필, 콩과 연결정육면체, 머리셈을 사용하도록 권장한다. 학생들이 그들의 전략을 공유할 때, 각각의 전략을 차트지에 기록한다. 어떤 학생은 덧셈 전략(12+__=20)을 사용하고, 어떤 학생들은 빼기 전략(20-12=__)을 사용한다. 학생들이 답을 구한 후에 교사는 학생들을 남학생과 여학생으로 묶음지어 확인해 볼 수 있다.

학생들이 20과 같은 작은 수를 다루어 자신감을 가졌을 때, 큰 수로 확장 적용하도록 격려한다. 예를 들면, 다음과 같다. "만약 우리 반에 30명의 학생이 있고 그 중 22명이 남학생이라면 여학생은 몇 명일까요?"

그 다음날 교사는 다른 문제를 설정할 수 있다. 예를 들어, 만약 20명의 학생 중 17명이 출석하였고 그 중 8명이 여학생이라면 남학생은 몇 명이에요? 며칠이 지난 후 이러한 문제들을 분류하고, 학생들로 하여금 학생들이 직접 출석에 관한 문제를 만들어 보도록 한다. 또한 1장에서 제시한 출석 그래프를 서서히 보여주기 시작한다.

심화

만약 학생들이 출석 자료를 수집하는 것에 싫증을 낸다면, 출석에 대한 자료를 다른 반의 자료와 합하는 것을 고려한다. 결국 교사는 3학년 학생 전체의 출석 그래프를 만들 수 있을 것이다.

점심 급식자수 세기

점심 급식자수 세기는 몇 명의 학생들이 점심을 집에서 싸 가지고 왔으며, 몇 명의 학생들이 식사를 주문해야 하는지에 대한 현실 상황을 학생들에게 제공한다. "학급의 자료 모음"을 만들어 1장에서와 같은 그래프에 정보를 기록하도록 한다. 같은 학생이 같은 날의 출석수와 온도도 기록하도록 해도 좋다.

출석 문제와 같은 종류의 문제를 설정하도록 한다. 예를 들어, "우리 학급의 20명의 학생 중 11명의 학생이 점심을 싸왔다면, 우리 반 학생들 중 점심을 주문해야 하는 학생은 몇 명일까요?"와 같은 문제를 설정한다. 만약 학생들이 20이라는 수에 싫증을 느낀다면, 전체 학생 수를 30명으로 확장하여 문제를 제시할 수도 있다.

오늘의 수

1장에서 본 것과 같이, 오늘의 수를 여러 가지 방법으로 학급 일과활동으로 사용할 수 있다. 예를 들어, 각 달의 첫 번째 날의 수를 특정한 수로 간주할 수 있다. 각각의 날에 그 날의 수를 만들 수 있는 다양한 식을 만들어 낸다. 9월 8일을 예로 들면 다음과 같은 반응을 보일 수 있다.

$$6+2=8$$
$$4+4=8$$
$$5+3=8$$
$$(100-100)+8=8$$
$$10-2=8$$
$$100-92=8$$

어떤 학생들은 체계적인 패턴으로 식을 쓸 수 있다. 예를 들어 $1+7=8$, $2+6=8$, $3+5=8$, $4+4=8$, $5+3=8$, $6+2=8$, $7+1=8$과 같이 그리고 $9-1=8$, $10-2=8$, $11-3=8$과 같은 식을 만들어 낸다. TERC는 이 접근을 **수식을 체계적으로 수정하기**라고 불렀다(그림 2-1 참고).

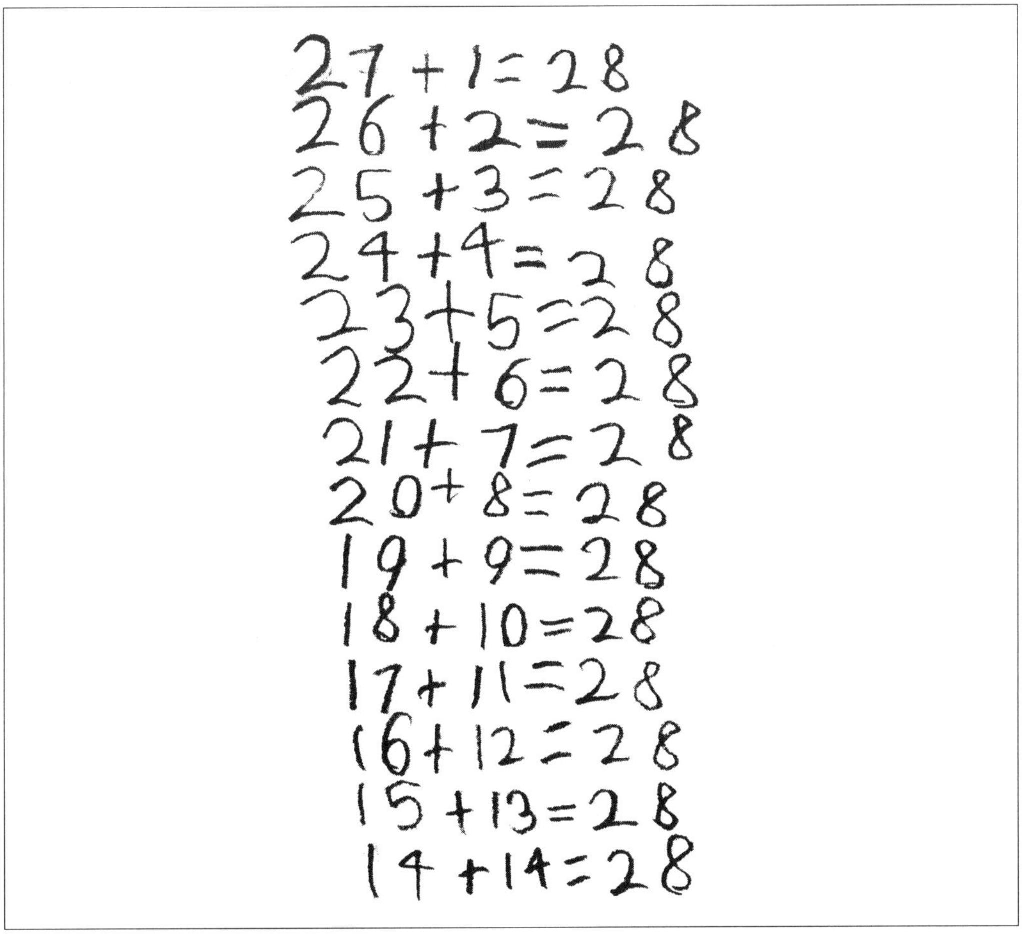

그림 2-1
Sam은 28일에 있는 28이라는 수를 가지고 식을 만들었다.

학생들이 식을 만들어 낼 때, 칠판에 있는 날짜 아래에 학생들의 이름과 함께 그들이 만들어 낸 식을 적는다. 그 다음 날 학생들로 하여금 아직 식을 만들어 내지 못한 사람이 누구인지 알아내도록 한다. 식을 만들지 못한 학생들로 하여금 오늘의 수를 이용한 식을 만들어 내도록 격려한다.

교사는 오늘의 수를 위한 몇 가지 재미있는 규칙을 만들 수도 있다. 예를 들어, 9일이라면,

- 하나의 연산 기호만을 사용하기 : $2+7=9$, $11-2=9$
- 세 개의 수를 이용하며 식 만들기 : $2+3+4=9$, $(20-17)+6=9$

오늘의 수 시간이 끝나면, 학생들에게 공책이나 빈 종이에 오늘 만들어 낸 식을 적도록 하고, 수학 파일에 모으도록 한다. 주기적으로 수학 공책과 수학 파일을 검사하도록 한다.

오늘의 온도

학교수업이 시작하기 전에, 이른 아침의 바깥 온도를 재어 기록하도록 한다. 1장에서 보았던 온도그래프에 온도를 나타낸다. 그리고 처음 시작하는 날 한 학생 또는 "매일 온도 기록자"에게 점심 식사 후에 온도를 기록하도록 하고, 그들이 그래프에서 발견한 것을 추가하도록 한다. 학급의 아이들로 하여금 어느 날이 온도가 올랐는지, 얼마나 올랐는지 그리고 어느 날이 온도가 내려갔는지 얼마나 내려갔는지 토의하도록 한다. 학생들로 하여금 두 온도 사이의 차를 알아보도록 할 수도 있다.

학생들이 그들의 답과 이 답을 얻은 방법을 공유할 때, 학생들의 반응을 판서한다. 내림세기와 같은 빼셈 전략 그리고 오름세기와 같은 덧셈 전략에 대해 설명한다. 만약 학생들이 답을 얻기 위해 1-100 수배열표와 연결정육면체를 이용한다면, 칠판에 다이어그램과 그림으로 이들 좀 더 구체적인 전략들을 판서한다.

학생들은 온도를 비교하기 위해 다양한 전략을 사용할 것이다. 예를 들어, 어느 날 온도가 화씨 56도이고, 그 다음날 온도가 화씨 70도였다고 가정해 보자. 이런 경우에 어떤 학생들은 온도 그래프를 보면서 56에서 70까지 오름세기를 할 것이다. 다른 학생은 56을 60이라고 생각하고 머릿속으로 추론할 것이다. 만약 60과 70의 차이가 10임을 알고 있다면, 56이 60이 되기 위해서 4가 더해짐을 알고, 전체의 차는 14라는 값을 얻을 것이다. 다른 학생들은 연필과 종이를 이용해서 "오름세기"를 하기 위해 작은 수에서부터 큰 수로 가는 수선(number line)을 그릴 것이다. 그들은 왼쪽의 수에서 오른쪽의 수로 가는 가상의 수선을 그리거나 아래의 수식과 같이 두 단계를 거쳐 두 수의 차를 구할 것이다. (아래 참조) 이 수선을 그리는 전략은 Marcus, Eun-Jin, Janet가 처음으로 사용한 방법이다. 이러한 방법은 많은 학생들이 사용하는 전략이다. (그림 2-2 참조)

$$56 \xrightarrow[60]{+4 \quad +10} 70$$

혹은

$$\begin{aligned} 56 + 4 &= 60 \\ 60 + \underline{10} &= 70 \\ 14 \end{aligned}$$

어떤 학생들은 70에서 56까지 오른쪽에서 왼쪽으로 수선을 그리거나 아래와 같이 두 단계를 거쳐 "내림세기"를 할 것이다.(아래 참조)

$$56 \xleftarrow[\ 60\ ]{-4 \quad -10} 70$$

혹은

$$\begin{aligned} 70 - 10 &= 60 \\ 60 + \underline{4} &= 56 \\ 14 & \end{aligned}$$

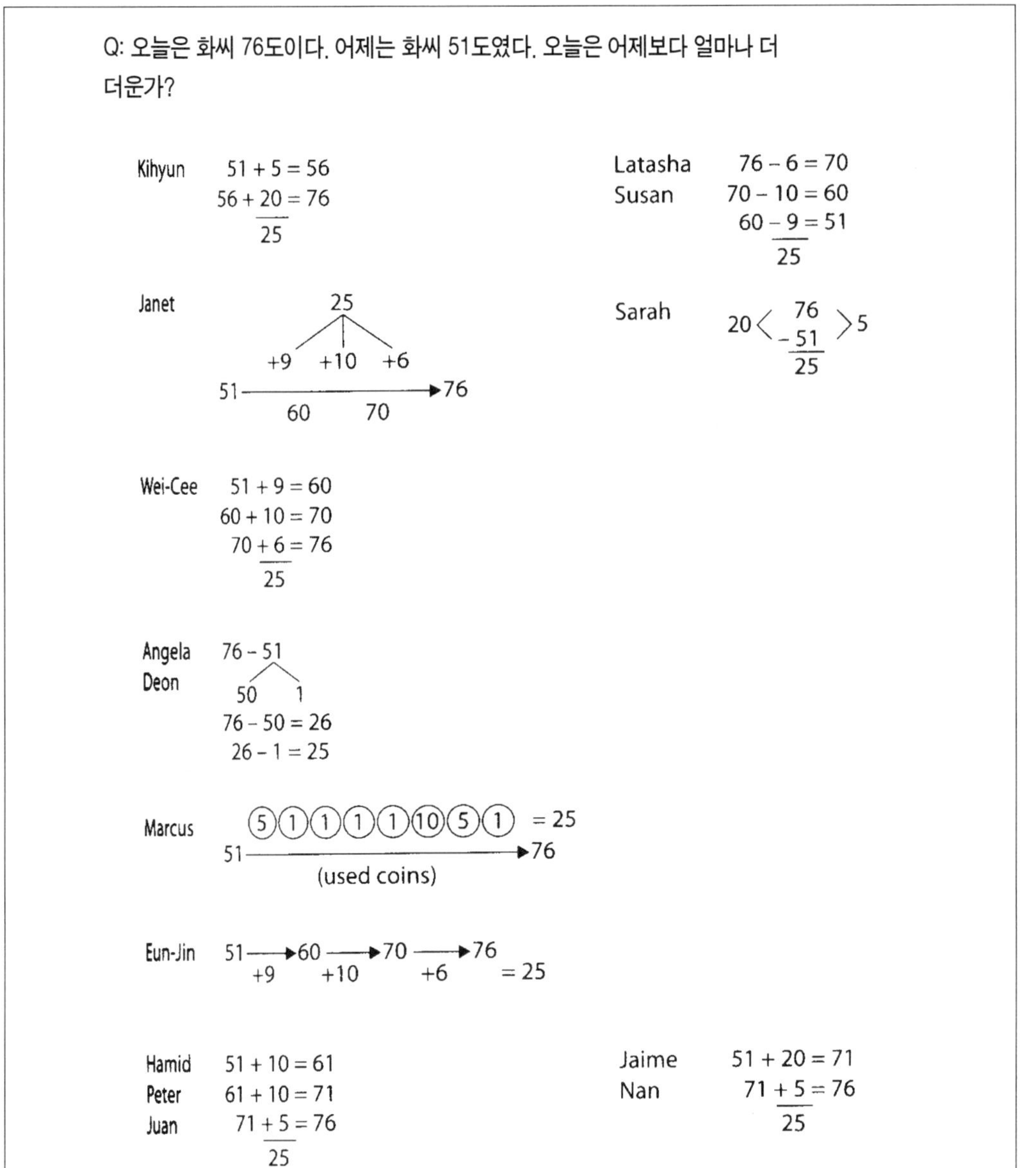

그림 2-2
이 학급구성원들은 온도 구차문제에 대해 다양한 창의적인 방법을 만들어냈다.

또 다른 학생들은 56을 50과 6으로 나누어 70 빼기 50은 20이고, 20 빼기 6은 14라고 구할 것이다.

어떤 학생은 아래와 같이 전통적인 방법으로 받아내림을 이용해 차를 구할 것이다.

$$\begin{array}{r} {}^{6}\not{7}\,{}^{10}0 \\ -\ 5\ 6 \\ \hline 1\ 4 \end{array}$$

이러한 전통적인 절차를 판서한 후, 이 학생에게 왜 7에 선을 긋고 7 위에 6을 썼는지, 왜 56에 있는 6 위에 10을 썼는지 물어 본다. 그런 다음 교사는 그 학생이 정말 70이 60과 10의 합으로 이루어져 있는 것을 알고 있는지?, 10 빼기 6과 60 빼기 50을 생각하고 있는지?, 또는 자릿값을 알고 6 빼기 5를 하였는지 스스로 자문해 보아야 한다.

심화

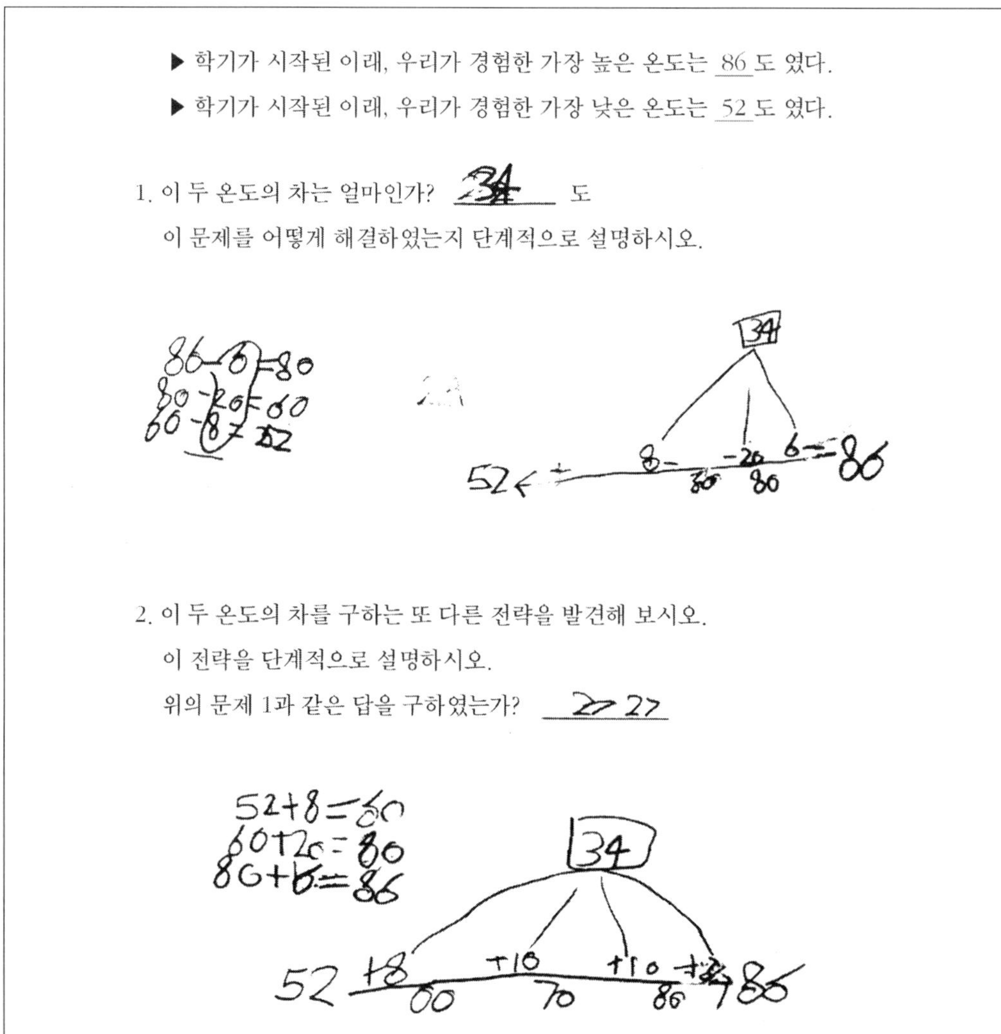

▶ 학기가 시작된 이래, 우리가 경험한 가장 높은 온도는 86 도 였다.

▶ 학기가 시작된 이래, 우리가 경험한 가장 낮은 온도는 52 도 였다.

1. 이 두 온도의 차는 얼마인가? 34 도

이 문제를 어떻게 해결하였는지 단계적으로 설명하시오.

2. 이 두 온도의 차를 구하는 또 다른 전략을 발견해 보시오.

이 전략을 단계적으로 설명하시오.

위의 문제 1과 같은 답을 구하였는가?

▶ **그림 2-3**
Deon은 두 가지 전략을 사용해서 86도와 52도의 차를 구했다.

학생들로 하여금 두 가지 다른 전략을 이용해서 온도의 차를 비교하는 문제를 짝끼리 해결해보도록 한다. 학생들이 한 가지 이상의 전략을 사용해서 문제를 해결하게 되면, 학생들은 수에 대한 유연성을 갖게 되고 자신들이 한 과제 수행을 점검할 수 있다. 또한 짝 활동은 문제 해결에 짝이 참여하도록 서로 북돋아 줄 것이다. (그림 2-3 참조)

경험 교사의 조언

교실에서 교사는 위와 같은 전략을 볼 수도 또는 전혀 보지 못할 수도 있다. 교사는 전에 본 적이 없는 새로운 전략을 보게 될 수도 있다. 위와 같은 생각들이 나오도록 강요하기 보다는 모든 학생들의 생각을 허용적으로 받아들여야 한다. 말해줌으로써 가르치기 보다는 허용하는 것이 낫다는 것을 항상 기억해야 하고, 허용하는 것이 학생들이 수학을 이해하는데 수월한 방법이 된다. 학생들이 그들만의 생각을 하고 추론하는 기회를 박탈당할 때, 교사는 듣고 보고자 하는 것을 절대 볼 수 없을 것이다. 만약 전략이 타당하다면, 그들의 방법을 격려해 준다. 가끔 어떤 문제에 있어서 학생들이 사용한 다양한 전략을 차트지에 기록한 후 칠판에 붙여 다른 학생들로 하여금 검증해보고, 토론해보도록 한다. (그림 2-2 참조) 이와 같은 차트지는 학생들의 부모와 상담을 할 때, 학생들의 의미 있는 생각을 존중하는 것에 대해 말 할 수 있을 것이다.

간식시간

간식시간은 학생들이 건포도, 물고기 크래커, 또는 교사가 준비한 과자들을 묶음지어 세기를 연습할 수 있는 좋은 기회이다. 이 상황을 활용해서, 먼저 OHP 위에서 교사가 한 움큼 집은 35개의 건포도를 묶어서 세는 방법을 시범 보인다.

먼저, OHP 위에 35개의 건포도를 올려놓고 10개씩 묶음 짓는다. 10개씩인 3묶음과 낱개 5개가 될 것이다. 다시 칠판에 이와 같이 묶음 짓는 방법을 보여준다. 세 개의 원을 그리고 각 원에 10개의 점을 그린다. 그리고 5개의 낱개의 점을 원 밖에 그린다. 각 원 옆에 10, 10, 10을 적고 10, 20, 30이라고 뛰어 세며 읽는다. 낱개 옆에는 5라고 적는다. 동량의 묶음을 만들어 수를 세고, 남은 낱개를 **나머지**(R)라고 부른다고 설명해 준다. 나중에, 이 단어는 학생들이 나눗셈을 이해하는데 도움을 줄 것이다. 학생들의 도움을 받아 30+R5=35라는 식을 만든다.

A4 용지를 학생들에게 나누어 주고, 학생들에게 한 움큼의 건포도를 주고 세도록 한다. 학생들이 참고할 수 있도록 교사가 세운 방정식을 칠판에 그대로 써놓는다. 학생들로 하여금 교사가 보여준 묶음 짓고, 세고, 기록하는 것을 해보도록 한다. 학생들이 모두 끝났을 때, 그들의 활동이 정확히 이루어졌는지 확인한다. 만약 그들의 활동이 타당하게 이루어 졌다면 학생들이 간식을 먹을 수 있도록 한다.

그리고 실물화상기를 이용하여 다른 방법으로 묶음 짓고 세는 것을 보여준다. 예를 들어, 5개씩 7묶음 짓는 것을 보여준다. 칠판에 7개의 원을 그리고 그 안에 5개의 점을 찍는다. 그리고 나머지가 없음을 주지시킨다. 그리고 각 원 옆에 5를 쓰고, 35를 5, 10, 15, 20, 25, 30, 35와 같이 5씩 뛰어 세기 한다. 두 번째 묶음 지어 센 방법이 첫 번째 센 방법을 점검할 수 있음을 지적해 준다. 각 경우에 모두 35를 얻게 되는 것을 통해 자신들의 답이 맞는다는 확신을 갖게 될 것이다.

학생들이 간식을 다 먹고 난 후에 심화를 제공하면, 많은 시간을 필요로 하거나 도움이 필요한 학생들은 급하게 몰아친다는 생각을 갖지 않을 것이다.

심화

- 자신의 간식의 수를 묶음 짓고, 세기를 다한 학생들에게 두 번째 방법으로 해보도록 한다.
- 한 가지 방법으로 묶음 짓고, 세기를 다 학생에게 10과 5가 아닌 다른 수로 묶음 지어 보도록 한다.
- 학생들이 그들의 과제를 다 한 후에 학생들이 발견한 방법을 써보도록 한다. (그림 2-4 참조)

게임

게임은 학생들에게 덧셈과 뺄셈을 연습할 수 있는 실생활을 제공한다. 수학 게임을 하면서 학생들은 설명하고, 다른 사람의 생각을 듣는 사회적 상호작용을 한다. 아래에 설명된 게임 속에는 게임의 승자와 패자가 누구인지보다는 학생들이 몰두하는 수학적인 생각이 더 중요하다. 교사들은 이미 좋아하는 덧셈과 뺄셈 게임을 알고 있다. 이 장에서는 다른 것들을 소개하도록 한다. 교사는 게임 속에 수학적인 사고들을 알기 위해 반드시 미리 혼자서 게임을 해보도록 한다.

나의 규칙 알아맞히기

이 게임은 학생들이 불안정하고, 서로를 알아가는 시기인 학기 첫 주에 할 수 있는 이상적인 분류하기와 구분 짓기 게임이다. 『*Mathematical Thinking at Grade 3*』(Russell and Economopoulos, 1995)에서, 이 게임에 대한 좀 더 많은 아이디어를 얻을 수 있다.

경험 교사의 조언

게임은 가정생활에서 수학적인 긍정적 부분을 만드는 훌륭한 방법이다. 만약 교사가 학기초에 실시하는 학부모 방문의 밤에 학부모들과 이 게임을 한다면, 학급에 있는 전략 차트지를 지적해가며 각 놀이자가 자신의 생각을 설명하고, 공유된 다양한 아이디어를 즐기는 것의 중요성을 시범보인다. 가족은 학생의 수학 학습에 있어서 인지적·정의적 발달에 중요한 파트너가 될 수 있다. 아마도 교사는 각 가정에 두 개의 주사위와 카드 게임을 할 수 있는 책상을 사도록 요구할 수도 있다.

어떤 가족은 주사위를 허락하지 않을 수도 있다. 그러나 각 면에 수가 쓰인 쌓기나무나 인덱스카드를 반으로 잘라 각 조각에 수를 적는다. 인덱스카드의 경우, 1, 2, 3, 4, 5, 6의 카드를 4장씩 준비한다. 이 수 카드들을 섞어 놓고 주머니나 공기그릇에서 꺼낸다.

아이들은 집에 이 게임을 소개하기 전에 학교에서 여러 번 게임을 할 기회를 가져야 한다. 교사는 학생들이 게임을 하는 동안 오름세기(덧셈 또는 구차)와 내림세기(구잔)에 사용하도록 1−100 수배열표를 집으로 보내는 것도 좋다. 또한 콩이나 동전을 이용하기를 권장하도록 한다.

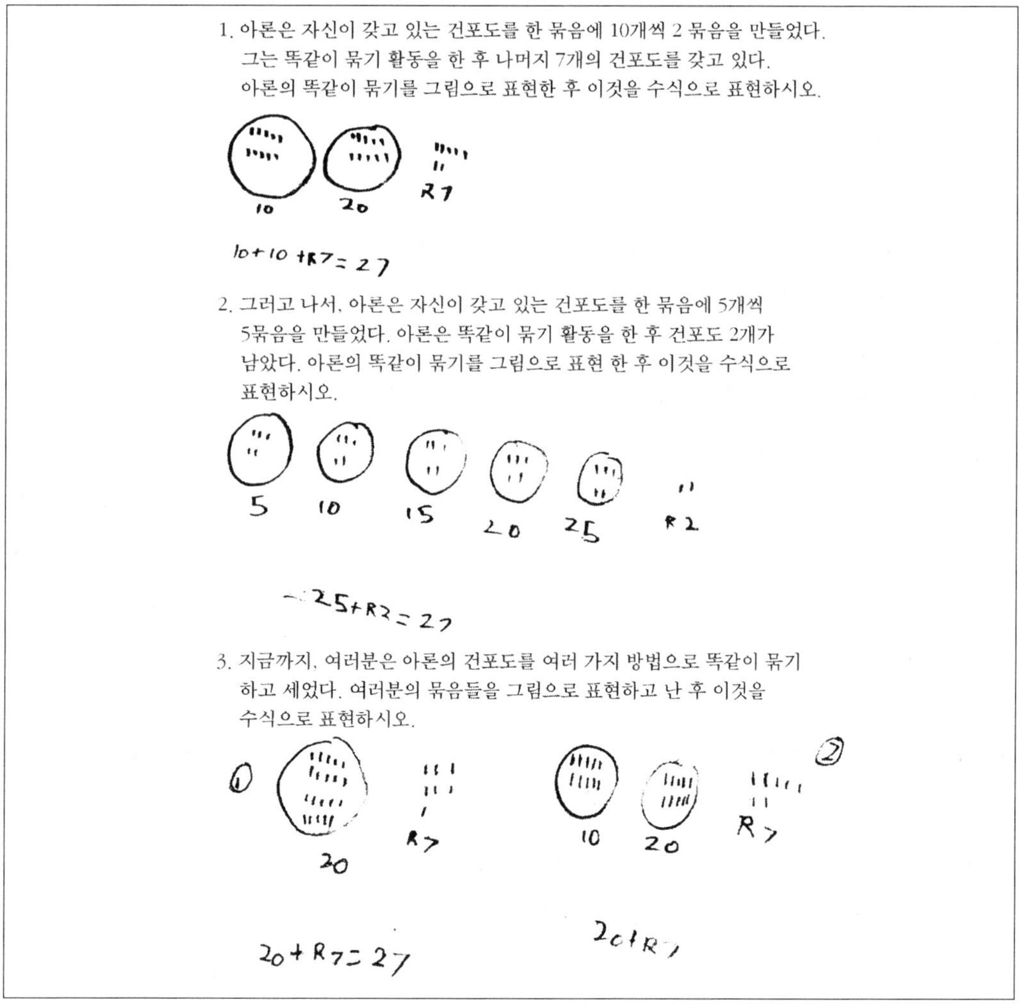

◀ **그림 2-4**
자신의 건포도를 묶음 지어 센 Aaron의 전략은 Sarah가 한 숙제를 위한 이야기 문제를 위한 자료가 되었다.

교수 · 학습 지침

1. 학생들을 위해 "손목시계를 차고 있는 학생"과 같은 비밀의 규칙을 생각해 낸다. 어떤 학생은 교사가 생각한 "규칙"에 해당하는 학생들도 있을 것이고, 그렇지 못한 학생도 있을 것이다.
2. "규칙"에 해당하는 몇몇 학생과 그렇지 않은 몇몇 학생을 따로 묶음지어 교실 한 쪽에 서 있도록 한다.
3. 다른 학생들로 하여금 이 두 묶음을 살펴보고, 교사가 생각한 "규칙"이 무엇인지 추측하도록 한다.
4. 한 학생이 "규칙"을 맞추면 다른 모든 학생들을 묶음 짓고, 각 묶음의 학생 수를 세어 두 묶음의 수를 비교하도록 한다.

이 활동을 실행하는데 있어서, 학생들이 어떤 학생들은 교사가 생각한 비밀의 규칙에 해당하는 학생도 있을 것이고, 그렇지 못한 학생도 있을 수 있다는 것을 이해하는지 확인해야 한다. "규칙"에 해당하지 않는 학생도 해당하는 학생과 마찬가지로 비밀을 이해하는데 도움이 된다는 것을 지적해야 한다. 이 게임의 목적은 "규칙"에 해당하는 것이 아니라 "규칙"을 이해하는 것이다. 이러한 메시지를 교환하기 위해, 교사는 수학이 탐정의 일과 같다고 제안할 수도 있다. 각 학생은 추론하고 관찰할 필요가 있을 것이다.

또한 이 활동에 대한 반응을 위한 몇 가지 표준들을 세워 놓는다. 학생들을 일으켜 세워 범주로 분류할 때, 학생들은 "관찰하고, 머릿속으로만 생각하는" 침묵의 시간을 갖도록 한다. 그 때까지는 어떤 학생도 손을 들어서는 안 된다. 그 다음 학생들이 각자 생각한 것을 자신의 짝과 함께 작은 목소리로 상의하도록 하고, 마지막으로 "규칙"에 해당하는 학생 중 지원자를 받아 앞으로 나와 자신이 속한 묶음으로 들어가도록 한다. **이 때 어떤 학생도 "규칙"을 이야기해서는 안 된다.** 학생들은 "너는 규칙에 해당돼." 또는 "너는 규칙에 해당되지 않아."와 같은 말로써 반응할 수 있다. 규칙에 해당하는 학생과 해당하지 않는 몇몇의 지원자가 이 과정을 반복적으로 한다.

대부분의 학생들이 한 묶음 또는 다른 묶음에 서게 된 후 학생들이 규칙이 무엇인지 추측하도록 한다. 그리고 몇 몇의 학생에게 그들이 추측한 규칙을 말하고, 왜 그렇게 생각했는지 발표하도록 한다.

처음에 이 게임을 할 때는 학생들이 막대그림을 사용해서 각 묶음에 속한 학생의 수를 셀 수 있도록 한다. 이 게임을 몇몇 하고 난 후에는 계수표시(tall marks)나 체크 마크를 이용하여 좀 더 추상적인 방법으로 묶음의 수를 표현하도록 한다. 활동의 결과를 그래프로 나타낸 후, "손목시계를 차고 있는 묶음과 그렇지 않은 묶음 중 어느 묶음이 더 많은가요? 얼마나 많은가요? 얼마나 많은지 어떻게 알았나요?"와 같은 비교하는 질문을 학생들에게 한다. 교사는 "만약 이 두 묶음을 합한다면, 모두 몇 명인가? 어떻게 알 수 있지요?"와 같은 합병하는 질문을 할 수도 있다.

1달러를 향한 경주

학생들은 짝 활동이나 4인 1 모둠으로 이 게임을 할 수 있다.

준비물

- 모둠별로 2개의 주사위와 1개의 돈 주머니(1장의 돈 주머니를 준비하는 방법 참조)

교수·학습 지침

1. 학생들은 돈 주머니에서 돈을 꺼내 책상 위에 놓는다.
2. 돌아가면서 주사위를 굴린다. 두 주사위 눈의 합만큼 돈을 가지고 온다. 만약 주사위 눈의 합이 5보다 클 경우 5페니를 1개의 니켈로 교환한다.
3. 학생들이 돈을 모을 때, "교환"하도록 한다. 예를 들어, 2개의 니켈은 1개의 다임으로, 2개의 다임과 1개의 니켈은 1개의 쿼터로 바꾸어 가면서 하도록 한다. 이 게임은 한 경기자가 1달러를 가지면 끝이 난다.

주고 받기

이 게임은 가정에서 하는 War or Snap 게임과 유사한 카드 게임이다. 학생들은 이 게임을 하는 동안 덧셈과 뺄셈 그리고 조합을 연습하게 한다.

주고 받기

준비물

- 2인 1모둠 당 조커를 제외한 한 벌의 카드
- Jack=11, Queen=12, King=13, Ace=1을 의미한다.
- 1-100 수배열표

규칙

1. 딜러가 카드를 섞고, 한 번에 한 장씩 짝에게 먼저 준다.
2. 각 놀이자는 자신의 카드 더미의 맨 윗 장을 상대방이 볼 수 있도록 뒤집는다.
3. 만약 경기자 1이 10을 가지고 있고, 경기자 2가 3을 가지고 있다면, 경기자 1은 덧셈("난 3 더하기 7은 10이라는 것을 알고 있어.")을 이용하여 10이 3보다 얼마나 더 큰지 또는 뺄셈("10에서 3을 빼면 7과 같아. 그러므로 10은 3보다 크지.")을 이용하여 설명하고, 두 카드를 모두 가져온다. 또는 1-100 수배열표에서 3을 찾아 7칸을 위로 세어 10을 손가락으로 가리킨다. 경기자 2는 경기자 1의 생각이 맞는지 잘 듣는다.
4. 만약 두 놀이자가 같은 수를 뒤집었다면 한 장의 카드를 더 뒤집는다.
5. 카드 더미의 모든 카드를 다 뒤집을 때까지 놀이를 한다. 더 많은 카드를 가져온 학생이 이긴다.
6. 두 놀이자가 덧셈과 뺄셈에 대한 생각을 공유해야만 한다는 것을 계속해서 강조한다.

심화

『*In Teaching Arithmetics: Lessons for Addition and Subtraction*』(Tank and Zolli, 2001)에는 "More"라고 불리는 게임이 있다. 이 놀이는 위의 게임과 같은 형태이다. 경기자 1이 10과 3의 차인 7개의 연결정육면체를 모은다. 교사는 이와 같은 게임으로 Fifteen-Number Cross-out과 덧셈 틱택토 놀이를 소개할 수 있다.

두 장 주고 받기(Double Give and Take)

주고 받기를 변형한 이 게임에서, 학생들은 카드 더미에서 두 장을 뽑아 조합하여 두 자리 수를 만들고, 덧셈을 통해 수를 비교하는 연습을 하게 된다.

두 장 주고 받기

준비물

- 2인 1모둠 당 조커를 제외한 한 벌의 카드
- Jack=11, Queen=12, King=13, Ace=1을 의미한다.
- 1-100 수배열표

규칙

1. 딜러가 카드를 섞고, 한 번에 한 장씩 나누어 준다. 이때 상대방에게 먼저 준다.
2. 각 놀이자는 자신의 카드 더미의 맨 위 2장을 상대방이 볼 수 있도록 뒤집는다.
3. 경기자 1은 자신의 카드 두 장의 합이 얼마인지 말한다. (1 더하기 8은 9) 경기자 2도 두 장의 카드를 조합한다. (13 더하기 4는 17이야) 경기자 2의 카드의 합이 더 크기 때문에, 경기자 2는 9와 17의 차를 설명한다.
   아래와 같이 다양한 방법으로 할 수 있다.
   "9 더하기 1은 10이야. 10 더하기 7은 17이지, 따라서 9 더하기 8은 17과 같아. 차는 8이 되지."
   "1–100 수배열표에서 17에서 9까지 내려 세면, 8칸 세어야 하니까 차는 8이야."
   "17 빼기 9는 8과 같아."
   경기자 1은 경기자 2의 설명이 맞는지 잘 듣고, 경기자 2의 설명이 맞는다면 경기자 2는 4장의 카드를 가져간다. 그리고 경기자 1의 차례로 넘어간다.
4. 만약 두 놀이자가 같은 수를 뒤집었다면 두 장의 카드를 더 뒤집는다.
5. 카드 더미의 모든 카드를 다 뒤집을 때까지 놀이를 한다. 더 많은 카드를 가져온 학생이 이긴다.
6. 두 놀이자가 덧셈과 뺄셈에 대한 생각을 공유해야만 한다는 것을 계속해서 강조한다.

경험 교사의 조언

우리의 수체계에서 10의 중요성을 이해하기 위해, 3학년 학생들은 어떤 수에 얼마를 더해야 10이 되고, 얼마를 빼야 10이 되는지를 알 필요가 있다. 학생들은 덧셈과 뺄셈을 하기 위해 수를 친숙한 수로 나눌 때, 정확히 10이 되기 위해 어떻게 빼고 더해야 할지 알아야 한다. 예를 들어, 28개의 파란색 연결정육면체와 13개의 오렌지색 연결정육면체를 더 할 때, 학생들은 8+3=11을 하기 전에 20+10=30을 한다. 그리고 56도와 70도의 차를 구할 때, 학생들은 10을 더해가면서 오름세기를 한다(56+4=60, 그리고 60+10=70). 또는 학생들은 10을 빼어서 내림세기를 한다(70−10=60, 그리고 60−4=56). 교사는 『*Mathematical Thinking at Grade 3*』에 있는 Plus, Minus, and Stay the Same를 참고하는 것도 좋다(Russell and Economopoulos 1995). 이 게임에서, 학생들은 어떤 수에 10을 더하거나, 10을 빼거나, 또는 그 수에 그대로 머물러 있거나 하면서 말을 움직인다.

측정

학생들은 수학과 자신들의 환경을 연결시킬 수 있기 때문에, 사물들을 측정하는 것을 좋아한다. 이런 맥락에서, 학생들은 측정을 통해 덧셈과 뺄셈을 실제적으로 사용한다.

병 속의 연결정육면체(부피)

부피의 덧셈활동은 세기와 더하기, 빼기를 포함하는 활동이다.

준비물

- 2인 1모둠 당 500밀리리터 크기의 병 2개
- 2인 1모둠 당 28개의 파란색 연결정육면체와 13개의 주황색 연결정육면체

교수·학습 지침

첫 번째 활동 : 파란색 연결정육면체로 시범보이기

1. 28개의 파란색 연결정육면체를 500밀리리터 크기의 병에 담는다. 13개의 주황색 연결정육면체를 또 다른 병에 담는다.
2. 파란색 연결정육면체가 들어 있는 병을 학생들에게 보여준다. 아마도 거의 가득 차 있을 것이다.
3. 학생들로 하여금 병 속에 들어 있는 연결정육면체의 개수를 추측하도록 하고, 왜 그렇게 생각했는지 생각해보도록 한다.
4. 학생들이 추측한 값을 칠판에 적고, 어림한 값의 범위에 대해 토의해 본다. 범위를 알아내기 위해 가장 큰 값에서 가장 작은 값을 뺀다. 만약 가장 작은 값이 "20개"이고, 가장 큰 값이 "62개"이면 범위는 42가 된다.
5. 학생들이 관찰 할 때, 10개의 연결정육면체를 병에서 빼내고 빼낸 연결정육면체들을 연결한다. 학생들은 그들이 추론에 사용할 수 있는 일부 데이터를 가지고 있기 때문에, 병 속에 들어 있는 연결정육면체의 개수를 추측하는 대신에 어림할 수 있다고 설명해 준다.
6. 학생들로 하여금 어림하도록 하고, 그들의 대답을 칠판에 적는다. (이상적으로는 어림한 값의 범위가 추측한 값의 범위보다 작다. 만약 그렇지 않다면, 학생들은 용기 속에 있는 사물들의 수를 어림하는 경험을 좀 더 할 필요가 있다.)
7. 이 병에서 10개의 연결정육면체를 더 꺼내 연결한다. 그러면 8개의 연결정육면체가

병 속에 남는다. 칠판에 28개의 파란색 연결정육면체라고 적는다.

두 번째 활동 : 주황색 연결정육면체로 시범보이기

1. 학생들에게 13개의 연결정육면체가 들어 있는 병을 보여준다. 아마도 절반 정도 차 있을 것이다.
2. 학생들에게 이 병 속에 들어 있는 연결정육면체의 수를 어림하도록 한다. (일부 학생들은 파란색 연결정육면체를 어림했던 경험을 바탕으로 파란색 연결정육면체가 들어 있던 병의 절반 정도의 수라고 어림할 것이다. 그러나 만약 일부 어린이들이 28개 또는 그보다 많은 어림을 하더라도 놀라지 마라. 학생들은 가득 들어 있는 병과 절반 정도 차 있는 병 사이의 연결을 만드는 구체적인 경험을 좀 더 많이 필요로 할 수도 있다.)
3. 각각의 학생들로 하여금 그들의 생각을 통해 어림한 것을 말해보도록 한다.
4. 이 병 속에서 6개 또는 7개의 연결정육면체를 꺼내고 다시 어림해보도록 한다. 그리고 학생들의 도움을 받아 교사는 13개의 연결정육면체를 센다.

세 번째 활동 : 2인 1모둠으로 활동하며 연결정육면체들의 합 구하기

1. 다른 어떤 날이나 다음 날 병 속에 담겨진 28개의 파란 연결정육면체와 13개의 주황색 연결정육면체를 이용하여 2인 1모둠으로 활동해보도록 한다. 그러나 이번에는 이들 병 속에 들어 있는 모든 연결정육면체들을 합하면 몇 개의 연결정육면체가 될지 알아보도록 한다.
2. 만약 교사가 두 가지 서로 다른 전략으로 총수를 알아내는 것이 적절하다고 생각한다면, 교사는 학생들에게 그렇게 하도록 요청한다. 아이들이 제시할 수 있는 몇 가지 전략을 아래에 소개해 두었다. (아이들과 내가 수 그리고/또는 그림을 이용하여 표현한 방법에 주목하기 바란다.)

전략 1. 두 가수를 친근한 수로 분해하기

나는 28은 20 더하기 8이라는 것을 알고 있다. 그리고 13은 10 더하기 3이야. 나는 먼저 큰 수들을 더할거야. 20 더하기 10은 30이야. 그리고 작은 수들을 더할 거야. 8더하기 3은 11이지. 그리고 이 두 수를 더하면 즉, 30 더하기 11은 41이 나오지.

$$\begin{array}{rcl} 28 &=& 20 + 8 \\ +\ 13 &=& 10 + 3 \\ \hline 41 &=& 30 + 11 \end{array}$$

이 학생은 수감각이 좋은 학생이다. 이 학생은 자릿값을 알고 덧셈을 할 때 큰 자리 수부터 한다. 많은 학생들이 이러한 방법으로 머릿속으로 추론하고 생각한다. ("8 더하기 3은 11이야. 왜냐하면, 8더하기 2가 10이고, 1을 더해야 하기 때문이야. 30 더하기 11은 41이야. 왜냐하면, 30 더하기 10이 40이고, 1을 더해야 하기 때문이야.")

어떤 학생들은 칠판에 다음과 같은 표현 방법을 제안했다.

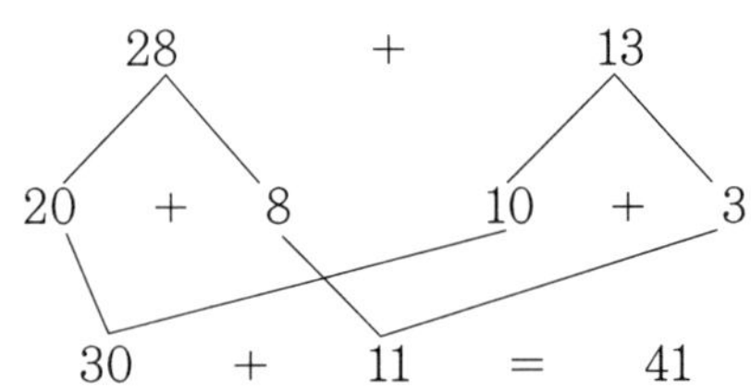

전략 2 : 구체물을 이용해서 친근한 수 얻기

나는 10개짜리 연결된 연결정육면체 2개와 낱개 8개를 이용해서 28을 만들었어. 그리고 10개짜리 연결된 연결정육면체 1개와 낱개 3개를 이용하여 13을 만들었어. 그리고 10개짜리 연결 된 연결정육면체 3개를 모아 30을 만들고, 낱개 연결정육면체를 이용하여 10짜리 연결 된 연결정육면체 1개를 만들고 낱개 1개가 남았어. 10개짜리 연결된 연결정육면체 4개와 낱개 1개는 41과 같아.(그림 2-5 참고)

이 학생은 구체물을 이용하여 좀 더 수월하게 이해했다. 이 학생이 10의 자릿값을 얼마나 잘 이해하고 있는지 주목하기 바란다. 나는 이 학생들에게 자신의 전략이 전략 1과 어떤 점에서 비슷한지를 물어 보았다. 그는 두 전략 사이의 관계를 짓지 못했다. 하지만 나는 이 둘의 관계 이해를 강요하지 않았다.

전략 3 : 작은 가수를 좀 더 친근한 수로 분해하기

나는 작은 수 즉, 13은 10 더하기 3이라고 생각했어. 먼저 28에 10을 먼저 더했어. 왜냐하면 10은 더하기 편한 수니깐. 그리고 38이 되었지. 그리고 나는 3은 2 더하기 1 이니까 38에 2를 더해 친근한 수인 40을 만들었지. 그리고 낱개 1개를 더해 41이 되었어.

13 = 10 + 3	28 + 10 = 38
3 = 2 + 1	38 + 2 = 40
	40 + 1 = 41

보다시피, 이 학생은 주어진 수들을 가르기와 모으기를 하고 있다.

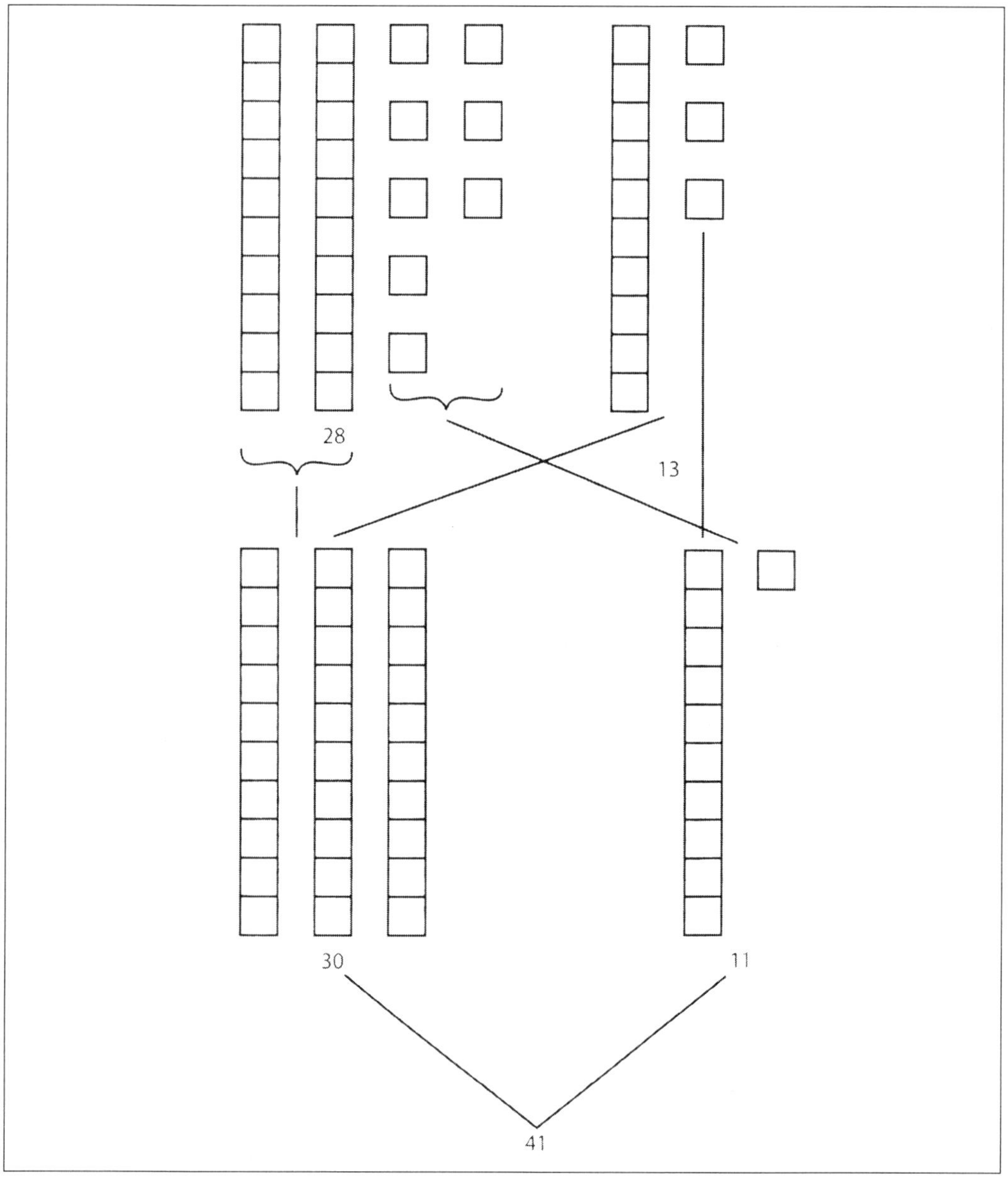

그림 2-5
Jamie는 28과 13을 더하기 위해 연결정육면체를 10개씩 연결하였다.

전략 4 : 전형적인 절차를 이용하기

나는 13 위에 28을 쓰고, 3 더하기 8을 아래에 1을 적고 28의 2 위에 1을 적어서 덧셈을 했어. 나는 1 더하기 2 더하기 1을 해서, 4를 구해 아래에 적었어.

$$\begin{array}{r} \overset{1}{2}\ \overset{1}{8} \\ +\ 1\ 3 \\ \hline 4\ 1 \end{array}$$

이 학생은 덧셈을 할 때, 받아올림을 이용한 전형적인 절차를 이용했다. 그러나 이 학생은 "10 더하기 20 더하기 10"이라는 표현을 하지 않았다. 그는 자릿값에 대한 개념이 부족한 것이다. 아마도 교사는 이러한 절차를 앞의 연결정육면체를 이용한 전략과 연결시키도록 도움을 줄 수도 있다.

가끔 학생들은 아래와 같은 방법으로 세로 덧셈을 할 때, 자릿값에 대해 좀 더 나은 이해를 얻을 수도 있다.

$$\begin{array}{r} 30 < \begin{array}{r} 2\ 8 \\ +\ 1\ 3 \end{array} > 11 \\ \hline 4\ 1 \end{array}$$

경험 교사의 조언

내가 여러 가지 방법들을 시범보이고 있는 방식에 주목하기 바란다. 학생들은 이런 방식으로 수를 언어로 표현할 수 있다. 학생들이 수를 이용해서 그들의 사고를 표현하는 그들 자신만의 방법을 가질 때, 나는 이것들을 전략 목록에 추가하였다. 또한 나는 이들 전략들 중 어떤 것이 "가장 좋은 것" 인지 우선순위를 매기지 않는다.[5] 나는 학생들이 이들 각 전략들을 보고, 듣고, 그리고 자신이 이해할 수 있는 것인지를 생각하기를 원한다. 내 희망은 학생들이 수학 문제에 접근할 때, 각 학생들이 유용한 여러 가지 전략들을 발견하고 한 가지 이상의 전략을 사용하는 것이다.

5) 이 교수·학습 행위는 구성주의를 반영한 수학 수업에서 중요한 의미를 지닌다. 교사가 아이들에게 자신만의 고유한 사고를 할 것을 요청하고 나서, 아이들로부터 그들의 다양한 사고를 경청해야 하고, 그들 자신만의 방식으로 수학적 지식에 대한 이해를 발달시켜 갈 것이다. 그리고 종국에는 이들은 표준적인 덧셈, 뺄셈, 곱셈, 나눗셈 알고리듬마저도 계발 할 수 있다. 역자 서문에서도 밝히고 있듯이, 아이들의 지적 능력을 믿고 수업을 한다는 것은 이런 교수·학습 행위의 실천을 의미한다. 현재 초등학교 현장에서 이루어지고 있는 대부분의 수학수업이 구성주의를 반영한 수학 수업이라고 할 수 없는 이유 중의 하나가 바로 이 부분에 있다. 대체로 교사들은 아이들의 다양한 아이디어를 경험하고 판서한 후, 그 중 차시별 학습목표에 근접한 아이디어를 지지하고 형식화를 꾀한다. 이는 다른 아이들 입장에서 보면, 외계인의 언어에 불과할 뿐이다.

네 번째 활동: 2인 1모둠으로 활동하며 연결정육면체들의 차 구하기

1. 이제 28개의 파란 연결정육면체와 13개의 주황색 연결정육면체의 차를 구하도록 한다. 다음과 같은 방법들 중 하나의 방법으로 학생들에게 발문한다. "28개의 연결정육면체와 13개의 연결정육면체 사이의 차는 얼마에요?", "파란색 연결정육면체가 주황색 연결정육면체보다 몇 개 많아요?", "주황색 연결정육면체가 파란색 연결정육면체보다 몇 개 적어요?"
2. 학생들에게 두 가지 다른 전략을 사용하도록 한다. (그림 2-6 참조) (교사는 26-29쪽의 온도 재기 활동으로 돌아가서, 두 온도의 차를 구하는 활동을 잠시 동안 해도 좋다.)

2. 파란색 연결정육면체를 담고 있는 병에 있는 연결정육면체의 수 만큼의 오렌지색 연결정육면체가 이 다른 병에 있으려면, 오렌지색 연결정육면체를 몇 개 더 이 병에 넣어야 할까요? 즉, 이 두 병에 있는 연결정육면체의 수의 차는 얼마입니까? 어떻게 구했어요? 여러분의 생각이나 해결방법을 단계적으로 설명하시오.

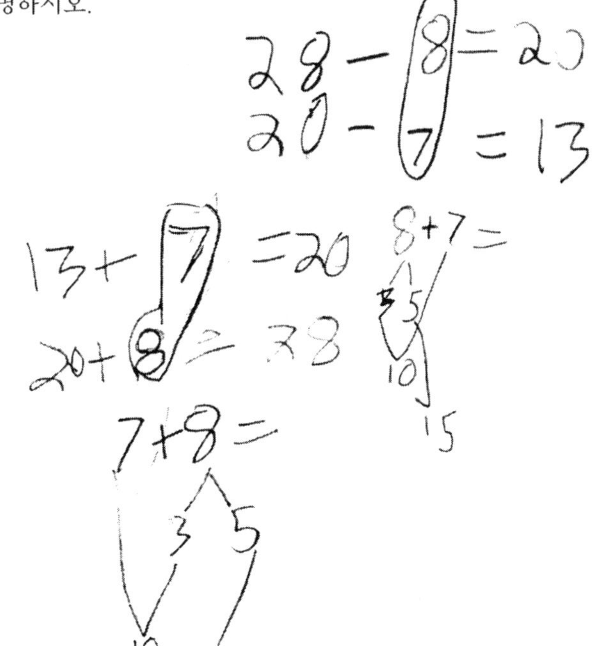

- 두 번째 병에 있는 오렌지색 연결정육면체의 수가 첫 번째 병에 들어있는 파란색 연결정육면체의 수 만큼 되기 위해서 __15__ 개의 오렌지색 연결정육면체가 필요하다.

◀ **그림 2-6**
Aaron은 28과 13의 차를 구한 방법을 보였다.

심화

학생들은 오른손에 한 줌의 리마 콩을 쥐고, 콩의 개수를 세고 기록한다. 그리고 왼손에 한 줌의 리마 콩을 쥐고 수를 세고 기록한다. 그러고 나서 학생들은 두 총수들의 합을 구하고, 재확인을 위해 자신들이 구한 방법을 두 가지 전략을 이용해서 보인다. 그리고 이들은 두 가지 전략을 사용해서 두 총수의 차를 구한다.

경험 교사의 조언

교사와 학생들이 수학 토론에 익숙해져 편안해 졌을 때, 교사는 어떤 학생은 같은 전략을 반복해서 사용하고, 어떤 학생은 가끔 헤매기도 하고, 여전히 어떤 학생들은 침묵하고 있다는 것을 알 수 있다. 이러한 수업 중 평가(ongoing assessment)를 통해서 교사는 전체 학급 수업 또는 개별적 수업에서 무엇을 가르쳐야 할지를 알 수 있다.

교사는 한 아이가 갑자기 한 개념을 이해할 때 또는 한 아이디어 또는 접근을 이해하려고 노력할 때를 메모할 수 있을 뿐만 아니라, 이들 관찰들을 기록해 두는 것도 좋다. 이런 관찰들은 1장에서 언급한 것처럼 이 학생이 활동한 것을 시간 순서대로 파일로 철해지기 때문에, 이 관찰들은 시간이 지남에 따른 명백한 성장상(成長像)을 제공하고, 교사가 학부모 상담시 도움을 주고, 성적표 작성시 도움을 준다.

1분 동안 별 그리기(흐른 시간)

이 활동은 흐른 시간, 세기, 더하기를 평가하는 활동을 포함하고 있다.

준비물

- 벽시계
- 3가지 다른 색의 마커
- 그리기 도구

교수·학습지침

첫 번째 활동 : 이 활동 시범보이기

1. 학생들을 눈을 감고 앉게 한다. 1분이 지났다고 생각 될 때, 손을 들도록 한다. 벽시계로 1분이 지났을 때, “멈춰”라고 말한다.
2. 학생들에게 무슨 일을 할 때 1분 정도 걸리는지 예를 들도록 한다.
3. 학생들에게 교사가 칠판에 1분 동안 별을 그릴 것이라고 말하고, 되도록 많은 별을

그릴 때, 몇 개 그릴 수 있을지 말해보도록 한다.

4. 교사가 별을 그릴동안 벽시계를 볼 조용한 친구를 선정하고, 1분이 지났을 때 이 학생에게 “멈춰”라고 말하도록 한다.
5. 이제 교사가 방금 전에 그린 별을 셀 것이라고 말하고, 학생들로 하여금 어떻게 셀지 말해보도록 한다. 그들은 아마도 2씩, 5씩, 10씩 세는 것을 제안할 것이다.
6. 별을 그리는 마커와 묶음 짓는 마커의 색을 달리 준비한다. 예를 들어, 49개의 별을 그렸다고 가정하자. 만약 학생들이 10씩 세는 것을 제안했다면, 10개씩 4개의 묶음과 낱개 9개가 있게 된다. 남은 9개는 묶음 지으면 안 된다. 학생들이 10씩 묶음 지은 것과 자릿값을 인식하도록 한다. 9는 일의 자리 값이고, 4는 십의 자리 숫자이므로, 총 개수는 49개라고 쓴다.
7. 세 번째 색깔의 마커를 이용하여 같은 결과를 얻기 위해 다른 방법으로 묶음지어 본다. 예를 들어 5씩 9개의 묶음과 낱개를 가정해 보자. 교사는 5, 10, 15, 20, 25, 30, 35, 40, 45와 같이 5씩 뛰어 세기를 할 수 있다. 칠판에 미리 써 놓은 49 밑에 45+R4=49라고 쓴다. 어떤 학생들은 “9곱하기 5는 45, 더하기 4는 49와 같다.”라고 쓰기를 원할 수도 있다. 교사가 이러한 생각을 기록 할 때, 다음과 같이 두 줄로 기록한다.

$$9 \times 45 = 45$$
$$45 + R4 = 49$$

많은 학생들은 9×5=45+4=49 라고 쓸 수 있다. 만약 교사가 이러한 것을 본다면, 각각의 등호마다 다른 수식이나 등식을 쓴다는 것을 학생에게 주지시킨다. 어떤 학생들은 각 등식이 따로 적혀있을 때 이것을 더 쉽게 이해할 수 있다는 것을 알 수 있다.

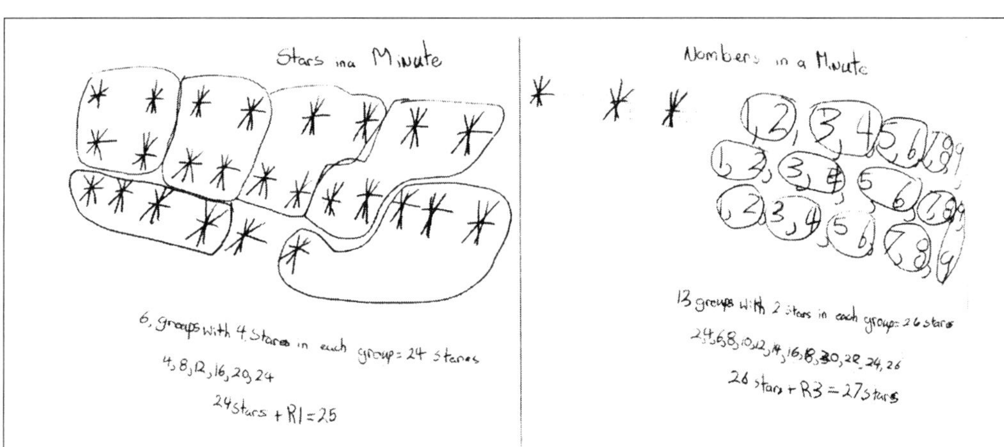

그림 2–7
Angela는 별을 4개씩 묶었고 숫자를 2개씩 묶었다. Angela는 남은 것을 잘못 세었지만, 정답을 구했다.

$$5 + 5 + 5 + 5 + 5 + 5 + 5 + 5 + 5 = 45$$
$$45 + 4 = 49$$

두 번째 활동 : 이 활동을 실행하기

1. 1분 동안 두 명의 학생이 칠판에 별을 그리도록 하고, 두 가지 전략을 사용하여 이 두 학생이 그린 별의 수를 세도록 한다.
2. 학급구성원들에게 다양한 전략에 대해 토의하도록 한다.
3. 각각의 학생들에게 주어진 종이에 1분 동안 별을 그리도록 한다. 각 학생들은 두 가지 전략을 이용해서 그린 별들을 묶고 세도록 한다.

   만약 두 가지 전략으로 두 가지 다른 답을 얻는다면, 학생들의 반응에 주의한다. 이런 일이 벌어졌을 때, 일부 학생들은 이것은 아무것도 아니라고 생각하고, 그냥 넘어가려고 한다. 만약 교사가 이런 일을 보게 된다면, 모든 것을 중단하고, 같은 문제에 대해 다른 답이 나온 것이 어떤 의미가 있는지 학급구성원들과 토의하도록 한다. 같은 문제에 대해 다른 답이 나온 것이 이해되지 않는다는 것을 지적하고 수학적으로 이해가 필요하다는 것을 지적한다.

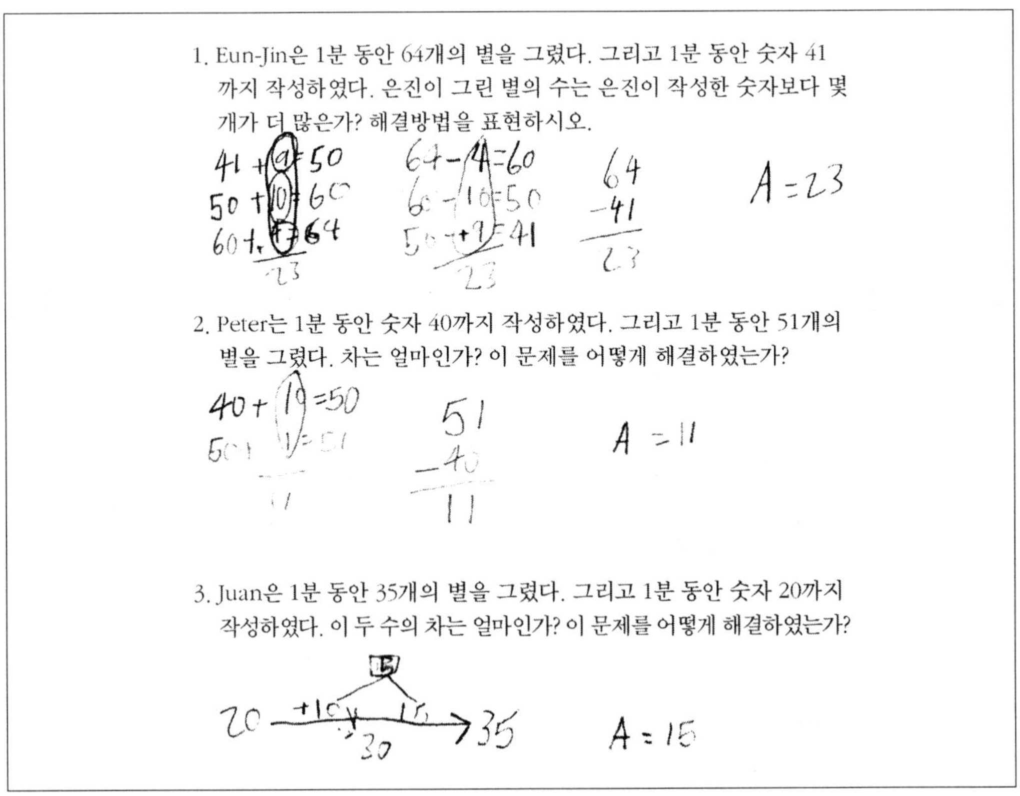
1. Eun-Jin은 1분 동안 64개의 별을 그렸다. 그리고 1분 동안 숫자 41까지 작성하였다. 은진이 그린 별의 수는 은진이 작성한 숫자보다 몇 개가 더 많은가? 해결방법을 표현하시오.

2. Peter는 1분 동안 숫자 40까지 작성하였다. 그리고 1분 동안 51개의 별을 그렸다. 차는 얼마인가? 이 문제를 어떻게 해결하였는가?

3. Juan은 1분 동안 35개의 별을 그렸다. 그리고 1분 동안 숫자 20까지 작성하였다. 이 두 수의 차는 얼마인가? 이 문제를 어떻게 해결하였는가?

▶ **그림 2–8** Susan은 3개의 문장제를 해결한 방법을 보였다.

4. 학생들이 2인 1모둠을 만들도록 하고, 먼저 1분 동안 얼마나 많은 별을 그릴 수 있는지, 두 번째 얼마나 많은 10개의 숫자(0, 1, 2, 3, 4, 5, 6, 7, 8, 9)를 반복해서 쓸 수 있는지 서로서로 시간을 재어주도록 한다. (그림 2-7 참조) 각 모둠별로 별의 1분 동안 그린 별의 합의 차와 숫자의 합의 차를 구하도록 한다.

심화

- 1분 동안 학생들이 그린 별 또는 숫자의 수와 관련된 문장제들을 만들고, 학급구성원들에게 이들 문장제들을 풀도록 한다. (그림 2-8 참조)
- 교사가 적은 문장제들로 시범을 보인 후, 2인 1모둠으로 1분 동안 그린 자료를 이용해서 문장제를 만들도록 한다. 교사는 이들 문장제들을 숙제로 풀어오도록 할 수 있다.

경험 교사의 조언

학생들에게 시간을 말할 수 있는 기회를 제공하기 위해서, 학생들에게 매 필기 과제마다 공책(또는 활동지) 상단의 이름과 날짜를 적은 옆에 시작한 시간을 기록하도록 한다. 이 과정은 이 활동을 하는 날 내내 수업활동으로 이루어질 수 있다. 예를 들어, 교사가 아이들에게 새로운 과제를 시작하도록 요청한 시간이 10시 10분이라면, 모형시계를 들어 올리고 아이들에게 "10시 전"인지 "10시 후"인지 묻는다. 10시에서 몇 분이 지났는지 묻고, 자신들의 답을 구한 방법을 묻는다. 그 후에 아이들에게 자신들의 활동지에 시간을 적고 활동을 시작하도록 한다.

어림하고 측정하기(거리)

이 활동은 연결정육면체 또는 알사탕의 막대기 등을 임의단위로 사용하여 물건을 측정하는 활동이다. (표준단위 측정은 봄에 한다.)

준비물

- 연결정육면체 또는 알사탕의 막대기, 클립, 마킹 펜과 같은 임의단위로 사용할 수 있는 여러 가지 물건들.

교수·학습 지침

1. 학생들에게 측정하고 싶은 물건을 교실 안에서 찾아보도록 한다.
2. 처음에 선택한 물건의 길이를 재기 위해 또 다른 물건을 교실 안에서 찾아 선택하도록 한다.

3. 학생들이 책장을 재기 위해 10개 짜리 연결정육면체를 선택했다고 가정해 보자. 교사는 책장의 너비를 재어 구한 것을 기록하는 것을 설명한다. **너비**라는 단어를 **측정 단어장**에 추가한다. 그리고 같은 방법으로 책장의 높이를 재고, **높이**라는 단어를 측정 단어장에 추가한다.
4. 이제 아이들에게 교사가 측정할 또 다른 물건을 선택하라고 한다. 연결정육면체의 수로 그 물건의 너비, 높이, 길이를 어림할 지원자를 받는다.
5. 교사가 10개짜리 연결정육면체를 이용하여 그 물건을 측정한다.
6. 어림한 값을 기록하고, 아래와 같이 차트에 발견한 것을 기록한다. 만약 어림값이 적당하다면 OK라고 학생들에게 용기를 준다. 어림에서 중요한 것은 정확한 답이 아니라 타당한 추측이다.

측정한 물건	어림값 (연결정육면체 수)	측정값 (연결정육면체 수)	차 (연결정육면체 수)
책장의 높이	50	42	8

7. 학생들로 하여금 교사가 사용한 것과 같은 임의단위를 사용하여 물건을 측정해 보고, 위와 같은 방법으로 차트에 기록하도록 한다. 학생들은 개별 활동이나 짝 활동으로 할 수 있다. 학생들이 측정을 할 때, 교사는 학생들 사이를 돌아다니며, 학생들이 이와 같은 도구를 이용하여 이전에 측정해 본 경험을 바탕으로 적절한 어림을 하고 있는지 확인한다.

심화

- 학생들은 이 활동의 초반에 사용한 임의단위와 같은 것을 사용한다. 그러나 이번에는 그들의 신체의 일부분 또는 교실 밖에 물건들을 측정한다.
- 아이들은 이번에는 다른 임의단위를 선택해서 교실에 있는 다른 사물들을 측정한다.
- 학생들은 임의단위로 사용할 물건을 집으로 가져가 집안의 물건을 어림하고, 측정하여 둘 사이의 차를 알아보는 활동을 한다.

돈

학생들은 돈과 관련된 문제는 실생활 수학이라고 생각한다. 왜냐하면 학생들은 점심을 사거나 주문한 책의 값을 계산하는 것과 같은 많은 문제 풀이를 경험했기 때문에 학생들은 실제 돈이나 가짜 돈을 사용하여 물건을 사고 파는 상황을 좋아한다.

책갈피 팔기

준비물

- 학생당 몇 장의 8×20cm 크기의 직사각형 색 카드
- 그리기 도구
- 몇 장의 여러 가지 색의 도화지
- 돈 주머니

교수·학습 지침

1. 학생들에게 주어진 직사각형 종이의 책갈피에 무늬를 넣도록 한다. 학생들은 책갈피를 아이스크림 콘 모양이나 연필 모양으로 만들 수도 있다. 그리고 칼라 펜을 이용하여 꾸민다. 또 학생들은 색 도화지에 그린 모양들을 잘라 이 직사각형 종이에 붙일 수도 있다.
2. 학생들에게 책갈피의 가격을 정하도록 한다. 정해진 가격을 바꿀 수 있는 기회를 준다. 예를 들어, 1개에 11센트인 책갈피를 2개에 19센트로 바꿀 수 있다.
3. 학생들에게 이익금을 가치 있게 쓰도록 결정하고, 학교장으로부터 허락을 얻도록 한다. 목적과 시간, 책갈피의 가격 등을 주말 학교 통신에 싣도록 하고, 포스터를 제작한다.
4. 학생들이 서로 사고파는 활동을 해보도록 한다.
5. 이제 학생들이 점심시간 등을 이용하여 책갈피를 다른 반 학생들에게 팔도록 한다.

비록 이 활동은 덧셈과 뺄셈의 의미 있는 연습을 제공하지만, 큰 이익금을 발생시키지는 않는다. 그러나 학생들은 이 활동을 통해 중요한 가치를 배운다. 예를 들어, 한 학기 동안 12달러 42센트의 이익을 얻었다고 가정하자. 우리는 이 돈을 유니세프에 기부할지 결정해야 한다. 왜냐하면 3달러는 아픈 친구들의 5일치 백신을 살 수 있고, 1달러는 4명의 학생의 폴리오 백신을 살 수 있고, 10달러는 4명의 학교 준비물을 살 수 있다.

또한 책갈피를 파는 것은 놀라운 수학조사 활동을 만들어 낸다. 예를 들어, 우리는 5일 동안 책갈피를 팔았고, 따라서 매일의 이익금을 합할 수 있었다.

학급공용품 구입하기

준비물

- 각 학생당 1달러(가짜돈)
- 2인 1모둠 당 1개의 돈 주머니
- 각 학생당 주문표(부록 참고)

교수·학습 지침

1. 각 학생에게 교실안의 준비물을 구입하기 위한 1달러를 준다.
2. 각 물건의 가격표를 게시한다.

지우개	10센트
자	29센트
연필	20센트
풀	35센트

3. 학생들은 구입할 물건의 주문표를 작성한다.
4. 학생들은 2인 모둠을 만들고, 각 모둠에 1개의 돈주머니를 준다.
5. 한 학생은 구매자의 역할을, 한 학생은 계산원의 역할을 한다. 구매자는 주문표를 계산원에게 준다. 계산원은 총금액과 잔돈을 계산한다. 만약 계산원의 계산이 맞는다면, 구매자는 계산원에게 1달러를 준다. 계산원은 물건의 총금액에서 오름세기를 하여 1달러를 만든다. 예를 들어, 구매자의 총금액이 88센트라면, 2개의 페니를 꺼내 89, 90을 만들고, 1개의 다임을 더해 "1달러"를 만든다. 그리고 계산원은 구매자가 구매한 물건을 종이봉투에 담아 주문표를 스테이플러로 찍어서 준다.
6. 두 명이 역할을 바꾸어 한다.

<table>
<tr><th colspan="3">학급 공용물품 주문 양식</th></tr>
<tr><th>수량</th><th>물품명</th><th>가격</th></tr>
<tr><td></td><td></td><td>. 달러</td></tr>
<tr><td></td><td></td><td>. 달러</td></tr>
<tr><td></td><td></td><td>. 달러</td></tr>
<tr><td></td><td></td><td>. 달러</td></tr>
<tr><td></td><td></td><td>. 달러</td></tr>
<tr><td colspan="3">총계 . 달러
거스름돈 . 달러</td></tr>
<tr><td colspan="3">총계를 구한 방법:</td></tr>
<tr><td colspan="3">거스름돈을 구한 방법:</td></tr>
</table>

만약 이 활동이 학생들에게 의미 있다면, 교사는 이 활동에 대한 후속 활동을 『*Teaching Arithmetics: Lesson For Addition and Subtraction*』의 "Billy Goes Shopping"에서 구할 수 있다.

두 주머니에 있는 동전

준비물

- 2인 1모둠 당 1개의 돈 주머니

교수·학습 지침

1. 카드에 돈에 관련된 수수께끼를 적는다. 아래에 몇 가지 예가 있다.

> 나는 두 개의 주머니에 약간의 돈을 가지고 있습니다. 정확히 35센트입니다. 나는 한 주머니에 1 다임과 1 니켈이 있습니다. 다른 주머니에는 어떤 동전들이 들어 있을까요? 답을 쓰고, 풀이과정을 설명하세요.
>
> 나는 두 주머니에 60센트가 있습니다. 나는 한 주머니에 8 니켈이 있습니다. 내가 다른 주머니에 가지고 있는 동전은 어떤 것들일까요? 답을 쓰고, 풀이과정을 설명하세요.

2. 학생들은 카드를 뽑고, 자신의 돈주머니를 이용하여 문제를 해결한다.

심화

아이들에게 그들만의 두 개의 주머니 문제를 만들도록 한다. 교실에서 평가가 끝난 후, 이 수수께끼들을 집으로 보낸다. 문제와 수수께끼를 만든 사람의 이름을 연결 짓는다. 좀 더 많은 아이디어를 얻으려면 Susan Jo Russell와 Karen Economopoulos가 집필한 『*Mathematical Thinking at Grade 3*』을 참고한다.

수학 동화를 기반으로 한 활동

아래에서 설명한 수학 동화를 기반으로 한 활동을 도입하기 위해서, 먼저 즐겁게 동화들을 읽는다. 그러고 나서, 읽은 동화와 관련된 수학을 찾는다. 아이들에게 읽은 동화를 다시 말해보도록 한 후, 아이들에게 이 이야기와 관련된 수학 질문들에 대해 생각해보도록 한다. 문제 해결을 위해 동화를 읽는 것을 통해서 교사는 수학이 교실과 가정에서 긍정적인 경험이 되도록 할 수 있다. 교사는 학생들이 책을 빌려서 가정으로 가져갈 수 있는 시스템을 형성해 두는 것이 좋다.

국어 시간 동안, 교사는 수학 질문 또는 조사를 유발시킬 수 있는 동화 속 문장들을 접할 것이다. 이들 순간들을 활용한다. 예를 들어 Roald Dahl이 집필한 『*Matilda*』[6]라는 책에서, Matilda는 5살이다. 이 책은 1998년에 만들어졌다고 아이들에게 알려준다. "Matilda가 1998년에 진짜로 5살이었다면, Matilda는 지금 몇 살일까요?"라고 묻는다. Esphyr Slobodkina가 집필한 『*Caps for Sale*』[7]에서, 교사는 아이들에게 모자장수가 자신의 머리 위에 모자를 몇 개나 얹고 있는지 구해보라고 요청할 수 있다.

1달러 쓰기

준비물

- 2인 1모둠 당 돈가방 1개
- 45×60cm 크기의 종이 또는 마닐라-폴더 종이. 한 학생 당 여러 장

교수·학습 지침

1. Judith Viorst가 집필한 『*Alexander, Who Used to Be Rich Last Sunday*』[8]를 학급 구성원들에게 읽어 준다.
2. Alexander가 자신의 돈 중 일부를 사용할 때마다 멈추었다가, 다시 읽는다. Alexander가 돈을 사용한 경로에 따라 멈춘 후, 아이들에게 Alexander에게 남은 돈을 구하도록 한다. 일부 아이들은 머릿셈으로 구할 것이다. 다른 학생들은 자신들의 돈 가방 또는 1-100 수배열표를 이용할 것이다. 각 경우마다 아이들에게 자신들의 생각을 설명하도록 한다. 교사는 Alexander가 사용한 돈을 설명하는 뺄셈식을 적어주는 것이 좋다.
3. 학급구성원들과 함께, 학생들이 1달러를 사용할 수 있는 여러 가지 방법을 브레인스토밍 한다. 학생들이 구입하기를 원하는 물품들의 목록을 작성하고, 아이들에게 각 비용을 어림하도록 한다. 물론, 요즈음 1달러가 안 되는 가격을 가진 물품들을 찾기는 어렵다! 그러나 교사의 상상력을 활용하기 바란다.

   예를 들어, 아마도 나이가 든 교사는 자신이 어렸을 때 아이스크림 가격(5센트?),

---

6) 이 책은 "마틸다(김난령, 시공주니어)"로 번역되어 있다.
7) 이 책은 "모자 사세요(박향주, 네버랜드 픽처 북스)"로 번역되어 있다.
8) 이 책은 "부자가 되고 싶은 알렉산더(정경임, 지양사)"로 번역되어 있다.

영화입장권 가격(15센트?), 만화책(10센트?), 그리고 1센트짜리 사탕에 관한 기억을 공유할 수 있을 것이다. 아이들은 이들 수를 이용해서 이 활동을 할 수 있다.

4. 다음으로, 학생들에게 줄종이를 이용해서 첫째 날에는 자신들이 1달러를 얻은 방법으로부터 시작해서 여덟 번째 날에 자신들의 1달러 중 마지막 잔돈들을 사용한 방법까지 자신들의 이야기를 작성하도록 한다. 아이들은 각 상황에 맞는 수학을 보여야 하고 그래서 교사는 아이들의 사고를 점검할 수 있다.
5. 학생들에게 다음의 과정을 이용해서 자신들의 이야기의 최종 원고를 작성하도록 한다. 교사의 도움을 받아, 아이들은 45×60cm 크기의 종이 또는 마닐라 폴더 종이를 8등분하여 접는다. 아이들은 첫 번째 칸에 자신들의 이름으로 제목을 단다. 예를 들면, Amy, Who Used to Be Rich Last Tuesday. 첫 번째 칸에, 아이들은 자신들이 1달러를 구한 방법을 설명하는 한 문장을 적는다. 이어지는 각 칸들에 아이들은 각 날에 돈을 사용한 곳과 남은 돈이 얼마인지를 이야기하는 문장을 적는다. 또한 아이들은 이 거래를 보이는 식을 적는다. 그러고 나서, 아이들은 그 상황에 어울리는 그림을 그린다. (그림 2-9 참고)

◀ **그림 2-9**
Eun-Jin은 부자가 되고 싶은 자신의 이야기를 그렸다.
이때 Eun-Jin은 각 날에 대한 식을 보여 주고 있다.

둘레와 높이 측정하기

Bettina Ling이 집필한 『*The Fattest, Tallest, Biggest Snowman Ever*』에서, Jeff는 어떤 것에 최고가 되고 싶어 한다. 어떤 아이들은 Jeff보다 공놀이를 더 잘한다. 어떤 친구들은 Jeff보다 썰매를 더 잘 탄다. 결국 Jeff는 눈사람을 만든다. 그의 친구인 Maria도 눈사람을 만든다. Jeff는 자기 눈사람이 가장 뚱뚱하다고 생각했고, 그래서 이 두 친구들은 누구 말이 맞는지 확인하기 위해, 줄자와 종이 클립을 이용하여 눈사람의 둘레를 잰다. 그러고 나서, Jeff는 자기 눈사람의 키가 가장 크다고 생각하였고, 이를 확인하기 위해서는 더 많은 측정을 필요로 하였다. 이 이야기는 Maria가 Jeff에게 다음과 같이 이야기하면서 끝을 맺는다. "측정하는 것에 관한 한 네가 최고다!" 결국 눈사람은 다 녹아버린다.

이 이야기는 가정에서 아름(arm span) 또는 줄자를 이용하여 사물들을 측정하기와 종이 클립을 이용한 신체 부분 측정하기의 출발점을 제공한다.

묶음지어 세기

Aileen Friedman이 집필한 『*The King's Commissioners*』에서, 왕은 장관을 너무 많이 지명하여 그들 모두의 수를 세는데 어려움을 겪는다. 왕은 장관들을 그의 방에 모아 놓고 자문관 두 명에게 그들의 수를 세라고 명령하였다. 한 자문관은 2명씩 묶어 세고, 다른 한 명은 5명씩 묶어 세었다. 왕은 혼란스러웠다. 공주는 왕에게 수세기의 방법이 한 가지 이상이라고 설명하기에 이르렀다.

이 책은 아이들이 수를 셀 때에 묶음 짓기와 자릿값에 관하여 생각할 수 있도록 돕는다. 교사는 다음의 문장을 완성하기 위해 아이들이 혼자 활동하거나 짝과 함께 활동하도록 할 수 있다.

> "첫 번째 자문관의 결정은 이치에 맞다. 왜냐하면... "
> "두 번째 자문관의 결정은 이치에 맞다. 왜냐하면... "
> "공주의 결정은 이치에 맞다. 왜냐하면... "

심화

학생들이 왕에게 필요한 장관의 이름을 더 추가하도록 하고, 그들은 추가된 인원을 포함한 전체 인원수를 세도록 한다. 그리고 학생들은 두 명의 자문관들과 공주가 전체 인원수를 2명씩, 5명씩, 10명씩 묶음지어 세는 방법을 설명한다. 교사는 학생들이 수세기와 묶어 세기에서부터 뛰어 세기와 곱셈 이용에 이르기까지의 다양한 전략들을 이용하는 것을 발견할 것이다.

발가락 세기

Audry Wood가 집필한 『*The Napping House*』[9)]에서, 침대에 누워 코골며 잠자고 있는 할머니 옆에, 한 번에 한 생명체가 함께 눕는다. 침대에는 할머니, 아이, 개, 고양이, 쥐, 그리고 벼룩 한 마리가 있다. 책을 다 읽은 후, 학생들에게 침대에 몇 개의 발가락이 있는지 질문한다. 학생들은 자기 집에 살고 있는 사람들과 동물들을 그리고 전체 발가락의 수를 셀 수 있다.

이야기 문제들

교사는 아이들의 학교생활이나 가정생활과 관련된 소재 중에서 이야기 문제로 만들 수 있는 소재를 많이 발견할 수 있을 것이다. 학생들도 자신의 삶을 관련지어 이야기 문제로 만들 수 있다. 학생들이 그러한 문제들을 고안해내고 실제 생활과 수를 연결시킬 때, 덧셈과 뺄셈을 더 잘 이해할 수 있다. 왜? 그들은 수의 결합(덧셈)과 수의 비교와 가르기(뺄셈)를 이해할 수 있는 맥락을 상상해 내야만 하기 때문이다.

교사가 만든 문제들

학생들이 전체 학급으로 문제를 해결하는 동안 온도를 비교하거나 건포도를 묶어 셀 때, 또는 자신들의 별과 수를 셀 때, 교사는 위에 나열한 학생들의 작업과 관련지어 이야기 문제를 만들 수 있다. 그리고 교사는 이 문제를 학급 과제 또는 숙제로 제공할 수 있다. (그림 2-10과 그림 2-11 참고)

교사는 또한 다른 소재로부터 이야기 문제를 위한 아이디어를 발견할 수 있다. 예를 들어 Karen Economopoulos와 Susan Jo Russell이 집필한 『*Putting Together and Taking Apart, Grades 2 and 3*』(1995)에서 발췌한 아래의 문제는, 학생들이 다양한 방법의 덧셈과 뺄셈을 사용하여 문제를 해결하도록 한다. (그림 2-12 참고)

> 29명으로 구성된 한 학급에서 과학관으로 현장학습을 가려고 합니다.
> 12명의 어른이 아이들과 함께 갑니다.
> 전체 인원수는 모두 몇 명입니까?

---

9) 이 책은 "낮잠 자는 집(조숙은, 보림)"으로 번역되어 있다.

그림 2-10
Rebecca는 1분 동안 별 그리기 활동과 관련된 문제들을 해결했다.

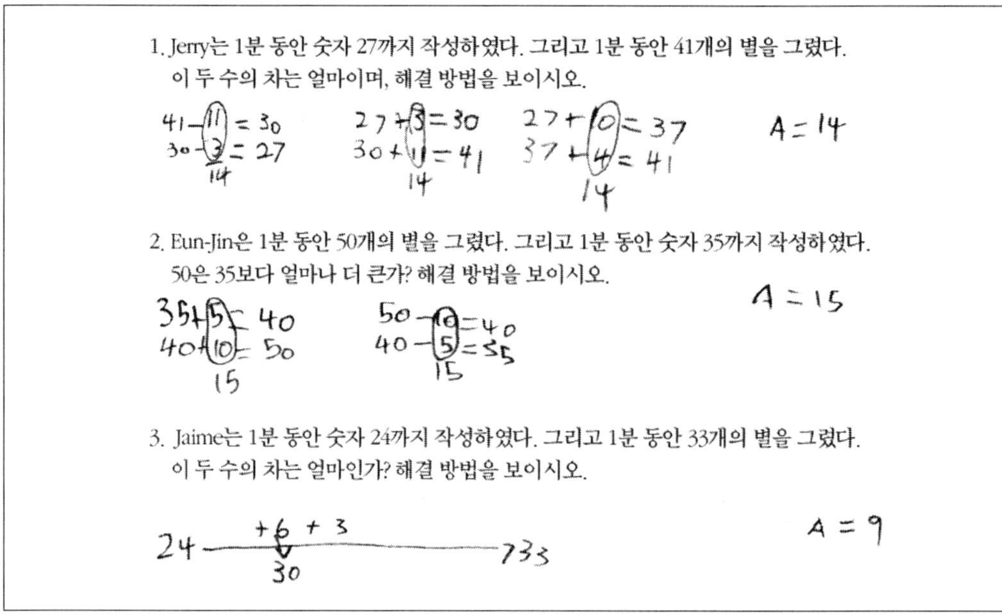

1. Jerry는 1분 동안 숫자 27까지 작성하였다. 그리고 1분 동안 41개의 별을 그렸다. 이 두 수의 차는 얼마이며, 해결 방법을 보이시오.

41 − 11 = 30
30 − 3 = 27
14

27 + 3 = 30
30 + 11 = 41
14

27 + 10 = 37
37 + 4 = 41
14

A = 14

2. Eun-Jin은 1분 동안 50개의 별을 그렸다. 그리고 1분 동안 숫자 35까지 작성하였다. 50은 35보다 얼마나 더 큰가? 해결 방법을 보이시오.

A = 15

35 + 5 = 40
40 + 10 = 50
15

50 − 10 = 40
40 − 5 = 35
15

3. Jaime는 1분 동안 숫자 24까지 작성하였다. 그리고 1분 동안 33개의 별을 그렸다. 이 두 수의 차는 얼마인가? 해결 방법을 보이시오.

24 +6 30 +3 → 33

A = 9

그림 2-11
Wei-Cee는 온도에 관한 이야기 문제들을 이해했다.

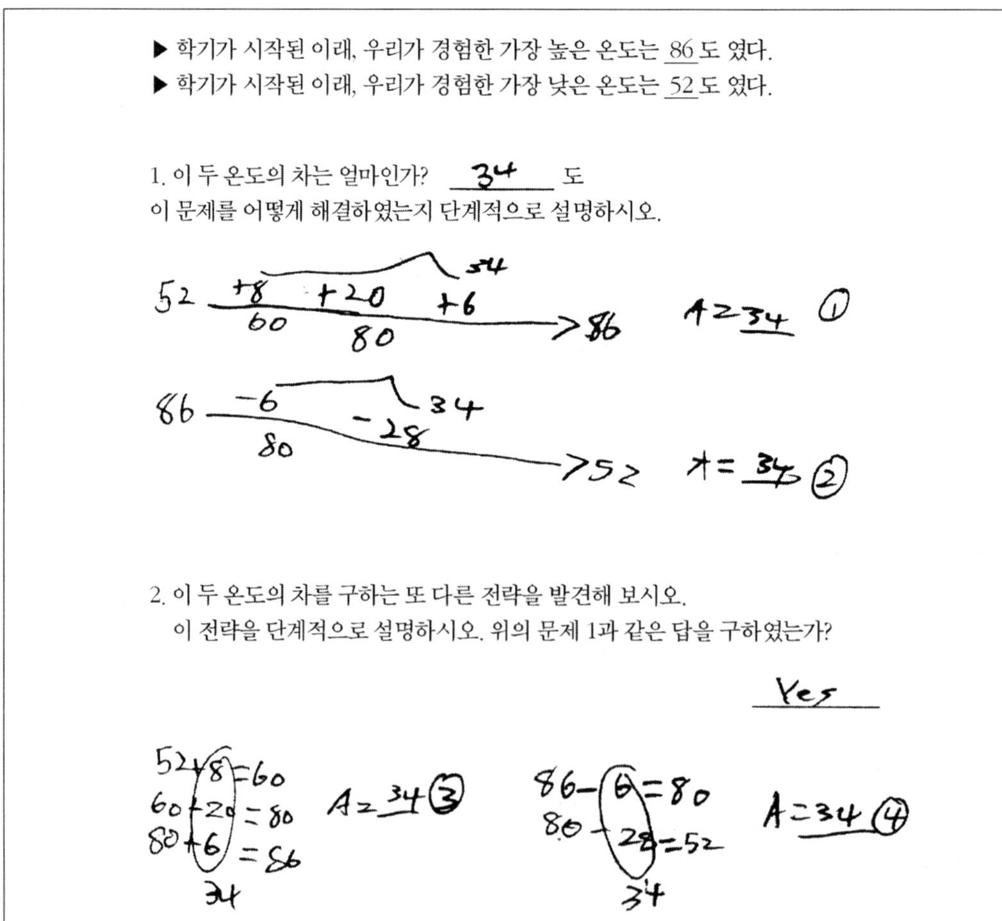

▶ 학기가 시작된 이래, 우리가 경험한 가장 높은 온도는 86 도 였다.
▶ 학기가 시작된 이래, 우리가 경험한 가장 낮은 온도는 52 도 였다.

1. 이 두 온도의 차는 얼마인가? 34 도
이 문제를 어떻게 해결하였는지 단계적으로 설명하시오.

52 +8 60 +20 80 +6 → 86 (34) A = 34 ①

86 −6 80 −28 → 52 (34) A = 34 ②

2. 이 두 온도의 차를 구하는 또 다른 전략을 발견해 보시오.
이 전략을 단계적으로 설명하시오. 위의 문제 1과 같은 답을 구하였는가?

Yes

52 + 8 = 60
60 + 20 = 80
80 + 6 = 86
34
A = 34 ③

86 − 6 = 80
80 − 28 = 52
34
A = 34 ④

학생이 만든 문제들

근처 습지로 여행을 다녀온 후, 나의 학생들은 이 여행에서의 경험을 기반으로 하여 덧셈, 뺄셈 문제를 작성하였다. 그리고 나는 그들이 작성한 문제들 중 일부를 판서해 주어서 숙제로 부과하였다. (그림 2-13 참고)

학생 29명 +어른 12명

• 전략 : 30처럼 근처의 가까운 수를 이용하기

Sam	29 + 1 = 30	Sarah	29 + 1 = 30
Rebecca	30 + 10 = 40	Jaime	30 + 11 = 41
Deon	40 + 1 = 41	Marcus	
Ray	12	Hamid	

• 전략 : 두 가수(加數)를 익숙한 부분으로 나누기 29 = 20 + 9, 12 = 10 + 2

Latasha I know that 2 + 9 = 11 and 20 + 10 = 30. Then you take 10 from 11 and add it to 30 which makes 40. Then 40 + 1 = 41

Peter, Angela 29 + 12 → 30, 11

30 + 11 = 41

Aaron
20 + 10 = 30
30 + 10 = 40
40 + 1 = 41

• 전략 : 더 작은 가수를 익숙한 부분으로 나누기 12 = 10 + 2

Eun-Jin	29 + 2 = 31	Susan	29 + 10 = 39
	31 + 10 = 41	Nan	39 + 1 = 40
			40 + 1 = 41

• 전략 : 1씩 오름세기 하기

Jarod I had 29 then I counted on in my head 12 more to 41.

• 전략 : 표준 알고리즘

Yousif, Janet
$$\begin{array}{r} 29 \\ +\,12 \\ \hline 41 \end{array}$$

◀ **그림 2-12** 나의 학생들은 여러 가지 전략들을 이용해서 과학 박물관 이야기 문제를 풀었다.

경험 교사의 조언

교사가 학급 과제나 숙제로 사용한 문제들을 모두 기록한다. 이렇게 하면, 모든 아이들의 문제를 빠짐없이 사용할 수 있다. 또한, 과제로 학생들의 문제를 사용하기 위해서는 사전에 학생들에게 허락을 맡아야 한다.

그림 2-13의 습지 문제에서, 학생들은 그들 자신의 수와 연산을 선택하였다. 학생들이 덧셈과 뺄셈 문제를 작성해 놓은 지침서에는 습지 체험학습에서 보았던 동식물과 함께 할 수 있는 활동들이 작성되어 있다. 학생들에게 두 자리 수의 숫자를 사용하도록 할 수도 있다. 교사가 사용할 수 있는 또 다른 접근법으로는 학생들에게 등식(예를 들어, 26+18=__와 35−17=__)을 제공하는 것이 있는데, 학생들은 교사가 위와 같이 제공한 수를 이용하여 자신만의 습지 이야기를 만들 수 있다.

어떤 학생들은 그들의 학교 외 취미생활과 관련지어 문제를 작성하는 것에 매우 열심이다. 예를 들어, 나의 학생 중 한 아이는 그가 가장 좋아하는 숫자를 하나 정하고 그의 취미인 농구를 소재로 사용하여 문제를 작성하였다. (그림 2-14 참고)

▶ **그림 2-13** Hamid는 Aaron과 Deon이 습지 여행으로부터 이끌어낸 두 개의 이야기 문제들을 여러 가지 전략을 사용해서 풀었다.

1. 아론 : 53마리의 오리가 있다.
   15마리가 날아가 버렸다.
   몇 마리의 오리가 남아있는가?

전략 1

53 − 3 = 50
50 − 10 = 40
40 − 2 = 28

전략 2

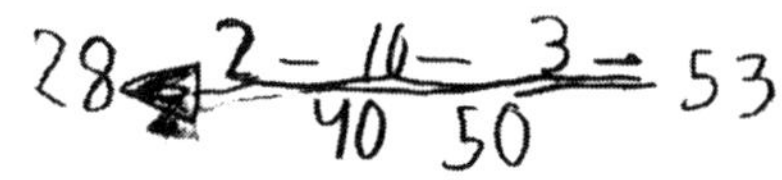

2. 아론의 문제에 대한 문장 There are 28 ducks left.

3. 데온 : 39마리의 새가 있다.
   13마리의 새가 습지로 날아왔다.
   현재 습지에는 몇 마리의 새가 있는가?

전략 1

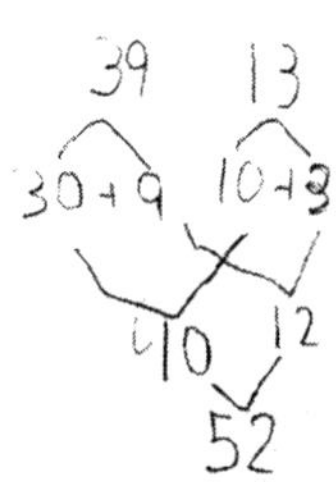

전략 2

39 + 1 = 40
40 + 10 = 50
50 + 2 = 52

4. 데온의 문제에 대한 문장 There are 52 birds in all.

> **경험 교사의 조언**
>
> 학생들이 이야기 문제를 작성할 때, 그들은 이야기 진술을 위한 문장을 연습하고(이야기하기), 문제를 위한 문장을 연습한다(질문하기). 이 활동은 3학년 학생들에게 적합하다. 수학 교실에서조차도, 이 글쓰기 연습은 가치 있다. 교사는 아이들이 작성한 이야기 문제의 문장 속 대문자 사용, 구두법, 철자를 수정해야 할지에 관해 결정할 필요가 있다. 몇몇 교사들은 이와 같은 기준이 중요하게 여겨지는 순간이 이야기 문제가 단지 게시판이나 메뉴활동 그리고 학부모 간담회와 같이 공적인 자리에서 이루어질 때라고 생각한다.

학생들은 또한 학생용 도서의 내용 중 수학적인 상황을 발견하고, 이 상황에 대한 그들 자신이 생각한 문제를 질문한다. 예를 들어, 『*Alexander, Who Used to Be Rich Last Sunday*』를 읽은 후, 아이들의 도움을 받아 이 책의 내용을 검토하고, 아이들에게 Alexander의 상황을 기반으로 하여 이야기 문제를 만든다.

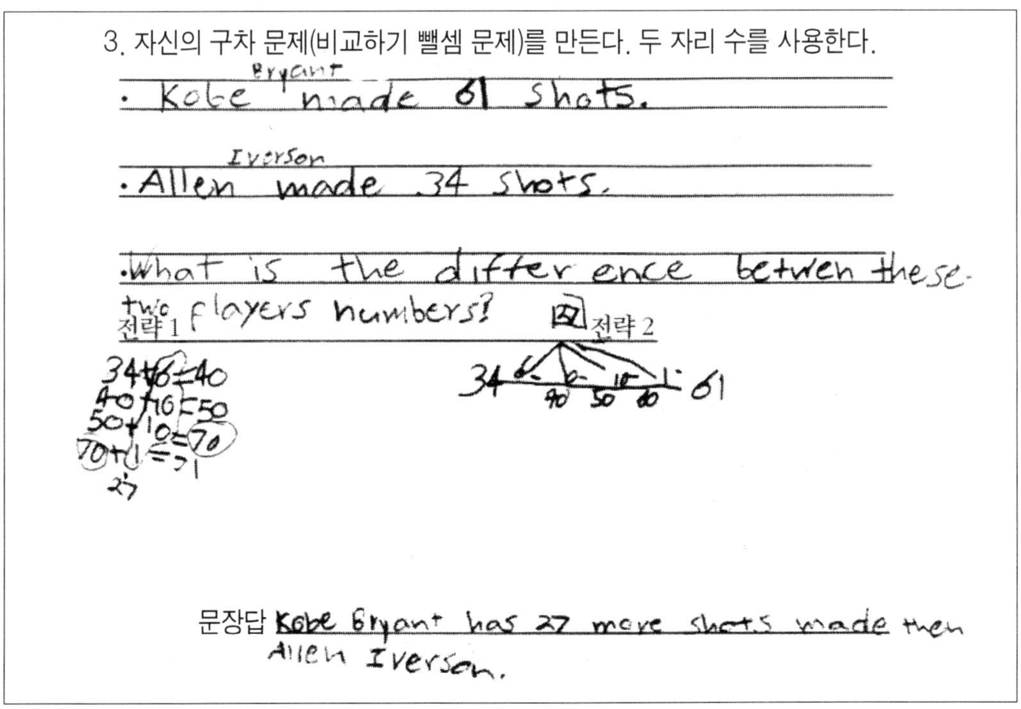

그림 2-14
Jarod는 농구와 관련된 문장제를 만들고 풀었다.

또한 학생들이 해결했던 것과 비슷한 문제를 써보도록 한다. **1분 동안 별 그리기** 활동을 한 후에, 한 학생이 교사가 칠판에 써왔던 방법에 따라 다음의 세 문장으로 이루어진 문장제 문제를 썼다.

> 나는 한 묶음에 별 5개씩 9 묶음을 만들었습니다.
> 남은 별은 3개입니다.
> 내가 1분 동안 그린 별은 모두 몇 개입니까?

많은 3학년 학생들은 문장제 문제를 세 줄로 나누어서 쓸 때 더 생각하기 쉽다는 것을 발견하는 것 같다. 처음 두 문장은 평서문이다. 그리고 마지막 문장은 의문문이므로, 물음표를 써넣어야 한다.

많은 문장제 문제는 아이들이 **알려지지 않은 결과**를 찾아내는 일에 도전하도록 만들어 준다. 예를 들어 합병 즉 덧셈과 관련된 문장제 문제에서, 학생들은 더해야 하는 양을 찾아내고 합을 구하기 위해서 그 정보를 이용해야만 한다. (그림 2-15 참고)

그림 2-15
Sam은 농구와 관련된 합병 문제를 해결했다.

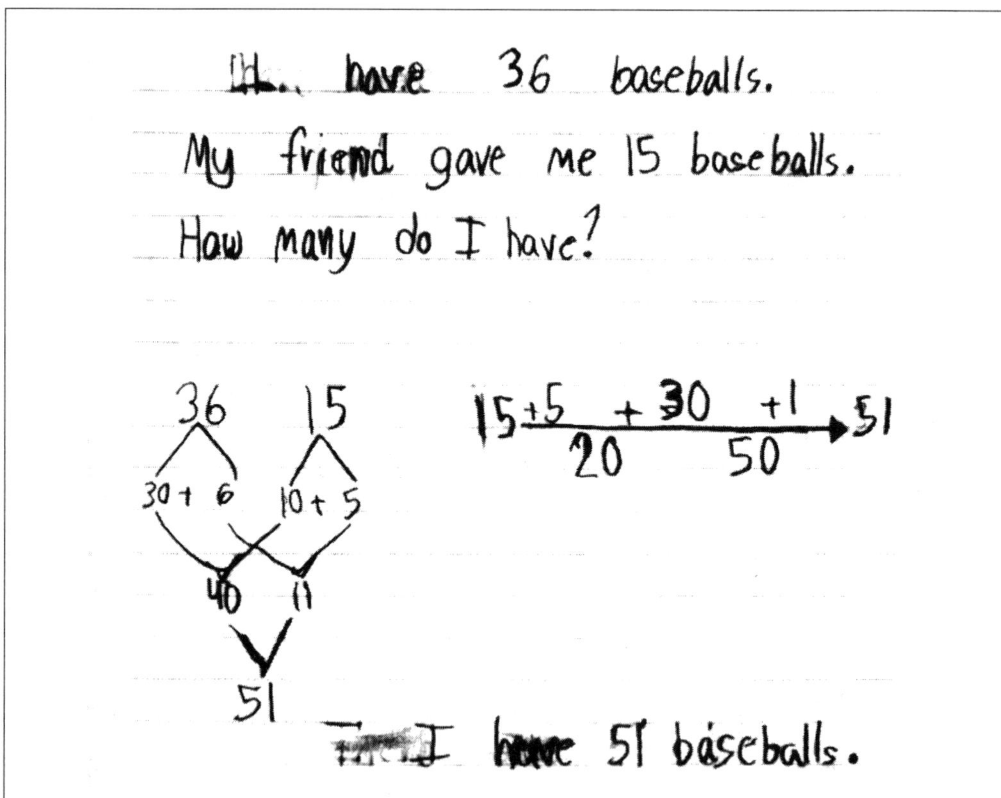

구잔, 즉 뺄셈과 관련된 문제에서, 학생들은 처음의 수와 빼야할 수를 알아낼 것이다. 그리고 뺄셈의 결과를 구하기 위해 그들의 지식을 이용해야만 한다. (그림 2-16 참고)

아이들이 봄에 덧셈과 뺄셈을 다시 학습할 때, 교사는 그들이 **이미 결과를 알고 있는** 문제를 가지고 활동하기를 원할 것이다. 즉, 덧셈이나 뺄셈의 결과는 알고, 더한 수나 뺀

수를 구해야 할 수도 있다. 예를 들면 다음과 같다.

> 20명의 아이들이 점심을 먹으려고 식당에 앉아 있었습니다. 10분 후에 식당 안에 있는 아이들의 수는 55명이 되었습니다. 그 10분 동안 식당에 들어온 학생은 모두 몇 명입니까?
>
> 오전에는 교실에 연필 35자루가 있었습니다. 오후에는 18자루만 남아 있었습니다. 그 날 학생들이 가져가서 사용한 연필은 모두 몇 자루입니까?

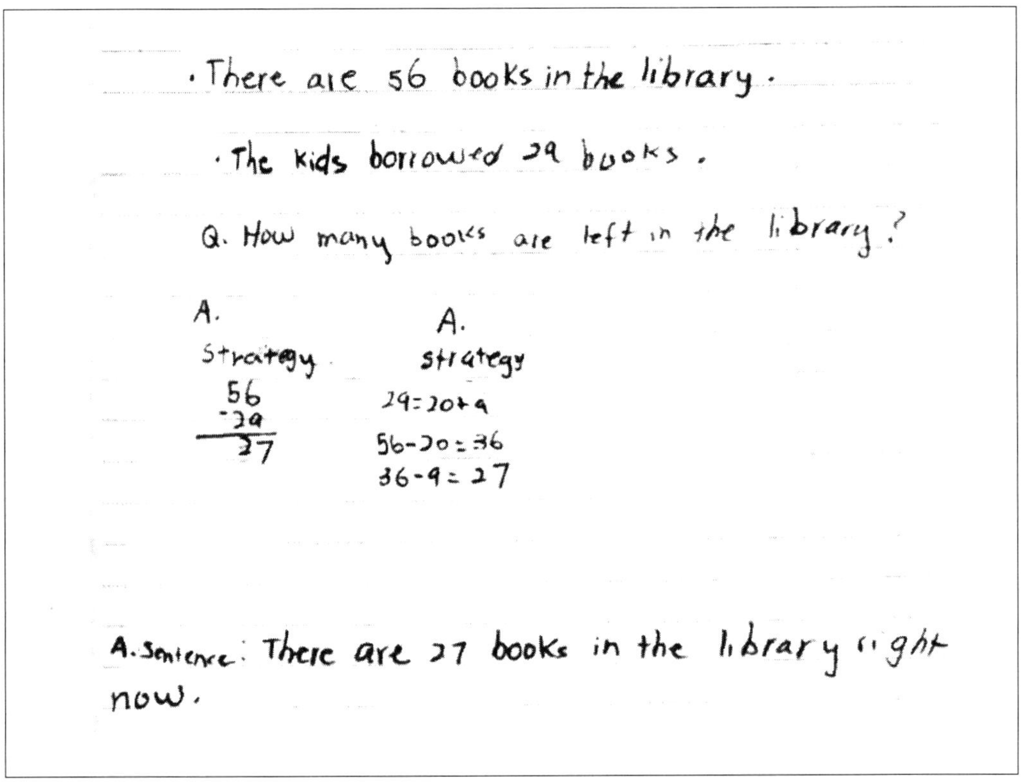

그림 2-16
Angela는 도서관 책과 관련된 구간 문제를 해결했다.

> **경험 교사의 조언**
>
> 학생들은 "차는 얼마인가?", "몇 개 더 많은가?", "몇 개 더 적은가?"와 같은 질문으로 된 두 개의 양을 비교하는 뺄셈 문제를 써볼 수 있는 기회를 가져야만 한다. 그런 문제에서는 두 개의 양이 변하지 않고 그대로 남아있다. 둘 중 어느 것도 줄어들지 않는다. 전체 중 일부분을 덜어내는 뺄셈 문제에서는 처음의 양이 줄어든다. 예를 들어, 9월과 10월에 학생들은 두 개의 병 안에 들어있는 연결정육면체의 개수, 두 손에 쥐고 있는 콩의 개수, 두 개의 카드 위에 쓰인 수, 두 개의 다른 매일의 온도, 어림한 값과 실제 측정값을 비교한다.

메뉴 활동

메뉴 활동 시간에, 아이들은 해결할 문제, 그 문제를 해결할 시간, 함께 활동할 사람을 선택할 수 있다. 아이들은 교사와는 독립적이며 자기주도적으로 활동한다. 따라서 메뉴 활동 시간은 짝 활동이나 소모둠 활동 다음에 이어서 하는 전체 활동과는 다르다.

메뉴의 형태에 따라, 교사는 학생들의 수학에 대한 욕구를 충족시켜줄 수 있다. 아이들이 메뉴 문제를 가지고 자기주도적으로 활동하는 동안, 교사는 수학 개념 이해에 어려움을 느끼는 학생들과 일대일로 활동할 수도 있고, 비슷한 수학적 욕구를 가지고 있는 학생들을 소모둠으로 묶어줄 수도 있다. 메뉴 활동 시간은 또한 아이들이 무엇을 해야 하는지를 알고 매우 독립적으로 활동할 수 있기 때문에, 대체 교사가 왔을 때 하루를 즐겁게 보낼 수 있다.

메뉴는 어떤 것으로 구성되어 있는가? 메뉴에 있는 대부분의 문제들은 아이들이 전체 학급 수업에서 해왔던 것의 심화이다. 몇 개의 문제는 학생들의 질문으로부터 비롯된 것이다. 예를 들어, 3학년 학생 중 한 명이 다음과 같은 질문을 하였다. “짝수에 짝수를 더하면, 항상 짝수가 되나요?” 이 질문은 메뉴 활동 시간에 가치 있는 조사를 할 수 있도록 해준다. 또 다른 문제로는 학생들이 쓴 문장제 문제 또는 학생들이 쓴 글에서 이끌어낸 문제가 있을 수 있다.

나는 덧셈과 뺄셈 영역을 연습할 필요가 있는 학생들을 위해서 이러한 영역에 초점을 둔 “저녁” 메뉴 활동을 만들었다. “후식” 메뉴는 이러한 개념을 이해하고 있고 더 많은 도전을 원하는 학생들에게 유용하다. “저녁” 메뉴에 있는 문제를 완성한 아이들만이 “후식” 메뉴로 이동할 수 있다. 내가 “저녁” 메뉴 활동으로 제공한 것은 다음과 같다.

- **콩 한 움큼** : 오른손으로 리마 콩 몇 개를 쥐고, 왼손으로 몇 개를 쥔다. 오른손과 왼손에 있는 이 콩을 따로따로 묶으면서 세어본다. 그 다음에 두 수를 비교한다. 마지막으로 합을 구하기 위해 그 둘을 합한다.
- **뺄셈 이야기 문제** : “남은 것은 몇 개인가?”라는 물음을 사용하여 몇 개를 덜어내는 뺄셈 이야기 문제를 쓴다. 그리고 그 문제를 해결하는 방법을 알려준다. 마지막으로 이야기 문제에 대한 답을 글로 쓴다.
- **1분 동안** : 짝과 함께 1분 동안 몇 개의 글자를 쓸 수 있는지를 알아보는 시간을 갖는다. 그 다음에 1분 동안 몇 개의 숫자(0, 1, 2, 3, 4, 5, 6, 7, 8, 9)를 쓸 수 있는지를 알아보는 시간을 갖는다. 짝에게도 이 두 활동을 할 수 있는 시간을 준다. 그 다음에 혼자서 글자와 숫자를 묶으면서 세어본다. 마지막으로 차를 구해서 그 차들을 비교한다.

- 페니 세기: 학생들이 세계무역센터 희생자 가족을 위해 가지고 온 페니를 500ml 정도 되는 병 안에 넣는다. 각 병을 약 반쯤 채운다. 서로 다른 두 가지 방법으로 하나의 병에 들어있는 페니를 묶으면서 세어본다.
- 어림하기와 세어보기: 연결정육면체를 사용하여 교실에 있는 물체 다섯 개의 길이를 어림한 다음 측정해본다. 마지막으로 어림한 값과 실제 측정값의 차를 계산해본다.
- 덧셈 이야기 문제: 두 가지 양을 합할 수 있는 덧셈 문제를 쓴다. 두 가지 전략을 사용하여 그 문제를 해결한다. 생각의 각 단계를 보여준다. 마지막으로 이야기 문제의 답을 글로 쓴다.

메뉴 활동은 단원을 학습하는 동안 계속 할 수도 있고, 단원의 완성으로써 그 단원을 다 배우고 난 후에 할 수도 있다.

단원을 학습하는 동안에 메뉴 활동하기

이 경우에, 메뉴는 학생들이 현재 학습하고 있는 단원에서 이미 활동하고 있는 문제와 관련된 문제의 제시된 목록으로 구성된다. 아이들은 전체 활동, 짝 활동, 개별 활동을 한 후에 단원을 배우는 내내 메뉴 문제를 다루게 된다. 학생들에게 어느 날 특정 메뉴 문제를 해보도록 하여 교사가 그것에 대한 전체 학급 토론을 할 수 있도록 해본다.

교사는 메뉴 문제를 소개하면서 큰 전지 위에 그것을 써서 교실에 붙일 수 있다. 각각의 문제가 개별 활동, 짝 활동, 소그룹 활동 중 어떤 활동으로 고안된 것인지를 표시해 둔다. 문제의 제목, 준비물, 설명도 써 넣는다. 교사는 또한 그 메뉴를 가로 A4에 써서 복사를 하고, 종이 폴더의 덮개 안쪽에 그 복사물을 분류하여 넣어서, 그 폴더를 학생들에게 나누어줄 수도 있다.

단원의 완성으로써 메뉴 활동하기

교실에서 나는 단원의 완성으로써 메뉴를 제공한다. 위에서 말한 것처럼, 우리 반의 모든 학생들은 "후식" 메뉴로 이동하기 전에 "저녁" 메뉴 문제를 끝마쳐야만 한다. 나는 첫 번째 메뉴 활동 시간에 저녁 메뉴에 있는 문제 한 개를 제시하였다. 그러고 나서 나는 모든 아이들에게 그 문제를 해결하도록 하고 그 시간이 끝날 때쯤이나 다음 시간을 시작할 때 그들의 문제 해결 방법을 공유하도록 하였다. 둘째 날, 나는 남은 문제를 제시하였다. 각각의 해결 방법에는 문제의 제목, 아이들의 이름, 답, 그리고 아이들이 문제를 해결하기 위해 글, 수, 또는 그림을 어떻게 사용했는지를 보여주는 단계별 설명이 제시되어 있다. 한 학기가 시작되면 나는 종종 계획표 형식으로 메뉴를 제시한다. 그 계획표는 내가 미리 준비해 둔 것이다. 그 해가 지나감에 따라, 아이들은 각 활동에 대한 그들 자신만의 문제 해결 방식을 정립시켜 나가게 된다.

나는 그 주의 중간쯤에 학생들이 메뉴 문제를 해결한 것을 모아서 읽으면서, 접착식 종이에 "너의 생각은 이치에 맞는구나." 또는 "너는 생각이 분명하고 확신이 있구나."와 같은 의견을 써서 적절한 해결 방법에 그것을 붙여준다. 만약 내가 이해하기 힘들거나 생각에 확신이 가지 않는 것을 발견하면, 나는 "너는 56개와 70개의 차는 14개라고 썼는데, 선생님은 네가 이것을 어떻게 계산했는지 알 수가 없구나. 나에게 알려주렴."과 같은 질문이나 의견을 써준다. 나는 학생들이 끊임없이 노력하는 문제 해결자가 되고, 활동에 자신감을 가지고 나의 질문에 대답하기를 기대한다. 나는 지정된 위치에 포스트잇을 남긴다. 그렇게 하면 내가 그 활동을 다시 할 때, 학생들이 나의 질문이나 의견에 어떻게 반응했는지를 찾아볼 수 있다. (그림 2-17 참고)

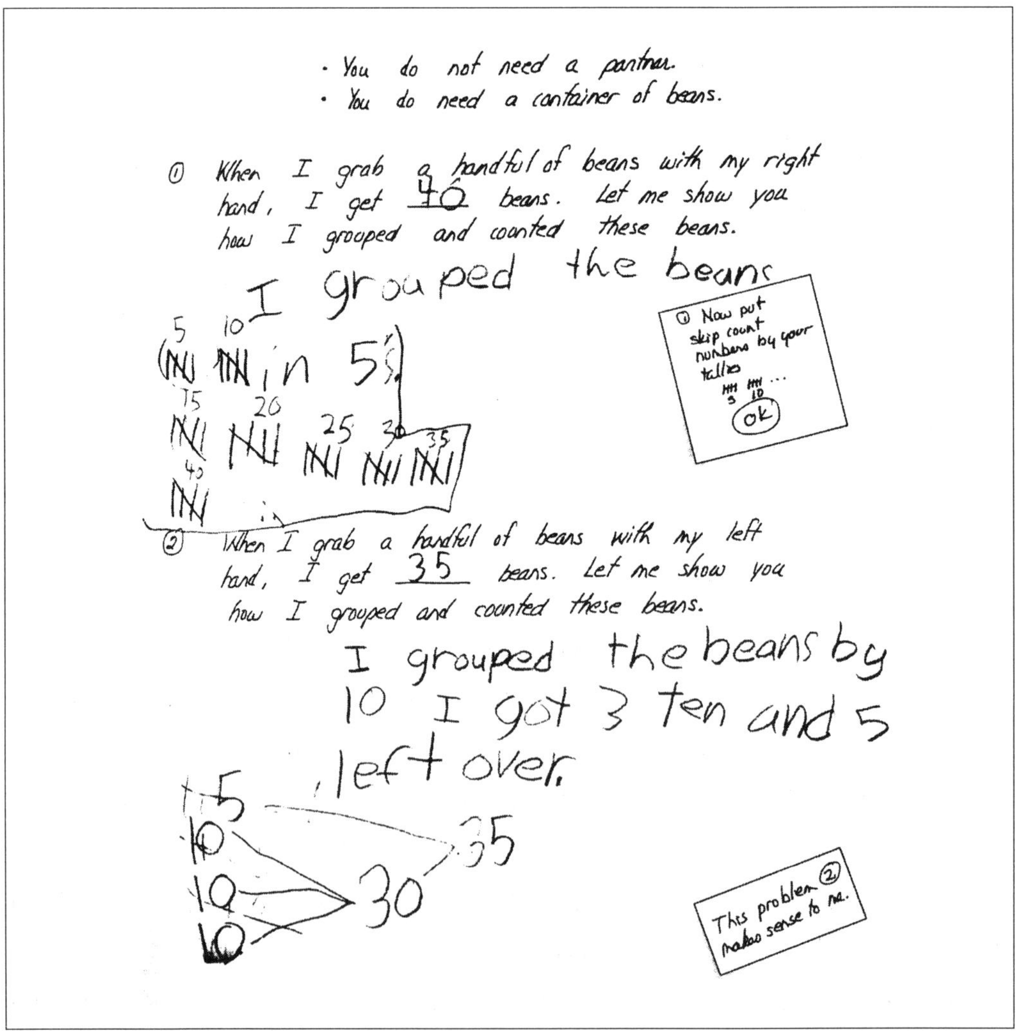

그림 2-17
나는 Marcus의 풀이에 대해 두 개의 포스트잇을 붙였고 이것들에 그가 한 반응을 추적했다.

학부모와의 대화

아이들이 부모와 공유할 수 있도록 메뉴를 집으로 보내는 것에 자유로워야 한다. 나는 가정으로 메뉴를 보낼 때, 수학시간에 우리가 했던 일들에 대한 설명과 이유를 적은 편지를 같이 동봉한다. 나는 학부모들에게 학급에서 일어나는 일들과 아이들의 활동 결과에 대해 설명할 때 학부모들이 수학교실에서의 일들을 명확하게 이해하는 것을 발견했다. 나는 또한 학부모와 아이들이 메뉴를 함께 다시 가져오기 전에 자신의 메뉴에 싸인을 하도록 한다. 그 결과 메뉴 작업은 매우 자연스럽게 부모-학생-교사 협의의 부분이 된다.

다음은 60쪽의 "저녁" 메뉴를 바탕으로 한 덧셈과 뺄셈이 들어있는 부모님께 보내는 편지의 예이다. 학생들의 메뉴 폴더 표지 안쪽에 편지를 붙여서 보냈다.

부모님께

오늘밤 자녀들이 올 해에 했던 수학문제의 첫 번째 메뉴를 집으로 가지고 갈 것입니다. 우리는 각 단원의 끝마다 문제에 관한 메뉴활동을 했고, 이제 막 덧셈과 뺄셈에 관한 단원을 끝냈습니다. 이 단원을 공부하는 동안 아이들은 문제의 맥락 속에서 셈하고, 비교하고 가르는데 다양한 전략을 사용했습니다. 아이들은 또한 자신의 문제를 써 봄으로써 덧셈과 뺄셈을 이해했습니다. 메뉴 문제는 우리가 학급에서 활동하거나 과제로 해결 했던 문제들의 심화로 아이들은 이를 통해 풍부한 문제 해결 경험을 하였습니다. 아이들은 어른들의 도움이 많이 없어도 이러한 문제들을 잘 이해할 수 있을 것으로 생각됩니다.

이 메뉴에서, 아이들은 6개의 문제를 선택하고 분명하고 확실한 방법으로 이 6개의 문제를 해결해야 합니다. 아이들은 문제 해결을 혼자서 할지, 동료와 함께 할지 선택합니다. 아이들은 또한 문제를 먼저 할 것인지 두 번째로 할 것인지, 그 외로 할 것인지 결정합니다.

저는 학생들의 풀이가 명백하지 않거나 확실하지 않을 때 학생 활동지에 질문이나 제안을 써줍니다. 그리고 이를 통해 학생들이 분명하지 않은 부분을 확실히 하기 위해 다시 해볼 수 있기를 기대합니다.

측정은 이런 문제들 중 4개와 의미있게 관련된 내용입니다. 콩 한 움큼 문제에서 아이들은 그들의 오른손과 왼손에 쥐어진 콩을 묶음 짓고 셉니다. 그 때 아이들은 결합하고(더하고) 그리고 이 양을 나타내는 두 개의 숫자를 비교합니다. 비록 비교(차는 얼마인가)문제가 뺄셈문제로 간주된다 할지라도 아이들은 종종 그 차를 이해하기 위해 "더하기"를 합니다. 1분 동안 문제에서는 아이들은 비교하기 뿐만 아니라 묶음 지어 세기를 합니다. 페니 세기 문제는 9·11 비극 뒤에 따라온 기금 조성 프로젝트에서 온 문제입니다. 또 다시 아이들은 병의 반을 묶음 짓고 셉니다. 마지막으로 어림하고 측정하기에서, 학생들은 교실 내에 있는 다양한 사물들의 길이와 넓이를 어림한 후 측정하기 위해 연결정육면체를 이용합니다.

각 메뉴 문제들과 풀이를 학생들과 함께 보시고 칭찬해 주십시오. 이 파일을 되돌려 보낼 때엔 이 편지 밑에 자녀와 부모님의 싸인을 해서 보내주십시오. 그래야 저는 자녀와 함께 메뉴에 대해 이야기할 기회를 가졌다고 알 수 있습니다.

감사합니다.

Suzy Ronfeldt

위와 같은 학부모에게 보내는 편지를 보내는 대신, 많은 교사들은 단원의 시작에 가정통신문을 보내는 것을 더 선호한다. 그러한 가정통신문의 유용한 예는 Dale seymour출판사에서 출간한 『*TERC Investifations in Number, Dater, and Space units*』과 math solutions 출판사에서 출간한 『*Teaching Arithmetic books*』에서 볼 수 있다. 몇몇 편지들은 복사해서 나누어 줄 수도 있다.

평가 : 전체 학급 토론하기와 짝 토론하기

모든 미국의 교사들이 일제식 평가 방식을 사용해야 한다는 생각은 학생들의 요구에 맞추기 위해 개별적으로 교사가 행하는 매일의 평가방식이 존중받으면서 실패했다. 이러한 과정평가는 교사가 아이들에게 자신의 생각을 설명하도록 하는 수학교실에서 가르치고 배우는데 의미 있게 구성된다. 교사는 의도적으로 각각의 아이들이 하고 있는 것과 이해할 수 없는 것과 어떻게 학급구성원들이 전체로써 수업을 이해하는지에 대해 귀 기울이고 모든 교실 토의 시간과 짝 활동을 하는 동안 각 아이들의 이유를 듣는다.

귀를 기울이면서, 수업지도안이나 1장에서 제안된 것처럼 독창적인 이해는 메모하고, 잘못된 이해에 대한 비평을 접착식 종이에 적어 파일 폴더 앞에 붙여놓는다. 학년 초에 교사는 이런 형태의 노트에 시간이 많이 든다는 것을 발견할 것이다. 만약 그렇다면, 각 학생들의 진행과정에 대한 교사의 생각을 휴식시간이나 방과 후를 활용하여 적도록 한다. 이런 노트에 날짜를 적으면 시간이 지남에 따라 학생들의 이해도가 성장하는 것을 추적할 수 있다.

칠판이나 차트지에, 아이들이 수학을 이해하기 위해 사용한 전략을 적는다. 그 전략위에 아이들의 이름을 붙인다. 매일 수업이 끝날 때에 교사의 노트에 있는 것과 이런 전략들을 복습한다. 만약 대부분의 학생들이 그들의 덧셈문제에서 결합의 개념을 이해하는 것처럼 보이면 아마도 빼기 상황 이상으로 넘어가도 되는 때이다. 만약 대다수가 결합의 개념과 싸우고 있다면, 다음날 이 아이디어를 이해할 수 있도록 돕기 위한 또 다른 맥락이나 경험을 생각한다. 학급활동에 참여하지 않는 학생을 기억해 두었다가 다음날 전체 활동, 짝 활동, 1:1 토의에 참여할 수 있도록 그 학생을 격려한다.

처음 6주 동안은 전체 학급 토론 또는 짝 토론 중 평가만 생각한다. 다음의 6주 동안은 각각 아이들의 수학공책에 있는 활동내용의 평가로 범위를 넓힌다. 아래의 물음들은 아이들에게 귀 기울이고 메모할 때의 가이드를 제시할 것이다.

- 교실 토의 동안 이 학생이 이야기 하는가?
- 아이가 세면서 묶음짓기를 하는가?
- 아이가 자신이 답을 구한 방법을 설명할 수 있는가?
- 아이가 한 가지 이상의 전략을 사용하는가?
- 아이가 수를 친근하거나 친숙한 부분들로 나누는 방법을 통해 또는 근접한 친숙한 수를 사용하는 방법을 통해 수적으로 추론하는가?
- 아이가 결합, 비교, 분리하는 것의 의미를 이해하고 있는가?

제 3 장

10월 / 11월

곱셈 소개하기

"교사들은 유치원 이전시기부터 쭉 학생들이 탐구하고 시행착오를 겪기도 하며 실패와 성공을 함께하고 서로 발문하는, 교실 환경을 만들고 유지함으로써 학생들의 문제해결 성향 계발에 중요한 역할을 한다."

학교수학을 위한 원리와 규준,
류희찬 · 조완영 · 이경화 · 나귀수 · 김남균 · 방정숙 역, 경문사

대부분의 학생들은 곱셈감각을 3학년 시기부터 익히게 된다[10]. 학생들은 학교에서 묶기와 세기에 대한 많은 경험을 한다. 그러나 학생들은 계속해서 매일 구체물, 조작물과 자신의 추론을 뒷받침해주는 그림을 사용한다. 학생들은 동량의 묶음을 합하는 것으로 시작하여 자신의 생각을 설명하기 위해 말과 수를 통합한다.

학습 환경

학생들에게 그들 자신의 이해를 구성할 시간을 준다.

11월이 다가옴에 따라 많은 교사들은 학생들의 수학 공부에 속도를 내려고 한다. 가을 학부모 공개와 봄에 있을 성취도 시험(Standardized test)이 빨리 "해결해야 할" 과제의 압력으로 다가온다. 이런 압력에도 굴하지 않아야 한다. 교사는 충분한 시간을 갖고 지지를 받으며 학생들이 자신들에게 의미 있는 방법으로 곱셈을 이해해가고 있는지를 상기할 필요가 있다. 학생들이 교사와 함께 공유하는 전략들을 계속해서 듣고 배우고 기록하도록 한다. 학생들이 수학수업에서 자신들의 생각의 힘을 깨닫게 되면, 학생들은 이런 문제해결 성향을 갖게 되거나 또는 성취도 시험에서도 "나는 할 수 있어"라고 접근할 수도 있게 된다는 점을 명심하기 바란다.[11]

조작물을 제공하고 학생들이 그림을 그리도록 격려하기.

대부분의 3학년 학생들은 첫 시간에 조작적인 상황을 탐구하게 될 것이다. 따라서 학생들은 학생들이 동량의 묶음들이 새로 추가되었을 때 합치게 된 구체물이 몇 개인가에 대한 자신들의 생각을 도와줄 모델을 만들어 보거나 그릴 필요가 있다. 예를 들어 창문의 판유리들을 표현하기 위해서 학생들은 색깔 타일을 사용한다. 곤충의 다리 6개를 묶음짓기 하기 위해서 학생들은 그림을 그릴 수 있다. 쟁반위에 담긴 과자들을 표현하기 위해서 학생들은 동전(페니)를 직사각형으로 배열하여 놓거나 반 인치짜리 격자 종이에 원을 그려 배열할 수 있다(부록 참고). **원과 별 게임**을 하기 위해서 학생들은 특정한 수의 원을 그리고 그 안에 같은 수의 별을 그려 넣는다.

이런 모든 모델들은 학생들이 곱셈과 관련된 활동을 시작하면서 사용하게 되는 말과

10) 국가마다 교육과정이 다르다. 사칙연산과 관련된 내용의 학습에 있어서 미국은 우리나라보다 늦고 중국은 우리나라보다 앞선다.
11) 원저자들이 주장하는 표준화 시험의 결과는 우리나라의 연구에서도 발견할 수 있다. 구체적인 연구 결과는 조수윤(2011)의 "구성주의 수학 수업이 추론 능력에 미치는 영향-초등학교 3학년 나눗셈을 중심으로" (대구교육대학교 교육대학원 석사학위논문)를 참고하기 바란다.

수에 의미를 부여하는데 도움을 준다.

짝들의 문제해결 성향을 지원해 준다.

3학년의 이 즈음, 학생들에게 전체 학급 토의 시간 이후에 짝 활동으로 문제해결을 하도록 격려한다. 학생들 사이를 돌아다니며 듣고 학생들이 독립적으로 해결하는 것을 지원해 준다. 종종 짝들이 같은 문제를 다른 전략을 사용하여 접근한다. 그러니 학생들에게 자신들의 사고를 설명할 것을 격려하고, 서로의 접근을 보다 잘 이해하기 위해서 질문하도록 격려한다. 교사는 짝들이 참고할 수 있는 다음과 같은 질문 목록을 붙여 놓는 것이 좋다.

"그것을 어떻게 알았습니까?"
"처음에 무엇을 하였습니까? 그 다음에는...?"
"이 부분은 무엇을 의미합니까?"
"네가 쓴 수나 그림은 어디 있습니까?"
"너의 말이 수나 그림과 어떻게 연결됩니까?"

짝 활동을 시작한지 5분 또는 10분 정도 지나면, 문제 해결을 중단하고 학생들에게 전체 학생들 앞에서 무엇을 해결했고 무엇을 해결하지 못하였는지를 설명해보도록 한다. 결과를 토론하는 것은 "다른 아이들이 할 수 있었다면, 우리도 할 수 있어."라는 생각을 노력 중인 짝들에게 고무시킬 수 있다. 짝 활동이 끝날 때 쯤, 학생들에게 둘이서 한 활동에 대해 설명해보도록 한다. 어떤 학생들은 돌아가면서 듣다보면 자신들이 보다 더 생산적인 활동을 함께 했음을 지적해 낼 수도 있다.

만약 교사가 일부 짝들이 여전히 한 문제를 해결하기 위해서 노력중임을 인지하게 된다면, 이 학생들 옆에 앉아서 이들의 사고를 활성화시키는 질문을 한다. 질문의 예는 다음과 같다.

"이 문제가 말하는 것은 무엇이에요? 네 자신의 말로 설명해 보세요."
"이 문제가 묻는 것은 무엇이지요?"
"이것을 알아내기 위해 콩이나 타일을 사용하는 것이 도움이 되었어요?"
"그림을 그리는 것이 이 문제를 이해하는데 도움이 되었어요?"
"첫 번째 단계가 무엇이었어요? 보여주렴."
"이 문제를 보니 이전에 해결했던 다른 문제가 생각나는 것이 있어요?'
"지금 네 마음속에 떠오르는 물음은 무엇이지요?"

물론, 모든 수학문제 해결이 이러한 짝 활동이 필요한 것은 아니다. 그러나 학생들이 자신의 논리를 의사소통하도록 격려해야 하는 수학수업에서는 "두개의 머리가 하나보다는 낫다."라는 속담이 특히 잘 적용된다.

수학에 대해 말하는 것 뿐만 아니라 쓰기와 그리기도 격려한다.

3학년의 이 시기가 되면, 학생들은 자신들의 수학적인 생각을 다른 학생들 앞에서 크게 설명하는 훈련이 되어 있다. 교사는 보통 그 생각들을 칠판에 적는다. 그리고 학생들은 특히 짝의 도움을 받으면서 활동지 위에 자기 자신의 말, 수, 그리고 그림을 기록하기 시작했다. 의사소통한 내용을 적어 둔 것들과 그림들은 학생들이 생각을 정리하는데 도움을 준다. 또한 이것들은 교사가 아이들이 현재 어느 정도 이해하고 있는지를 아는데 도움을 줄뿐만 아니라 결과적으로 교사가 학생들의 학습을 보다 지원해 줄 수 있도록 돕는다. 이번 달에는, 학생들이 쓴 것들 그리고 그림 수학 활동들에 날짜를 기록하고 시기 순서대로 배열하여 파일에 끼워 모으기 시작한다. 이 파일은 교사가 시간에 따른 성장을 평가하는데 도움을 주고 다가올 성적표 작성 및 학부모 공개 때 교사의 통찰을 사용하는데 도움을 준다. 이 파일에 들어있는 몇몇 활동들이 짝 활동으로 이루어진 것이라면, 복사를 해서 각 아이의 파일에 넣어 놓도록 한다.

몇몇 학생들은 짝 활동 한 과제를 함께 쓰거나 그려두는 것이 더 쉽다고 생각한다. 어떤 학생들은 혼자서 쓰거나 그리는 것을 선호하기도 한다. 자신들이 한 것을 한 단계씩 쓰고 자신들의 생각을 표현하기 위해 수가 쓰여진 그림을 사용함으로써 많은 학생들은 "자신들의 목소리"를 찾는다. 일부 3학년 학생들은 2학년 학생들과 같이 더 어린 학생들에게 편지를 써서 자신의 생각을 설명하는 것이 가치 있는 일임을 안다.

"오늘 나(우리)는 ________을 했어."
"오늘 나(우리)는 ________을 배웠어."
"오늘 우리들 중 ________가 점심을 샀어."
"우리는 ________이기 때문에 그렇게 생각해."

학생들이 글과 그림을 사용하여 자신의 생각을 설명하기 시작할 때, 학생들이 하고 있는 방법을 알기 위해서 각 학생 또는 짝을 정기적으로 만난다. 학생들이 자신들의 활동이 보다 확실해지도록 하거나 좀 더 명료해져서 설득력 있게 하도록 돕기 위해서 다음과 같은 질문들을 한다.

"이 그림이 보여주는 것이 무엇이지요?"
"그림이 보여주는 것을 선생님이 알 수 있는 활동명은 어디에 있어요?"
"이 수들은 무엇에 관한 것이에요?"
"이 글들이 선생님이 너의 수들을 보다 잘 이해할 수 있을 것이라고 생각해요?"
"이 그림에 네가 첫 번째, 두 번째, 등 한 것을 보여 주고 표현하기 위해서 무엇을 첨가해야 할까요?"

교사는 수학 수업 차시의 끝 부분이나 다음 수업 차시를 시작할 때 쯤 전체 학생들과 활동한 것에 대해 기록한 것을 개별적으로나 짝끼리 서로 공유할 수 있도록 하는 것이 좋다. 다른 학생들의 활동을 봄으로써, 학생들은 질문을 할 수 있을 뿐만 아니라 자신들이 생각한 것이 글로 표현된 특정한 예라는 생각을 갖게 된다. 이런 관찰 내용들을 목록화하기 시작한다. 그래서 학생들이 수학 공책을 유용하게 만들어 주는지를 이해하도록 해 준다.

수학

학생들은 덧셈과 곱셈을 결합한다.

학생들이 뛰어 세기나 곱셈과 같은 여러 가지 전략들을 결합하도록 돕는다. 예를 들어, 한 학생이 "1분 동안에 그린" 별들을 10씩 묶고 5묶음을 가지고 있을 때, 이 학생은 뛰어 세기 즉 "별 10개, 별 20개, 별 30개, 별 40개, 별 50개"라고 말하면서 "더해 갈 수 있다." 이 학생은 또한 전체 별의 수 50개를 구하기 위해 별 10개씩 5묶음을 곱할 수도 있다.

더하기를 하는 동안, 더하는 수(가수)들은 서로 같을 수도 있고 그렇지 않을 수도 있다. 그러나 두 수가 서로 **같다면** 곱셈이 덧셈보다 보다 효과적이다. 예를 들어, 한 학생이 쟁반 한개 당 과자 8개를 담은 쟁반을 모두 4개를 가지고 있다고 하자. 덧셈(8+8+8+8)을 하거나 뛰어 세기(8, 16, 24, 32) 경험을 많이 한 후에 이 학생은 종국에는 곱셈(8×4=32)이 좀 더 효과적이라는 것을 알게 될 것이다.

곱셈과 덧셈 모두 교환적이다. 즉, 곱하는 수들(인수)이나 더하는 수(가수)들의 순서는 중요하지 않다. 일찍부터 쭉, 학생들은 가수들의 순서를 바꾸어 덧셈에 대한 이해를 더 깊게 해오고 있다. 학생들은 6+9를 9+6으로도 생각하는데, 그래서 이들은 9+1이 10이라고 추론할 수 있다. 그러고 나서, 이들은 5를 더해서 15를 얻는다. 학생들은 결국 곱셈을 하면서도 같은 활동을 하게 될 것이다. 예를 들어 설명하면, 6×3을 하기 위해서 학생은 거꾸로 3×6을 계산할 것인데, 이는 3씩 세어 생각하는 것(3, 6, 9, 12, 15, 18)보다 6씩 세어 세는 것(6, 12, 18)이 더 빠르기 때문이다.

학생들이 곱셈 조합을 이해하면서 학생들은 추론한다.

학생들은 2의 곱, 5의 곱, 10의 곱은 자연스럽게 안다. 왜냐하면 이들 동량의 묶음들로 묶음짓기와 뛰어세기를 자주 하기 때문이다. **원과 별 게임**을 계속해서 할 때, 이 장에서 제안한 바와 같이 학생들은 많은 경험을 얻고 이들 조합과 그 조합의 역에 대한 그림 모델을 구성할 수 있다.

1×1

1×3 3×3

1×4 3×4 4×4

1×6 3×6 4×6 6×6

학생들은 10×10까지의 곱셈 조합을 알 필요가 있다. 0의 곱 조합을 포함해서 모두 110가지 조합이 있다. 학생들이 0의 곱, 1의 곱, 2의 곱, 5의 곱, 10의 곱, **원과 별 게임**에서 발견할 수 있는 추가적인 조합들을 이해할 때, 학생들은 110개의 조합들 중 반 이상의 것을 숙달하게 된 것이다. 이것은 축하할 일이다! **원과 별 게임**을 하는 동안, 아이들은 0을 인수로 사용하지 않지만, 아이들은 "주머니의 수" 활동을 하는 동안 0을 인수로 사용한다. (80~82쪽 참고)

학생들이 2, 4, 6 또는 8로 곱셈을 할 때, 학생들은 사람의 다리(2), 동물의 다리(4), 곤충의 다리(6), 거미의 다리(8)와 같이 일상적 사물로 의미 있는 교수·학습을 하게 될 것이다.

학생들이 이들 곱셈 조합에 대해서 사고할 때 계속해서 학생들을 지원해 준다. 학생들이 "8 6은 48"과 같이 아무 무의미각운 또는 손가락곱셈을 통하여 이 조합들을 암기하려는 유혹에 저항해야 한다.

교사는 학생들이 6×8이 무엇을 의미하는지 이해하기를 원하는 것이 좋다. 몇몇 학생들은 수를 이해하려고 애쓰면서 그림으로 사고한다. 다른 학생들은 수만으로 사고한다. 이 초기 단계에서, 학생들이 수적인 방법과 그림을 사용하는 전략을 모두 사용하여 학생들이 자신들의 수를 유의미한 맥락들과 연결 짓도록 격려해야 한다.

경험 교사의 조언

그림을 그림으로써 아이들은 실세계 맥락에 입각해서 자신들이 수로 한 활동을 이해하는데 도움을 받는다. 아이들이 이 조합들을 학습하고 있는 동안에 조차 이런 이해가 학생들의 **수감각**을 발달시키는데 도움을 준다.

단순히 곱셈 조합들을 암송하는 것은 수감각을 발달시키지 못한다. 그리고 아이들이 곱셈 문제들을 풀 수 있도록 도와주지도 못한다. 암송은 이야기를 이해하지 못하면서 단어집을 읽는 것과 같다. 수감각을 가진 아이들은 곱셈이 특정한 상황들에서 의미가 있는 이유를 이해한다. $3\times8=24$라는 것은 알지만 이 조합이 실세계 상황들과 어떻게 연결되어 있는지를 모르는 아이는 수학적으로 추론하는데 있어서 제한적일 수밖에 없을 것이다.

아래에는 그림으로 생각하기와 수로 생각하기에 대한 몇 가지 예가 제시되어 있다. 대부분의 학생들이 이제 막 곱셈을 이용해서 추론을 시작하기 때문에, 교사는 이들의 활동에서 수로 추론하기 보다는 그림으로 사고하기를 더 많이 볼 수 있을 것이다.

그림으로 생각하기

- **묶음으로 되어 있는 것들:** "8개의 다리를 가진 문어가 6마리면 다리가 모두 48개라는 것을 알 수 있어요."(그림 3-1 참고)

그림 3-1
Latasha는 6마리의 문어를 그렸고 뛰어세기를 사용해서 문어발의 총 개수를 구했다.

- 기하적 배열: "창문에 판유리가 8개씩 6줄 있다면 판유리는 모두 48개라는 것을 알 수 있어요."(그림 3-2 참고)

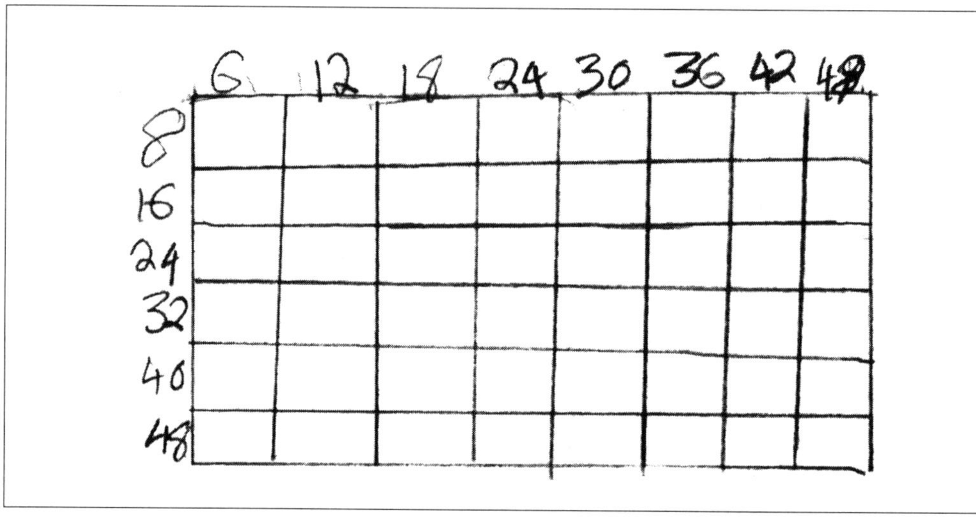

그림 3-2 Marcus는 판유리를 8개씩 6줄을 배열하여 그렸다.

- 원과 별 게임: "별이 8개씩 들어 있는 원이 6개 있으면, 6개 원에는 별이 모두 48개라는 것을 알아요."(그림 3-3 참고)

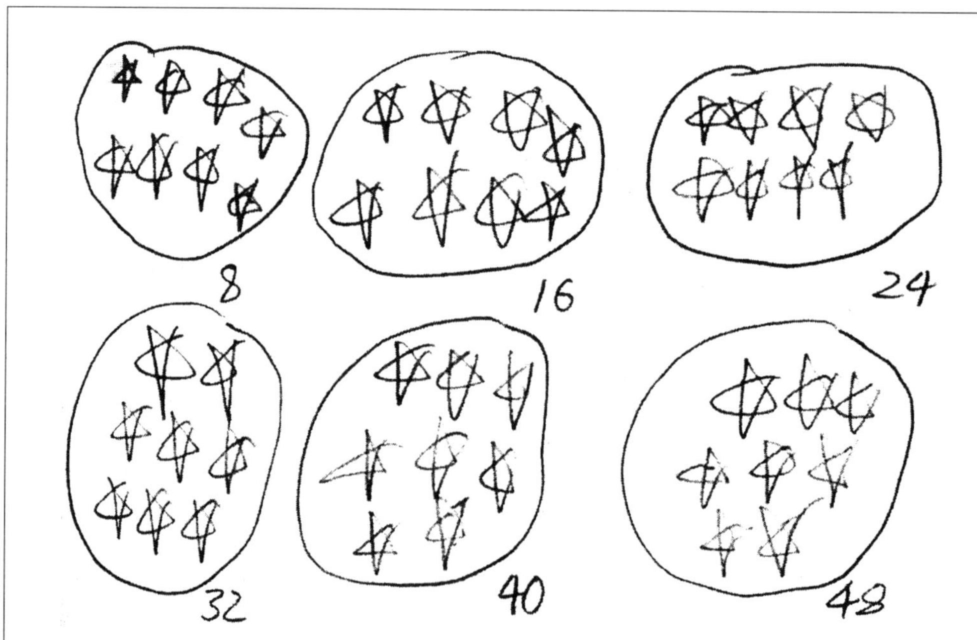

그림 3-3 Nan은 뛰어 세기를 이용해서 원 안의 별의 수가 모두 몇 개인지를 계산하였다.

수로 생각하기

- 더하기

6 + 6 + 6 + 6 + 6 + 6 + 6 + 6

12 + 12 + 12 + 12

40 + 8

48

- **뛰어 세기:** "8의 6배는 48이야, 왜냐면 8씩 6번 뛰어 세면, 팔, 십육, 이십사, 삼십이, 사십, 사십팔이기 때문이지." 또는 "6씩 8번 뛰어 셌어. 육, 십이, 십팔, 이십사, 삼십, 삼십육, 사십이, 사십팔."
- **익숙한 수로 가기:** "8의 5배는 40이란 걸 아니깐, 8 곱하기 6을 구하려면 8이 한 번 더 필요해, 그래서 40에 8을 더하면 48이야."
- **한 수를 익숙한 부분으로 쪼개기:** "나는 6을 3더하기 3으로 생각하려고 해, 그래서 8에 3을 곱해 24를 얻고 나서 다시 한 번 더 해. 결국 24와 24를 더해서 48을 얻으려고 해." (이 전략은 나의 3학년 학급에서 가장 적게 사용되는 것 같이 보인다. 그러나 여러분들은 여러분들의 교실에서 이 전략이 더 자주 나타나는 것을 볼 수도 있을 것이다.)

학생들은 곱셈은 사물들이 동량으로 묶음 지어져 있을 때 이들이 모두 몇 개인지를 알아내는 한 가지 방법임을 이해해야 한다.

- 수업 중 명확한 의사소통을 위해서, 곱셈식에 있는 첫 번째 인수는 학생들이 고려하고 있는 **각 동량의 묶음 안에 있는 물체**(예를 들어, 원 안의 별들, 한 줄에 있는 판유리, 곤충의 다리)**의 수**를 지칭함을 알도록 한다. 두 번째 인수는 학생들이 고려중인 **동량의 묶음**(예를 들어, 원과 별 게임의 원들, 창문의 줄들, 곤충들)**의 수**를 지칭함을 알도록 한다[12]. 학생들이 6×3은 각각 한 묶음이 6개인 묶음이 3묶음 있다는 것을 의미한다는 아이디어를 아이들이 갖도록 도우려면, 언어와 그림을 사용하는 것이 좋다. 아래에 언어와 수를 함께 사용하는 문장식의 예가 있다.

---

12) 영어권에서는 2×3은 3개씩 두 묶음을 의미한다. 하지만, 우리나라에서는 2×3을 2개씩 3묶음으로 해석한다. 번역을 하면서 영어식 표현으로 되어 있는 것을 우리식 표현으로 바꾸었다. 하지만, 표 또는 그림 속에 있는 표현은 그대로 두었으니 읽는데 참고하기 바란다.

- 각 원에 별이 6개씩 × 원이 3개 = 원 3개의 별은 모두 18개[13]

- 각 줄에 판유리 6장 × 3줄 = 3 줄에 판유리는 모두 18개

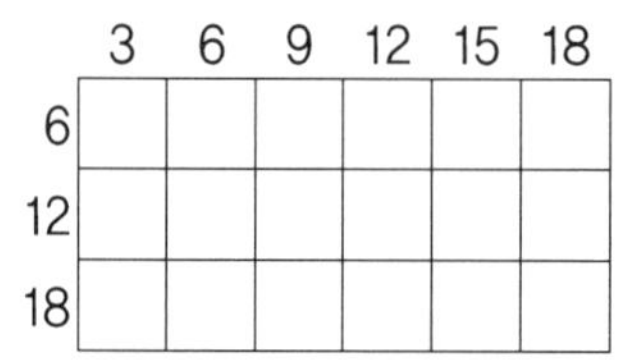

- 다리가 6개인 곤충 × 3마리 = 곤충 3마리의 다리는 모두 18개

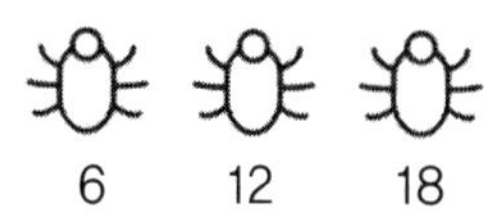

학생들은 문제를 해결하면서 한 가지 이상의 전략을 탐구하면서 유연한 사고를 연마해야 한다.

학생들이 여러 가지 전략을 사용해서 한 문제를 풀 때, 학생들은 자신들이 유연하게 사고 할 수 있다는 것을 보여준다. 게다가, 다양한 전략들은 답이 옳은지 아닌지를 점검하는데 도움이 된다. 그림 3-4는 "거미 3마리가 있다. 각 거미는 다리가 8개씩 있다. 거미 3마리에는 모두 몇 개의 다리가 있을까요?"라는 문제를 풀기 위해 사용한 다양한 전략들을 보여준다. 전략 옆에 학생들의 이름을 붙여줌으로써, 교사는 각 학생들이 어떤 전략들을 실제 더 잘 알고 있는지 알 수 있다. 이 기록을 붙여 두면, 교사가 학생들이 사용한 전략들의 범위를 아는데 도움을 준다.

13) 6×3=18이라는 곱셈식을 읽을 때, 곱셈식이 처음 등장하는 2-1 학기 수학교과서는 이 곱셈식을 "6곱하기 3은 18과 같습니다. 또는 6과 3의 곱은 18입니라."라는 방식으로 읽도록 하고 있다. 이런 읽기는 다분히 곱셈이라는 지식의 절차적 측면을 강조한 것이다. 곱셈이라는 지식의 개념적 속성을 강조하려면, 위와 같은 읽기도 장려되어야 한다.

다양한 전략들

거미 3마리가 있다.
각 거미는 다리가 8개씩 있다.
거미3마리에는 모두 몇 개의 다리가 있을까요?

수 세기

Rebecca

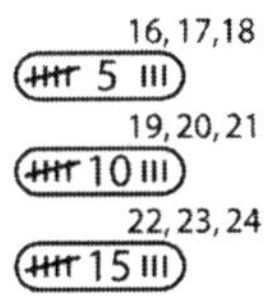

Nathan

Derek

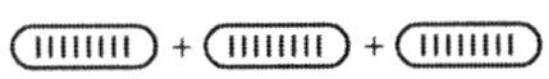

뛰어세기

Hamid
Sam
Sarah
Aaron
Deon

8 , 16 , 24

곱셈

Sarah
Hamid

1 x 8 = 8
2 x 8 = 16
3 x 8 = 24

Angela, Juan, Jaime, Rebecca, Janet, Wei-Cee, Jerry, Eun-Jin

3 x 8 = 24

더하기

Angela
Sam

8
8
+ 8
24

Jaime
Jerry

8 + 8 + 8 = 24

Derek
Sam

8 + 8 + 8
4 + 4 + 4 + 4 + 4 + 4 = 24

Janet
Sarah
Michael
Aaron
Eun-Jin

8 + 8 = 16
16 + 8 = 24

Michael
Aaron

8 8 8
16 — 24

Yousif
Kihyun
Nathan
Juan

8 + 8 + 8 = 24

◀ **그림 3-4**
이 학급은 다양한 배열 전략을 사용해서 거미 문제를 해결하였다.

경험 교사의 조언

한 문제를 푸는데 두 가지 전략을 사용하여 풀라고 하였을 때, 어떤 학생은 자신이 사용한 두 가지 전략으로부터 서로 다른 답을 얻고, 답이 다르다는 사실이 중요하지 않은 것처럼 행동할 수 있다. 아마도 이 학생은 답이 이해되는지에 관계없이 수학을 그저 문제를 풀고 답을 얻는 것으로만 이해하고 있는 것이다. 수학은 이해를 필요로 한다는 사실을 학생들이 알 필요가 있다. 목적은 답을 구하는데 있는 것이 아니다. 만일 같은 문제에 두 가지 답이 맞지 않는다면, 학생들에게 각 전략을 점검하거나 다른 세 번째 전략을 사용해보도록 격려하는 것이 좋다.

몇몇 학생들은 첫 번째 전략에서 나온 답과 같게 하기위해서 두 번째 또는 세 번째 전략에 있어

수들을 바꿀 수도 있다. 이러한 경우에, 학생들이 선택한 수들은 대개 원래 문제와 거의 연관이 없다. 예를 들어, "다섯 마리 개에는 모두 몇 개의 다리가 있나요?"라는 문제를 가정해 보자. 어떤 학생이 5×4=20이라고 쓰고 주어진 문제를 이해하는 그림을 그릴 수 있다. 그러나 그러고 나서, 세 번째 전략으로서 5+5+5+5를 쓸 수 있다(그림 3-5 참고). 만일 이러한 종류의 일이 일어난다면, 이 학생에게 이들 5를 더하는 것이 다리를 4개씩 가진 개 5마리의 문제와 어떻게 관련지었는지 설명해보게 한다.[14]

만일 교사가 두 개의 전략중 하나는 그림으로 나타내어야 한다고 지시한다면, 교사는 각 학생이 주어진 문제를 얼마나 잘 이해하였는지 "볼" 수 있다. 예를 들어, 8×3=24를 암기하여 재빨리 알맞은 곱셈식을 쓰는 학생은 그림을 통해 이 수들을 어떻게 표현해야 하는지 모를 수 있다. 만일 이 학생이 다리가 8개씩 있는 거미 3마리를 한 묶음씩 3 묶음을 그렸다면, 모든 거미들의 다리 수를 세어보게 한 후, 그 학생에게 그 이야기 문제를 큰 소리로 읽게 한다. 마지막으로 "너의 그림이 이 문제의 의미와 맞나요?"라고 묻는다.

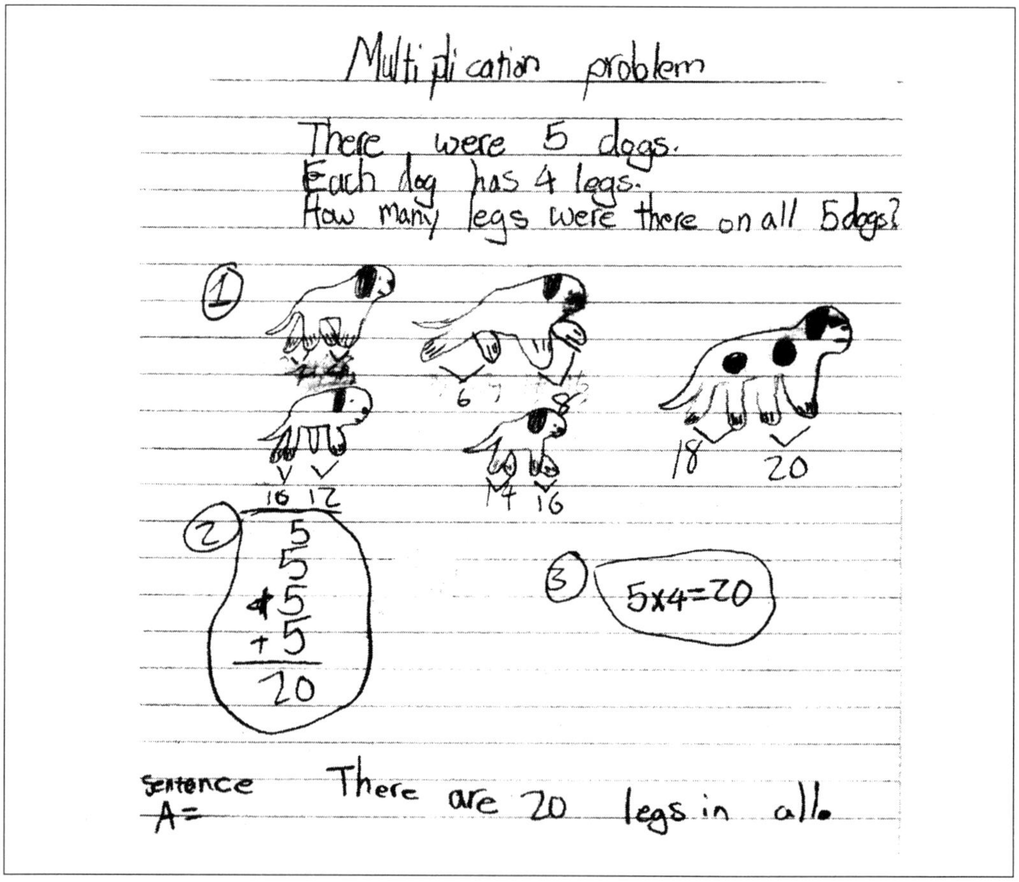

▶ **그림 3-5** Kihyun의 5+5+5+5전략은 정답을 나오게 하였으나, 이것은 주어진 문제와 거의 논리적 연관성이 없다.

14) 교사가 아이에게 묻는 이것이 매우 중요하다. 아이들은 5마리의 개들로부터 왼쪽 앞발 하나씩 5, 오른쪽 앞발 하나씩 5, 왼쪽 뒷발 하나씩 5, 오른쪽 뒷발 하나씩 5, 따라서 5+5+5+5=20이라고 생각할 수 있다. 역자 중의 한 명이 만 5세인 한 아이에게 "아빠, 엄마, 그리고 서형이는 눈이 모두 몇 개일까?"라고 질문하였다. 이 아이는 "6"이라고 대답을 하였고, "어떻게 구했는데?"하는 질문을 이어 받았다. 이 아이의 대답이다. "(오른쪽 눈을 가리키며), 아빠 하나, 엄마 하나, 나 하나, 3개. (왼쪽 눈을 가리키며), 아빠 하나, 엄마 하나, 나 하나, 3개. 삼 더하기 삼은 육." 이 질문은 이 아이가 처음 받은 질문이었다.

일상 소재로 하는 수학

10월과 11월 동안, 교사는 출결확인, 점심식사 수 세기, 그 날의 온도 읽기, 간식시간, 그리고 묶음짓기와 수세기 활동을 계속해도 좋다. 동시에, 교사는 아래에 설명하고 있는 "주머니 수 활동: 오늘 우리의 옷에는 주머니가 몇 개 있을까요?"와 같은 새로운 수학 문제 해결 활동을 소개해도 좋고, 학교에 출석한 날 수를 학기동안 계속해 나가도 좋다. 이들 일상의 맥락 속에서 그렇게 하는 것이 이해가 될 때 곱셈적 사고를 탐구할 수 있다.

간식 시간

준비물

- 물고기 크래커 한 상자

교수·학습 지침

1. 쉬는 시간동안, 4인 1 모둠의 각 책상 위에 냅킨을 놓고, 각 냅킨 위에는 같은 수의 물고기 크래커를 놓는다. 어떤 모둠의 책상에는 한 냅킨 위에 좀 더 많은 수의 크래커를 놓고, 어떤 모둠의 책상에는 좀 더 적은 수의 크래커를 놓는다. 하지만 각 모둠의 각 책상에 있는 냅킨 위에는 같은 수의 크래커가 있어야 한다.
2. 한 모둠에 있는 학생들에게 자신들의 모둠의 책상위에 있는 각 냅킨 위에 크래커가 몇 개 있는지를 묻는다. 만약 이 모둠원들이 각 냅킨 위에 7개의 크래커가 놓여 있다고 말한다면, 전체 학급구성원들에게 이 모둠의 책상 위에 놓인 크래커의 수는 모두 몇 개인지 그리고 어떻게 알 수 있는지 묻는다.
3. 학생들이 답을 얻어낸 다양한 전략들을 기록한다. '7×4＝28'은 수식이라는 것을 명확히 한다. 반면에 각 사람이 7개씩×4명=모두 28개는 문장식이라고 부른다고 말해준다.
4. 나머지 모둠의 학생들에게 자신들의 모둠에 있는 크래커의 수는 얼마인지를 계산하도록 하고 자신들의 전략들을 공유하도록 한다.
5. 학생들에게 크래커를 먹도록 한다.

경험 교사의 조언

어떤 학생들은 논리적으로 수를 다룰 준비가 안 되어 있을 수도 있고, 문장식을 사용하는 것이 이해가 더 잘 될 수도 있다. 어떤 학생들은 간식시간동안 콩이나 연결정육면체를 이용하여 크래커의 수를 나타내고, 그림을 그릴 수도 있다. 예를 들어, 어떤 학생들은 9개의 크래커의 4배를 구하기 위해 1-100 수배열표를 이용하여 뛰어 세기를 할 수도 있다. 이러한 교구들을 학생들이 쉽게 이용할 수 있도록 준비한다.

심화

- 각 모둠에 있는 크래커의 수를 모두 판서한 후, 학생들이 교실 전체의 크래커 수를 구하도록 한다.
- 각 모둠에 있는 크래커의 수 중 가장 많은 것과 가장 적은 것의 차를 구해보도록 한다.

주머니의 수

학생들이 입고 오는 옷의 주머니 수는 매일 다르다. 이 상황은 학생들에게 두 가지 다른 전략을 사용하여 자료를 수집할 수 있는 기회를 제공한다.

모둠별 자료

학생들에게 각 주머니 속에 연결정육면체를 하나씩 넣게 하고 이것들을 꺼내어 연결하여서 10-열차(ten-train)와 낱개로 나타내도록 해서 각 모둠에 있는 주머니의 총수를 구하도록 한다. 교사는 아래와 같이 판서할 수 있다.

모둠	총수
모둠 1	18개의 주머니
모둠 2	9개의 주머니
모둠 3	14개의 주머니
모둠 4	5개의 주머니
모둠 5	11개의 주머니

모둠 1은 1개의 10-열차와 낱개 8개가 있다. 모둠 2는 낱개 9개가 있다. 모둠 3은 1개의 10-열차와 낱개 4개가 있다. 모둠 4는 낱개 5개가 있다. 모둠 5는 1개의 10-열차와 낱개 1개가 있다.

학생들로 하여금 교실 전체의 주머니 수를 결정하기 위해서 모든 모둠들로부터 얻은 연결정육면체들을 묶음 짓고 세는 방법에 대해 논의하고 결정하도록 한다. 학생들은 낱개들을 먼저 연결지어 10-열차로 만드는 것을 선택하거나, 이미 10-열차로 만들어진 것을 먼저 묶음 지으려 할 것이다. 만약 학생들이 10-열차를 먼저 묶음 지으려 한다면, 칠판의 턱에 10-열차들을 먼저 수직으로 놓는다. 이 예에서, 교사는 3개의 10-열차로 끝을 내고, 30개의 주머니를 나타낸다. 그리고 30이라고 칠판에 적는다.

그 다음 학생들은 남은 연결정육면체들을 가지고 나온다. 학생들에게 지금까지 판서된 자료를 살펴보도록 하고 학생들이 생각하기에 몇 개의 10-열차를 더 얻을 수 있을지 예측해보도록 한 후, 학생들에게 낱개들을 10-열차로 만들도록 한다. 어떤 학생들은 4+5+1=10, 그리고 8+9=17 (즉 10+7)임을 알고, 2개의 10-열차가 더 만들어지고, 7개가 더 남음을 알아낼 것이다. 어떤 학생들은 9+1=10이고 8+4=12, 12+5=17 즉 10+7이라고 할 것이다.

학생들이 예상한 값을 얻었는지 알아보기 위해서, 낱개 연결정육면체들을 10-열차로 만들도록 한다. 학생들이 전체의 합이 57이라는 것을 알게 되었을 때, 27를 30옆에 기록할지 또는 30 아래에 기록할지에 대해 학생들의 의견을 듣도록 한다. 아마 교사는 가로셈과 세로셈 둘 다 하게 될 것이다.

사람과 주머니 수 세기

다른 날에 이 활동을 위해, 학생들은 연결정육면체를 자신들의 주머니 속에 하나씩 넣는다. 교사는 주머니가 없는 옷을 입은 학생의 수, 주머니가 하나 있는 학생의 수, 주머니가 둘인 학생의 수와 같이 학생의 수를 기록한다. 이 때, 곱셈식 형태로 결과를 기록한다.

주머니가 0인 학생 2명	(0 주머니 × 2 명 = 0 주머니)
주머니가 1인 학생 1명	(1 주머니 × 1 명 = 1 주머니)
주머니가 2인 학생 1명	(2 주머니 × 1 명 = 1 학생이 2 주머니)
주머니가 3인 학생 2명	(3 주머니 × 2 명 = 2 학생이 6 주머니)
주머니가 4인 학생 3명	(4 주머니 × 3 명 = 3 학생이 12 주머니)
주머니가 5인 학생 3명	(5 주머니 × 3 명 = 3 학생이 15 주머니)
주머니가 6인 학생 2명	(6 주머니 × 2 명 = 2 학생이 12 주머니)
주머니가 7인 학생 1명	(7 주머니 × 1 명 = 한 학생이 7 주머니)

주머니가 없는 두 학생이 앞으로 나오게 하고, 교사가 알맞은 곱셈 문장식을 판서하는 것을 돕도록 한다. 남은 집단들에 대해서도 계속한다. 각 집단이 앞으로 나와 문장식을 쓸 때, 다른 집단들의 학생들은 자신의 주머니에 들어 있는 연결정육면체를 꺼내 연결하

여 탑을 쌓도록 한다. 예를 들어, 만약 3개의 주머니를 가지고 있는 두 명의 학생이 앞으로 나왔을 때, 그들은 3개의 연결정육면체를 연결한 두 개의 탑을 교사에게 줄 것이다. 두 개의 인수(3개씩 쌓은 2개의 탑)를 가리키며 그에 맞는 문장식을 칠판에 적는다.

마지막으로 짝끼리 전체 학생의 주머니의 수의 총합은 얼마인지 알아내도록 한다. 학생들은 그들의 전략을 단계적으로 기록하고 바로 또는 다음 시간의 수학시간에 그들의 전략을 공유하도록 한다.

지금까지 등교일수

개학을 하고 6주 동안, 교사는 **오늘의 수** 일과활동을 계속해서 할 것이다. 만약 교사가 이 일과활동을 '그 달의 날의 수'와 연관지어 왔다면, 학생들은 1에서부터 31까지의 수를 이용한 식들을 썼을 것이다. 교사가 **오늘의 수**와 학교에 등교한 날의 수를 연관지었을 때, 가능성은 어머어마하게 확장되게 된다.

교사가 처음 **오늘의 수**를 소개하였을 때, 학생들에게 어떠한 제한도 두지 않고 식을 쓰도록 하고 학생들이 쓴 것을 확인하도록 한다. 학생들이 얼마나 많은 연산들을 이용해서 의미 있는 식을 작성했는지에 교사는 놀라게 될 것이다. 3학년 학생들이 점점 곱셈과 동량의 묶음들에 대해 익숙해짐에 따라 교사는 아래와 같은 제한을 둘 수 있다.

> "여러분이 만든 식에 덧셈과 곱셈이 들어가도록 하세요.
> 예를 들어, $(4\times10)+2=42$ 또는 $(5\times8)+2=42$와 같이요."
> "여러분이 만든 식에 곱셈과 뺄셈이 들어가도록 하세요.
> 예를 들어, $(5\times10)-8=42$와 같이요."

만약 교사가 **오늘의 수**를 일과활동으로 채택한다면, 교사와 학생들은 추가적인 아이디어를 생각하게 될 것이다.

> **경험 교사의 조언**
>
> 학생들이 자신의 주머니의 수를 표현하기 위해서 연결정육면체를 연결하여 같은 크기의 탑을 쌓을 때, 학생들은 곱셈은 동량의 묶음들을 포함한다는 아이디어를 표현하는 구체적 모델들을 만드는 것이다. 교사가 곱셈식에 있는 수들에 글을 추가할 때, 교사는 학생들이 좀 더 추상적인 수에 부가적인 의미를 결부시키는데 도움을 준다.

주머니 자료를 수집한 각 날짜를 기록하는 것을 고려해 본다. 이런 방식으로, 학생들은 하루의 자료와 다른 날의 자료를 결합하고 비교할 수 있다.

교사는 **주머니 수**를 숙제로 내줄 수 도 있다. 그 예는 아래와 같다.

10월 14일 월요일에 3학년 3반에 있는 어린이들이 입고 있는 옷에는 모두 57개의 주머니가 있습니다. 10월 15일 화요일에 어린이들이 입고 있는 옷의 주머니는 모두 48개입니다. 이 두 날의 주머니 수의 차는 얼마입니까? 만약 두 날의 주머니 수를 더한다면 얼마입니까?

물론 이 두 문제는 덧셈과 뺄셈의 문제이다. 비록 곱셈이 이 단원의 중점이라 하여도 다른 연산도 3학년 학생들이 계속해서 수학 문제를 푸는데 하나의 부분이 된다. 강건한 수감각을 가지고 있다는 것은 현실 생활 속에서 덧셈, 뺄셈, 곱셈, 나눗셈을 할 때를 알고 있다는 것을 의미한다.

게임

게임은 아이들이 곱셈을 즐겁게 학습할 수 있는 상황을 제공해 준다. 게임은 또한 학생들이 친구와 가족에게 그들의 발달하고 있는 이해를 더 쉽게 이야기할 수 있도록 해준다. 수학과 관련된 일과 활동을 할 때, 학생들이 수적 추론을 하기 전에 셈도움물, 그림, 또는 1-100 수배열표를 사용하도록 한다. 더 많은 게임을 해나가면서, 아이들은 곱셈의 구조를 이해하게 된다.

원과 별 게임[15)]

원과 별 게임을 소개하기 전에, 학생들에게 107쪽에서 설명하고 있는 **묶음으로 되어 있는 것들**을 조사하도록 한다. 아이들이 **원과 별 게임**을 몇 번 한 후에, 그들에게 Cindy Neushwander가 집필한 『*Amanda Bean's Amazing Dream*』[16)]이라는 책과 관련하여 창문의 판유리를 조사하도록 한다. (99-102쪽 참고)

원과 별 게임은 아이들이 곱셈의 동수누가라는 측면을 경험할 수 있도록 해준다. 이것은 또한 아이들이 곱셈을 곱셈식으로 표현될 수 있는 동량 묶음들의 결합으로서 볼 수 있도록 도와준다. 이 게임의 끝에, 아이들은 자신들이 그린 별의 합계를 계산하기 위해 덧셈을 한다. 그 다음에는 자신의 별의 합계와 짝의 별의 합계의 차를 알아내기 위해 뺄셈을 한다. 그러므로 이 게임에는 다양한 수학적 내용이 내포되어 있고, 아이들은 이 게임을 계속

15) 이 게임에 활용한 실제 수업 상황은 "구성주의 수학교실: 곱셈(김진호, 김경미, 남미선, 2009, 경문사)의 2장"을 참고하기 바란다.
16) 이 책은 "아만다의 아하! 곱셈구구(김경미, 2011, 청어람미디어)"로 번역되어 있다.

다시하고 싶어 한다. (이 게임을 하는 방법에 대한 자세한 설명은 부록을 참고하기 바란다.) 아래에 이 게임을 소개하고 이 활동의 구체적인 측면을 탐구할 수 있도록 해주는 교수·학습 방법이 있다.

준비물

- 2인 1모둠 당 주사위 한 개
- 학생 1명당 8절지 여러 장

교수·학습 지침

첫 번째 활동 : 게임 소개하기

1. 칠판에 큰 직사각형을 그리고 가로로 4칸, 세로로 2칸이 되도록 나누어서 정사각형 4개씩 2줄이 되도록 만든다. (아래 그림 참고) 다음과 같은 직사각형을 만들면 된다.

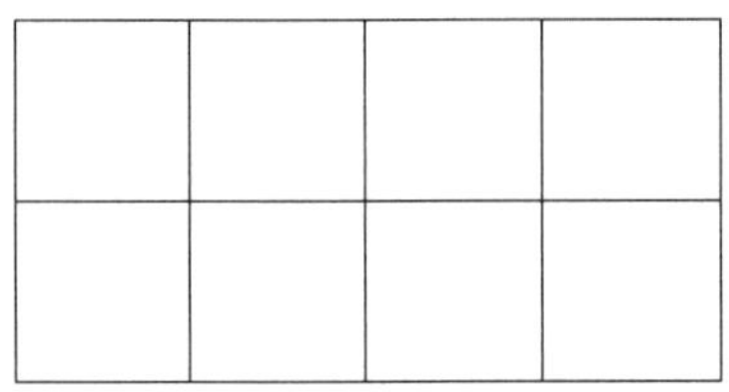

2. 위의 직사각형 옆에 똑같은 직사각형을 그린다. 이것은 짝의 직사각형이다.
3. 자원자 한 학생을 칠판 앞으로 나오라고 한다. 각 직사각형의 윗줄 맨 왼쪽 칸에 다음의 정보를 써넣는다. (물론 자신의 이름을 써넣어야 한다.)

   원과 별 게임
   Sharon의 합계 ____
   Sam의 합계 ____
   둘의 차 ____

4. 주사위를 굴리고 직사각형의 윗줄 두 번째 칸에 주사위를 굴려서 나온 수만큼 원을 그린다. 예를 들어, 주사위를 굴려서 4가 나오면, 원 4개를 그린다.
5. 자원 학생도 주사위를 굴리고 윗줄의 두 번째 칸에 주사위를 굴려서 나온 수만큼 원을 그린다.
6. 교사가 두 번째로 주사위를 굴리고 각각의 원 안에 주사위를 굴려서 나온 수만큼의 별을 그린다. 예를 들어, 만약 주사위를 굴려서 2가 나오면, 4개의 원 안에 별을 각각 2개씩 그린다.

7. 자원 학생도 두 번째로 주사위를 굴리고, 교사와 같은 활동을 한다.
8. 교사와 지원자는 직사각형 윗줄의 남은 두 칸을 원과 별로 모두 채울 때까지 이러한 단계를 반복한다.

두 번째 활동 : 짝과 게임하기

1. 학생들에게 8절지를 크기가 똑같은 8개의 부분으로 접는 방법을 보여준다.
2. 아이들에게 두 명씩 짝이 되도록 한다.
3. 교사와 자원 학생이 시범을 보이면서 했던 것처럼, 아이들에게 번갈아가며 주사위를 굴리고, 종이의 윗줄에 있는 부분에 원과 별을 그리라고 한다. 게임을 할 때마다, 짝의 활동을 서로 점검하도록 한다. 아이들이 각 부분의 아래쪽에 쓸 수 있는 작은 공간을 남겨두어야 한다는 것을 잊지 않도록 한다.

세 번째 활동 : 곱셈하기

1. 같은 날 또는 그 다음 날에 아이들에게 양탄자가 깔려있는 곳에 모여 앉도록 한다.
2. 칠판에 그린 직사각형을 가리키며, 학생들이 원과 별을 그린 첫 번째 칸에 주목하도록 한다. 원과 별 아래에 그림과 일치하는 곱셈식을 쓴다. 예를 들어, 4×2=8.
3. 아이들에게 이 곱셈식이 무엇을 의미하는지를 말과 수를 사용하여 설명하도록 한다. 다음과 같은 반응이 나올 것이다.

   "2개씩 4묶음은 8과 같습니다."
   "2개씩 4세트는 8과 같습니다."
   "2씩 4개면 8과 같습니다."
   "4 곱하기 2는 8과 같습니다."
   "별이 2개씩 그려져 있는 원 4개에는 별이 모두 8개 있습니다."

아이들에게 목록을 만들면서, 말과 수를 그림과 연결시켜 보도록 한다. 나중에 이러한 문장을 차트에 기록하고, 교실에 붙여 놓는다.

4. 직사각형의 윗줄에 있는 남은 칸에도 같은 것을 한다.
5. 아이들이 자리로 되돌아가서 원과 별을 그린 윗줄에 곱셈식을 쓰도록 한다. 교실을 돌아다니면서 첫 번째 수는 원의 개수를 나타내고 두 번째 수는 각각의 원 안에 들어갈 별의 개수를 나타내는지를 알아보기 위해 점검을 해본다.

네 번째 활동 : 더하기와 빼기

1. 같은 날 또는 그 다음 날, 교사와 자원 학생이 주사위를 굴리고 원과 별이 그려진 직사각형의 아래 쪽 줄의 네 개의 빈 칸을 채운다. 이 네 개의 부분에 맞는 곱셈식을 적도록 한다. (아래 참고)

원과 별 게임 Sharon의 합계 ____ Sam의 합계 ______ 둘의 차이 ________	2×4=8	3×2=6	5×6=30
4×3=12	4×5=20	5×3=15	4×2=8

2. 학급 구성원들에게 교사의 직사각형에 있는 7개의 곱들을 모두 더할 수 있는 방법에 대한 아이디어를 요청한다. 몇 학생들은 칠판의 왼쪽 부분에 아래와 같이 수직으로 이 곱들을 판서하라고 제안할 것이다.

8
6
30
12
20
15
8

다른 학생들은 교사가 7개의 곱들 중 어울리는 수들끼리 짝을 지으면서 한 번에 한 곱씩 더해가고 더한 곱은 지워갈 것을 제안할 수 있다.

전략 1

$$8+12=20$$
$$20+20=40$$
$$40+15=55$$

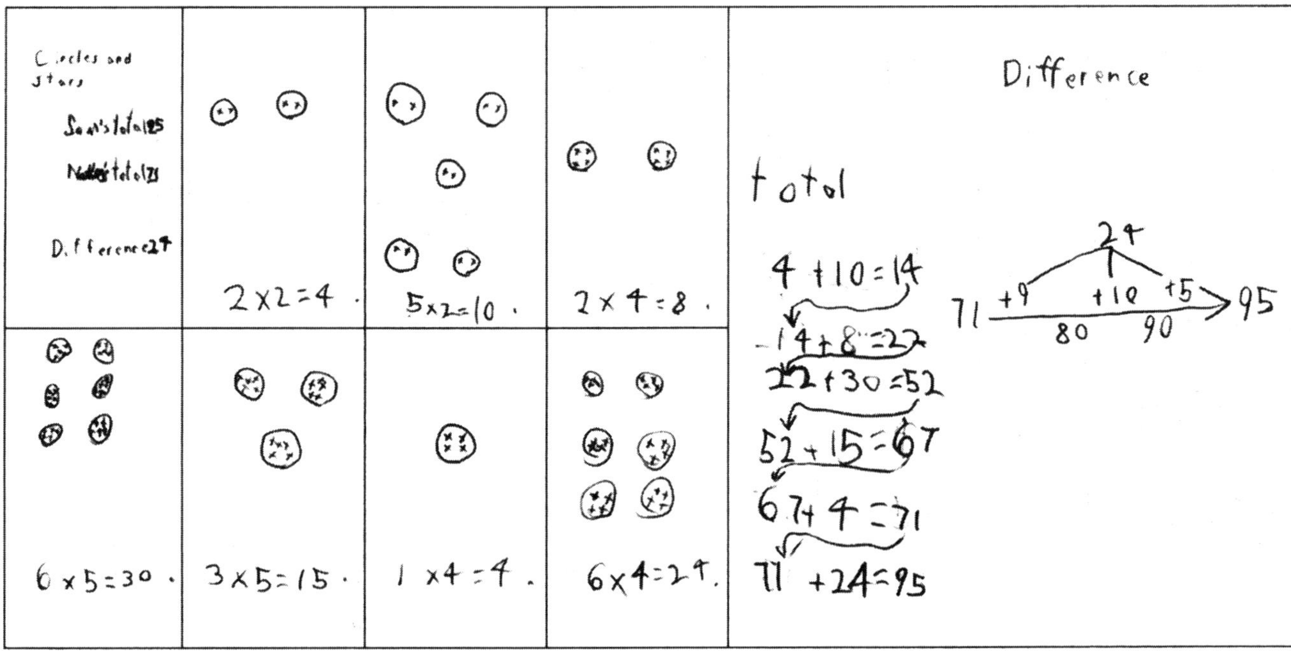

▲ **그림 3-6** Sam은 자신의 원과 별 그림에 맞는 곱셈식을 작성한 방법을 보여준 후, 전략 1을 이용해서 별의 합계를 구했다. 또한 그는 자신이 그린 별의 합계와 짝인 Nathan이 그린 별의 합계의 차를 구한 방법을 나타냈다.

$$55+30=85$$
$$85+6=91$$
$$91+8=99$$

또 다른 학생들은 한 번에 두 곱끼리 묶음짓고 "나머지" 곱은 그 자체로 그대로 놓아두는 것이 좋다고 생각할 수도 있다.

전략 2

$$8+12=20, \quad 30+20=50, \quad 6+8=14, \quad 15$$

이러할 경우, 교사는 직사각형에서 사용한 곱을 지워나가는 것이 좋다. 그러고 나서, 부분합들(20+50=70과 14+15=29)을 더한다. 마지막으로, 부분합의 합을 모두 더한다(70+29=99).

학생들은 별의 총합을 구하는 다양한 방법을 발견해 낼 수 있을 것이다.

3. 이제 학생들에게 그들 자신의 7개의 곱의 **합**을 구하도록 한다. 또한, 학생들에게 자신이 그린 별의 합계와 짝이 그린 별의 합계의 **차**를 구하도록 한다. (그림 3-6과 그림 3-7 참고) 짝끼리 서로의 계산의 정확성을 점검하도록 한다. 교사는 교실을 돌아다니며 별의 합계를 구하는 데에 어려움을 겪는 학생들에게 도움을 주고 격려한다.

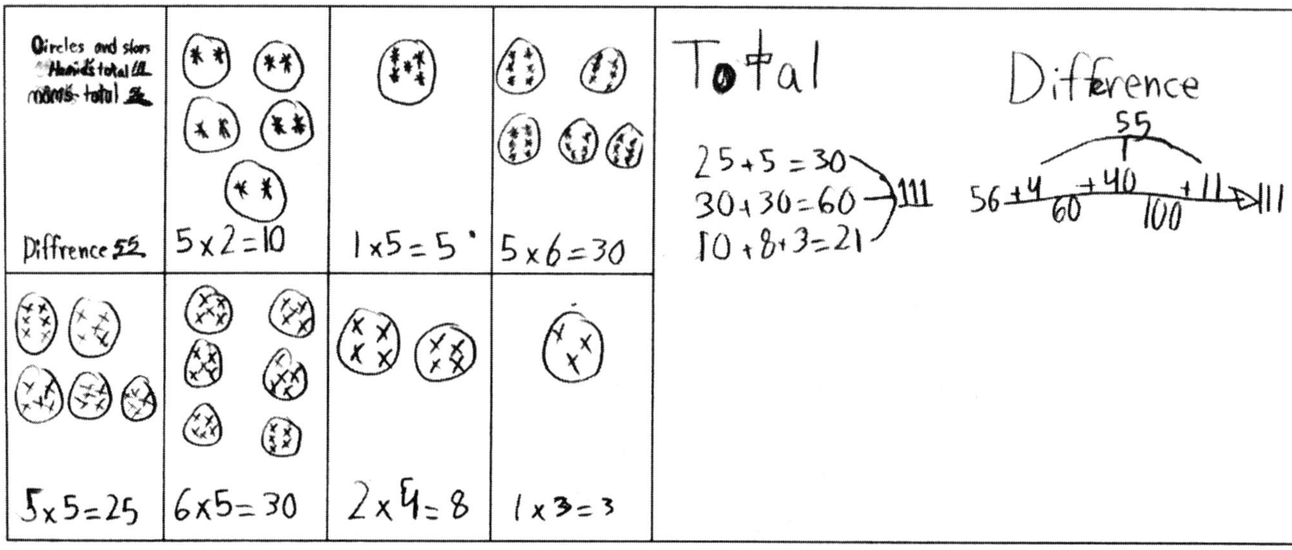

▲ **그림 3-7** Hamid는 전략 2를 사용하여 별의 합계를 구하였다.

다섯 번째 활동 : 곱셈 혼합식의 이해

1. 학생들에게 자신들의 **원과 별 게임** 페이지에 그들이 계산한 "합계"와 "차"의 결과물을 함께 철하도록 하고, 자신들의 수학 폴더에 모아두도록 한다.
2. 나중에 큰 전지에 숫자 1부터 18까지 한 줄로 적고 다음 줄에 19부터 36까지 적는다. 그 후 아이들이 이 전지 속을 볼 수 없도록 말아둔다.
3. "**원과 별 게임**을 할 때에 얻을 수 있는 **가장 작은** 곱은 무엇인가요?"라고 아이들에게 질문한다. 학생들은 주사위 1과 주사위 1을 굴려서 얻을 수 있는 "1"이라고 할 것이다($1\times1=1$).
4. "**원과 별 게임**을 할 때에 얻을 수 있는 **가장 큰** 곱은 무엇인가요?"라고 아이들에게 질문한다. 누군가 "6개의 원 속에 6개의 별을 그려 얻을 수 있는 36이요."라고 할 것이다($6\times6=36$).
5. 교사가 앞서 그려 둔 전지를 펼친다.
6. 학생들에게 **원과 별 게임** 활동지를 수학 폴더에서 꺼내어 갖고 있게 한다. 학생들 중 자원 학생의 **원과 별 게임** 활동지를 가지고 앞으로 나오게 한다. 교사가 펼쳐 놓은 1–36 전지에 이 학생의 7개의 곱을 계수표시를 이용하여 표시하도록 한다. 예를 들어, 자원 학생의 활동지에 있는 곱이 25, 20, 12, 36, 18, 6, 2라고 한다면, 교사는 이 전지에 있는 각 수 옆에 계수표시를 하나씩 한다.
7. 남은 학생들도 앞으로 나와서 자신들의 곱을 이 전지에 표시하게 한다. (그림 3–8 참고)

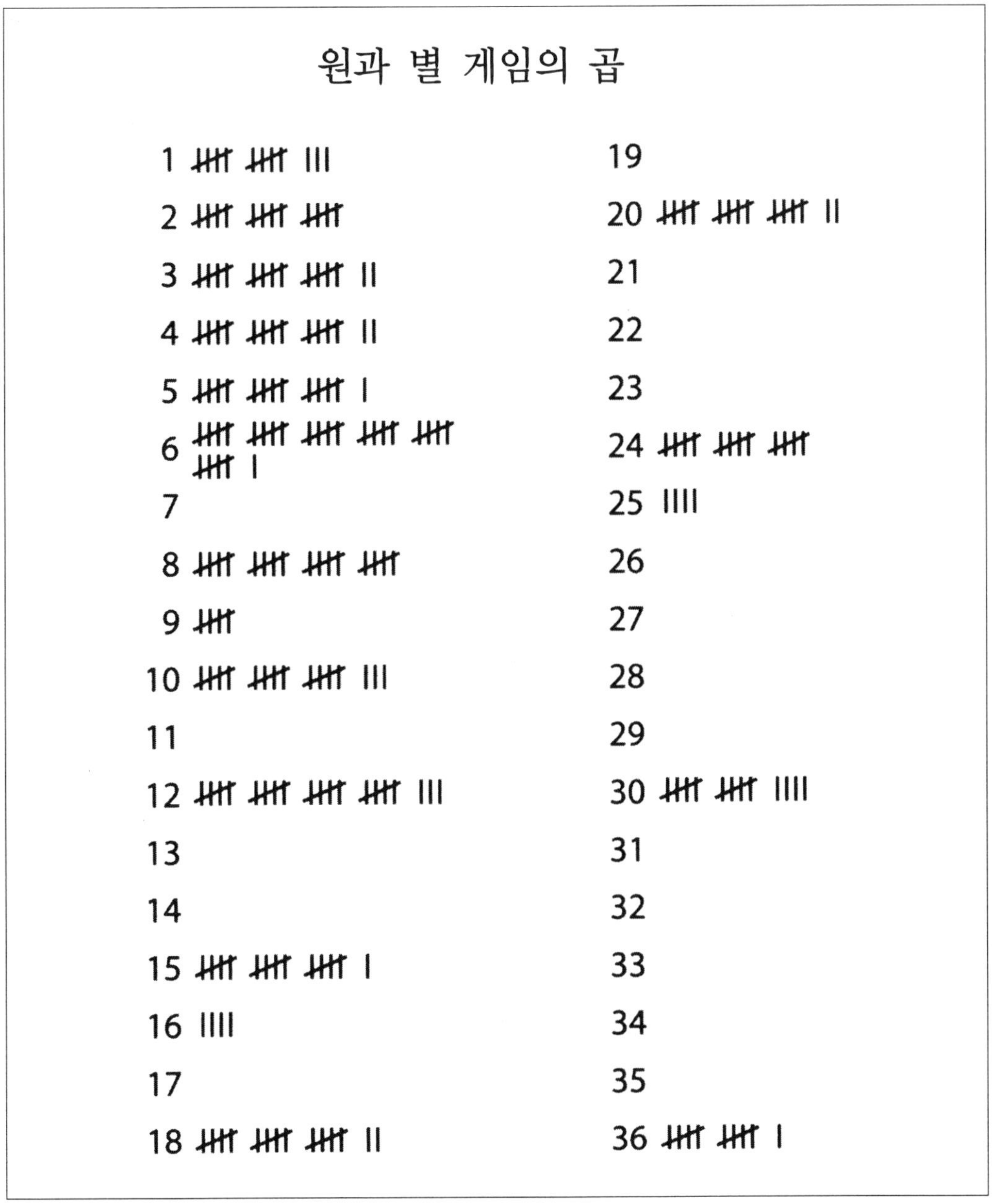

그림 3-8 한 학급의 **원과 별 게임** 곱 전지

8. 기록된 수를 가지고 이야기를 나눈다. 왜 몇몇의 수(7이나 11과 같은 수) 옆에는 계수표시가 표시되지 않았는지 질문한다. 이상적으로, 아이들은 주사위의 수가 6까지 있다는 것을 인지할 것이고, 교사가 7을 구할 수 있는 유일한 방법은 1과 7의 두 인수뿐이라는 것을 인지할 수 있을 것이다. 교사가 11을 구하는 유일한 방법은 1과 11이라는 두 인수를 얻을 때뿐이다. 이 두 수는 소수이다(소수에 대한 논의는 124쪽에 있다.).
9. 어떤 곱들이 다른 곱들에 비해 더 많은 계수표시를 가지고 있으며 왜 그런지를 묻는다. (**원과 별 게임** 곱 전지에 여러 차례 **원과 별 게임**을 한 결과로부터 얻어진 곱들이 계수표

시로 기록될 때, 이런 종류의 질문에 답을 할 수 있는 좀 더 신뢰할 만한 정보를 제공해 준다.) 교사는 전형적으로 많은 계수표시를 갖는 수인 12에 관한 질문부터 시작할 수 있다. "이 게임에서 숫자 12를 어떻게 얻었지요?"라고 질문한다. 논의를 통해서, 아이들은 서로 다른 4가지 방법으로 12을 얻을 수 있음을 인식할 수 있을 것이다. 별 4개씩 포함하는 원 3개, 별 3개씩 포함하는 원 4개, 별 6개씩 포함하는 원 2개, 별 2개씩 포함하는 원 6개.

경험 교사의 조언

원과 별 게임은 학생들의 경험과 동량의 묶음들을 포함하는 곱셈을 묶어주는 유의미한 맥락을 제공해 준다. 학생들에게 곱셈 게임을 집에서 계속하도록 격려한다. 예를 들어, **원과 별 게임**은 주간 숙제로 부과될 수 있다. 주사위를 가지고 있지 않은 가정이나 주사위 사용에 부정적인 가정[17)]을 위해, 교사는 집으로 1-6까지 각 면에 적혀 있는 쌓기나무를 하나 보낸다. 또는 각 작은 종이에 1에서 6까지 적은 후 코팅을 해서 자른 후, 가정에 보내 이것들을 봉투나 그릇에 넣어서 빼내도록 한다.

겨울방학 하기 전 또는 막 한 후, 아이들은 아래와 같은 원형의 원과 별 게임에 포함되어 있지 않은 곱셈들에 초점을 맞출 수 있다.

3×7	4×7	6×7
3×8	4×8	6×8
3×9	4×9	6×9

이것을 하기 위해, 아이들에게 4, 5, 6, 7, 8, 9가 적혀 있는 주사위를 사용하도록 하거나 0, 1, 2, 3, 4, 5, 6, 7, 8, 9의 모든 인수를 가지고 있는 회전판을 사용하도록 해서 **원과 별 게임**을 확장한다. 큰 수 주사위 원과 별 게임을 하면, 합계가 200에서 300에 이른다. 아이들이 4, 5, 6, 7, 8, 9가 적혀 있는 주사위 하나만 또는 일반 주사위 하나만 가지고 이 게임을 한다면, 아이들은 3×7=21, 3×8=24, 3×9=27과 같은 곱셈은 연습할 수 없다.

곱셈 빙고

이 게임은 **원과 별 게임**의 적절한 후속 게임이다. 이 게임에 대한 자세한 정보와 교수·학습 지침은 부록 뿐만 아니라 Marilyn Burns가 집필한 『*Teaching Arithmetic: Lessons for Introducing Multiplication, Grade 3*』[18)]에 있다.

---

17) 뉴잉글랜드 식민통치자들의 종교적 신념으로 인해 영국 식민지 시대의 미국에서는 도박과 카드나 주사위로 하는 게임들이 허용되지 않았었다. 이런 전통으로 인해 현재도 일부 미국인들은 주사위를 사용한 게임에 대해 거부감을 갖는다.

18) 이 책은 "구성주의 수학교실: 곱셈(김진호, 김경미, 남미선, 2009, 경문사)"로 번역되어 있다.

준비물

- 학생 한명 당 **곱셈 빙고** 활동지 한 장과 곱셈 빙고 안내문
- 학생 한명 당 주사위 한 개씩

교수·학습 지침

1. 각 학생에게 **곱셈 빙고** 활동지 한 장과 곱셈 빙고 안내문을 준다.
2. 주사위를 굴릴 때 발생할 수 있는 곱들을 적어 넣으라고 학생들에게 요청한다. 학생들은 어떤 곱들을 생략할 것인지 결정해야 하고 어떤 곱들은 한 번 이상 적을 것인지를 결정해야 한다. 학생들이 가능한 곱들을 적어 넣으면서, 이들은 교사가 교실에 게시해 둔 **원과 별 게임** 곱 전지를 참고하기를 원할 수도 있다. 교사는 다시 학생들과 함께 가능한 가장 큰 곱, 가장 작은 곱, 그리고 가능하지 않은 곱에 대해 이야기를 하는 것이 좋다. 어떤 곱은 그 곱을 얻을 수 있는 방법이 한 가지 방법뿐이고 어떤 곱(예를 들어, 12)은 그 곱을 얻을 수 있는 방법이 한 가지 이상 있다는 것을 학생들에게 상기시켜준다.
3. 학생들에게 2인 1조로 모둠을 구성하도록 한다.
4. 경기자 1이 주사위를 한 번 굴린다. 주사위를 굴려서 나온 수가 원의 수를 나타낸다. 그러고 나서 경기자 1이 주사위를 한 번 더 굴린다. 이 수는 원 안에 있는 별의 수를 나타낸다. 경기자 1은 이 결과로 얻은 곱을 알리고 이 곱이 자신의 **곱셈 빙고** 판에 있으면 X 표시를 해서 이 곱을 지운다.
5. 경기자 2는 경기자 1의 사고의 정확성을 점검한다. 그러고 나서, 경기자 2는 자신의 놀이를 한다. 한 놀이자가 빙고(5개의 X가 대각선, 가로로, 또는 세로로 한 줄에 있을 때)를 할 때까지 놀이를 계속한다.

심화

곱셈 빙고를 숙제로 부과해서 학생과 부모가 집에서 이 게임을 하도록 한다. **원과 별 게임** 곱 전지 복사본과 1-100 수배열표 복사본을 제공해 준다.

측정

이 시점에서, 아이들은 연결정육면체 또는 종이클립과 같은 임의단위 도구들을 이용해서 사물을 측정할 것이다. 봄에, 아이들은 센티미터 또는 인치와 같은 표준측정 단위들을 이용할 것이다.

병 속의 콩(부피)

준비물

- 50ml 계량컵 1개
- 연결정육면체 40개
- 약 500ml 크기의 병 (이하 병)

교수·학습 지침

1. 학생들이 학기 초에 이 병에 얼마나 많은 연결정육면체들이 있을 수 있다고 했던 것을 기억하는지 학생들에게 묻는다. 학생들이 이 병이 가득차지 않았었다는 것을 상기시킨다.
2. 연결정육면체로 계량컵을 채우고 연결정육면체의 수를 보여준다. (아마도 이 컵은 4개를 담고 있을 것이다.).
3. 교사가 이 계량컵을 이용해서 연결정육면체들을 떠서 병 속으로 넣을 것이라고 학생들에게 이야기 해 준다.
4. 이 계량컵에 연결정육면체를 가득 채워서 병을 채울 때 몇 번을 떠야 할 것인지 예상해보도록 한다. 학생들에게 자신들의 추론을 설명하도록 요청한다. 이상적으로, 일부 학생들은 곱셈을 이용해서 설명할 것이다. 예를 들어, 이 계량컵이 4개의 연결정육면체를 담을 수 있고, 그리고 이 학생들이 32개의 연결정육면체가 이 병을 채울 수 있다고 생각한다면, 누군가가 이 병을 채우는 것은 8 컵($4\times8=32$)을 필요로 할 것이라고 설명할 것이다.
5. 예상 값들을 판서하고 이들의 범위에 대해 논의한다.
6. 그러고 난 후, 한 번에 한 컵 가득 해서 병에 넣으면서, 학생들에게 큰 소리로 컵질을 한 회수를 세도록 한다. 이것을 병의 반이 조금 더 되게 채워질 때까지 한다. 누군가 자신의 예상값을 바꾸고 싶은 사람이 있는지 그리고 이유는 무엇인지를 묻는다.
7. 병 채우기를 마무리 한 후, 아이들의 도움을 받아 교사는 적절한 곱셈식으로부터 발

견할 수 있는 것을 판서한다.

상자 속 쌓기나무(부피)

준비물

- 학생 한명 당 (개인수표를 넣는데 사용되는 것과 같은) 작은 상자 1개
- 모둠별로 2센티미터 또는 1인치 크기의 쌓기나무 한 세트

교수·학습 지침

1. 각 학생들은 자신의 상자 안에 쌓기나무를 가로로 한 줄, 세로로 한 줄 놓는다.(아래 그림 참고.)

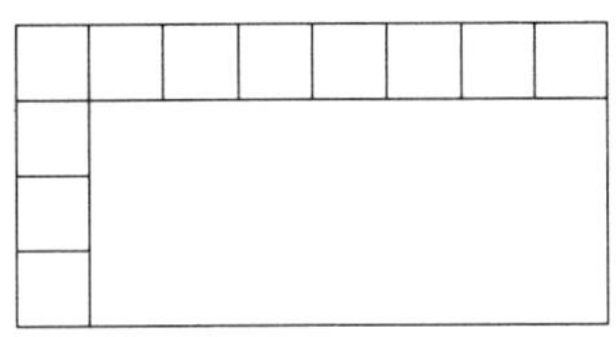

2. 창문의 판유리 또는 직사각형 배열을 그리는 경험을 하였기 때문에, 학생들은 상자의 바닥을 덮으려면 한 층에 가로로 몇 개, 세로로 몇 개의 쌓기나무를 놓아야 할지 어림하게 된다. 그리고 나서, 학생들은 한 층을 모두 채우기 위해서 필요한 쌓기나무의 수를 어림한다.
3. 그러고 나서, 학생들은 자신들의 추론을 확인하기 위해 실제로 바닥 층 전체를 덮어본다.
4. 학생들은 자신들의 상자 바닥에 있는 쌓기나무를 세고, 어림한 것과 실제로 센 것 사이의 차를 계산해 본다.
5. 마지막으로, 학생들은 상자를 모두 채우려면 쌓기나무가 몇 개 필요한지 어림하고, 어림한 값과 실제 세어 본 값과의 차를 계산한다. (그림 3-9 참고.)

어린이들이 질문들에 대답을 하거나 빈 칸을 채움으로써 자신들의 사고를 기록하게 할 것인지는 교사가 선택할 문제이다. 이 활동지들은 모두 잘 인쇄되었으며 여기 선택 문항이 있다.

> 이 상자의 바닥을 덮는데 몇 개의 쌓기나무가 필요하다고 예상하는가? 그리고 왜 그렇게 생각했는가? 말, 그림, 숫자를 사용해서 여러분의 생각을 설명하시오. 이제 쌓기나무로 자신의 상자의 바닥을 채우시오. 상자의 바닥 전체를 채우는데 쌓기나무 몇 개를 사용했어요? 어림한 값과 실제로 센 값의 차는 얼마인가?

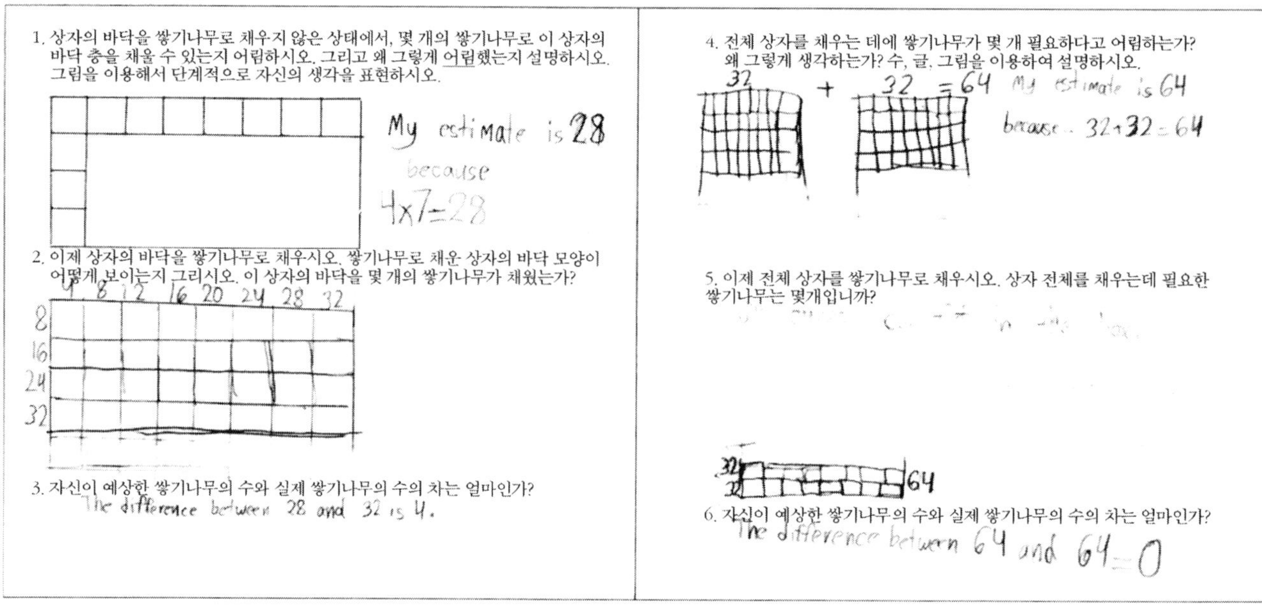

▲ **그림 3-9** Jaime는 이 활동의 각 단계에 대한 자신의 추론을 보여주었다.

> 이 상자 전체를 덮는데 몇 개의 쌓기나무가 필요하다고 예상하는가? 그리고 왜 그렇게 생각했는가? 말, 그림, 숫자를 사용해서 여러분의 생각을 설명하시오. 이제 쌓기나무로 자신의 상자 전체를 채우시오. 상자 전체를 채우는데 쌓기나무 몇 개를 사용했어요? 어림한 값과 실제로 센 값의 차는 얼마인가?

여기 빈칸 채우기 문제가 있다.

> 내 상자의 바닥에는 쌓기나무가 가로로 _____개 세로로 _____개가 있다. 나는 상자의 한 층을 채우는데 쌓기나무가 ______개 필요할 것 같다. 내가 이것을 구한 방법은 다음과 같다.
>
> ____

> 내가 쌓기나무로 상자의 바닥 층을 채우고 나니 쌓기나무가 _____개가 있었다. 그래서 이것에 대한 곱셈식은 한 줄에 _____개× ___줄 = 모두 _____개이다. 내가 어림한 것과 답의 차는 ____개이다.

전체 상자를 채우려면 쌓기나무 ____개가 필요할 것 같다. 내가 어림한 방법은 다음과 같다.

____

실제로 쌓기나무로 상자를 채워보니, _____개가 사용되었다.

경험 교사의 조언

솔직히 말해서, 나는 이 **상자 속 쌓기나무**를 다음 해에도 같은 방법으로 제시할 지는 확실하지 않다. 나는 어린이들이 여기 나의 추론을 따라가도록 이끌었던 것 같다. 그리고 나는 학생들이 수업에 사용했던 2cm 쌓기나무와 다양한 상자들을 가지고 "자유 탐구"를 할 필요하다는 것을 확신했다. 어린이들은 쌓기나무를 여러 가지 상자에 채움으로써 쌓기나무의 부피에 대한 아이디어를 "느낄" 필요가 있었다. 나는 가끔 문제 해결 활동을 다시 생각해보고 다음 해를 위해 생각들을 메모한다. 내가 메모해 둔 또 다른 생각은 이 활동이 보다 개방형이 되어야 한다는 것이다. 나는 어린이들이 "자유 탐구"를 하는 동안 무슨 생각을 하는지를 들어보려고 계획한다. 어린이들의 의견은 종종 보다 적절한 질문이나 조사를 하도록 이끈다.

30초(경과시간)

준비물

- 벽시계

교수·학습 지침

1. 학생들에게 2인 1모둠으로 모둠을 만들도록 한다.
2. 한명이 30초를 세는 동안 다른 한명이 알파벳을 A부터 Z까지 적는다.
3. 짝끼리 역할을 바꾼다.
4. 학생들은 묶음짓기나 곱셈을 이용해서 글자 수를 센다. 그 다음에 자신의 추론 과정을 보여주기 위하여 곱셈 문장식을 적는다. 예를 들면 다음과 같다.

한 묶음 글자 5개 × 4묶음 = 4묶음에 있는 글자는 모두 20개
글자 20개 + 남은 글자 3개 = 글자는 모두 23개

심화

- 학생들은 30초 동안 얻은 정보를 기반으로 하여, 1분 동안 쓸 수 있는 글자는 몇 자가 될지 어림한다. 그 다음에 일분 동안 써봄으로써 어림한 것을 확인한다.
- 학생들은 30초 또는 1분 동안 0부터 9까지의 수를 반복해서 쓴다. 학생들은 묶음짓기나 곱셈을 하여 데이터를 센다. 그러고 나서 자신의 생각을 보여주는 식을 쓴다.
- 학생들은 30초 또는 1분 동안 글자를 쓰는 것과 수를 쓴 것의 차를 구한다.

돈

어린이들이 돈을 다룰 때, 어린이들은 실세계와 관련된 방법으로 수학을 탐구하고 있다고 느낀다. 어린이들은 어른들과 마찬가지로 물건을 사는 것을 좋아하고 거스름돈을 받는 것을 좋아한다.

Billy의 상품권

이 활동은 Marilyn Burns(2001)가 집필한 『*Teaching Arithmetic: Lessons for Introducing Multiplication, Grade 3*』에 있다. 이 활동에서, Billy는 과학박물관 상점에서 사용할 수 있는 25달러 상품권을 얻는다. Billy는 3달러(종이접기용 종이, 크리스털 보석 자석, 털로 된 새기 물개, 프리즘), 4달러(만화경, 큰 확대 곤충 상자, 판박이 종이, 상어(비치볼)), 5달러(쿠쉬볼, 야광 태양계 스티커, 풍선 지구본, 목재 공룡 모델 키트) 가격의 상품들을 구입할 수 있다. (Billy의 과학박물관 상점 가격목록표는 부록 참고)

어린이들은 Billy가 25달러를 사용하고 거스름돈을 받을 수 있는 적어도 두 가지 방법을 찾는 활동을 2인 1모둠으로 작업을 한다. 먼저, 어린이들은 Billy가 살 상품과 그 상품의 수량을 목록화한다. 어린이들은 아래 모델을 이용해서 활동을 한다.

3달러 상품	______________	개	_________달러
4달러 상품	______________	개	_________달러
5달러 상품	______________	개	_________달러
		합 계	_________달러
		남은 돈	_________달러

어린이들에게 어린이들이 각 가격에 대한 계산을 한 방법을 보여줄 것을 요청한다. 예를 들어, 하나에 3달러하는 두 상품에 대해, 어린이들은 3달러×2=6달러라고 쓸 수 있다. 어린이들에게 또한 총합을 구하고 남은 돈을 구한 전략을 보이라고 한다.

교실 용품 구매 다시하기

어린이들이 구체적인 곱셈의 조합들을 연습할 수 있도록 자극하는 학급 용품 목록을 작성한다. 예를 들어, 교사가 학생들이 2단, 5단, 10단 구구를 학습하기를 원한다면, 다음과 같은 가격을 설정한다.

종이클립 하나에 2센트
연필 한 자루에 5센트
지우개 하나에 10센트

5센트 상품과 10센트 상품은 어린이들에게 니켈과 다임을 묶음짓는 연습을 할 기회를 제공한다.

교사가 학생들이 3단, 4단, 6단, 7단 구구를 학습하기를 원한다면, 다음과 같은 가격을 설정한다.

종이클립 하나에 3센트
책갈피 하나에 4센트
연필 하나에 6센트
지우개 하나에 7센트

이들 가격들은 어린이들이 페니들을 3개씩, 4개씩, 6개씩, 그리고 7개씩 묶고 이것들을 다시 니켈, 다임, 쿼터[19]로 교환하도록 격려한다.

예를 들어, Janet이 하나에 3센트 하는 종이클립을 3개 샀다면, Janet은 9센트(3센트×3=9센트)를 사용해야 한다. 그리고 Janet가 하나에 6센트 하는 연필을 4개 샀다면, 연필 값은 24센트(6센트×4=24센트)이다. Janet의 합은 33센트(9센트+24센트)가 될 것이다. Janet는 33개의 페니, 6개의 니켈과 3개의 페니, 1개의 쿼터, 1개의 니켈 그리고 3개의 페니, 등과 같은 다양한 방법으로 이 돈을 지불 할 수 있다.

---

19) 페니는 1센트 동전의 이름이고, 니켈은 5센트 동전의 이름이고, 다임은 10센트 동전의 이름이고, 쿼터는 25센트 동전의 이름이다.

Janet의 사고를 깊게 하기 위해서, 교사는 Janet에게 두 개의 쿼터로 지불을 하면 거스름돈으로 얼마를 받을 수 있는지 구하도록 할 수 있다. 다음으로, 1달러로 지불할 때 받을 수 있는 거스름돈을 구하도록 한다. 이것은 실세계 맥락에서 뺄셈의 구차 모델을 형성할 수 있는 훌륭한 기회이다. Janet는 익숙한 수를 이용하면서 세어 올라가기를 해서 33과 100의 차를 구할 수 있을 것이다. "7센트가 더 있으면 40센트가 되요. 다임 1개를 더하면 50센트가 되요. 쿼터 2개가 더 있으면 100센트 즉 1달러가 되요. 거스름돈은 67센트에요." 또는 Janet는 "7 더하기 33은 40이에요. 그리고 40 더하기 60은 100이에요."

이 활동으로, 교사는 장난감 계산기 또는 동전 바구니를 이용해서 초기에 계산원으로서 행동하는 것도 좋다. 후에, 어린이들이 계산원의 역할을 맡아서 할 수 있다.

두 주머니에 있는 동전 다시하기

카드에 돈 문제를 적는다. 예를 들어, 선생님이 한 주머니에 다임 6개, 페니 4개, 그리고 니켈 4개를 가지고 있어요. 선생님은 다른 주머니에 정확하게 똑같은 동전을 가지고 있어요. 선생님이 가지고 있는 돈은 모두 얼마입니까? 어린이들에게 카드 한 장을 꺼내도록 한 후, 주어진 문제에 대한 답을 보일 수 있는 식을 적도록 한다. 위의 카드에 대한 답은 다음과 같이 구할 수 있다. 10센트×6=60센트, 1센트×4=4센트, 5센트×4=20센트를 구한 후, 합을 구하기 위해 60센트+4센트+20센트=84센트를 구하고, 다른 주머니에 있는 동전을 더하기 위해 84센트+84센트는 168센트이다.

심화

학생들에게 돈을 두 배하는 자신의 이야기 문제를 적도록 한다. 추가적인 아이디어는 Susan Jo Russell과 Karen Economopoulos(1995)가 집필한 『*Mathematical Thinking at Grade 3*』를 참고하기 바란다.

수학 동화를 기반으로 한 활동

아이들의 마음에 이르는 길이 그들의 손, 마음, 상상이라면, 수학 동화는 마음과 상상에 이르는 길을 위한 맥락을 제공해 준다. 조작물은 손을 위한 작업을 제공하는 반면에, 이야기는 어린이들이 수학과 실세계 그리고 가상의 세계를 연결하는데 도움을 준다.

쿼터로 거스름돈 계산하기

Caren Holzman이 집필한 『*A Quarter from the Tooth Fairy*』에서, 작은 남자 아이 한 명이 자신의 쿼터를 사용할 방법을 계속해서 바꾼다. 그가 자신이 선택한 것(괴물, 우주선 연필, 빨간 수영 고글)을 되돌려주었을 때, 그는 25센트와 같은 액수의 동전들을 얻었다.

이 이야기를 큰 소리로 읽어 준 후, 학생들에게 자신들의 돈 가방에 있는 동전들을 이용해서 쿼터와 같은 액수의 동전들로 바꿀 수 있는 방법을 여러 가지 탐구하도록 격려한다. 학생들은 자신들의 아이디어를 기록하고 곱셈식으로 자신들의 추론을 보일 수 있다. (그림 3-10 참고) 이상적으로, 학생들은 쿼터를 동전으로 바꿀 수 있는 12가지 방법을 확인할 수 있다.

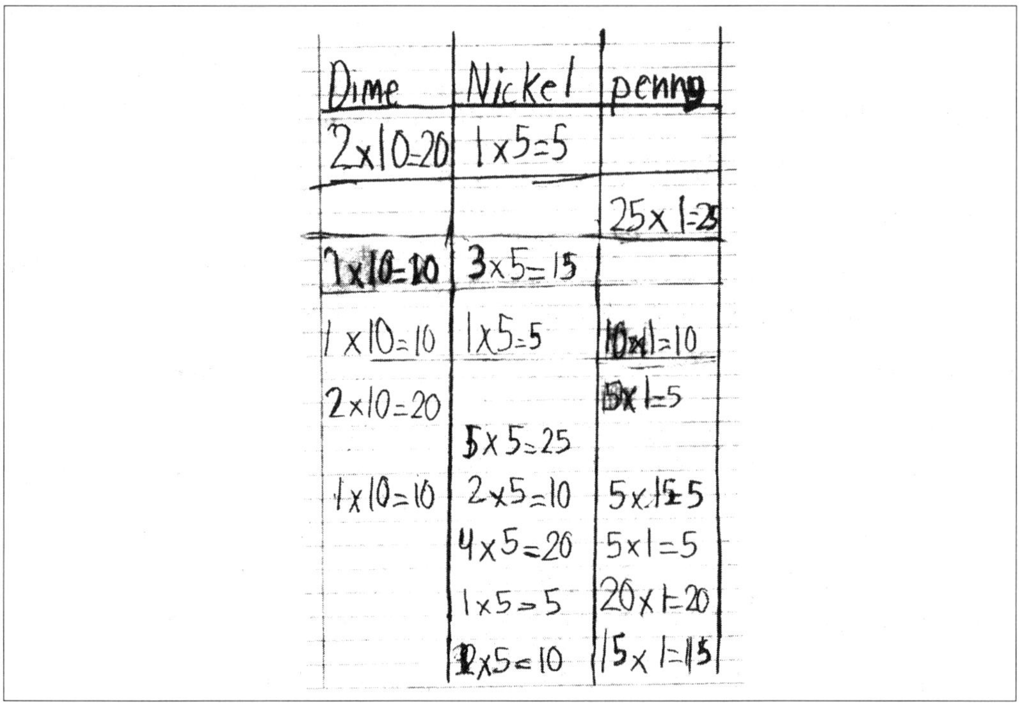

그림 3-10
Rebecca는 쿼터를 동전으로 바꿀 수 있는 다양한 방법을 목록화했다.

곱셈 연결

Cindy Neushwander가 집필한 『*Amanda Bean's Amazing Dream*』[20]은 곱셈을 실세계 상황과 연결시켜 준다. 이 이야기에서, Amanda는 창문에 있는 판유리로부터 쟁반 위에 있는 과자들, 자전거를 타고 있는 양들에 이르기까지 모든 것을 세기를 좋아한다. 첫 번째, 교사는 이 이야기를 학급구성원들에게 읽어주면서, 수학을 강조하지 않으면서 그림

20) 구성주의 수학교실: 곱셈(김진호·김경미·남미선, 2009)의 3장을 참고하기 바란다.

과 단어들에 초점을 준다. 이 이야기를 여러 차례 다시 읽는다. 이때 매번 다른 곱셈 연결에 초점을 맞춘다. 단지에 있는 피클, 책장의 선반에 있는 책, 조리대에 있는 타일, 여러 대의 두발 자전거의 바퀴, 그리고 동량으로 이루어진 많은 다른 묶음들이 포함된다. 이 책의 말미에, Amanda는 마지막으로 동량의 묶음들을 더할 때 곱셈이 지름길을 제공한다는 것을 깨닫는다.

먼저, 창문의 판유리와 쟁반 위의 과자를 묘사하고 있는 쪽들을 탐구한다. 이들 예 모두 곱셈에 대한 기하 모델을 제공해 준다.

판유리 배열

이 책의 처음 두 쪽은 자주색 건물에 있는 창문들을 보여준다. 이 창문들은 각 줄에 3개의 판유리가 있고 이런 줄이 6줄 있는 직사각형 배열로 이루어져 있다. 교사는 학생들에게 이 판유리를 표현하기 위해 색타일을 이용해서 이 배열을 만들도록 해도 된다. (교사가 색타일을 가지고 있지 않다면, 가까운데 있는 건축 자재 상점에 가서 욕실 바닥에 사용하는 1인치 정사각형 타일 종이를 구한다. 또는 색깔이 있는 두꺼운 종이로 1인치 정사각형을 잘라내서 사용한다.)

학생들에게 **줄**은 수평을 **행**은 수직을 의미한다고 설명해 준다. 이 예에서 줄을 설명하는 문장식은 **한 줄에 판유리 3개×6줄=이 창문에는 판유리 18개**이다. 수식은 3×6=18이다. 이 예에서 행을 설명하는 문장식은 **한 행에 판유리 6개×3행=이 창문에는 판유리 18개**이다. 수식은 6×3=18이다.

이 이야기에 나오는 다음 건물은 각 줄에 판유리가 2개씩 있는 줄이 2줄 있는 창문들로 되어 있다. 어린이들에게 마찬가지로 타일을 가지고 이들 창문들을 만들도록 하고, 대응하는 문장식 **한 줄에 판유리 2개×2줄=이 창문에는 판유리 4개**를 적도록 한다.

마지막으로, 이 책은 한 줄에 판유리가 2개씩 있는 줄이 3줄 있는 창문을 보여준다. 대응하는 문장식은 **한 줄에 판유리 2×3줄=이 창문에는 판유리 6개**이다.

어린이들에게 자신들의 타일을 이용해서 4개의 판유리가 배열될 수 있는 가능한 모든 배열을 만들도록 한다. (아래 참고)

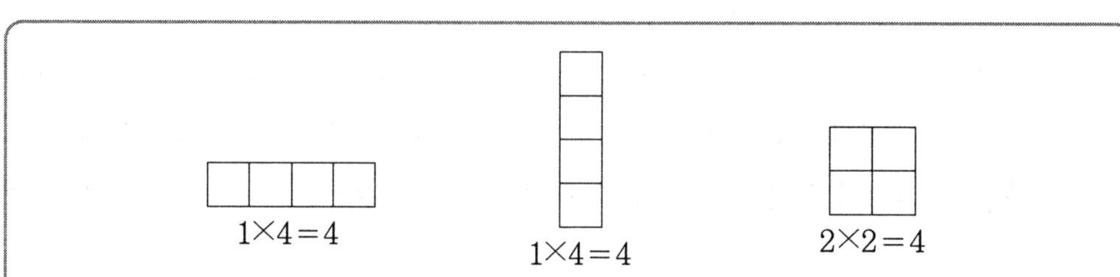

그러고 나서, "5개의 판유리로는 몇 가지가 가능한가? 6개?"라고 묻는다. 그리고 계속 해서 다른 수를 가지고 같은 질문을 한다. 어린이들에게 마찬가지로 타일을 이용해서 이것들을 만들도록 한다.

몇 일에 걸쳐서, 학급구성원들에게 1부터 30에 이르는 판유리를 위한 배열을 만들라고 요청한다. 이것을 하기 위해, 어린이들은 반인치짜리 격자 종이를 잘라서 각 창문을 표현하도록 한다. 나의 학급에서, 우리는 학생들이 만든 배열들을 16절지에 붙여 게시판에 "창문 벽"이라고 하여 게시하였다. 그래서 우리는 이것들을 다음 한 두 달 동안 참고할 수 있었다. (그림 3-11 참고)

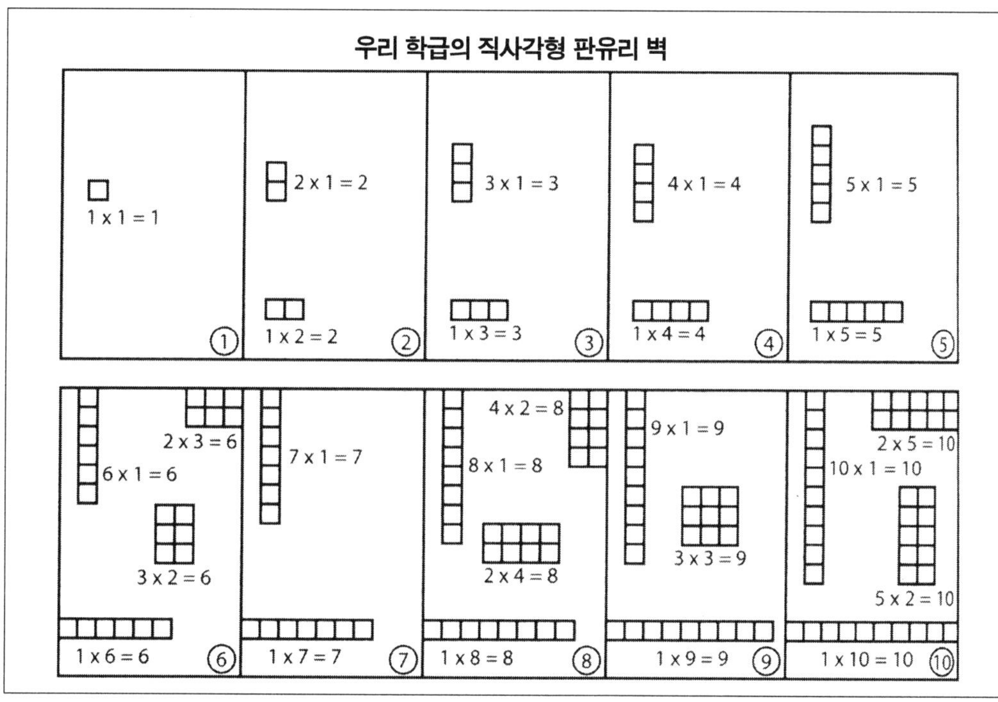

그림 3-11
나의 학급은 1-10까지의 판유리에 대한 배열들을 만들었다.

일단 교사가 "창문 벽"을 만들고 나면, 학생들은 이 창문 벽으로부터 판유리 배열 중의 하나를 분해해서 걸맞는 다른 배열들을 칠판 위에 모양을 만든다. 예를 들어, 6개의 판유리에 대한 배열은 1×6 창문, 6×1 창문, 2×3 창문, 3×2 창문이 있을 수 있다. 어린이들은 자신들의 색타일을 이용해서 각 배열을 만들 수 있다.

학생들에게 각 배열에 있는 변의 수를 세도록 제안한다. 즉, 둘레의 길이를 생각한다. "개미 한 마리가 처음 두 창문(즉, 1×6 창문, 6×1 창문)의 둘레를 따라 걷고 있다면, 이 개미는 몇 개의 변을 지나가나요?"라고 묻는다. 누군가가 "1 더하기 6 더하기 1 더하기 6은 14 변과 같아요?"라고 말할 것이다. 이 학생에게 이 (문장)식을 주어진 배열의 치수와 연결 짓도록 한다. 또 다른 학생은 다음의 식을 통해서 추론할 수 있다. $(1+1)+(6+6)=14$.

이 학생에게도 이 수들을 주어진 그림과 연결 짓도록 한다.

이것을 하는데 있어서 곱셈을 사용한 사람이 있는지 물어본다. 예를 들어, 한 아이가 다음과 같은 곱셈식을 제안할 것이다. $1\times2=2$ 그리고 $6\times2=12$. 그러니까 $2+12=14$. 아마도 또 다른 학생은 다음과 같은 식을 생각했을 수 있다. $1+6=7$ 그리고 $1+6=7$. 그러니까, $7\times2=14$. 마찬가지로 이들 어린이들에게도 자신들의 수를 주어진 배열과 연결 짓도록 한다.

2×3 창문과 3×2 창문의 둘레의 길이가 같은지 다른지 묻는다. 어린이들에게 조사하도록 한다. 어린이들에게 1×6 창문과 2×3 창문의 둘레의 길이가 같은지 다른지 묻는다. 교사와 어린이들은 6에 대한 창문 벽의 16절지 위에 각 판유리 옆에 넓이(A=___)와 둘레의 길이(P=___)추가해도 좋다.

경험 교사의 조언

서로 다른 수학교과서들이 서로 다른 방법으로 곱셈의 배열 모델을 접근한다. 예를 들어, 교사들은 Marilyn Burns의 **사탕 상자**[21] 조사를 복습하기를 원할 수도 있다. 이 조사에서, 어린이들은 단층으로 되어 있는 상자들에 정사각형 모양의 사탕들을 넣는 방법을 조사한다. TERC에서 출판한 『*Things That Come in Groups*』라는 책에서, 저자들은 어린이들에게 의자들을 직사각형 배열로 정리하라고 요청한다. 배열에 관해 중요한 것은 어린이들이 곱셈의 기하 모델을 실생활 맥락과 연결시키는 데 있다.

몇 주가 지나가면서, 학생들은 창문 벽 위에 있는 정사각형 배열을 주목하기 시작할 것이다. 즉, 2장의 판유리가 2줄(판유리 4장), 3장의 판유리가 3줄(판유리 9장), 등. 이것은 **제곱수**를 도입할 수 있는 좋은 기회이다. 어린이들은 이들 특별한 배열들에 포스트잇 또는 견출지(찾아보기 표)를 이용해서 이름을 붙이기를 원할 수 있다.

학생들은 또한 판유리의 일부 수들은 단 두 가지 배열만을 가진다는 사실을 알아낼 수 있을 것이다. 예를 들어, 수 3은 1×3과 3×1 배열만을 가진다. 이런 종류의 수들을 **소수**라고 부른다는 사실을 설명해 준다.

마침내, 교사는 각 판유리 배열로 표현된 **인수 쌍**에 대해 논의하고 기록할 수도 있을 것이다. 예를 들어, 12장 판유리를 가지고 있는 창문의 인수 쌍은 다음과 같다.

$1\times12=12$　　$12\times1=12$

$2\times6=12$　　$6\times2=12$

$3\times4=12$　　$4\times3=12$

21) 구성주의 수학교실: 곱셈의 7장을 참고하기 바란다.

쟁반 위에 있는 과자들

『*Amanda Bean's Amazing Dream*』의 세 번째 쪽과 네 번째 쪽에서, Amanda는 여러 개의 쟁반 위에 있는 같은 크기의 줄로 배열되어 있는 과자들과 브라우니를 본다. 한 쟁반 위에, 한 줄에 6개씩 과자가 있는 줄이 6줄 있다. 또 다른 쟁반 위에, 한 줄에 7개씩 과자가 있는 줄이 4줄 있다.

이들 배열을 칠판 위에 그린다. 그러고 나서, 어린이들에게 두 번째 쟁반 위에 과자가 몇 개 있는지 묻는다. 어린이들에게 자신들이 답을 구한 방법을 설명하도록 한다. 어린이들이 자신들의 사고를 설명할 때, 칠판 위에 그들의 반응을 판서하고 이들에게 자신들의 수를 과자 쟁반 그림들과 연결시킬 것을 격려한다. 예를 들어, 한 어린이가 자신은 7+7+7+7를 더했다고 말하면, 이 어린이에게 칠판에 있는 그림에서 이 여러 개의 7을 교사에게 보여 달라고 요청한다. 이 어린이가 줄들을 가리키고 각 줄이 7개의 과자를 가지고 있다고 설명하면, 이 어린이의 사고를 보이기 위해서 세로로 7을 네 번 적는다. 그러고 나서 이 어린이가 7과 7을 더해서 14를 얻고 그러고 나서 또 다른 7과 7을 얻어서 14를 다시 얻었다고 말하면, 교사는 〈를 그린다. (아래 참고) 이 어린이가 14 더하기 14는 28과 같다고 말하면서 자신의 계산을 마무리 짓는다면, 교사는 다시 〈를 사용할 수 있다.

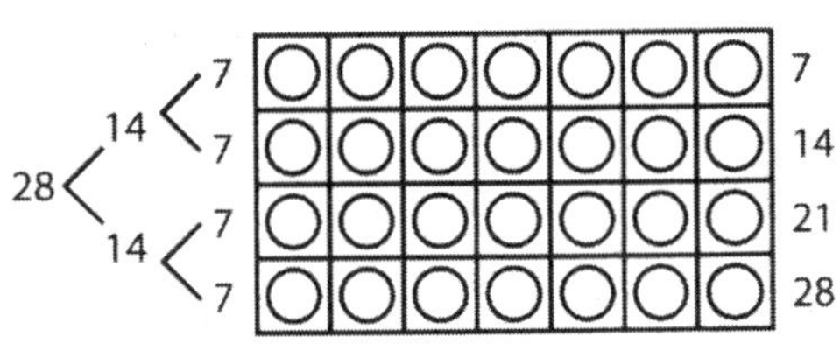

또 다른 어린이가 뛰어세기 7, 14, 21, 28을 했다고 말하면, 이 어린이에게 그림에서 자신의 사고를 보여 달라고 요청한다. 이 배열의 다른 끝을 따라 세로로 뛰어세기 한 수를 적는다. (위 참고)

어린이들의 도움을 받아 교사는 이 추론을 담고 있는 문장 곱셈식을 적는다. **한 줄에 7개 과자×4줄=4줄 모두에 과자 28개.**

이 쟁반 위에 몇 개의 과자가 있는지를 구할 수 있는 다른 방법이 더 있는지를 묻는다. 어린이들에게 생각할 시간을 허용해 준다. 누군가가 줄 대신에 행을 언급하면서, 4+4+4+4+4+4+4의 덧셈 또는 4, 8, 12, 16, 40, 24, 28의 뛰어세기를 언급할 수 있다. 학생들의 도움을 받아 이 사고를 표현하는 또 다른 문장 곱셈식을 적는다. 즉, **한 줄에 4개 과자×7줄=4줄 모두에 과자 28개.** 어린이들에게 줄로 센 것과 행으로 센 것을 모두 적도록 한다. (그림 3-12 참고)

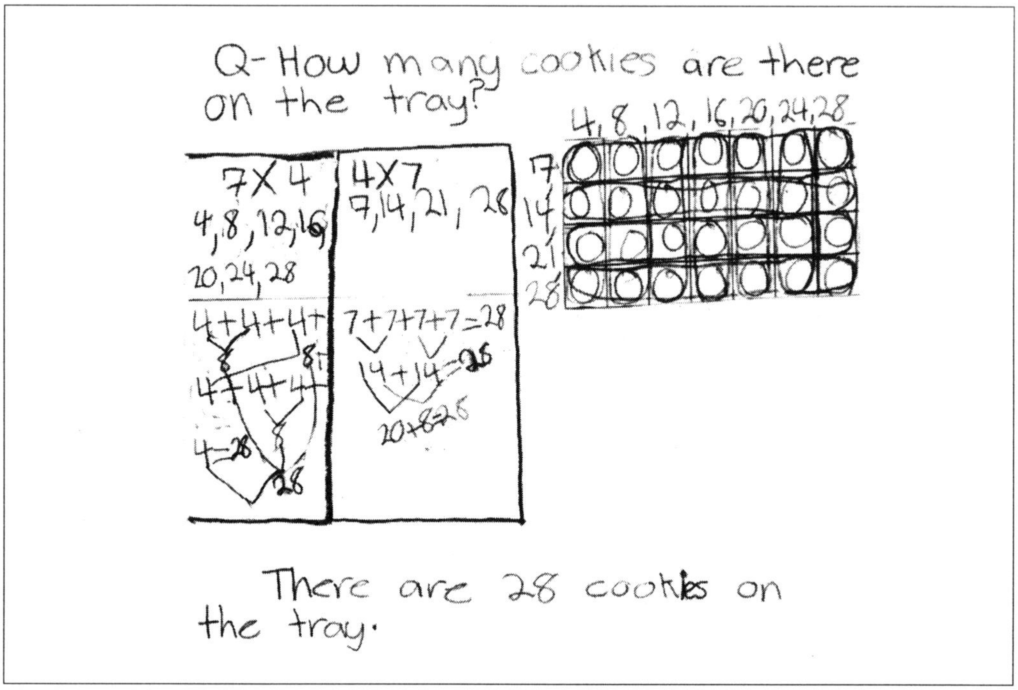

그림 3-12
Sarah는 자신이 이 쟁반에 28개의 과자가 있음을 구한 방법을 보였다.

파티를 위한 멋진 날

Joanne Rocklin이 집필한 『*Just Add Fun*』을 통하여, 어린이들은 한 사람당 과자 2개, 한 사람당 젤리 4개와 같이 사물의 묶음이란 점에서의 곱셈을 동수누가, 뛰어세기, 곱셈을 사용해서 계속해서 탐구한다. 이 책은 또한 Hank와 Frank가 직사각형 배열들에 있는 과자가 몇 개 있는지를 계산할 때 기하적 요소를 담고 있다. 두 친구는 파티를 하기로 결정한다. 그리고 손님들 각각이 생강 과자 2개씩, 박하사탕 3개씩, 젤리 4개씩을 갖도록 한다. 그들은 손님 명단이 2–4명 등으로 변할 때마다 계산을 다시 해야만 한다. 마침내 그들은 음식을 사기 위해 쇼핑을 한다.

모눈종이 위에서 페니, 단추, 콩을 사용하거나 그림을 그리면서, 아이들은 "한 줄에 8개의 과자가 있는 줄이 3줄 있는 쟁반 또는 한 줄에 6개의 과자가 있는 줄이 4줄 있는 쟁반 중 어떤 것이 더 많은가?"와 같은 "과자 수수께끼"에 답을 할 수 있다. (그림 3–13 참고)

Marilyn Burns가 집필한 『*Teaching Arithmetic: Lessons for Introducing Multiplication, Grade 3*』의 모든 장에 어느 것이 더 많을까?라는 수수께끼가 들어 있다. 그리고 그들 중 몇 개는 『*Amanda Bean's Amazing Dream*』과 관련이 있다. 예를 들어, 학생들은 한 줄에 판유리 6개가 붙어 있는 줄이 3줄 있는 창문과 한 줄에 판유리 6개가 붙어 있는 줄이 4줄 있는 창문 중 어느 것이 더 많은 판유리를 가지고 있는지를 계산하기 위해서 말이나 글,

수, 그림을 사용한다. (그림 3-14 참고)

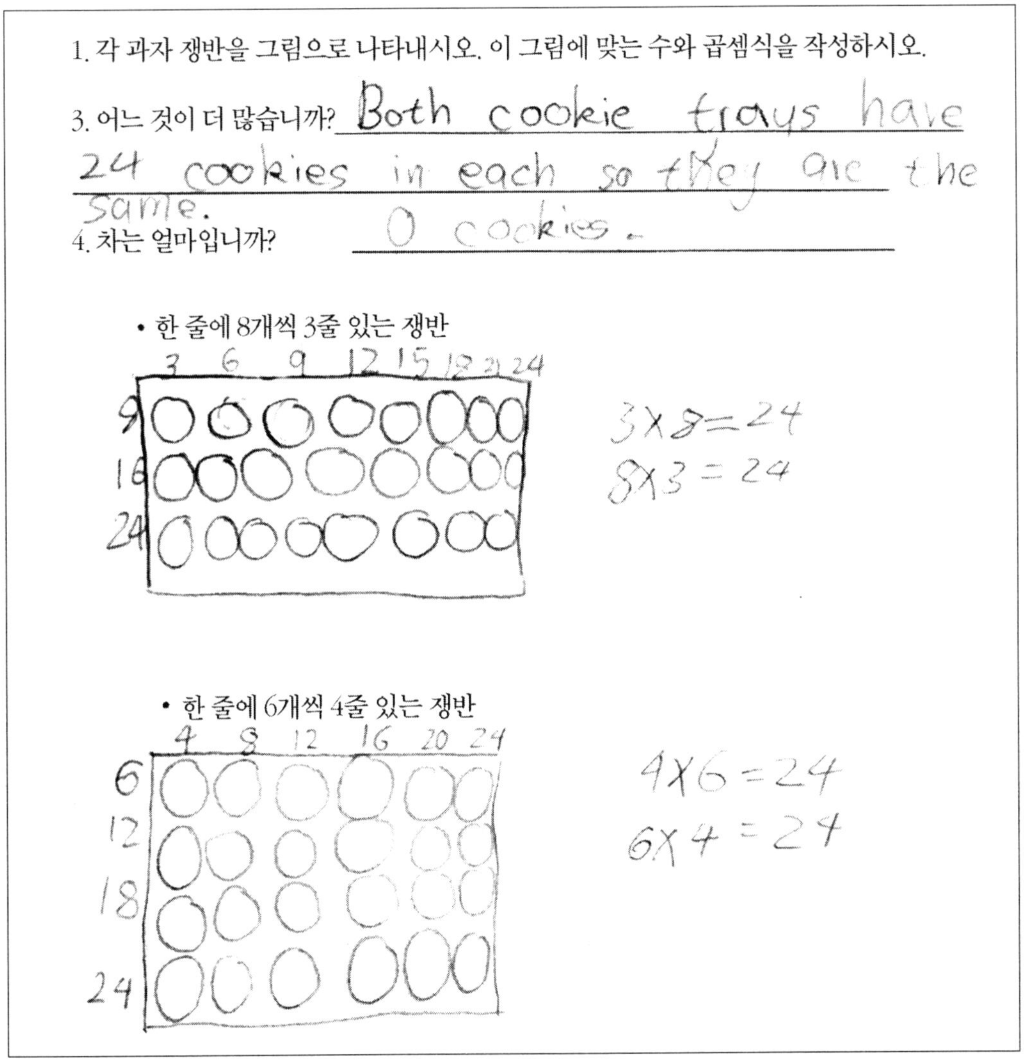

그림 3-13
Sasha는 수가 있는 그림을 그려서 어떤 쟁반이 가장 많은 과자를 가지고 있는지를 구했다.

심화

- 위에서 제시한 것과 같은 "어느 것이 더 많을까?"와 관련된 문제들을 만든다. 그리고 어린이들에게 이것들을 선택해서 풀도록 한다.
- 주변에 있는 "묶음으로 되어 있는 것들"을 이용하여 "어느 것이 더 많을까?"와 관련된 문제들을 만든다. 두발 자전거 5개와 자동차 3대 중에서 어느 것의 바퀴 수가 더 많을까?
- 아이들에게 "어느 것이 더 많을까?"와 관련된 문제들을 만들게 하고, 자신이 만든 문제들을 해결하도록 한다.

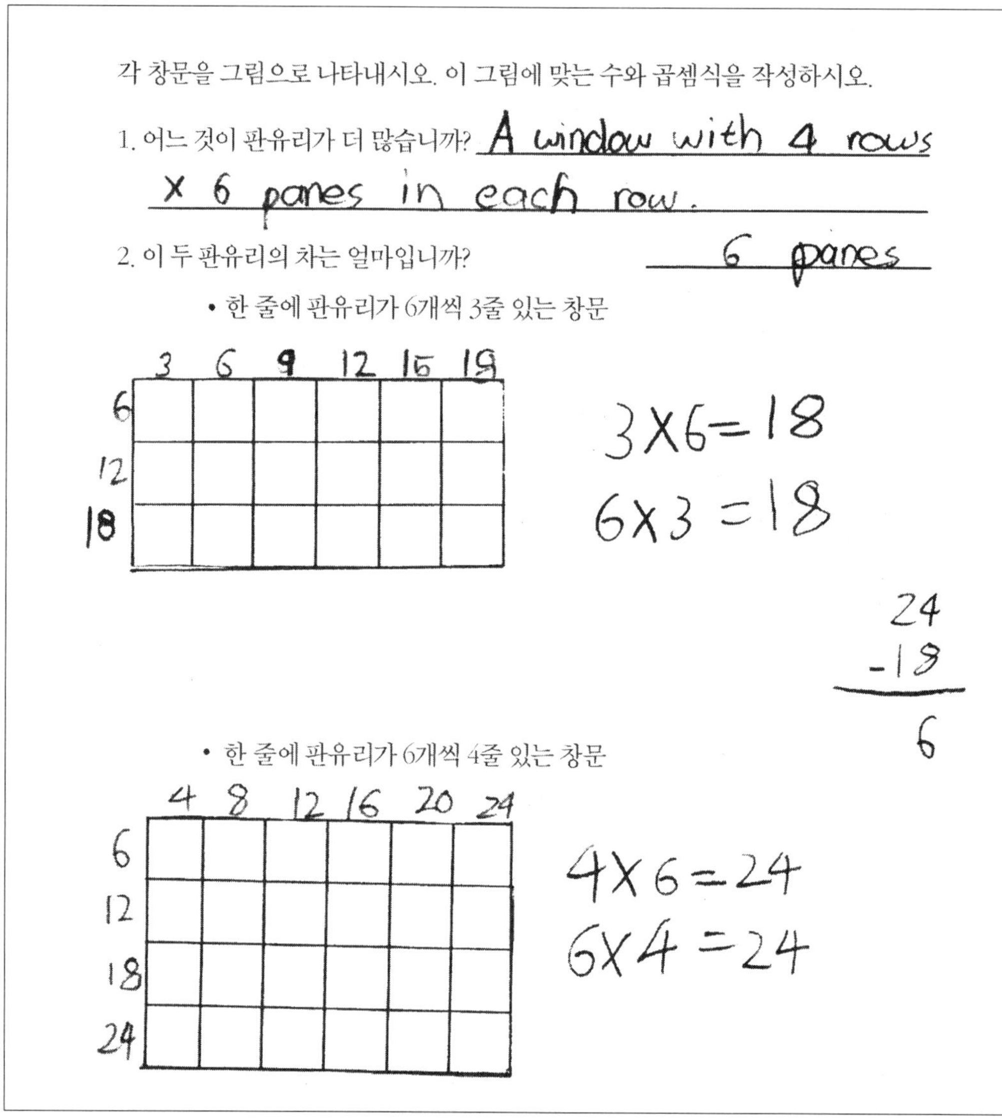

▶
그림 3-14
Janet는 어떤 배열이 더 많은 판유리를 가지고 있는지를 구하기 위해 유사한 전략을 사용했다.

곱셈/덧셈/뛰어세기의 연결

Andrea Buckless가 집필한 『*Too Many Cooks*』는 학생들이 곱셈은 동수누가, 뛰어세기(2, 4, 6, 8, 10, 12)와 연결되어 있다는 개념을 다시 한 번 생각해 볼 수 있도록 해준다. 이야기 속에서 Cara와 그녀의 두 남자 형제는 그들 자신과 어머니, 할머니, 할아버지, 모두 6명의 입맛에 맞추기 위해 스프 요리법을 수정하려고 한다. 그들이 수학을 사용하여 요리법에 나와 있는 다른 재료들을 조절할 때, 재료에 대한 Jay의 아이디어는 계속 무시되었다. Jay의 생각은 고무공 하나를 토마토로 바꾸고, 오렌지 자동차 2개를 당근으로 바꾸는 것이었다. 아이들이 요리법에서 사탕무우를 제거하기로 결정했을 때, 학생들은 왜 어떤 수에 0을 곱하면 0이 나오는지에 대해 생각해 볼 수 있는 기회를 가지게 된다.

『*Teaching Arithmetic: Lessons for Introducing Multiplication, Grade 3*』에서 Marilyn Burns는 Buckless의 책에 기반하여 광범위한 학급 토론을 설명한다. Burns는 어린이들이 왜 $6 \times 0 = 0$인지를 탐구하도록 한다. Burns는 어린이들이 참고할 수 있도록 칠판에 인수라는 용어와 곱셈식의 결과를 썼다. 그러고 나서 학생들에게 왜 $6 \times 0 = 0$인지에 대한 그들의 생각을 쓰도록 했다. 만약 교사가 이러한 활동을 학생들에게 소개한다면, 교사는 "만약 어떤 것에 아무 것도 없는 것을 곱한다면 아무 것도 얻지 못할 것이다.", "만약 $6 \times 1 = 6$이면, 그 다음은 $6 \times 0 = 0$이 된다."와 같은 반응을 볼 수 있을 것이다.

이야기 문제

어린이들이 그들 자신의 이야기 문제를 만들 때, 어린이들은 실생활에서 더해야 할 때, 빼야 할 때, 곱해야 할 때, 나누어야 할 때에 대한 그들의 이해는 깊어진다. 이러한 이해는 수에 대한 더 왕성한 이해를 이끈다. 어린이들이 다른 사람이 쓴 이야기 문제를 이해하고 계산할 때, 그들은 또한 매일의 상황에 대한 이해를 위해 수학을 사용하게 된다. 이야기 문제와 관련하여 생각해 볼만 한 몇 가지 아이디어를 제시하면 다음과 같다.

묶음으로 되어 있는 것들

이 조사에서 학생들은 젓가락과 같이 항상 2개씩 묶여있는 물체, 세발자전거와 같이 항상 3개씩 묶여있는 물체, 말의 다리와 같이 항상 4개씩 묶여있는 물체 등에 대해서 생각한다. 이러한 아이디어를 교실 상황과 연결시킨다. 예를 들어, 만약 한 모둠에 있는 모든 사람들이 젓가락을 두 개씩 가지려면 필요한 젓가락은 모두 몇 개입니까? 와 같은 질문을 한다. 어떤 아이는 2, 4, 6, 8의 방법으로 뛰어 세기를 할 것이다. 또 어떤 학생은 "8개요, 왜냐하면 아이 4명에 한 사람당 젓가락 2개씩을 곱하면 테이블에 있는 4명의 아이 모두를 위한 젓가락 8개와 같기 때문이에요." 세 번째 아이는 다음과 같은 식을 통한 추론에 의해서 8에 도달할 것이다.

$$2 + 2 + 2 + 2$$

$$4 + 4 = 8$$

그 다음에는 학급의 모든 학생들을 위해 필요한 젓가락은 모두 몇 개인지를 물어본다. 그림 3-15에서, Ted가 곱셈, 덧셈, 뛰어세기, 친숙한 수로 가르기와 같은 여러 가지 수 전략들을 사용한 방법에 주목하기 바란다.

그림 3-15
Ted는 몇 가지 전략을 이용해서 젓가락 문제를 해결했다.

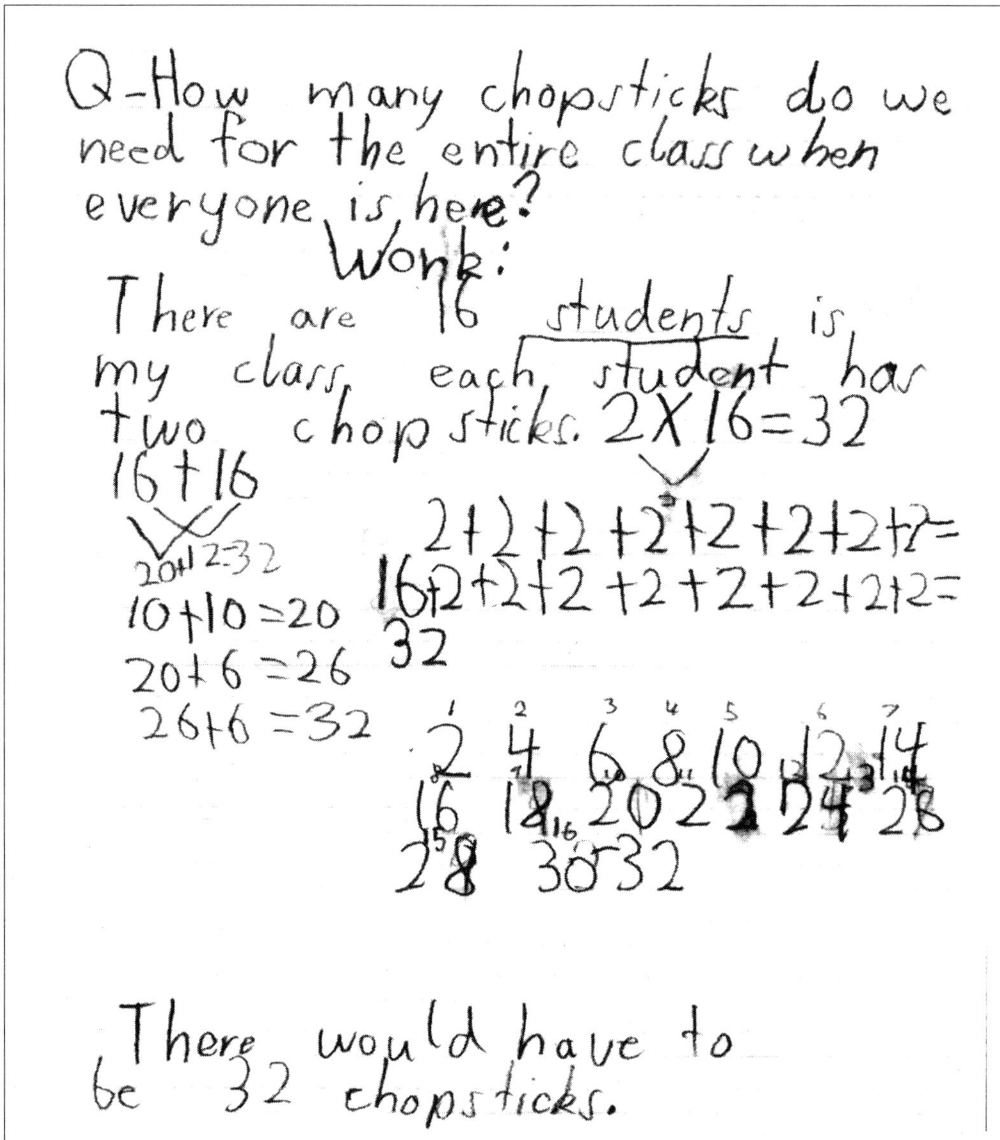
Q-How many chopsticks do we need for the entire class when everyone is here?
Work:
There are 16 students is my class, each student has two chopsticks. 2X16=32
16+16
20+12=32
10+10=20
20+6=26
26+6=32
2+2+2+2+2+2+2+2=
16+2+2+2+2+2+2+2+2=
32
2 4 6 8 10 12 14
16 18 20 22 24 26 28
28 30 32
There would have to be 32 chopsticks.

그러고 나서, "항상 두 개씩 짝지어지는 것이 또 뭐가 있어요?"라고 묻는다. 학생들의 반응들을 상단에 두 개씩 짝지어지는 것이라는 제목이 적혀 있는 16절지(A4크기)에 적는다. 이 목록은 사람의 다리, 개의 귀, 여자아이나 남자아이의 신발 등과 같은 것들을 포함할 것이다.

다음으로, 학생들에게 짝 활동으로 3개씩, 4개씩, 5개씩, 6개씩, 7개씩, 8개씩, 9개씩, 10개씩 짝지어 질 수 있는 것들을 생각해내도록 한다. 학생들은 종이 한 장을 똑같은 크기의 8부분으로 나누고 자신들의 아이디어들을 기록할 수도 있다. 마지막 목록은 다음과 같을 것이다.

2개씩 짝지을 수 있는 것 신발, 장갑, 자전거의 바퀴, 쌍둥이	**3개씩 짝지을 수 있는 것** 세발 자전거의 바퀴 삼각형의 세 변 세쌍둥이	**4개씩 짝지을 수 있는 것** 사각형의 각 변 말의 다리 4박자
5씩 짝지을 수 있는 것 오각형의 각 변 일반적인 별 모양의 끝 점 5박자 한 송의 손가락 수	**6씩 짝지을 수 있는 것** 육각형의 각 변 다윗의 별[22]의 끝 점 소다 6팩 곤충의 다리	**7개씩 짝지을 수 있는 것** 일주일에 들어있는 날들
8개씩 짝지을 수 있는 것 거미의 다리 문어의 촉수	**9개씩 짝지을 수 있는 것** 틱택토 판의 네모칸	**10개씩 짝지을 수 있는 것** 두 손의 손가락

위의 목록들에서, 각 학생은 이 목록에 있는 한 항목에 대한 그림을 그린다. 예를 들어, 4개의 삼각형이나 3개의 자전거들을 그린다. 교사는 15×15cm 크기의 흰 활동지들을 미리 잘라 놓았다가 학생들이 이 활동을 이 활동지를 이용해 하도록 한다. 그러고 나서, 3×15cm 크기의 띠 활동지에 3줄(이하 띠 활동지)로 학생들은 자신이 그린 그림에 관한 문장들을 적는다. 이 문장들은 곱셈 이야기 문제가 된다. (그리고 이후에 나눗셈 이야기 문제가 된다.) 예를 들어, 한 학생은 자전거 3개를 그리고 나서 각 띠 활동지 위에 다음과 같이 쓸 수 있다.

> 자전거 3개가 있다.
> 자전거 한 개당 바퀴가 2개씩 있다.
> 바퀴는 모두 6개이다.

22) 다윗의 별이란 '다윗 왕의 방패'라는 뜻을 가진 히브리어 Magen David에서 비롯되었으며, 유대인 그리고 유대교를 상징하는 표식이다. 다윗 왕의 아들 솔로몬 왕은 이스라엘과 유대아를 통합한 후 다윗의 별을 유대 왕의 문장으로 삼았다고 전해지며, 때문에 다윗의 별은 오늘날 이스라엘 국기에 조상의 얼을 기리기 위해서 그려져 있다.

이 아이디어는 『*Things That Come in Groups*』(Tierney, Berle-Carman, & Akers 1995)에서 나온 것이다. 나는 이 장에서 이것을 확장시켰다.

학생들은 하단에 동그라미가 그려져 있는 작은 크기의 1–100 수배열표를 사용하여 수학을 더 탐구할 수 있다. 학생들은 뛰어세기 한 수를 원 안에 써 넣는다. 자전거를 예로 들면 한 학생은 2, 4, 6과 같이 2씩 뛰어 셀 것이다. 그러고 나서 이 학생은 아래와 같은 T차트를 채워 넣는다. 교사는 T차트와 작은 크기의 1–100 수배열표 양식을 부록에서 가져다 쓸 수 있다.

두발 자전거의 수	바퀴의 수	
1	2	두발 자전거 1대×2바퀴=2바퀴
2	4	두발 자전거 2대×2바퀴=4바퀴
3	6	두발 자전거 3대×2바퀴=6바퀴

마지막으로, 이 학생은 자신의 띠 활동지를 꺼내서 마지막 문장을 대체한다. 그래서 마지막 문장을 볼 수 없도록 한다. 줄 종이 위에, 이 학생은 서술문이 아닌 질문으로 끝나는 자신의 이야기 문제를 구성한다. 예를 들어,

> 자전거 3대가 있다.
> 자전거 한 대당 바퀴가 2개가 있다.
> 자전거 3대의 바퀴는 모두 몇 개인가?

그러고 나서, 학생들은 8×12cm 크기의 색인카드에 수정한 문장을 바꿔놓는다. 4절지 크기의 색 활동지 위에, 색인카드, 그림, T 차트, 1–100 수배열표를 붙인다. (교사는 이것으로 **묶음으로 되어 있는 것들** 이야기 문제란 제목의 학급문집을 만들어 낼 수 있다.)

일단 학생들이 자신들의 이야기 문제들을 쓰면, 학생들은 예를 들어, **자전거 3대×각 자전거당 바퀴 2개=바퀴 모두 6개**와 같은 문장식을 이용해서 이 문제들에 답한다. 또는, 학생들은 3×2=6과 같은 수식을 사용할 수도 있다. (그림 3–16 참고) 학생들의 묶음으로 되어 있는 것들 이야기 문제 쪽들을 게시하거나 이것들을 학급문집으로 제본한다. 어린이들이 나눗셈 문제를 적을 때인 5장을 위해서 이것들을 모아둔다.

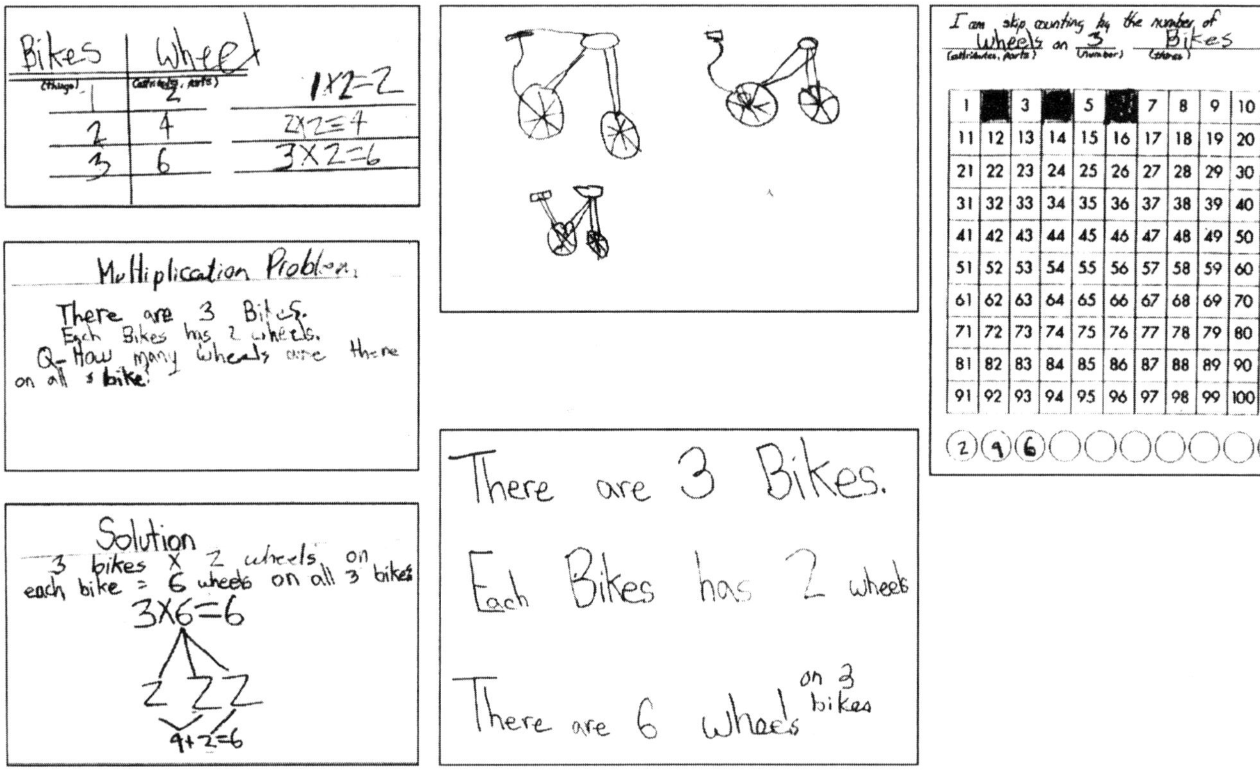

▲ **그림 3-16** 이것은 Yousif의 **묶음으로 되어 있는 것들** 이야기 쪽이다.

경험 교사의 조언

곱셈에 관한 의사소통을 쉽게 하기 위해, 교사는 곱셈식의 첫 번째 인수는 각 묶음에 있는 사물의 수(창문의 한 줄에 있는 판유리의 수, 원 안에 있는 별의 수, 곤충의 다리 수, 사각형의 변의 수, 등)을 의미하는 것으로 해도 좋다. 두 번째 인수는 묶음의 수(줄의 수, 행의 수, 원의 수, 곤충의 수, 사각형의 수 등)를 의미하는 것으로 해도 좋다. 이러한 상황에서 ×기호는 묶음의 수를 의미한다.

3학년 학생들이 2년 동안 덧셈 문제로 활동해 왔기 때문에, 종종 곱셈기호인 ×를 덧셈 표시인 +로 잘못 생각하는 실수를 범하기도 한다. 즉, 학생들이 8×6이 포함된 문제를 쓰고 있을 때 **개미 8마리가 있고 6마리의 개미가 더 왔다. 그러면 개미는 모두 몇 마리가 되는가?** 라고 쓴다. ×기호를 지적하고, 이것이 어떻게 한 묶음에 6개의 사물이 있는 8묶음을 의미할 수 있는지 논의한다. 그러고 나서, 학생들에게 조작물이나 그림을 이용하도록 한 후 자신들의 이야기 문제들을 작성하도록 한다.

그러나 교사는 사칙연산들을 서로서로로부터 분리해서는 안 된다. 이 장의 많은 곱셈 활동들에서도 덧셈과 뺄셈의 기회를 제공할 것을 권한다. 언제 더하고, 빼고, 곱하고, (마지막으로) 나누기를 해야 하는지를 아는 것이 수감각의 중요한 측면이다.

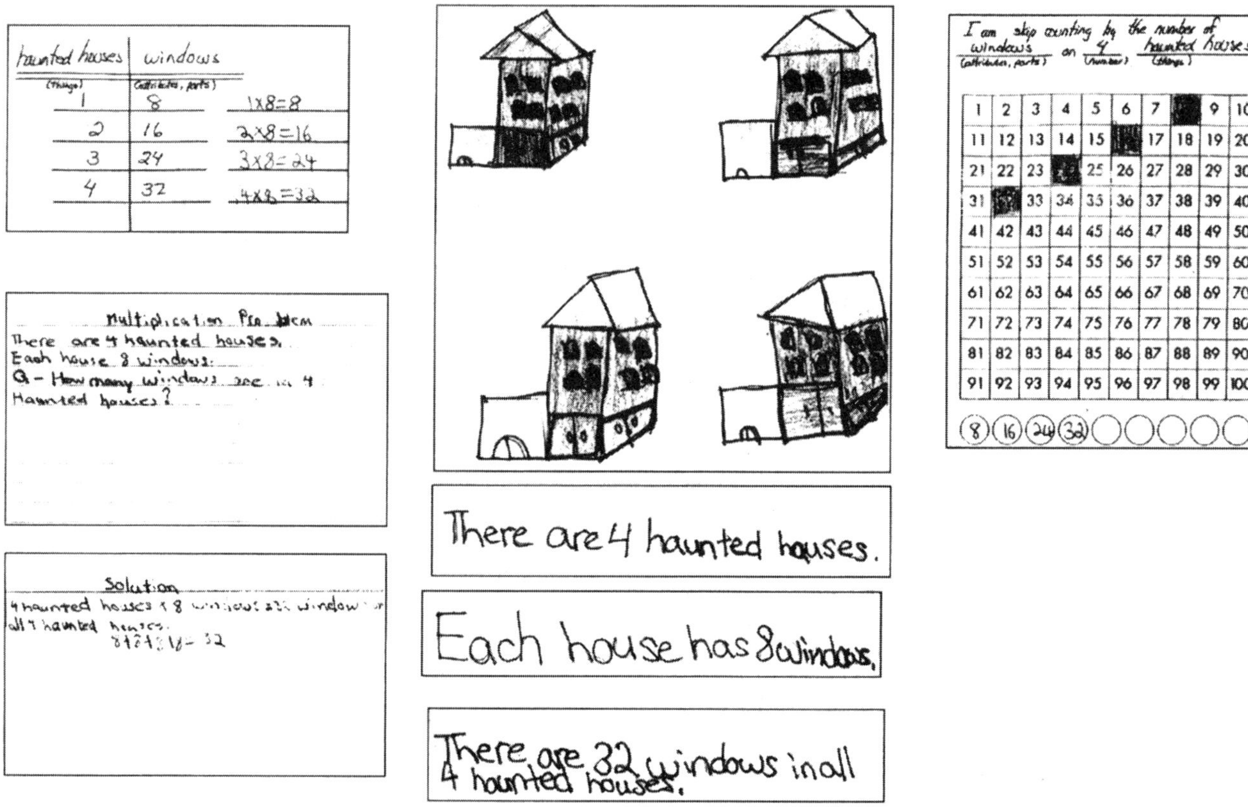

▲ **그림 3-17** Eun-Jin은 4개의 귀신의 집에 창문이 모두 몇 개 있는지를 계산하였다.

심화

만약 학생들이 이 활동을 좋아한다면, 그들은 할로윈과 관련된 곱셈 이야기 문제들을 담고 있는 책을 쓰는 것을 좋아할 지도 모른다. 예를 들면, 각각 3개의 눈을 가진 귀신, 각각 5개의 호박이 달려있는 덩굴들, 각각 6개의 창문이 있는 귀신의 집과 같은 문제들. 만약 학교에서 할로윈 파티를 하지 않는다면, 사과가 들어있는 바구니들, 옥수수가 들어있는 양동이, 등과 같은 이야기 문제를 포함하는 추수감사절을 주제로 사용해도 좋을 것이다. (그림 3-17 참고)

교사가 만든 이야기 문제들

이 장을 통하여, 교사는 교실에서 한 조사의 심화로 교사 자신의 문제들을 만들 수 있거나(그림 3-5와 그림 3-12 참고), 또는 이 장에서 설명된 심화들을 참고할 수 있다. 시간이 지남에 따라, 교사는 전체 학교생활을 통하여 곱셈 문제 해결을 위한 추가적인 기회를 발견할 것이다. 또한 교사는 어떠한 종류의 문제들이 학생들의 이해를 증진시킬지에 관한 안목이 생기기 시작할 것이다. 그림 3-18에 있는 숙제로, 교사는 학생들에게 다양한 맥락으로부터 특정한 곱셈 조합들이 포함된 연습을 할 기회를 제공했다.

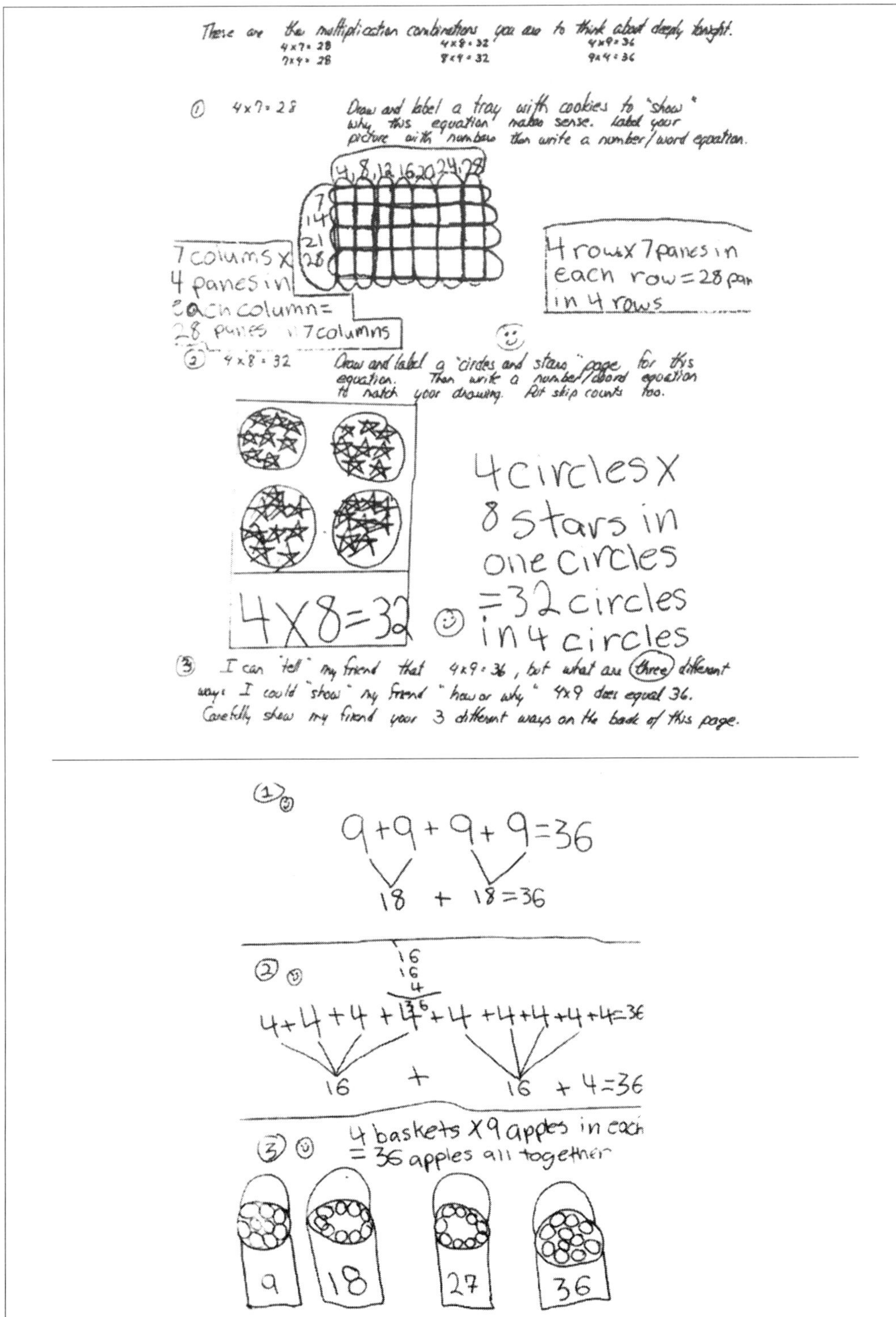

◀
그림 3-18
이 숙제를 통하여, Susan은 아래의 수의 조합에 관해 깊이 생각하였다.

4×7=38 7×9=28
4×8=32 8×4=32
4×9=36 9×4=36

학생들이 만든 이야기 문제들

학생들이 그들 자신의 이야기 문제를 만들 때 또는 교사가 제공한 문제들에 등식을 세울 때, 학생들은 그 문제에 대해 주인 의식을 발달시킨다. 한 학생이 만든 이야기 문제를 학급에서 또는 숙제로 나머지 학생들에게 제시할 때는 이 문제를 만든 학생에게 과제 부여에 관한 허락을 구한다. 이것은 수학 수업에서의 학생들의 목소리(생각)를 칭찬하는 방법 중 하나이다. (그림 3-19 참고)

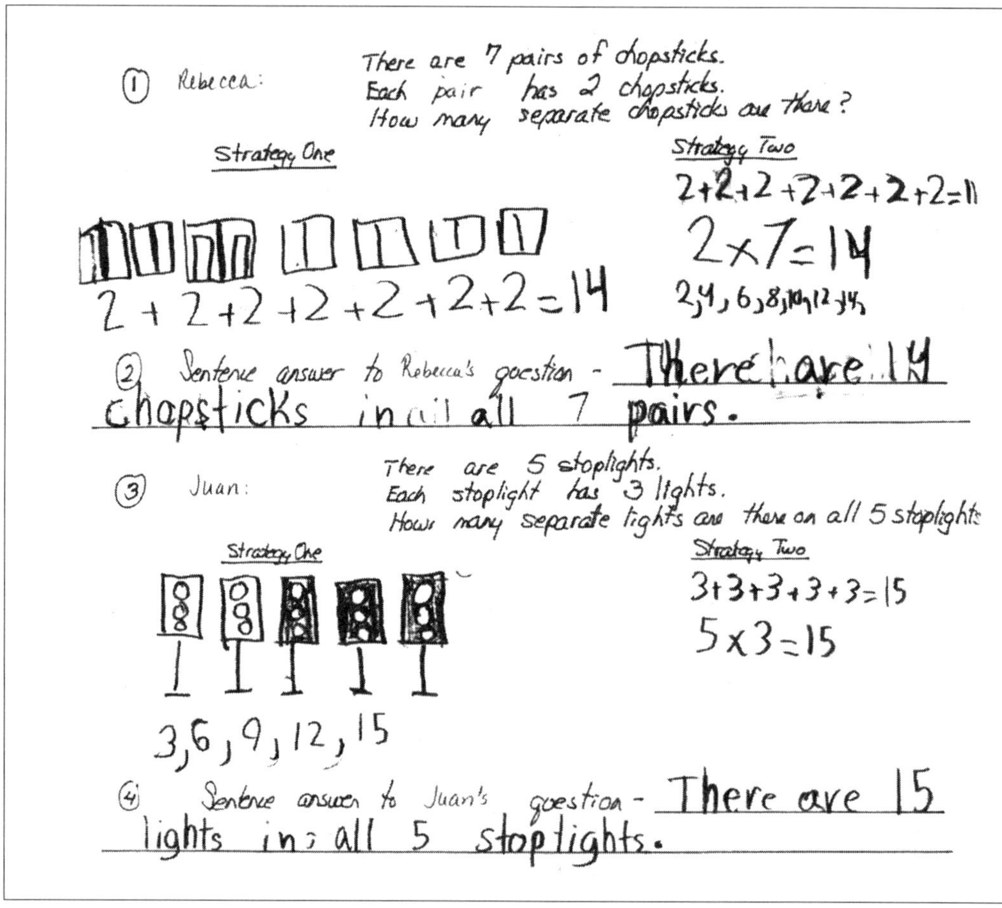

그림 3-19
Hamid는 학교 숙제로 Rebecca와 Juan이 만든 이야기 문제를 풀었다.

순환 모둠(Station) 시간

2장의 말미에서, 교사의 지도와 학생들의 배움을 조직하는 방법에 관한 아이디어들을 소개하였다. 교육과정을 체계화하는 또 다른 방법은 순환 모둠 활동을 하는 것인데, 이는 학생들이 작은 모둠을 만들어 순환하며 학습하는 것이다. 예를 들어, 순환 모둠 활동을 위하여, 나는 우리 반 학생 20명을 5명씩 4개의 모둠으로 조직한다. 내가 담당하는 순환 모둠에서, 나는 학생들에게 새로운 곱셈 활동을 소개하거나, 이 주의 초반에 어려운 문제로 판명된 곱셈 문제를 학생들이 다시 논의하도록 도와주었다. 부모 자원봉사자가 담당하는 순환 모둠에서는 학생들에게 새로운 곱셈 게임을 소개하거나 또는 예전에 해 보았던 게임에 대해 함께 논의한다. 다른 두 개의 순환 모둠은 독립적으로 자신들의 순환 모둠에서 다른 곱셈 조사 연구를 추진하였다.

5명의 모둠원으로 이루어진 4개의 모둠은 학생들이 한 개의 순환 모둠에서 30분씩 활동하여 4개의 순환 모둠을 순환한다. 이때 하루에 2시간을 사용하거나 하루에 한 시간씩 이틀 간 활동하여도 좋다. 또 다른 선택권은 순환 모둠에서 활동하는 시간을 하루에 30분씩 나누어 나흘 간 활동하는 것이다. 나는 4개의 모둠 순환을 하루에 다 끝마치려 한다. 나는 내가 활동 전 미리 연락드린 부모 자원봉사자와 함께 활동하며, 한 달에 두 번의 순환 모둠 활동을 계획하고 있다.

아래는 순환 모둠 시간표의 예시이다. 나는 한 어린이를 각 모둠에 옮기어 4개의 모둠을 만들었음을 주목하기 바란다.

	곱셈 이야기 문제 적기 (선생님과 함께)	원과 별 게임 한 게임 하기 (모둠원들끼리)	곱셈 빙고 하기 (부모 자원 봉사자와 함께)	두 주머니에 있는 동전 풀기 (모둠원들끼리)
8:30 – 9:00	모둠 1 Jay와 함께	모둠 2 Sarah와 함께	모둠 3 Latasha와 함께	모둠 4 Juan과 함께
9:00 – 9:30	모둠 1	모둠 2	모둠 3	모둠 4
9:30 – 10:00	모둠 1	모둠 2	모둠 3	모둠 4
10:00 – 10:30	모둠 1	모둠 2	모둠 3	모둠 4

경험 교사의 조언

만약 교사와 학생들이 이 교수 접근법을 받아들일 준비가 되어 있지 않다면, 교사는 이것을 실행에 옮기기 위한 준비를 한다. 몇몇 교사들은 순환 모둠 접근법이 학생과 교사를 더 잘 연결하고 의사소통할 수 하도록 돕는다는 것을 발견하였다. 다른 교사들은 이 접근법은 대응하기 힘들다는 것을 발견하였다. 중요한 것은 교사가 이 활동을 하는데 부담을 느끼지 않으면서 행할 수 있어야지만 이 접근을 채택할 수 있다.

독립 순환 모둠들

학생들이 독립적으로 활동 할 순환 모둠들(2인 1모둠으로 **원과 별 게임** 활동을 하거나 **두 주머니에 있는 동전** 활동을 개별적으로 활동하는 것과 같은)에서, 형성할 문제를 제공하거나 어린이들이 전체 학급 상황에서 이미 한 것을 보고하도록 한다. 순환 모둠 활동 시간이 시작하기 전에, 전체 학급구성원들과 함께 이들 순환 모둠을 위한 지시사항들을 주의깊게 검토한다. 이 순환 모둠 시간이 시작하기 전에, 적절한 순환 모둠 환경에서 요구되는 자료들에 대한 인쇄된 지시사항을 제공하는 것을 고려한다. 교사, 부모 자원봉사자, 또는 보조 교사가 개별적으로 작업을 하고 있는 학생들을 틈틈이 점검하는 것도 좋다. 나의 학급에서 순환 모둠 시간 동안, 개별적으로 작업을 하고 있는 어린이들은 자신들의 모둠 책상에서 그렇게 한다. 교사와 자원봉사자의 지원을 받는 모둠들은 교실의 뒤쪽에 있는 다른 책상에서 작업을 한다.

모두가 참고할 수 있도록 하기 위해, 게시판에 순환 모둠 일정표를 게시한다.

성인 지원 순환 모둠들

곱셈 이야기 문제 조사를 위한 이 예시 순환 모둠 시간표에서, 교사는 학생들에게 **묶음으로 되어 있는 것들** 목록에 있는 그림을 그리도록 한 후 자신들의 그림에 대한 3 문장을 적도록 할 수 있다. 이것이 이 모둠에 있는 학생들이 이것을 한 첫 번째 시간이라면, 쉽게 참고할 수 있도록 가까운 곳에 이 목록들을 게시해 둔다. 다음 주 순환 모둠 시간에 같은 학생들을 만날 계획을 세운다. 이때 교사는 학생들에게 자신들의 그림에 어울리는 곱셈 이야기 문제들을 작성하도록 하고, T차트에 근거한 문제들에 대한 답들을 표현하도록 하고, 1-100 수배열표에 배수들을 보이도록 한다. 이 장에 있는 "이야기 문제들"절(107-114쪽)을 참고해서 관련된 상세한 것을 상기하기 바란다.

30분이 지났을 때, 정리할 시간임을 알려준다. 어린이들에게 자신들의 활동을 정리하고 자신들의 자리로 돌아가도록 한다. 그러고 나서, 전체학급으로, 이 기간 동안 발생한 어떠한 문제들(예를 들어, 과제에 집중하기 어려움, 주어진 문제를 이해하기 어려움, 또는 쉽지 않은 짝과의 상호작용)에 대해서라도 짧게 토론하는 시간을 갖는다. 이 토론을 하는 동안, "선생님은 여러분들이 이것을 할 수 있다는 것을 알고 있다."는 메시지를 전달할 수 있도록 어조로 긍정적인 분위기를 유지한다. 일부 어린이들은 자신들이 순환 모둠을 떠날 때 까지 주어진 과제를 완성하지 못했을 수도 있다. 어린이가 말한 어려움이 이것이라면, 이들 학생들에게 다른 시간이나 다음 날에라도 이 활동을 마무리 할 수 있는 시간을 가질 수 있도록 해 주겠다고 보장해 준다. 종종, 잘 세운 계획도 첫 번째 시도에서는 틀어질 수가 있다. 교사는 늘 학생들의 반응을 토대로 방향을 변화시킬 필요가 있다.

이 짧은 토론 후에, 곱셈 이야기 문제들에 관해서 교사와 함께 순환 모둠에 있던 학생들은 2인 1모둠으로 또는 소모둠으로 자신들의 모둠 책상에서 **원과 별 게임**을 한다. 다음으로, 이 학생들은 **곱셈 빙고**를 놀이하는 방법을 배우면서 교사 또는 자원봉사자와 함께 한 순환 모둠에서 30분을 보낸다. (놀이 방법은 90-91쪽 참고)

마지막으로, 이 모둠에 있는 모둠구성원들은 자신들의 책상으로 돌아가고 개별적으로 **두 주머니에 있는 동전들** 문제 카드를 한두 번 활동한다. (활동 방법은 49쪽과 98쪽 참고) 한 학생이 이 작업을 조기에 완성하고 자신의 추론이 완벽하고 이해 가능하다고 느낀다면, 이 학생은 그날 이 활동 이전에 마무리 하지 못한 활동을 하기 위해 다른 순환 모둠을 재방문할 수 있다. 만약 그렇지 않다면, 이 학생은 이 순환 모둠을 떠나서 1장에서 설명한 월별 수학 영역으로 가서 이 30분이 마무리 될 때까지 작업을 한다. 또는 이 학생은 2장에서 제안된 것처럼 게시되어 있는 진행 메뉴를 할 수 있다. 점점 더 많은 학생들이 미리 자신들의 선택권을 이해한다면, 이 학생들은 다른 학생들의 소모둠 활동을 방해하지 않아야 한다는 생각을 갖는다.

평가: 지필(紙筆) 평가

지필 교실작업

교사는 전체 학급 토론 및 짝 토론 동안에 어린이들이 하는 이야기를 들으면서 계속해서 어린이들을 평가하기 때문에, 어린이들이 곱셈 문제들을 푸는 방법을 알아보기 위해서 이들의 지필 교실작업을 검사한다. 이 장을 하는 동안, 학생들은 활동지 위에 언어, 수, 그림을 통해서 많은 자신들의 사고를 명료화하고 기록한다. 이들 활동지들은 교사에게 각 어린이가 곱셈에 대해서 이해한 것을 볼 수 있는 창을 제공해 준다. 교사가 각 학생의 활동지를 읽을 때, 다음의 질문들을 명심한다.

- 이 아이는 곱셈을 덧셈과 연결시키고 있는가?
- 이 아이는 곱셈이 사물들이 동량의 묶음으로 있을 때 전부 몇 개가 있는지를 구하는 한 가지 방법이라는 사실을 이해하고 있는가?
- 이 학생은 곱셈식을 조작물 또는 그림과 같은 좀 더 유형의 사물 또는 이미지와 연결할 수 있는가?
- 이 학생은 자신의 사고를 언어, 수, 그림을 이용해서 설명할 수 있는가?

- 이 학생은 의미 있는 곱셈 이야기 문제를 작성할 수 있는가?

개별 지필 평가

학생들이 매일하는 문제 해결 활동을 검토하면서, 다양한 곱셈 문제들에 대한 자신의 사고를 짝의 도움이나 학급 토론 없이 자기 자신의 말로 설명할 것을 정기적으로 요청한다. (그림 3-20 참고). 예를 들어, 곱셈 단원을 시작하면서 "만약 2학년 학생이 여러분에게 '곱셈이 무엇인가요?'라고 묻는다면, 여러분은 어떻게 설명할 것인가요?"라는 질문에 대해 각 어린이가 반응하도록 한다.

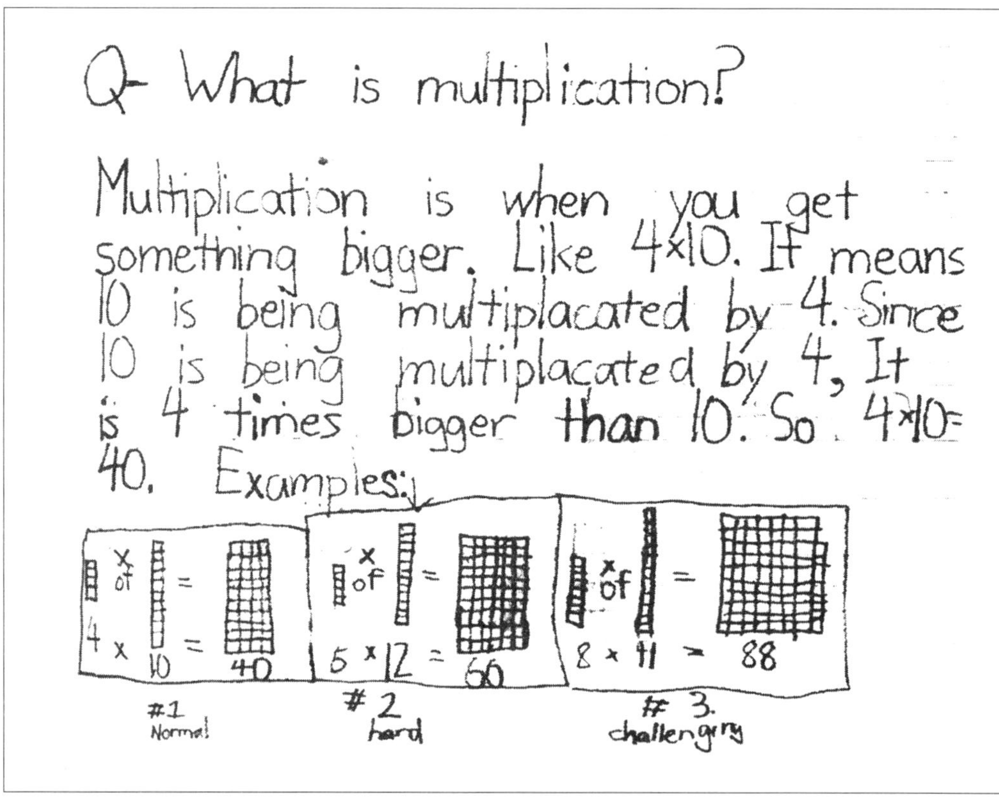

그림 3-20
Kihyun은 '곱셈이 무엇인가?'에 대해 자신의 생각을 적었다.

학생들이 이런 종류의 질문에 대해 자신의 생각을 적을 때, 이들은 자신이 무엇을 이해하고 무엇을 이해하지 못했는지를 혼자 힘으로 알아내기 시작한다. 이런 종류의 평가는 어린이들의 학습에 도움이 될 뿐만 아니라 교사에게도 학생의 학습에 대한 정보를 제공한다. 학급 전체가 작성한 반응지들을 읽은 다음에, 교사는 학생들이 일반적으로 이해한 것과 이해하지 못한 것을 더 잘 이해하고, 다음에 이어질 교수 단계를 적정하게 조절할 수 있게 된다. Math Solutions 출판사에서 나온 Teaching Arithmetic and Math By all

Means Series는 평가 문제에 대해 더 많은 제안을 하고 있다.

단원이 시작할 때와 끝날 때 교사가 학생들에게 "곱셈이 무엇인가요?"라는 질문에 대답하도록 한다면, 교사는 곱셈을 이해하는데 있어서 학생이 개별적으로 어떻게 성장했는가를 평가할 수 있고, 또한 학부모 면담 시간에 교사가 관찰한 것을 공유할 수 있다.

이 단원을 학습하는 동안, 다양한 질문을 하려고 노력한다. "여러분의 친구가 6곱하기 7을 잘 이해하지 못하고 있어요. 여러분의 친구에게 6곱하기 7이 무엇을 의미하는지 이해하는데 사용할 수 있는 3가지의 서로 다른 전략을 보여주세요."와 같은 질문을 한다. (그림 3-21 참고) 또는 학생들에게 단어, 수, 그림을 이용하여 자신만의 곱셈이 포함된 이야기 문제를 적은 다음 해결하도록 한다. (그림 3-22와 그림 3-23 참고).

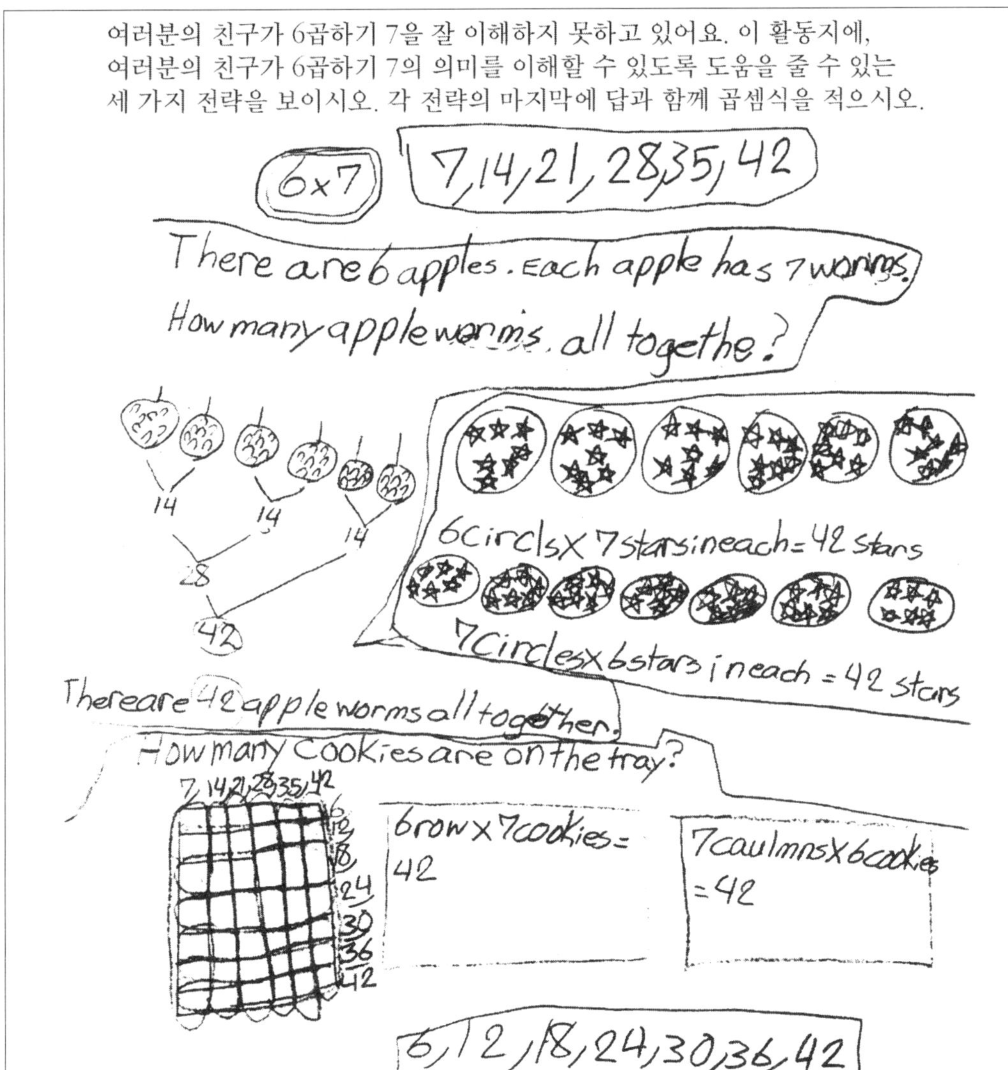

그림 3-21
Angela는 6×7을 이해하는데 사용한 전략들을 제공했다.

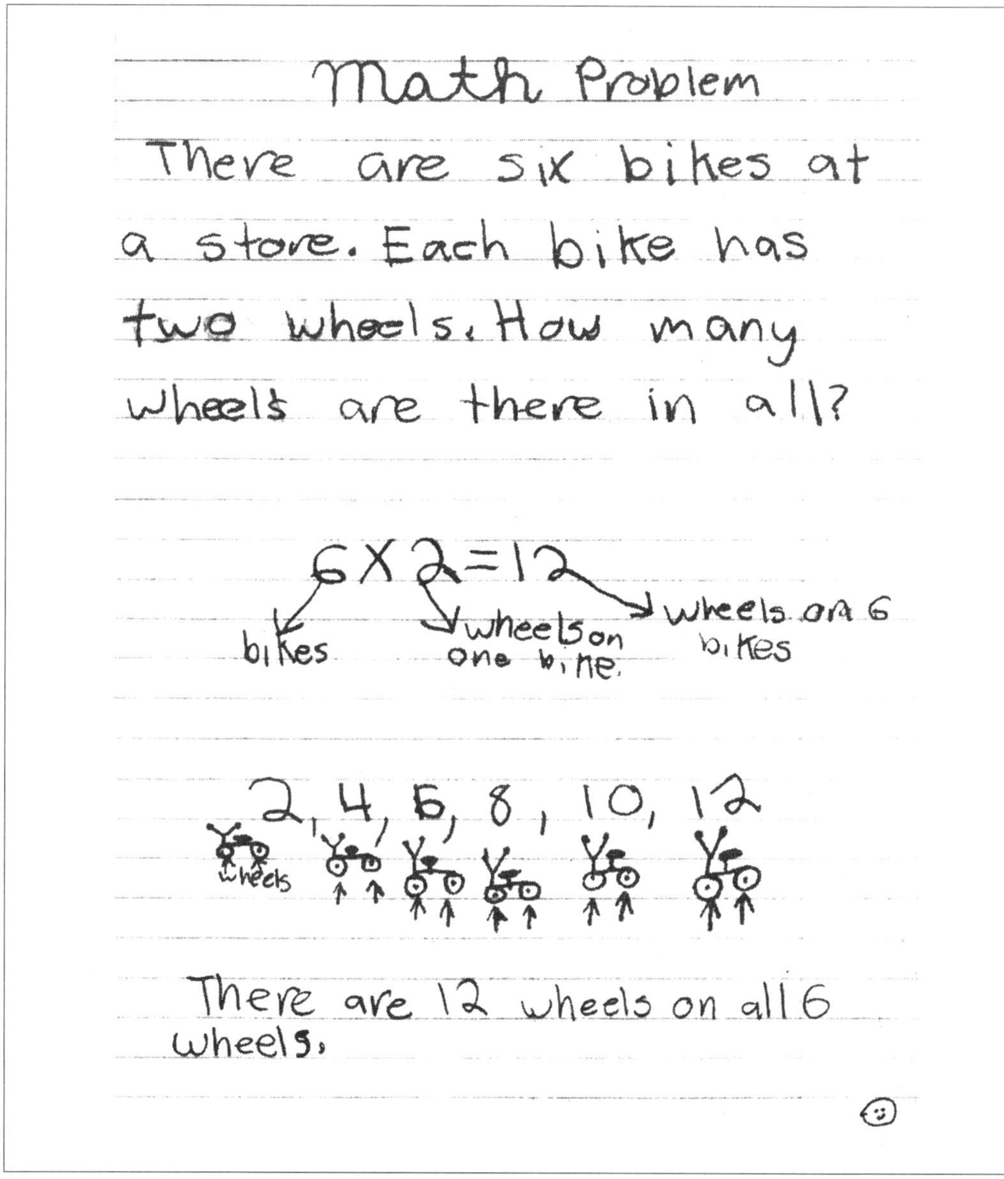

그림 3-22 Sasha는 자전거 6대에 있는 바퀴 수에 대해 자신이 만든 곱셈 이야기 문제를 해결하였다.

어린이들의 지필 교실작업 문제 해결의 샘플들을 시간 순으로 개별 지필 평가를 보관한다. 이 방법으로, 각 어린이들이 점차 곱셈을 이해해가는 과정을 추적할 수 있다. 그리고 학부모 면담 동안 이 단계를 보여줄 수 있다.

평가 아이디어에 대해 더 알고 싶으면 『*Teaching Arithmetic: Lessons for Introducing Multiplication, Grade 3*』(Burns 2001)과 『*About Teaching Mathematics*』(Burns, 2000)를 참고하기 바란다.

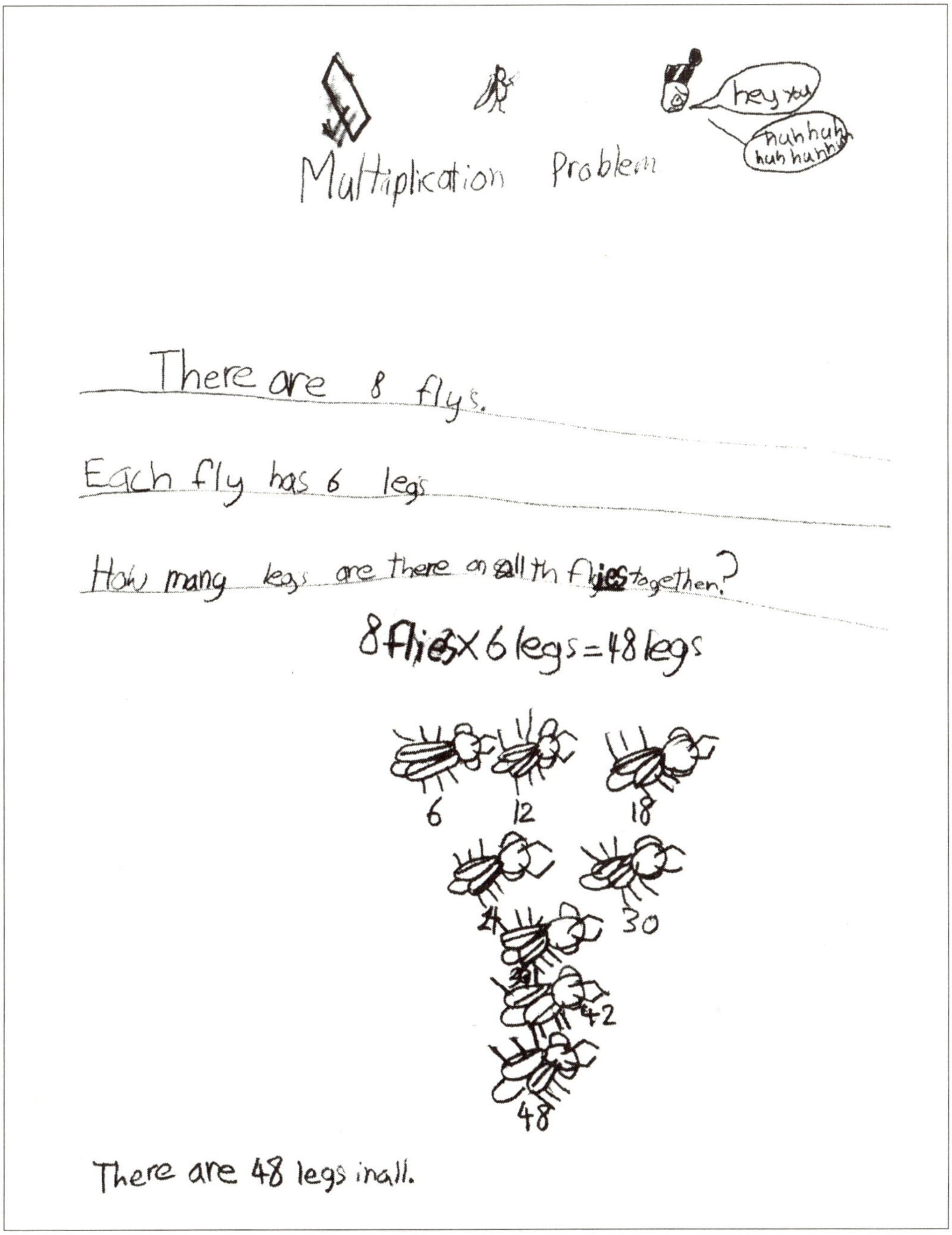

◀
그림 3-23
Marcus는 파리 8마리에 있는 다리 수에 대한 이야기 문제를 적었다.

제 4 장

12월

평 면 도 형

"기하는 정의 이상의 것이다.
기하는 관계를 기술하고 추론하는 것에 대한 것이다."

학교수학을 위한 원리와 규준,
류희찬 · 조완영 · 이경화 · 나귀수 · 김남균 · 방정숙 역, 경문사

올 한해 내내, 교사는 학생들은 기하 모델(덧셈과 뺄셈을 하는데 수직선을 활용하고, 곱셈과 나눗셈을 하는데 직사각형 배열을 활용하고, 그리고 분수를 하는데 패턴블럭을 활용한다.)을 사용해서 연산 문제를 해결하도록 격려할 것이다. 12월에, 학생들은 기하를 수리적 사고를 이해하기 위한 도구로서가 아닌 수학의 독립된 영역으로 공부할 것이다.

이 장과 9장(9장 또한 도형을 탐구함)에 대한 주의점: 이 책의 다른 장들은 하루 종일 수학적 상황 속(게임, 측정, 돈, 수학동화, 이야기 문제)에서 문제해결 활동을 다뤘던 것과는 달리, 4장과 9장은 기하 문제해결 활동들을 중심으로 조직되어 있다. 예를 들어, 학생들은 여러 가지 삼각형들을 이용해서 다양한 다각형들을 구성하고, 탱그램 조각들을 가지고 다양한 모양들을 만들고, 그리고 모눈종이에 있는 정사각형들을 이용해서 종이 퀼트를 디자인한다.

도형과 관련된 이 두 장은 교사와 학생들에게 진도를 나가는 속도에 변화를 제공한다. 교사는 9장에 소개된 활동들 중 몇 가지를 12월에 할 수도 있고, 4장에 소개된 활동 중 몇 가지를 5월과 6월에 할 수도 있다. 또는 이들 장에서 기술된 아이디어들 대신에 교사 나름대로 구성한 평면도형과 입체도형 활동들을 사용할 수도 있다.

학습 환경

학생들이 수리적 추론에서 벗어나 공간적 추론을 하도록 격려한다.

일부 학생들은 산술적으로 사고하는 것 보다 모양으로 사고하는 것이 더 쉽다고 느낀다. 기하는 이러한 학생들에게 수학자로서 각광받을 수 있는 기회를 제공해 준다. 이들은 4개의 삼각형을 이용해 다양한 평면도형들을 행복해하며 구성하고, 어느 것이 합동(같은 모양과 같은 크기를 가진 것)인지를 알아보기 위해 자신들이 만든 모양들을 회전하고 뒤집는다. 이들 학생들은 모양들을 "볼"뿐 아니라, 이들은 또한 다른 모양들로부터 쉽게 모양들을 만든다(예를 들어, 4개의 삼각형으로부터 하나의 평행사변형을 만든다.)

학생들이 문제를 해결할 때, 4인 1 모둠으로 활동하도록 한다.

현 시점까지, 학생들은 협동해서 문제 해결을 하는 동안 주로 2인 1모둠으로 활동을 해왔을 것이다. 12월에 이르면, 교사는 자신이 담당하고 있는 학급을 4인 1 모둠으로 협동 활동을 할 수 있는 학습공동체를 형성할 것이다[23]. 교사는 4인 1 모둠으로 활동할 때 규

23) 여기서 이 저자는 학습공동체를 형성하는 자신의 방법을 소개하고 있는 것이다. 이 교사는 2인 1모둠으로 협력 활동에 아이들이

범에 대해서 논의하는 것이 좋다. 이 규범에 대해서는 Marilyn Burns의 『*Teaching Mathematics: A K-8 Resource*』2판(2000)에서 충분히 다루어져 있다. 자세한 내용은 이 책을 참고하기 바란다.

1. 학생들은 자신들의 활동과 행동에 책임을 진다.
2. 학생들은 **도움을 요청하는** 모둠구성원이 있으면 그를 기꺼이 도와주어야 한다.
3. 학생들은 같은 모둠에 있는 모든 모둠구성원들이 같은 의문을 가졌을 **때만** 교사에게 도움을 요청할 수 있다.

다양한 그림책을 읽어준다.

학생들이 다각형을 이해하고 평면도형에서의 용어들을 배울 때, 학생들의 흥미와 상상력을 붙잡을 수 있는 다양한 그림책들이 있다. 이러한 책들을 학교 도서관이나 시립 도서관 또는 동료 교사의 교실에서 미리 찾아놓고, 12월이 시작될 때 학생들이 이용할 수 있게 한다.

- Ann Whitford Paul이 지은 *Eight Hands Round: A Patchwork Alphabet*
- Ann Tompert이 지은 *Grandfather Tang's Story*
- 신형건이 번역한 성형외과에 간 삼각형(Marilyn Burns 지음)
- Eleanor Coerr이 지은 *The Josefina story Quilt*
- 이지유가 번역한 할머니의 조각보(Patricia Polacco 지음)
- Valerie Flournoy이 지은 *The Patchwork Quilt*
- Barbara Smucker가 지은 *Selina and the Bear Paw Quilt*
- Lisa Campbell Ernst와 Lee Ernst가 지은 *The Tangram Magician*
- Grace Maccarone가 지은 *Three Pigs, One Wolf, Seven Magic Shapes*

선물 주고 받기를 위한 도형 퍼즐과 장식물들을 만든다.

학생들에게 평면도형 프로젝트들을 집으로 가져가도록 장려함으로써, 교사는 아이들이 수학 학습과 가정을 결부시킬 수 있도록 도울 수 있다. 탱그램 퍼즐 조각들 그리고 학생들이 만든 퍼즐 무늬들이 성인들과 동년배의 아이들에게 도전감을 줄 것이다. 종이 퀼트 무늬는 알록달록한 카드들을 만든다. 아이들은 다각형 회전 무늬들로부터 장식용 벽걸이를 만들 수 있다.

익숙해지는 과정을 경험하는 동안, 4인 1 모둠 협력 활동에도 점차적으로 익숙해지도록 하는 방법을 택하고 있다. 또한, 이질집단보다는 동질집단으로 모둠을 구성할 것을 강조하고 있다. 교사가 모둠을 구성할 때, 2007 개정 교육과정에서도 강조하고 있듯이 교사는 학습자들의 인지적 능력뿐만 아니라 정의적 영역도 고려해야 한다. 모둠활동의 성패는 모둠구성원들간의 원만한 인간관계가 모둠구성원들의 인지적 능력보다도 더 학습에 영향을 미친다는 것이다.

수학

학생들은 서로 다른 다각형은 서로 다른 성질을 가진다는 점을 이해한다.

다각형은 직선으로 된 선분으로 이루어진 닫힌 평면도형을 이른다. 다각형의 이름은 변의 수에 따라 결정된다.

3변=삼각형	8변=팔각형
4변=사각형	9변=구각형
5변=오각형	10변=십각형
6변=육각형	11변=십일각형
7변=칠각형	12변=십이각형

학생들이 패턴블럭들을 가지고 활동을 해오고 있다면, 이들은 이등변삼각형과 정육각형을 찾는데 익숙해져 있을 것이다. 이 단원에서, 학생들은 모든 삼각형, 오각형, 그리고 육각형이 같은 모양이 아니라는 점을 발견할 것이다. 예를 들어, 4개의 작은 삼각형들을 이용해 만든 삼각형은 직각삼각형이다. 4개의 작은 삼각형들을 이용해 만든 6개의 서로 다른 육각형 모양들은 모두 불규칙하였다. 즉, 이들의 모든 변의 길이는 서로 다르다. 4개의 작은 삼각형들을 이용해 만든 5개의 사각형이 있다(132쪽에 있는 그림 4-1 참고). 5개의 사각형들 중 4개는 평행사변형이다. 즉, 이들은 마주보는 변들이 평행하고, 이들의 길이는 같다. 예를 들어, **직사각형**은 4개의 90도를 가지고 있다. **마름모**는 네 변의 길이가 같고 각의 크기는 같지 않다. **정사각형**은 4각의 크기가 같은 마름모이다. **사다리꼴**은 한 쌍의 마주보는 변이 평행이다.

학생들은 도형들은 여러 가지 모양을 가지고 구성할 수 있고 또 여러 가지 모양으로 분해될 수 있다는 것을 안다.

학생들은 두 개의 정사각형 종이를 대각선으로 잘라 네 개의 삼각형을 만들 수 있다. 학생들은 이 삼각형들을 다양한 방법으로 테이프로 이어 붙여서 14가지의 서로 다른 다각형 모양을 만들 수 있다. 이 장의 말미에 기술된 탱그램 탐구에서, 학생들은 탱그램 조각들을 사용해서 먼저 평면의 동물 모양, 사람 모양을 만든다. 그 다음 학생들은 탱그램 조각들을 가지고 평면도형(정사각형, 직각삼각형, 직사각형, 사다리꼴, 평행사변형)들을 만든다.

학생들은 기하적인 아이디어를 실생활과 연관 짓는다.

건축물 그리고 인간이 만든 다른 조형물들은 다양한 다각형 모양을 띄고 있다. 학생들이 교실, 학교, 동네 주변을 둘러보았을 때, 모든 곳에서 다각형을 찾아낼 것이다.

학생들은 어떻게 해야 모양들이 서로 잘 맞고 공간을 채울 수 있는지를 알아보기 위해 모양들을 탐구한다.

학생들이 그들 자신만의 퀼트 패턴을 만들고 패턴블럭을 가지고 놀 때, 학생들은 틈이 생기지 않게 하면서 반복 패턴으로 모양들을 맞추는 것을 학습한다. 기하에서 이런 것을 테셀레이션이라 부른다.

4-삼각형 문제

교사는 Marilyn Burns가 지은 『*About Teaching Mathematics*』(2000)과 Cheryl Rectanus가 지은 『*Math By All Means: Geometry, Grade 3*』(1994)에서 이 활동에 대한 폭넓은 논의를 참고할 수 있다.

준비물

- 7cm×7cm 크기의 색종이 200 장(대조되는 색으로 준비한다. 예를 들어, 녹색과 파란색)
- 4인 1 모둠 마다 약 20cm×30cm 크기의 봉투 한 개씩
- 4인 1 모둠 마다 스카치테이프 하나씩
- 학생마다 가위 하나씩
- 4개의 구역으로 구분되어 있는 전지 하나

교수·학습 지침

첫 번째 활동 : 2-삼각형 모양 탐색하기

1. 아래의 준비물들을 4인 1 모둠의 각 모둠에게 나누어 준다.
   적어도 20장의 파랑 색종이와 20장의 녹색 색종이, 봉투 한 개, 스카치테이프 하나, 가위 4개.
2. 학생들이 이전 단원에서 만든 직사각형 창문 배열을 언급한다. 각 배열은 정사각형들을 이용해서 만들었다는 사실을 논의하도록 아이들을 격려한다.

3. 칠판 위에 정사각형을 하나 그리고 왜 이것이 정사각형인지 묻는다(크기가 같은 4개의 변, 각의 크기가 90°인 4개의 각을 가진 도형). **기하용어목록집**에 **정사각형**이라고 적는다. 이 단원을 하는 동안 내내, 전체 학급 토론을 하는 상황에서 기하 용어들을 도입한다.
4. 아이들에게 이번 시간에는 학생들이 자신들의 모둠 책상에서 파란 색종이와 녹색 색종이를 이용해서 서로 다른 종류의 모양들을 만들 것이라고 말해 준다.
5. 학생들에게 한 색종이를 대각선을 따라 접는 방법을 보여 준 후, 두 개의 삼각형을 만들기 위해 이 접은 선을 따라 자른다. 아이들에게 교사가 가지고 있는 두 개의 모양이 어떤 모양(삼각형)인지 묻는다.
6. 교사가 방금 만든 모양들 중 한 모양과 아주 비슷한 삼각형을 하나 칠판 위에 그린다. 기하용어목록집에 **삼각형**이라고 적는다.
7. 정사각형을 하나 그리고 한 꼭짓점에서 다른 한 꼭짓점으로 대각선을 그린다. 그리고 이 선을 무엇이라고 부르는지 묻는다. 그러고 나서, 기하용어목록집에 **대각선**이라고 적는다.
8. 각 학생들에게 색종이 한 장을 대각선을 따라 접도록 하고 대각선을 따라 잘라 두 개의 삼각형을 만들도록 한다. 그러고 나서, 아이들에게 이들 두 삼각형을 가지고 몇 개의 모양을 만들 수 있는지 알아보기 위해 시험 삼아 해보도록 한다. 이 모양들은 다음 두 규칙을 따라야만 한다. 같은 길이를 가진 두 변들은 맞닿아야 하고, 이들 변들은 정확하게 길이가 맞게 맞닿아야 한다. 학생들은 두 개의 삼각형들이 "꼭짓점끼리 맞닿도록" 한 모양을 만들 수 없다. (아래 참고)

이 두 규칙을 따르는 모양

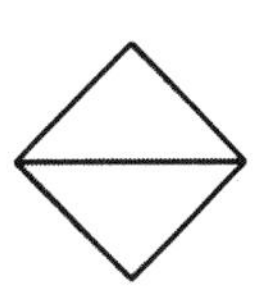

이 두 규칙을 따르지 않는 모양들

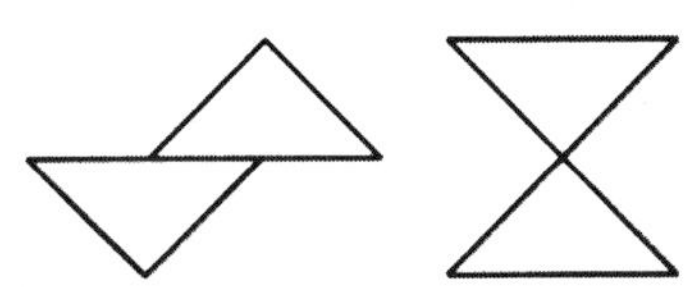

9. 아이들에게 삼각형들을 이용해 자신들이 만든 모양을 테이프로 붙여서 각 삼각형들이 떨어져 나가지 않도록 하며 만든 모양을 잡을 수 있도록 한다.
10. 4인 1 모둠에 있는 4명의 아이들에게 모든 모양들이 **합동**(서로서로 정확하게 겹쳐질 수 있는 모양들)인 것이 있는지를 확인하기 위해서 검토하도록 한다. 아이들은 합동인지 아닌지를 결정하기 위해서 자신들의 모양들을 회전하고 뒤집어 볼 필요가 있다. 기하용어목록집에 **합동**이라고 적도록 한다.

11. 자원자를 한 명 나오도록 하고, 자신이 만든 모양을 칠판 위에 테이프로 붙이도록 한다. 학생들에게 이 모양을 무엇이라고 불러야 한다고 생각하는지 묻는다. 그러고 나서, 이 모양의 이름을 소개하고 정의한다. 예를 들어, 이 모양이 아래에 보이는 모양이라면, 이것은 평행사변형이다. **평행사변형**을 정의하고 이 용어를 기하용어목록집에 적는다.

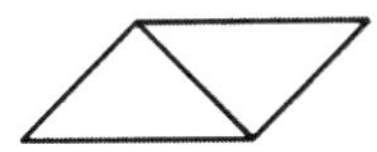

평행사변형

12. 칠판 위에 테이프로 붙인 모양과 같은 모양을 만든 학생이 있는지 묻는다. 학생들은 한 번에 한 명씩 앞으로 나와서 자신들이 만든 모양들이 칠판 위에 게시된 모양 위에 정확하게 맞는지를 알아보기 위해서 이 모양들을 회전하고 아마도 뒤집어 볼 필요가 있다.
13. 새로운 자원자를 앞으로 나오게 하고 다른 모양을 게시하도록 한다. 새로운 모양이 삼각형이라고 가정해 보자. 다시, 다른 아이들이 앞으로 나오게 허용해 주고 자신들이 만든 모양들이 게시된 모양과 합동인지를 알아보도록 한다. 교사가 삼각형을 회전시키는 것과 상관없이 학생들은 "삼각형은 삼각형이다"는 사실을 이해할 수 있도록 돕기 위해서, 이 새로운 모양을 서로 다른 위치에 게시한다. (아래 참고)

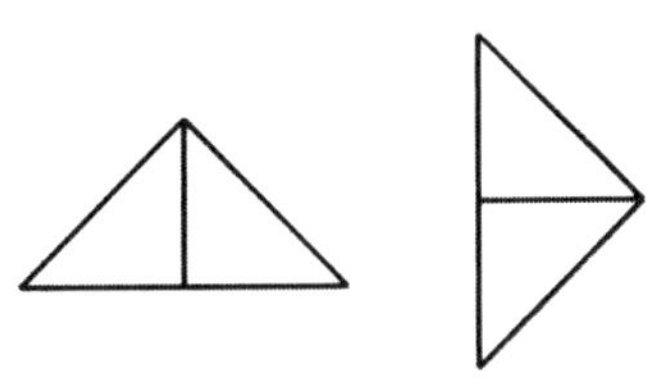

이등변삼각형

14. 다시, 새로운 모양을 만든 학생이 있으면 앞으로 나오도록 한다. 새로운 모양이 두 개의 작은 삼각형으로 만든 정사각형이라면, 교사가 이것을 어떻게 위치시키더라도 정사각형은 정사각형이라는 점을 설명해 준다.

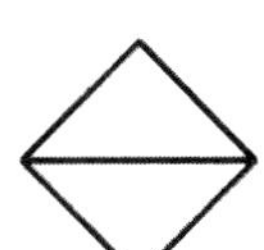

정사각형

두 번째 활동 : 4-삼각형 탐구하기

아이들이 2-삼각형으로부터 여러 가지 다각형들을 만들고 대응하는 변들에 대한 개념을 이해하였기 때문에, 조금 더 난이도의 수준을 높인다.

1. 4인 1 모둠으로 활동하면서 지켜야 할 규칙들을 복습한다. 잠시 동안 학생들이 함께 잘 활동하도록 돕는 것과 돕지 못하는 것에 대하여 전체 학급 토론을 한다.
2. 각 아이에게 파란 색종이와 녹색 색종이를 대각선을 따라 자르도록 한다. 그러고 나서, 이 4개의 삼각형을 이용해서 새로운 모양을 만들도록 한다. 학생들이 만드는 과정에서, 학생들은 자신들이 합동인 모양을 만들고 있는지 독특한 모양을 만들고 있는지를 알아보기 위해서 자신의 모둠구성원들과 함께 점검해야 한다.

   아이들은 4개의 삼각형들을 함께 테이프 해서 만들 수 있는 가능한 모든 배열(앞쪽에서 기술한 두 가지 규칙을 따르도록 한다.)들을 생성해 내기 위해서 이번 수업시간과 다음 수업 시간을 필요로 할 것이다. 아이들이 활동을 하는 동안, 아이들은 자신들이 모든 가능한 모양을 만들었는지에 대해 교사에게 질문을 할 것이다. 아이들이 모든 모양들을 생성해 내지 못한다면, 교사가 관찰하고 있는 것에 따라서 거의 다 만들었다고 반응하거나 아이들이 잘 해낼 수 있을 것이라고 반응한다. 14가지 가능한 모양이 있다는 것을 알려주지 않도록 한다. 교사가 궤간순시를 하면서 아이들의 사고를 경청하면서, 교사가 두 개의 합동인 모양을 주목할 때 그 모둠에 큰 소리로 의견을 말해 준다. 아이들이 어떤 모양들이 합동인지를 발견하도록 한다.
3. 아이들이 더 이상 탐구할 수 없다고 느낄 때까지 이 배열들을 계속해서 탐구하도록 한다. 그러고 나서 각 4인 1 모둠들에게 자신들이 만든 모양들을 제공된 봉투 속에 넣어두도록 하고, 이 봉투에 자신들의 모둠 이름을 적어두도록 한다.

   가능한 14개의 모든 모양을 조기에 발견한 모둠들에 대해서는 다음의 두 심화 활동 중 하나를 하도록 한다.

심화

- 학생들에게 자신들이 만든 14개의 모양들을 각 모둠에 있는 모든 학생들이 이해할 수 있는 방법들로 분류하여 묶음들을 만들도록 한다. 그러고 나서, 아이들에게 자신들이 한 묶음들에 대해 교사에게 설명하도록 한다. 이것은 4인 모둠에 있는 모든 학생들의 참된 협력을 필요로 한다. 아이들이 "협력에 피곤"해 하면 다음 심화로 이동하는 것을 고려한다.
- 개별 학생들이 같은 색을 가진 색종이 3장을 잘라서 6개의 삼각형을 만들도록 한다. 그러고 나서 아이들은 위의 두 규칙에 따라 모양들을 만들 때 자신들이 어떤 종류들

의 모양들을 만들 수 있는지를 알아보도록 한다.

세 번째 활동 : 4-삼각형 모양들을 분류하기

셋째 날, 대부분의 모둠들은 4개의 삼각형으로 합동이 아닌 모양을 만들 수 있는 것이 14개 있다는 것을 결정할 수 있을 것이다. 아직까지 14개의 가능한 모양들을 발견하지 못한 모둠들은 다음 수업 시간 동안 그것을 마무리 할 수 있는 기회를 가질 수 있다.

1. 4개의 구역으로 구분되어 있는 전지를 게시한다. 이 전지는 결국 학생들이 만든 다양한 4-삼각형 다각형들로 채워질 것이고 삼각형, 사각형, 오각형, 육각형으로 분류될 것이다.
2. 각 4인 모둠들에게 자신들이 만든 모양들을 자신들의 책상위에 펼쳐 놓아서 쉽게 볼 수 있도록 한다.
3. 한 모둠을 선택한다. 각 모둠에서 만든 4-삼각형 모양들 중에서 하나를 칠판으로 가져오도록 하는데, 한 번에 한 모둠에서 한 자원자를 받는다. 교사가 정한 규칙을 아이들에게 알려주지 않으면서, 전지의 4 구역 중 한 구역에 이 모양을 테이프로 붙인다. (아직 4 구역 각각에 대한 이름을 붙이지 않았음을 기억하기 바란다.)
4. 교사가 전지의 4 구역에 모양들을 테이프로 붙일 때, 아이들에게 "수학 탐정"이 되어서 이 모양들을 분류하는데 가능한 규칙들을 생각하라고 요청한다. 각 아이가 모양을 가져옴에 따라서 가져온 모양이 어미 게시되어 있는 다른 모양과 합동인지를 이 아이에게 결정하도록 한다. 학생들은 자신들이 만든 모양들 중 많은 것들이 회전하거나 뒤집었을 때 실제로 합동이라는 사실을 발견하게 될 것이다.
5. 교사가 약 10개의 서로 다른 모양들을 전지위에 놓은 후, 아이들에게 다음 모양이 놓일 수 있는 구역은 어떤 구역일 것이라고 생각하는지 묻는다. 아이들이 교사가 변의 수로 모양들을 분류하고 있다는 점을 이해할 때, 아이들의 생각을 묻는다. 한 아이가 "제 생각에, 4변을 가진 모든 모양들이 두 번째 공간에 간다."고 말할 것이다.
6. 교사가 4 구역으로 나누어져 있는 전지에 모양들을 게시하기를 완성하였을 때, 상단에 **다각형**이라고 적는다. (그림 4-1 참고)
7. 전지에 붙은 모든 모양들을 다각형이라고 한다고 설명해 준다. 모든 다각형들은 마당에 있는 울타리처럼 3개 또는 그 이상의 선분으로 한 공간을 둘러싸고 있다.
8. 이 전지는 4 종류의 다각형을 보여 주고 있음을 설명해 준다. 첫 번째 구역을 가리키고 이 삼각형을 묘사하는데 단어들을 묻는다. 그러고 나서, 3개의 변과 3개의 꼭짓점을 가진 다각형을 무엇이라고 부르는지 묻는다. 이 구역에 **삼각형**이라고 이름을 준다.

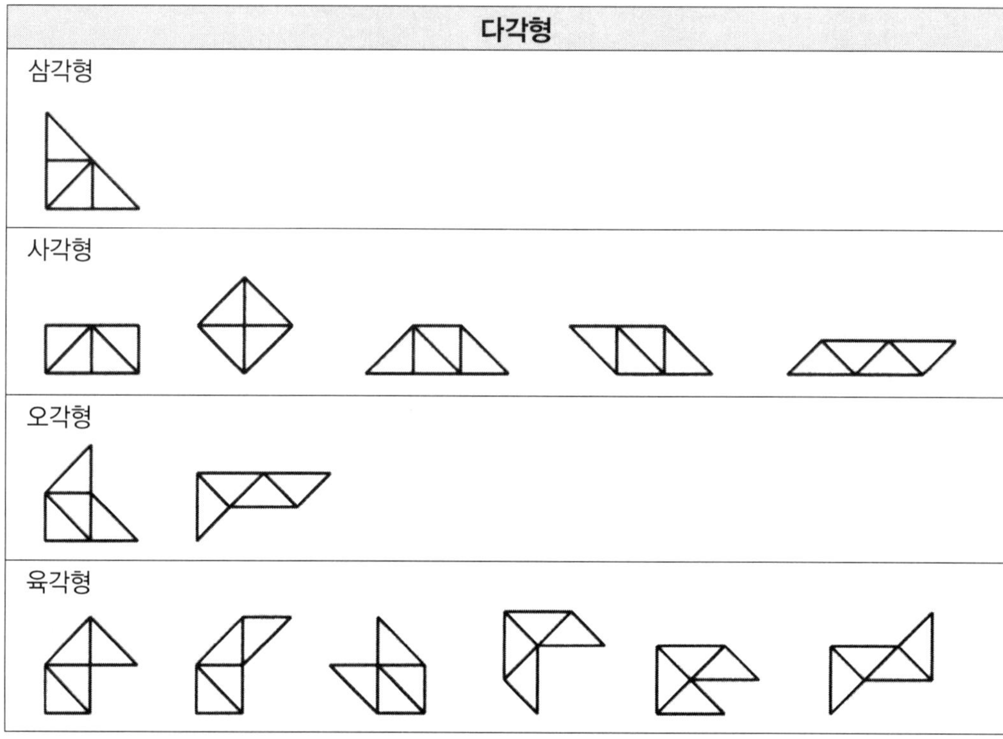

그림 4-1
이것은 4-삼각형으로 만들 수 있는 14개의 모양을 모든 게시한 후 학급의 다각형 전지가 보일 수 있는 모양이다.

9. 아이들이 이 전지에 남아 있는 구역들에 있는 모양들의 변의 수, 꼭짓점의 수, 그리고 이름을 설명할 때까지 계속한다. 일부 아이들은 '육각형' 구역에 있는 육각형들 중 어떤 것도 패턴블럭 세트에 있는 육각형과 닮지 않았다는 사실에 놀라움을 표현할 수도 있다. 아이들에게 육각형에 대한 정의(6개의 변과 6개의 꼭짓점)를 다시 설명해보도록 한다. 이 전지에 있는 각 육각형이 이 정의에 맞는지 점검하고 확인하도록 한다.
10. 그러고 나서, 교사가 전지위에 모든 14개의 가능한 모양들을 게시하였는지 점검한다. 한 모양이 아직 게시되지 않았을 수도 있다. 그렇다 하더라도 허둥대지 않기 바란다. 이것은 학생들을 위한 학습 기회이다. "우리는 아직 한 모양을 만들지 못했어요. 이것은 (예를 들어) 변이 5개 있어요."라고 말하면서, 이 문제 상황을 학생들에게 넘긴다. 아이들에게 자신들이 만든 4-삼각형 모양 중 아직 게시되지 않은 오각형(또는 게시되지 않은 다른 모양)이 있는지 찾아보도록 한다. 또는 두 장의 색종이를 각 아이들에게 나누어 주고 아이들에게 4개의 삼각형을 다시 만들고 이것들을 이용해서 게시되지 않은 4-삼각형 모양을 만들라고 요청한다.

네 번째 활동 : 나의 규칙 알아맞히기

며칠 후, 교사는 앞서 만든 14개의 다각형 한 세트를 빌리고 나의 규칙 알아맞히기 게임을 다시 한다. (하지만, 먼저 아이들에게 모든 모양을 두 개씩 만들도록 한다.) 아이들이 교사와 함께 러그에 앉았을 때, 교사가 미리 정해 둔 규칙(지금까지 사용하지 않은 규칙)에 따라 칠판 위에 한 번에 한 모양씩 모양들을 놓으면서 이 모양들을 두 범주로 분류한다. 사용할 수 있는 규범들로는 다음과 같은 것들이 있다.

- (정사각형을 포함해서) 직사각형인 사각형들과 직사각형이 아닌 사각형들
- 꼭짓점 중 하나가 직각인 육각형과 여러 개의 꼭짓점이 직각인 육각형
- 직각을 갖고 있는 모양과 직각이 없는 모양
- 대칭선(이 선을 중심으로 양쪽에 있는 모양들이 똑같은 모양)이 있는 모양과 대칭선이 없는 모양

교사가 이들 분류 규칙들을 이용한다면, 직각과 대칭선에 대해 설명해 주어야 한다. 대칭선을 확인하기 위해서, 학생들은 주어진 모양의 중심을 따라 조심스럽게 자를 대고, 그리고 이 모양이 자의 양쪽에 있는 똑같아 보이는지를 본다. 또는 아이들은 이 선을 따라 거울을 놓고 거울 속에 있는 것이 이 모양의 다른 반과 일치하는지를 본다.

다섯 번째 활동 : 모양들을 회전하기

1. 각 아이가 4-삼각형 모양들 중의 하나를 집어 든다. 그리고 나서, 아이들은 이 모양을 두꺼운 종이나 마분지 위에 본뜨도록 한다. 이때 자를 이용해서 직선으로 그리도록 한다.
2. 아이들은 이 모양을 자르고 나서, 30cm×45cm 크기의 도화지의 중심에 한 점을 그린다. 아이들은 이 점 위에 자신이 선택한 모양의 한 꼭짓점을 놓고 모양을 본뜬다. 그리고 나서, 아이들은 이 모양을 회전시키고 다시 본뜬다.
3. 아이들은 적어도 여덟 번 회전을 하며 본뜨기를 계속한다. 그러고 나서, 아이들은 이 회전 무늬를 색칠하고 자신의 이름을 뒷면에 적는다. 학생들은 자신들이 만든 모양들을 자르고 이것들을 교실 주변에 게시하거나 자신들의 모양들에 실을 달아 이것들을 집으로 가져가서 걸이용 장식품으로 사용하도록 한다. (아래 그림 참고)

여섯 번째 활동 : 공통점 그리고 차이점

1. 한 모둠의 봉투로부터 2개의 4-삼각형 모양을 빌린다.

2. 이 모양들 중의 하나를 칠판 위에 본뜬다.
3. 그러고 나서, **공통점**과 **차이점**이라는 이름이 붙어 있는 T차트를 만든다.
4. 교사가 이들 두 모양이 어떤 점에서 같고 그리고 어떤 점에서 다른지를 알 수 있도록 도와달라고 학급구성원들에게 요청한다. 학급구성원들에게 기하용어목록집을 참고하도록 격려한다. 칠판 위에 학생들의 의견을 적는다. 그림 4-2는 가능한 반응들의 한 예이다.

그림 4-2
이 학급은 삼각형과 직사각형 사이의 공통점과 차이점을 설명할 수 있는 수 많은 아이디어들을 생성해냈다.

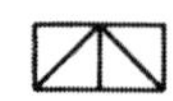

공통점	차이점
각 도형은 4-삼각형으로 만들 수 있다.	한 개는 4개의 꼭짓점을 갖고 있다. 다른 한 개는 3개의 꼭짓점을 갖고 있다.
둘 다 다각형이다.	한 개는 4개의 직각을 갖고 있다. 다른 한 개는 1개의 직각을 갖고 있다.
모든 변의 길이가 같지 않다.	한 개는 직사각형이다. 다른 한 개는 삼각형이다.

5. 아이들에게 2인 1모둠 또는 4인 1 모둠을 구성하도록 한다. 먼저, 아이들이 각 모둠의 봉투로부터 두 개의 다른 4-삼각형 모양들을 집도록 한다. 아이들은 이것들을 30cm×45cm 크기의 종이 위에 본뜨고 각 이름을 적는다. 다음으로, 아이들은 교사가 칠판 위에 시범을 보인 것과 같은 T차트를 그린다. 마지막으로 아이들은 이 모양들이 공통점과 차이점을 적는다. (그림 4-3 참고) 대안으로써 교사는 학생들이 교사가 아이들을 위한 복사한 좀 더 작은 활동지 위에서 활동을 할 수 있다. (부록 참고)

그림 4-3
Rebecca와 Eun-Jin은 자신들이 선택한 두 다각형으로부터 몇 가지 공통점과 차이점을 알아냈다.

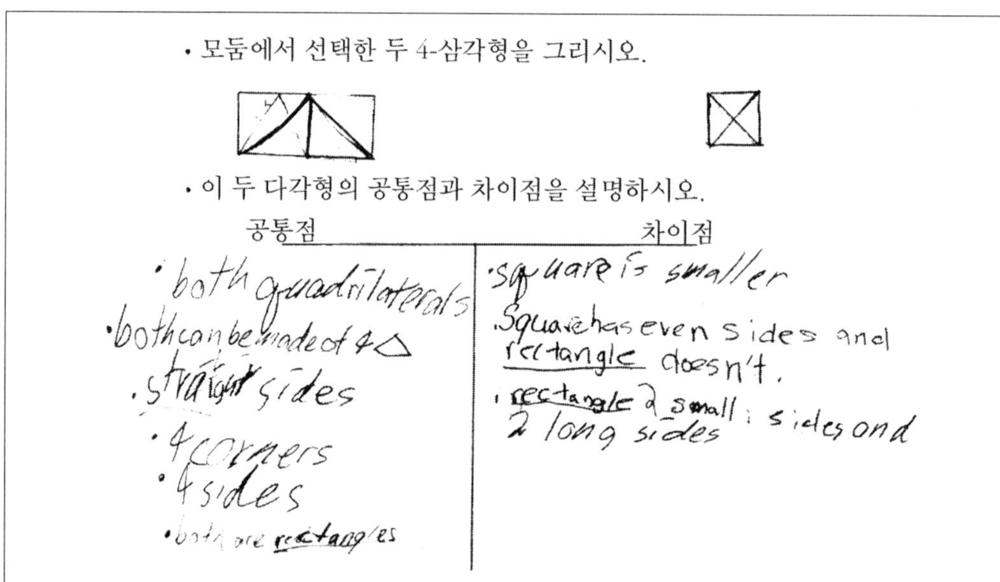
• 모둠에서 선택한 두 4-삼각형을 그리시오.

• 이 두 다각형의 공통점과 차이점을 설명하시오.

공통점	차이점
• both quadrilaterals • both can be made of 4△ • straight sides • 4 corners • 4 sides • both are rectangles	• square is smaller Square has even sides and rectangle doesn't. • rectangle 2 small sides and 2 long sides

The Greedy Triangle[24)]

학생들이 4-삼각형으로부터 여러 가지 다각형 모양을 만들었기 때문에, 이들은 Marilyn Burns가 지은 『*The Greedy Triangle*』를 즐길 수 있을 것이다. 이 매력 있는 이야기에서, 한 바쁜 삼각형이 지붕을 받치고, 다리를 지지하고, 파이 조각이 되고, 그리고 많은 다른 목적들에 기여하면서 시간을 보내고 있었다. 결국, 그는 자신의 삶에 만족을 느끼지 못하기 시작했다. 그는 "모양 제조자"를 찾아갔다. 이 모양 제조자는 그를 사각형으로 바꾸었다. 자신의 새로운 형태로, 그는 컴퓨터 스크린이 되는 것부터 책의 페이지로 봉사하기 까지 여러 가지 많은 일을 한다. 삼각형에서 변한 사각형은 곧 자신의 새로운 역할에 대해 지치고 다시 모양 제조자에게 간다. 그는 이번에는 사각형을 오각형으로 바꾼다. 이런 방식으로 이야기는 흘러간다.

이 이야기를 학급구성원들에게 읽어 준 후, 학급구성원들에게 학교 주변을 걷도록 한다. 학생들에게 종이끼우개(clipboard)를 주고 아이들에게 모양 제조자가 되라고 요청하고, 자신들이 본 다양한 모양들과 그들이 이것들을 발견한 장소를 기록하도록 한다. 교실로 돌아와서, 아이들에게 (자동차의 바퀴 또는 가게에 있는 시계 같은)자신들이 원을 본 모든 장소들, (울타리, 창문과 같이) 자신들이 직사각형을 본 모든 장소들, 그리고 기타의 도형들을 본 모든 장소들을 설명하도록 한다.

심화

- 그림 4-3에 있는 Rebecca와 Eun-Jin의 활동지를 다시 언급한다. 학생들에게 자신들이 만든 4-삼각형 직사각형과 정사각형의 넓이를 비교하도록 한다. 이들의 넓이는 같은가? 이들의 넓이는 다른가?
- 아이들에게 교실에서 또는 가정에서 다양한 다각형들을 찾도록 한다.
- 아이들에게 서로 다른 모양들로 그려진 장면을 그리도록 한다. 이때, 자를 사용해서 선분을 긋도록 한다. (그림 4-4 참고)

24) 이 책은 "성형외과에 간 삼각형(신형건, 보물창고, 2004)"로 번역되어 있다.

▶ **그림 4-4** Janet은 다각형의 특성을 보이는 몇 가지 매력적인 모양들을 그렸다.

탱그램

탱그램은 고대 중국의 퍼즐이다. 담당하고 있는 학급에 많은 중국계 미국 학생들이 있다면, 탱그램 퍼즐은 이들의 유산을 존중해 주는 것이다. 탱그램은 정사각형을 7개의 특정한 모양으로 자른 것이다. 이들 각 조각을 "탱"이라고 부른다. 이 7조각은 다음과 같다.

- 두 개의 큰 크기의 합동인 삼각형
- 한 개의 중간 크기의 삼각형
- 두 개의 작은 크기의 합동인 삼각형
- 정사각형 한 개
- 평행사변형 한 개

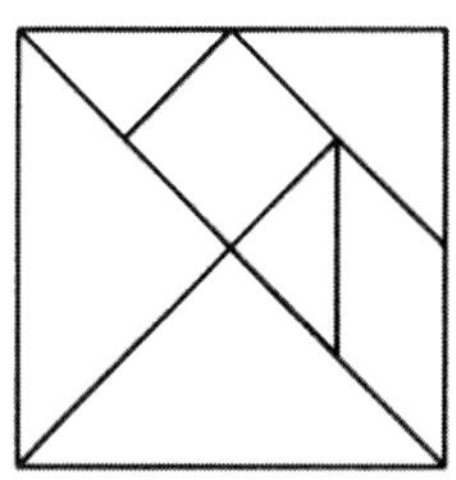

다섯 개의 삼각형은 모두 직각삼각형이다. 아이들은 이들 7개의 조각(탱)을 이용해서 실세계 또는 상상의 세계의 모양들을 만들 수 있다.

첫 번째 활동 : 탱그램 그림책들

✚ Ann Tompert가 지은 『*Grandfather Tang's Story*』

이 이야기에서, 할아버지 Tang와 손녀 Soo는 각자 탱그램 한 세트를 가지고 있다. 이들은 함께 두 여우 요정 친구들 Chou와 Wu Ling에 관한 이야기를 구성한다. 할아버지와 손녀는 서로를 이기려고 하면서, 이들은 이 두 요정들이 여러 가지 동물들의 모양들로 바꾼다. 탱그램 조각들을 가지고 만든 동물들은 토끼, 개, 다람쥐, 매, 거북, 악어, 금붕어, 거위, 그리고 사자이다. 교사가 이 책을 처음 읽을 때, 아이들은 삽화와 이야기에 즐거워 할 것이다.

✚ Lisa Campbell Ernst와 Lee Ernst가 지은 『*The Tangram Magician*』

교사가 이 이야기를 읽을 때, 아이들이 마술사가 바꾸는 각 모양에 초점을 두도록 격려한다. 이 모양들 중 많은 것은 새, 물고기, 산양, 백조, 낙타, 개, 고양이, 토끼, 사자와 같은 동물들이다. 다른 것들은 보트, 집, 나무, 차 세트이다. 이 마술사는 모양을 이동시키면서 뛰는 것부터 누워있는 것 까지 다양한 자세들을 만들어 낸다.

✚ Grace Maccarone가 지은 『*Three Pigs, One Wolf, Seven Magic Shapes*』

이 매력적인 이야기에서, 세 마리의 아기 돼지들이 행운(fortune)을 구하기 위해서 떠난다. 이들이 여행을 하는 동안, 마법을 가진 동물들이 이들 각자에게 일곱 개의 마법 모양(탱그램 조각)을 준다. 이들 동물들은 아기 돼지 삼형제에게 자신들의 모양들을 현명하게 사용하라고 조언한다.

첫째 돼지는 우정 때문에 고양이를 만들었지만, 늑대가 첫째 돼지와 이 고양이를 잡아먹었다. 둘째 돼지는 촛불을 만들어서 그는 어둠 속에서도 볼 수 있었다. 하지만, 이 늑대는 바람을 불어 촛불을 끄고, 둘째 돼지도 잡아먹었다. 셋째 돼지는 집을 지었다. 늑대가 이 집을 무너뜨리려고 입바람을 불지만 실패한다. 그러고 나서, 이 셋째 돼지는 돼지 삼형제에서 벽돌집을 지은 돼지와 결혼한다. 함께, 이들은 아름다운 보트를 만들고 자신들의 신혼여행을 떠난다.

이 이야기에서, 아이들은 탱그램 조각으로 만든 오리, 고양이, 토끼, 촛불, 백조, 집, 그리고 보트를 본다. 이 이야기가 모든 끝난 후, 이 책의 뒤 쪽에 탱그램 개, 고양이, 달리기 하는 사람, 고래, 곰, 물개, 다리, 7, T 모양이 있다.

두 번째 활동 : 탱그램 세트 만들기

준비물

- 학생마다 15cm×15cm 크기의 색종이 여러 장
- 학생마다 가위 하나씩
- 학생마다 상업용 봉투 하나씩

교수·학습 지침

1. 그림 4-5에 안내되어 있는 지시문을 이용해서, 교사 자신의 탱그램 퍼즐 세트를 만든다.

   전체 학급 수업 또는 한 번에 4명에서 6명의 학생들이 참여하는 순환 모둠 시간을 통해서(2장 참고), 학생들에게 탱그램 퍼즐 조각들을 만드는 방법을 가르쳐 준다. 큰 정사각형을 이용해서 각각의 접기를 설명하고 단계별로 자르도록 한다.

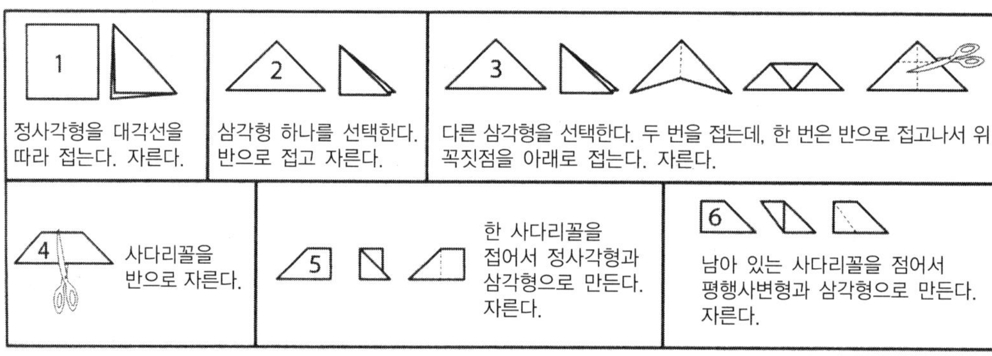

▶ **그림 4-5** 탱그램 조각을 만드는 방법

세 번째 활동 : 탱그램 퍼즐 카드 만들기

각 아이들에게 탱그램 7 조각을 모두 사용해서 모양들을 만들어 보도록 한다. 아이들은 교사가 읽어주었던 책 속에 있는 탱그램 모양을 참고할 수도 있고, 자신만의 디자인을 만들어낼 수도 있다. 학생들은 원하는 모양이나 퍼즐을 만든 후에, 스케치북이나 두꺼운 종이 위에 그 모양의 윤곽을 따라 그린다. (직선을 그릴 때는 자를 사용하는 것이 좋다.) 만약 교실에 플라스틱으로 만든 탱그램 세트가 있다면, 아이들이 자신이 만든 모양의 윤곽을 따라 그릴 때 그것을 사용하도록 한다.

학생들은 자신이 만든 퍼즐의 위쪽에 제목과 이름을 쓴다. 학생들이 만든 것을 모아서 섞어 놓고, 수학 시간에 그것들을 나누어준다. 아이들은 탱그램 조각을 배열해보면서 윤곽만 보이는 모양을 맞추려고 시도할 것이다. 다른 학생이 만든 퍼즐을 해결했을 때에는 퍼즐의 앞쪽이나 제목 아래에 자신의 이름을 쓴다. 만약 퍼즐이 이해가 되지 않는다면,

학생들은 퍼즐을 만든 사람에게 가서 그들의 생각에 대해 의논해 볼 수 있다.

심화

각 아이들이 만든 퍼즐을 두꺼운 종이로 만든 탱그램 조각 한 세트와 함께 선물로 집으로 보낸다.

네 번째 활동 : 탱그램 조각을 사용하여 도형 모양 만들기[25)]

학생들이 탱그램 세트에 있는 3개의 작은 삼각형을 이용하여 정사각형, 정삼각형, 사각형, 부등변 사각형, 평행사변형을 만들어 볼 수 있는 충분한 시간을 준다. 4인 1 모둠에 큰 종이(약 140cm×90cm)를 내준다. 이 종이의 위쪽에는 가로로 여러 가지 다각형을 그려놓는다. (아래 그림 참고) 아이들이 자신들의 탱그램 조각으로 만든 다양한 다각형을 이 종이 위에 그리도록 한다. 그러고 나서, 가장 작은 5개의 탱그램 조각을 이용하여 이 종이 위에 있는 다각형들을 만들어 보라고 한다. 마지막으로, 7조각을 모두 사용하여 이 종이 위에 있는 다각형들을 만들어 보라고 한다. 이러한 연구는 아이들이 다각형에 관한 용어들을 더 많이 연습할 수 있도록 해준다.

				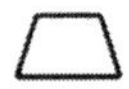	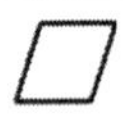
3개의 작은 삼각형					
5개의 작은 조각들					
7개 모두					

아이들은 4인 1 모둠으로 활동을 하며 이 종이에 있는 빈 칸을 채우기 위한 활동을 함께 활동한다. 그들이 알맞은 다각형을 발견하면, 어떤 탱그램 조각들을 이용하였는지 그리고 그것이 잘 맞는지를 다른 학생들이 볼 수 있도록 바깥쪽과 안쪽에 모두 선을 그린다. 아이들에게 이 종이의 모든 부분을 다 채울 필요는 없다고 말해주어 안심하고 활동할 수 있도록 한다. 아이들이 어떤 구역들을 채울 수 있는지를 발견하는 즐거움을 갖는 것이 더 중요하다.

한 가지 대안으로, 교사는 반 전체가 더 큰 종이를 붙여서 이 종이 위에 있는 모든 빈 칸을 학급구성원들이 함께 채울 수 있도록 하는 것도 좋다.

---

25) 탱그램을 이용한 기하 학습을 위한 자료로는 "Tangram 기하(오병승, 과학과 수학교육 논문집, 1990, 16, 77-126)"을 참고하기 바란다.

종이 퀼트

이 조사에서, 각 아이들은 먼저 두 가지 색을 가지고 있는 정사각형들을 이용해서 자신만의 9조각 퀼트 블록[26]을 만든다. 그 다음에, 아이들은 4인 1 모둠으로 전통적인 디자인을 담은 4개의 9조각 퀼트 블록들을 만든다. 그러고 나서, 아이들은 자신들이 만든 4개의 블록들을 합해서 4×4 정사각형 종이 퀼트를 만든다. 마지막으로, 각 아이들은 원래 자신이 만들었던 9조각 디자인을 사용해서 4 블록 종이 퀼트를 만든다.

이러한 퀼트 활동에 대한 심화된 학급 논의를 하고 싶다면, Chris Confer의 『*Math By All Means: Geometry, Grade 2*』(1994)를 참고한다. 아래에 제시되어 있는 많은 아이디어는 또한 나의 동료이자 친구인 『*Second-Grade Math: A Month-to-Month Guide*』(2003)[27]의 집필자인 Nancy Litton에게서 나온 것이다.

첫 번째 활동 : 퀼트와 관련된 그램책 읽기

다음의 5권의 책은 퀼트와 대부분이 가족 이야기인 그들의 이야기에 대해서 탐구한다. 휴가 때는 주로 가족 시간이 많아지므로, 이러한 책들을 이 시기에 아이들과 함께 읽는 것은 좋다.

✚ Ann Whitford Paul이 지은 『*Eight Hands Round: A Patchwork Alphabet*』

이 책은 26개의 서로 다른 전통적인 퀼트 패턴을 보여준다. 이 퀼트 패턴들은 각 알파벳에 대한 것들이다. 각 페이지에는 그 패턴의 역사를 설명해주는 이야기에 이어서 그림이 하나씩 제시되어 있다. 각각의 이야기와 연결되어 있는 이 패치워크(여러 조각들로 이루어진 것) 디자인(예를 들어, 통나무집이나 단풍잎)은 그 페이지의 아래쪽에 그 디자인의 하나의 블록과 여러 블록으로 만들어진 퀼트로 화려하게 제시되어 있다. 이 디자인들 중 많은 것은 9 조각으로 이루어져 있다.

✚ Barbara Smucker가 지은 『*Selina and the Bear Paw Quilt Selina*』

Selina는 메노파교도 가정에서 태어났다. 이 가족은 미국 남북전쟁으로부터 달아나기 위해서 펜실베이니아에서 캐나다까지 내내 여행을 한다. 그들은 전쟁이 문제를 해결할 수 있는 방법이라고 믿지 않았다. Selina의 할머니는 너무 연세가 많으셔서 여행을 할 수 없었기 때문에 펜실베이니아에 그냥 계셨다. 할머니는 Selina에게 곰 발바닥(Bear Paw)패턴을 사용한 귀중한 퀼트를 주셨다. 이 퀼트에는 할머니의 웨딩드레스에서 나온 진녹색의 조각들과 Selina의 아기 옷에서 나온 데이지 꽃무늬가 있었다. 이 책의 전반을 통하여,

26) 여기서 블록은 9조각으로 만든 3×3 크기의 퀼트를 의미한다.
27) 이 책은 "구성주의 수학교실: 2학년(김진호, 남미선, 안희진, 교우사, 2010)"로 번역되어 있다.

Smucker는 가장자리의 전통적인 퀼트 패턴에 현대적인 패턴들을 많이 혼합하고 있다. 책의 후반부에서, 교사는 이 패턴들의 이름을 찾을 수 있다.

✚ Eleanor Coerr가 지은 『*The Josefina Story Quilt*』

1850년에 Faith와 그녀의 가족은 포장마차를 타고 캘리포니아로 여행을 떠났다. 그들은 행복했지만 재미있게 할 만한 것이 없었다. 여행을 하는 동안, Faith는 여행을 하면서 기억에 남을만한 다양한 일을 기억하기 위해 패치워크 퀼트를 만든다. 처음에, Faith의 아버지는 Faith가 사랑하는 암탉 Josefina를 여행에 데려가는 것을 원하지 않았다. 그러나 아버지는 결국 동의해 준다. Josefina 또한 여행에서 많은 모험을 한다. 대부분의 장들은 도형 패치워크 디자인으로 시작된다.

✚ Patricia Polacco가 지은 『*The Keeping Quilt*』[28)]

이 작가의 증조모는 그녀가 어렸을 때 러시아에서 미국으로 왔다. 그녀는 화려한 푸른 드레스와 빨간 바부시카(전통적으로 러시아 여자들이 머리에 쓰는 스카프)를 입었다. 그녀의 옷이 작아졌을 때, 그녀의 어머니는 이 옷과 다른 가족들이 못 입는 옷들을 이용해서 동물과 꽃이 있는 퀼트를 만들었다. 그래서 Patricia의 증조모가 항상 러시아의 집을 기억할 수 있도록 했다. 바부시카는 퀼트의 가장자리가 되었다. 이 퀼트는 대대로 전해져 내려온다. 그것은 결혼을 할 때에는 후파[29)]가 되고, 안식일에는 식탁보가 되고, 가족들이 태어난 아이를 환영하기 위한 담요가 되었다. 퀼트와 그들의 이야기를 제시하고 있는 이 책은 한 가족의 역사를 통한 의미 있는 맥락을 제공할 수 있다. 이 책에 있는 퀼트 무늬들은 다각형은 아니다.

✚ Valerie Flournoy가 지은 『*The Patchwork Quilt*』

딸의 가족들과 함께 살고 있는 할머니는 가족들이 버리는 옷에서 나온 천 조각을 이용하여 퀼트를 만든다. 딸은 퀼트 조각 모음에 대해 염려하셨고, 가게에서 퀼트 하나를 사자고 제안한다. 손녀딸인 Tanya는 할머니가 할머니 자신이 필요한 사람이라는 것을 느끼기 위해서는 이 퀼트를 만들어야만 한다는 것을 이해한다. 그래서 Tanya는 할머니가 퀼트를 만드는 것을 돕기로 한다. 곧 어머니도 퀼트는 삶을 이야기해 준다는 것을 깨닫고, 그녀 또한 돕는다. 할머니가 병에 걸리셨을 때, 아버지와 Tanya의 남동생은 Tanya가 할머니가 만들던 퀼트들을 할 수 있도록 퀼트 정사각형들을 잘라준다. 할머니가 회복되셨을 때, 할머니는 화려한 정사각형들로 덮여있는 퀼트를 완성한다. 이 퀼트의 마지막 정사각형에서 다음과 같은 글을 읽을 수 있다. "Tanya를 위해 엄마와 할머니가"

---

28) 이 책은 "할머니의 조각보(이지유, 미래아이, 2003)"로 번역되어 있다.
29) 후파는 러시아 정교회식 결혼식에서 예식이 진행되는 동안 신랑·신부가 서 있는 자리에 치는 휴대용 차양을 이른다.

두 번째 활동 : 개별적으로 9조각 퀼트 블록 만들기

준비물

- 학생 한 명당 정사각형 9개로 미리 접어놓은 15cm×15cm 크기의 종이 한 장씩(아래 참고)

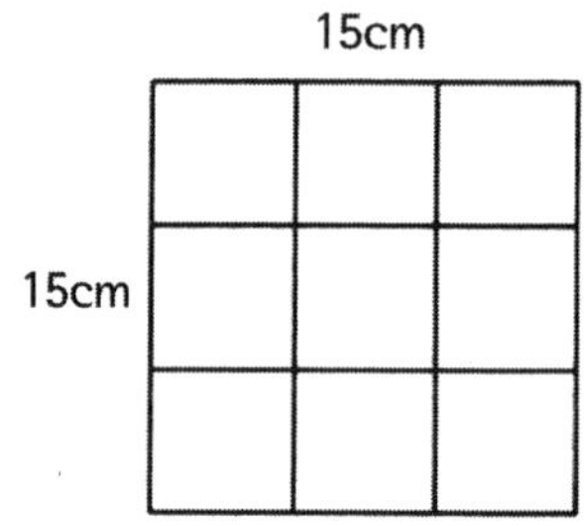

- 4색에서 6색의 색지로부터 잘라낸 5cm×5cm 크기의 정사각형들, 학생당 최소한 정사각형 9개씩
- 학생 한 명당 가위 한 개
- 4인 1 모둠당 풀 한 개

교수·학습지침

1. 이 활동을 전체 학급구성원들이 동시에 할지 아니면 한 번에 5명의 아이들이 하는 순환 모둠 시간에 할지를 결정한다.
2. 각 학생들에게 9개의 정사각형 구역으로 접혀있는 신문지 또는 직선을 이용해 9개의 정사각형 구역으로 나눈 두꺼운 종이를 나누어 준다.
3. 각 학생들에게 4가지 색에서 6가지 색지로부터 잘라낸 5cm×5cm 크기의 정사각형들 중에서 2가지 색으로 9개를 선택하도록 한다.
4. 각 학생들에게 이 정사각형들을 대각선으로 접어서 삼각형을 만드는데, 모든 정사각형을 자를 것인지, 일부 정사각형만 자를 것인지, 또는 하나도 자르지 않을 것인지를 결정하도록 한다.
5. 학생들이 정사각형과 삼각형을 배열하여 여러 가지 디자인을 만들어보도록 한다. (아래 참고)

모두 삼각형 / 일부는 삼각형 일부는 정사각형 / 모두 정사각형

6. 학생들에게 디자인한 것을 15cm×15cm 크기의 신문지나 두꺼운 종이 위에 붙이도록 한다.
7. 6번에서 만든 것을 교실에 붙인다.

세 번째 활동 : 모둠별로 전통적인 9 블록 퀼트 만들기

이 활동에서, 학생들은 Ann Whitford Paul의 『*Eight Hands Round: A Patchwork Alphabet*』에서 볼 수 있는 여러 가지 전통적인 9 조각 퀼트 패턴들을 만든다. 아이들이 이 책을 보고 탐구할 패턴들은 천대쉬(Churn Dash), 야곱의 사다리(Jacob's Ladder), X자, 단풍잎, 바다의 폭풍(Storm at Sea), 변광성(Variable Star)이다. (아래 참고)

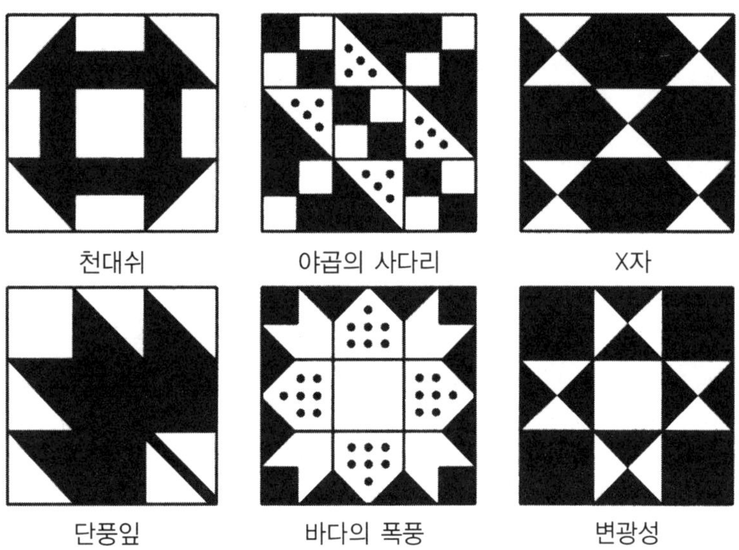

준비물

- 『*Eight Hands Round: A Patchwork Alphabet*』 한 권
- 학생 한 명당 정사각형 9개로 미리 접어놓은 15cm×15cm 크기의 신문지 9 장 또는 4인 1 모둠 당 선으로 정사각형 9개가 그려져 있는 15cm×15cm 크기의 두꺼운 종이 한 장
- 4가지 색에서 6가지 색의 색지로부터 잘라낸 5cm×5cm 크기의 정사각형; 학생 한 명당 20개씩
- 최종 퀼트들을 붙이기 위한 45cm×45cm 크기의 큰 종이, 모둠 당 1장씩

교수·학습 지침

1. 학생들과 함께 준비한 책을 읽는다. 6개의 디자인 패턴들 각각에 대해, 각 퀼트에서 원래의 9개 조각들이 어떻게 위치해 있는지에 대해 토의한다. 일부 조각들은 회전되어 있는가? 9개 조각들의 색깔은 같은가?
2. 아이들에게 5cm×5cm 크기의 정사각형들과 15cm×15cm 크기의 신문지나 두꺼운 종이를 나누어주고, 책에 나와 있는 6가지 디자인 각각을 다시 만들어보도록 한다. 이러한 탐구를 하는 시간에는 풀로 붙이는 활동을 하지 않도록 한다.

   만약 교사가 모둠마다 각각의 패턴에 대한 15cm×15cm 크기의 샘플 퀼트들을 미리 한 세트씩 제공하는 것이 학생들이 이 정사각형들을 작게 나누는 방법을 보다 잘 이해할 수 있도록 돕는다고 생각한다면, 그렇게 하는 것도 좋다. 아이들에게 각 9조각 패턴을 하는 방법을 보여주지 말고, 그들이 각 디자인에서 다른 모양을 알아낼 수 있도록 격려한다. 학생들은 여러 가지 퀼트들을 따라해 보면서, 스스로 기하 문제를 해결해야만 한다. 그들은 실수를 할 것이고, 그러므로 "실수는 배울 수 있는 기회"라는 것을 강조해야만 한다. 또한 여분의 색깔이 있는 정사각형들을 제공해준다.
3. 교사와 학생들은 6개의 퀼트 패턴을 보면서, 또한 색의 선택에 대해서도 주목한다. 천대쉬 패턴은 두 가지 색으로 되어 있다. 한 가지 색은 거의 배경색이고, 다른 색은 디자인이다. 야곱의 사다리 패턴에 있는 세 번째 색은 중간에 있는 조각에서 볼 수 있다. 변광성 패턴은 3가지 색을 사용한다. 단풍잎 패턴은 배경색, 잎의 색, 줄기의 색을 가지고 있다. 바다의 폭풍 패턴은 4가지 색으로 되어 있다. X자 패턴은 5개의 블록은 한 가지 색, 4개의 블록은 4개의 색으로 되어 있다.
4. 아이들에게 전통적인 디자인에 대해 탐구할 시간을 준 후에, 모둠에서 따라하고 싶은 패턴을 한 개 결정하도록 한다. 그러고 나서 각 모둠은 책에 나와 있는 색깔을 따라할 것인지 아니면 다른 색으로 할 것인지를 결정하도록 한다.
5. 4인 1 모둠에서 9조각 디자인 9 블록을 완성했을 때, 그들은 이 퀼트들을 어떻게 배열하고 싶은지를 결정하기 위해서 퀼트들을 책상 위나 마루에 펼쳐 놓는다. 그들은 한 가지를 결정하고 그것을 큰 두꺼운 종이(최소한 45cm×45cm)에 붙이기 전에 여러 가지 배열을 시도해 본다.
6. 완성된 종이 퀼트를 교실이나 학교의 공개된 장소에 걸어 놓는다.

네 번째 활동 : 자신만의 9조각 미니 퀼트 만들기

1. 각 학생들에게 처음에 활동했던 아홉 조각 퀼트 블록들 즉, 두 번째 활동에서 5cm×5cm 정사각형모양으로 만들었던 것들을 다시 모으도록 한다.

2. 각 아이들에게 9부분으로 미리 접어놓은 15cm×15cm 크기의 신문지 3장을 더 주거나 정사각형 9개로 격자선이 그려진 15cm×15cm 크기의 두꺼운 종이 3장을 더 준다.
3. 각 아이들에게 활동했던 디자인과 같은 디자인으로 3개의 블록을 더 만들도록 한다. 그리고 이 블록들을 30cm×30cm 크기의 활동지 위에 배열하여 네 조각 미니 퀼트를 만들도록 한다. Nancy Litton은 이 활동의 결과가 매우 놀랍다는 사실을 지적했다. 예를 들어 비대칭이었던 디자인이 가운데를 중심점으로 각 블록이 1/4바퀴 회전하면 그 모양이 갑자기 대칭으로 변한다는 것이다. (아래 참고)

4개의 9 조각 블록들로 여러 가지 퀼트들을 만들 수 있다.

심화

색상이 있는 두꺼운 도화지로 5cm×5cm 크기의 정사각형모양을 잘라 제공하는 대신에, 교사는 학생들에게 포장지를 제공할 수도 있다. 예를 들어, 교사는 접착을 위한 배접지가 뒷면에 있는 메탈릭 골드, 빨강, 파랑, 자홍색과 은색 종이를 사용할 수도 있다. 교사는 또한 단색을 보완하기 위해서 서양호랑가시나무의 규칙을 찾거나 눈송이의 규칙을 찾아보도록 할 수도 있다. 어떤 디자인을 선택하던 지간에, 어떤 특정 신념체계로 인하여 특별하지 않은 종이들을 선택하도록 한다.

만약 교사가 단색지 뿐만 아니라 규칙이 있는 포장지를 사용한다면, 각 학생들은 3개 블록을 더 만드는 대신에 『*Eight Hands Round: A Patchwork Alphabet*』에 소개되어 있는 새로운 디자인의 퀼트를 4개 더 만들어야 할 필요가 있다. 게다가, 각 아이들은 패턴이 있는 3개의 정사각형과 단색의 정사각형 6개나 또는 패턴이 있는 정사각형 6개와 단색의 정사각형 3개를 선택해야만 할 것이다.

만약 학생들이 자신의 미니 퀼트를 직물로 만든 것처럼 보이고 싶어 한다면 포장지를 무늬가 작고 반복되는 패턴이 퀼트 가게에서 찾아 볼 수 있는 옷감의 짜임과 유사한 것으로 선택하여라.

4개의 블록으로 만드는 미니 퀼트의 결과물은 선물 카드나 장식용으로 집으로 가져가게 할 수 있다.

패턴 블록

학생들은 패턴블럭을 모아 대칭이나 비대칭 모양을 만드는 것을 좋아한다. Marilyn Burns의 『*About Teaching Mathematics: A K-8 Resource, Second Edition*』은 많은 패턴 블록 활동을 다루고 있다.

대칭과 비대칭 모양

학생들이 패턴 블록을 사용하여 중심에서부터 퍼지는 대칭적인 모양을 만들도록 한다. 이러한 모양들은 회전을 시켜도 같게 보이는 점대칭도형이다. 또한 학생들이 동물들, 사람들 그리고 다른 비대칭적인 대상들의 모양들을 패턴 블록을 사용하여 만들어 보도록 한다.

길

학생들이 어떤 패턴 블록들이 빈 공간 없이 서로 맞춰져서 직선으로 길을 만들 수 있음을 알아내도록 한다. 그러고 나서 길목이 있는 길을 만들어 보도록 한다.

패턴 블록 퍼즐

학생들이 패턴 블럭으로 모양을 만들어 보도록 하고, 자신이 만든 모양의 테두리를 두꺼운 종이 위에 따라 그려보도록 한다. 학생들은 그들 자신의 탱그램 퍼즐을 가지고 했던 것처럼, 학생들은 이 종이의 상단에 자신의 이름과 자신이 만든 모양의 이름을 써 넣는다. 이번에는, 학생들은 이 모양을 만드는데 사용한 패턴 블록의 개수를 나타낼 수도 있다. 자기 자신이 참고하기 위해서, 학생들은 같은 모양을 하나 더 만들어서 이 모양의 안쪽에 선을 그려서 어떤 패턴 블록들을 사용했는지 보일 수 있다.

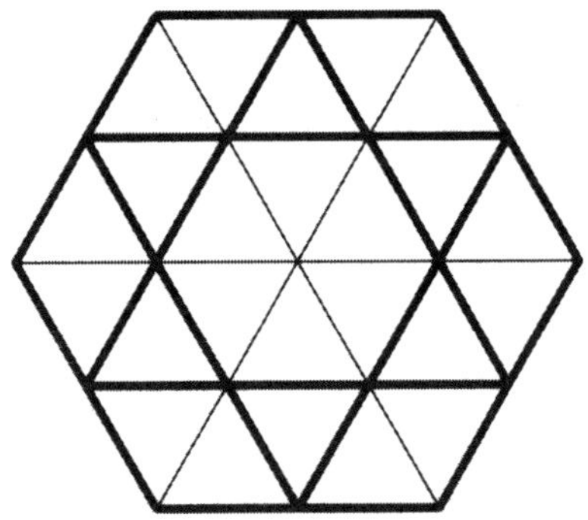
대칭 모양

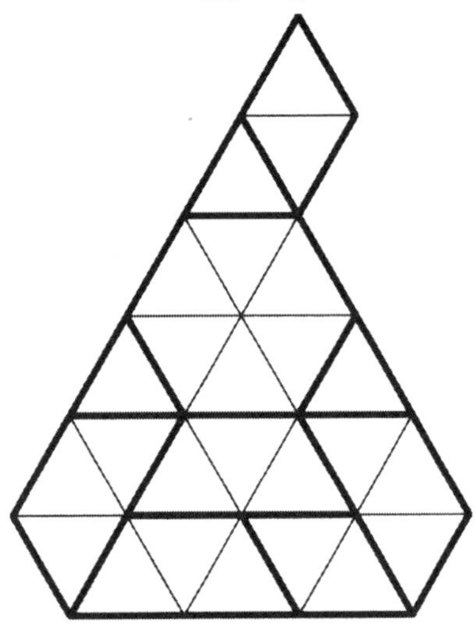
비대칭 모양

합동인 육각형

학생들에게 녹색 삼각형만을 사용하여 노란색 육각형과 같은 모양을 만들도록 한다. 그러고 나서 빨간색 사다리꼴만을 사용하여, 파란색 평행사변형만을 사용하여 노란색 육각형을 만들도록 한다. 그리고 학생들에게 노란색 육각형을 하얀색 다이아몬드 모양들 또는 주황색 정사각형 모양들로 덮어보도록 한다.

넓이

학생들에게 패턴 블록 중 녹색 삼각형(이 활동에서 이것이 넓이의 단위가 된다!)을 사용하여 파란색, 빨간색, 노란색 조각의 넓이를 알아보도록 한다.

육각형 퍼즐 채우기

각 학생들에게 큰 육각형 모양을 복사하여 나누어 준다. (부록 참고) 학생들에게 이 모양을 사용하여 다음의 패턴 블록 탐구 활동을 해결하도록 한다.

- 노란색 육각형 패턴 블록 3개와 파랑색 평행사변형 3개를 사용하여 큰 육각형 모양을 채우시오. (이것은 이 모양을 덮기 위한 최소한의 블록 수이다.)
- 24개의 녹색 삼각형으로 육각형을 덮으시오. 이는 공간 없이 모양을 덮는데 필요한 최대한의 블록 수이다.
- 7개, 8개, 9개에서 23개까지의 서로 다른 패턴 블록들을 사용하여 이 육각형 모양을 덮으시오.

가능한 메뉴 활동들

학생들이 4-삼각형, 탱그램, 퀼트 만들기 그리고 패턴 블록 활동을 마친 후에, 교사는 이러한 활동들의 심화 또는 아래에 제시된 활동들로부터 일단의 활동들의 목록을 개발할 수 있다. 이것은 학생들의 요구에 달려있다.

공통점과 차이점

2인 1모둠으로, 각 모둠의 봉투로부터 두 개의 4-삼각형 다각형 모양을 취하고, 45cm×60cm 크기 종이의 상단에 이들 두 모양들을 본떠 그린다. 이 종이의 반쪽 위에는 **공통점**이라고 적고 다른 반쪽에는 **차이점**이라고 적는다. 각 제목 아래에는 봉투에서 꺼낸 두 개의 모양들의 공통점과 차이점을 설명하여 쓴다. 이 활동을 할 때에는 **기하단어장**을 참고한다.

다각형 찾기

교실을 둘러보아 다각형 모양이 있는지 살펴본다. 기록지에 모양 이름과 그 모양을 하고 있는 물체의 이름을 포함하여 다각형 모양 목록을 적는다. 모양 이름에 맞는 그림들을 자유롭게 그리도록 한다.

탱그램 퍼즐

자신의 탱그램 퍼즐을 가지고, 학급 구성원들이 만들어 놓은 퍼즐을 적어도 4개 만든다. 완성한 퍼즐의 이름과 이 퍼즐을 만든 사람의 이름을 기록한다.

육각형 퍼즐 채우기

학급구성원들이 이전 페이지에서 제시한 '육각형 퍼즐 채우기'에서 완성한 것을 살펴본다. 아이들이 아직 해결하지 못한 것이라고 말한 활동들에 대한 목록을 적어준다.

제 5 장

1월

나 눗 셈 도 입

"문제를 읽고, 쓰고, 듣고, 사고하고, 의사소통할 수 있는 능력은 수학에 대한 학생들의 이해를 발달시키고 심화시킨다. … 3-5학년 학급에서의 의사소통은, 사고를 공유하기, 질문하기, 아이디어를 설명하고 정당화하기를 포함해야 한다."

학교수학을 위한 원리와 규준,
류희찬, 조완영, 이경화, 나귀수, 김남균, 방정숙 역, 경문사, 2007

겨울방학 후에, 많은 3학년 아이들은 자기 필요에만 주로 집중을 하던 꿈틀대는 모습에서, 더 잘 읽고, 오랜 시간 공부하며, 모둠구성원들과 협동하는 인내심을 가진 학습자로 탈바꿈되어 학교로 돌아온다. 아이들의 이러한 변화는 교사가 몇 단원을 지도하는데 6주가 걸릴 것을 3-4주로 단축시킬 수 있게 해 준다.

아이들이 수학을 "하고", "말하는" 활동을 모두 한다는 사실을 즐기기 바란다. 표준화된 시험이 임박해 왔다고 할지라도, 수업을 그대로 진행해 간다.[30] 학생들이 수학을 이해하고, 그들이 이해한 것을 함께 의사소통할 수 있는 시간을 준다. 학생들에게 주어진 사물들을 똑같이 나누거나 묶어보는 기회[31]를 제공함으로써 학생들의 문제 해결 성향을 계속해서 지지해 준다. 학생들이 이전에 학습한 곱셈 문제 해결의 경험을 나눗셈 경험에 연결시킬 수 있도록 도와준다.

학습 환경

일상생활에서 접하는 사물들과 교구들의 등분하기(똑같이 나누기)와 포함하기(똑같이 묶기)를 권장한다.

지난 2년 동안 3학년 학생들은 이미 덧셈과 뺄셈을 학습해 왔다. 이들이 1월 한 달 처음으로 나눗셈 학습을 경험하게 된다. 수학 학습의 모든 도입부처럼, 아이들은 구체적인 수준에서 모델들을 사용해서 사고하고 추론하면서 시작할 필요가 있다. 가장 구체적인 모델은 종이, 연필, 책, 건포도 등과 같이 똑같이 나누기와 똑같이 묶기가 가능한 일상에서 매일 접하는 사물들이다. 결국, 아이들은 이러한 사물들을 그림 그리기 또는 조작교구 활

30) 중간고사·기말고사 또는 교육청·국가 단위 시험이 있다고 해서 수업을 하지 않고 수업 시간에 그와 같은 시험대비 문제를 푸는 것이 바람직하지 못한 교수·학습 행위라는 것은 자명하다. 수업시간에 이와 같은 행위를 하는 교사는 그 자신 스스로 자신이 하는 교수·학습 행위를 부정하는 것이다. 즉, 교사들이 활용하고 있는 수업 방식이 효과적인지 고민해 볼 때가 아닌가 싶다. 특히, 제7차 교육과정 및 2007 개정교육과정에서는 학습한 지식을 바탕으로 학습하지 않은 지식을 생성해 낼 수 있는 교수·학습 행위를 교사들에게 요구하고 있다. 다시 말해서, 교사들이 현재 활용중인 교수·학습 행위가 수업시간에 배운 지식을 바탕으로 수업 중에 배우지 않은 지식을 창출해낼 수 있는 학습자의 능력을 신장시킬 수 있는 교수·학습 행위인지 반성해 볼 필요가 있다. 이와 관련해서, 김진호·이소민·김상룡(2010)의 "학습자 중심 수업이 학습자들의 성취도에 미치는 영향-곱셈단원을 중심으로"(한국초등수학교육학회지, 14(1), 135-151) 및 김진호·김인경(2010)의 "GSP를 활용한 도형학습이 수학학업성취도 및 추론 능력에 미치는 영향"(East Asian Mathematical Journal, 26(4), 463-485)를 참고하기 바란다.

31) 예를 들어, 아이스크림이 12개 있는데 이를 두 사람(묶음의 수)에게 나누어 주면 한 사람이 몇 개(한 묶음의 크기)를 가지는지를 알아보는 상황을 등분제 상황이라 하고, 아이스크림 12개를 여섯 개(한 묶음의 크기)씩 나누면 몇 사람(묶음의 수)에게 나누어 줄 수 있는지를 알아보는 상황을 포함제 상황이라고 한다. 나눗셈은 이 두 상황을 포괄적으로 지칭할 때 사용하는 용어이다. 또한, 학생들이 나눗셈을 학습하는 상황에서는 이들 하위 개념들 간의 관계를 이해해야 한다. 본 번역에서 "등분하기(똑같이 나누기; sharing)"는 전체량÷묶음의 수=한 묶음의 크기를 구하는 상황에 맞는 활동을 하는 것을 의미하고, "포함하기(똑같이 묶기; grouping)"는 전체량÷한 묶음의 크기=묶음의 수를 구하는 상황에 맞는 활동을 하는 것을 의미한다. 초등수학교과서에서는 이에 대응하는 교수언어로 각각 "똑같이 나누기"와 "똑같이 묶기"로 사용하고 있다. 본 번역에서는 이 두 종류의 용어들을 상호교환적으로 사용한다.

동으로 대신할 수 있다. 이 연산을 설명하는 수와 언어들은 이 모델들과 연결되어 사용될 수 있다.

학생들이 학교나 집에서 이미 겪은 경험을 나눗셈과 연결시킨다.

학교에서, 아이들은 **원과 별** 게임을 통하여 곱셈을 이해하였다. 같은 게임에서 아이들이 그림을 통하여 똑같이 묶고 나눔으로써 나눗셈을 경험할 수 있다. 한 아이가 주사위를 굴려 4를 얻어, 4개의 원을 그렸다고 가정하여 보자. 만약 이 아이가 다시 주사위를 굴려 5를 얻는다면, 이 아이는 이미 그린 4개의 원 각각에 5개의 별을 그려 넣는다. 곱셈식 5×4=20은 다음과 같이 서술할 수 있다. 각각 5개의 별을 포함한 4개의 원에 그려진 별의 개수는 모두 20개이다.

관련된 나눗셈 질문은 "너희들이 모두 20개의 별을 가지고 있고, 각각의 원에 별을 5개씩 **묶기**를 원한다면, 몇 개의 원이 필요할까요?"가 될 수 있다. 또는 "너희들이 모두 20개의 별을 가지고 있고, 이 별들을 4개의 원에 **똑같이 나누기**를 원한다면, 각 원에 몇 개의 별이 포함될까요?"도 가능하다. 나눗셈 문제에 두 가지 유형(똑같이 묶기와 똑같이 나누기)이 있다는 아이디어는 "수학" 부분에서 더 깊게 설명한다.

학생들은 창유리들을 배열함으로써 곱셈을 할 수 있다. 예를 들어, 각 줄에 5개의 창유리들이 3줄로 배열되었다면 창유리는 모두 15개이다. 이러한 창유리의 배열 또한 나눗셈 상황과 관련지을 수 있다. 15개의 창유리를 5개씩 **모아** 한 줄로 배열하면 3줄이 된다. 15개의 창유리를 3줄로 배열하는 데, 이 때 각 줄의 창유리의 개수가 모두 일정하도록 한다면 한 줄에는 5개의 창유리가 있어야 한다.

가정에서, 아이들은 종종 음식, 특히 간식 나누기를 한다. 학교에서, 아이들은 건포도나 과자와 같은 간식을 똑같이 나누거나 그것들을 똑같은 크기로 묶는다. 이렇게 실제 생활에서 접하는 음식들을 활용하는 것은 나눗셈 연습을 위한 가치 있는 경험이 된다.

문제 해결을 위해 4인 1 모둠 활동을 권장한다.

공평하게 나누는 아이디어는 나눗셈을 위해 필수적이다. 4인 1 모둠에서, 아이들은 4명의 모둠구성원과 함께 물건들을 공평하게 나누어야 할 상황들에 자주 접하게 된다. 이런 상황을 자연스럽게 활용한다.

4인 1 모둠의 모둠구성원들의 협동 활동은 짝 활동 보다 좀 더 복잡하다. 왜냐하면 각각의 아이들이 다른 사람의 말을 경청할 필요가 있고 각각의 목소리가 존중되어져야만 하기 때문이다. 많은 3학년 아이들은 이러한 종류의 협동에서 도전 의욕을 발견한다. 연습과 함께 모둠 활동의 장점과 단점에 관한 빈번한 전체 학급 토의를 하면, 학생들은 매우 효과적인 문제 해결을 시작할 수 있다. 아이들에게 모둠원끼리 공평하고 친절하며 서로의 이야기를 잘 경청해야 한다는 것을 상기시킨다. 4인 1 모둠으로 이루어진 모둠 활동을 위한 규칙을 알려준다. (제4장 참고)

아이디어 제안 또는 제공, 모둠의 문제 해결을 위한 각각의 단계를 기록하는 일과 같이, 아이들이 자신이 맡은 역할을 차례를 정하여 책임지고 할 수 있도록 권장해야 한다. 또한 교사는 아이들이 다함께 돌아가며 기록할 수 있도록 한다. 예를 들어 전체 모둠을 위한 기록지의 일부를 모든 아이들이 작성해 볼 수 있도록 한다.

아이들이 자신의 생각을 설명할 수 있도록 더 많은 글쓰기를 권장한다.

3학년 2학기가 시작되었다는 점에서, 교사는 미리 체계화시킨 활동지를 제공하는 횟수를 줄이는 것이 좋다. 점차적으로, 교사는 학생들에게 주어진 수학 활동지에 어떻게 그들의 생각을 조직하고 설명할지 결정할 수 있는 책임을 가지게 해야 한다. 아이들에게 활동지를 확고하고 명확하며, 남을 납득시킬 수 있게 만들 수 있게 하는 요소가 무엇인지 묻는다. 그러고 나서, 교사와 아이들은 이러한 생각들을 자신들이 활동할 때 참고할 수 있는 아이디어들의 목록으로 발전시킨다. 이 목록은 다음과 같을 것이다.

확고한 수학 활동지는 다음의 요소들을 포함해야 한다.

- 날짜, 시간, 학습자의 이름
- 질문 또는 문제
- 문제의 답을 얻기 위해 사용한 단계(글, 숫자, 그리고 표 그리기를 포함)
- 질문 또는 문제의 답

아이들이 문제 해결을 위해 사칙연산(덧셈, 뺄셈, 곱셈, 나눗셈)을 모두 사용할 때 열정을 표현한다.

학기의 이 시점에 이르러 학생들은 덧셈, 뺄셈, 곱셈을 하고 나눗셈을 시작한다. 그러므로 이들은 어떤 연산을 적용해야 할지를 결정하는 문제를 해결할 때에 마음이 더 편안해져야 할 것이다. 아이들이 4가지 연산을 모두 경험할 수 있도록 다양한 이야기 문제를 제공해 준다. 표준화된 시험 문제 중 혼합 계산을 특징으로 하는 이야기 문제들을 풀어야 할 때, 강한 수 개념을 가지고 있는 아이들은 이 시험에서 앞서 나갈 수 있다.

아이들이 스스로 자신이 강한 수학 학습자라고 느낄 때, 그들은 문제를 이해하는 방법을 알아내는 기회를 즐긴다. 아이들은 문제를 볼 때 뿐만 아니라 상황을 이해하기 위해 수 연산을 사용할 때에도 곱셈과 나눗셈을 인지할 수 있다. 아이들은 뺄셈 문제를 해결하기 위하여 덧셈을 사용할 수 있는 것처럼, 그들은 나눗셈을 이해하기 위해 곱셈을 사용할 수 있다.

수학

아이들은 두 가지 유형의 나눗셈 문제를 경험한다.

아이들이 뺄셈을 할 때, 구잔(제거)과 구차(비교)의 두 가지 유형을 모두 경험한다. 아이들이 사물을 공평하게 나눌 때, 그들은 물건을 똑같이 묶기 또는 똑같이 나누기를 한다. 만약 한 아이가 책상 위에 있는 24장의 종이를 자신과 모둠구성원 3명과 **공평하게 나눈다(등분하기, 똑같이 나누기)**면, 각각 6장의 종이를 갖게 된다.

반면에, 같은 아이가 26장의 종이를 가지고 이 종이들을 두 장씩 모으려고 한다면, 이것은 13개의 더미 또는 묶음(**포함하기, 똑같이 묶기**)이 될 것이다.

두 가지 유형 모두 곱셈과 마찬가지로 최종 묶음은 같은 크기가 된다.

아이들은 나눗셈 상황을 이해할 때, 덧셈, 뺄셈 그리고 곱셈을 이용한다.

아이들이 두 개의 온도를 비교할 때 이것이 계산상 뺄셈 문제임에도 불구하고 그들은 그 차이를 발견하기 위하여 낮은 온도에서 더하여 올라가 높은 온도에 다다른다. 이것은 나눗셈 상황에서도 마찬가지이다. 학생들은 종종 나눗셈을 이해하기 위해 곱셈을 이용한다. 예를 들어 24장의 종이를 가진 아이는 다음과 같이 판단한다. "나는 4×6=24라는 것을 알고 있다. 그러므로 4명의 아이들 곱하기 6장의 종이는 모두 24장이다." 가끔 나눗셈 상황에서, 아이들은 곱셈을 하는 대신 덧셈이나 뺄셈을 한다. 예를 들어, 아이들은 "세어 올라가기(count up)"를 한다. "6 더하기 6은 12와 같고, 12 더하기 6은 18과 같다. 18 더하기 6은 24와 같다." 또는 어떤 아이는 "세어 내려가기(count down)"를 한다. "24장의 종이에서 6장을 빼면 18과 같다. 18 빼기 6은 12와 같다. 12에서 6을 빼면 6과 같다. 그리고 6 빼기 6은 0과 같다."

각각의 아이들은 나눗셈의 상황을 이해하기 위해 더하기, 빼기 또는 곱하기와 같은 자신만의 방법을 이용한다는 것을 기억하기 바란다. 아이들이 자신이 이해하지도 못하는 맹목적으로 암기한 식을 이용하는 대신에 그들이 이해하고 있는 방법을 사용한다는 사실을 칭찬해 준다.[32)]

아이들은 나눗셈식을 위하여 세 가지의 서로 다른 방법의 표기법을 사용한다.

아이들에게 나눗셈을 가로셈 형식으로 표현하도록 격려함으로써 교사는 "나누고, 곱하고, 빼고, 그리고 남은 것을 아래에 적는다."는 전통적인 방식을 아이들이 기계적으로 암기하여 따르는 것을 피할 수 있게 도와줄 수 있다. 교사는 또한 아이들이 수를 말로 표현하는 것을 편하게 느낄 수 있도록 도와주어야 한다. '**똑같이 나누기**'와 '**똑같이 묶기**'라는 단어는 나눗셈 상황의 두 가지 유형을 이해하는 데에 중심이 된다. 예를 들어, 15÷3=5는 "15개의 캔디를 3명의 아이들에게 공평하게 나눠주면 각자 5개씩 갖게 된다."로 표현할 수 있다. 이와 같은 '**똑같이 나누기**' 상황에서, 전체의 양을 알 수 있고, 나누는 수(묶음의 수)를 알고 있다(3). 나누어진 크기 또는 각 묶음의 사탕 **수(한 묶음의 크기)**는 알려져 있지 않는다(5).

15÷3=5의 나눗셈식은 또한 15명의 아이들이 모둠 만들기를 하여 각각의 모둠에 3명의 학생이 포함된다면 5개의 모둠이 필요하다는 것을 나타낼 수 있다. 이와 같은 '**똑같이 묶기**' 상황에서, 전체의 양을 알 수 있고, 각 묶음의 크기를 알고 있다(3). 묶음의 수는 알려져 있지 않는다(5).

이와 같은 두 가지의 나눗셈 상황은 또 다른 두 가지 표기법으로 표현할 수 있다.

$$3\overline{)15} \text{ 와 } \frac{15}{3}=5$$

나눗셈의 도입 시점에서, 아이들이 사용하는 물건 중 셀 수 있는 사물들을 똑같이 묶고 똑같이 나누는 활동을 매일 할 수 있도록 해야 한다. 교사는 아이들이 나눗셈의 이해에 대한 견고한 기초를 다지도록 해주어야 한다.

아이들은 "나머지"를 이해한다.

아이들이 "1분 동안 별 그리기" 활동을 하는 동안 별들을 모으고 셀 때, 남는 별이 생긴다. 이와 같은 상황은 실생활에서도 종종 발생한다. 그러나 남는 물건을 공평하게 나누기 위하여 부술 수는 없다. 예를 들어, 아이들이 남는 쿠키나 막대 사탕을 나누기 위하여 조각낼 수는 있지만, 남는 풍선을 조각낼 수는 없다. 아이들이 전체나 부분으로서의 나머지

32) 수업 중 각 학생이 접근하는 다양한 방식이 존중받고, 학생들이 친구들이 낸 각 아이디어들 사이의 공통점 및 차이점, 그리고 유용성 및 비유용성에 대해서 사고할 수 있는 기회를 갖는 것이 중요하다. 이런 것이 강조된 수업 풍경이 그려지기 위해서는 차시별 학습목표가 강조되어서는 안 된다. 이런 수업이 진행될 때 여러 가지 방법으로 풀기라는 수업을 별도로 할 필요가 없을 것이다. 교육과정에서 다양한 사고를 강조하면서 등장한 것이 여러 가지 방법으로 풀기인데, 이를 강조하면서 차시별 학습목표를 동시에 활용하려고 하니 부조화가 생기는 것이다.

를 가지고 무엇을 할지에 대해 설명하도록 함으로써, 그들은 문제 속의 내용이나 상황을 이해하게 된다. 수학은 아이들에게 더 현실로 다가오게 되고, 그들은 분수에 대해 이해하기 시작한다.

경험 교사의 조언

교사가 remainders(나머지)와 leftovers(남은 것)을 번갈아가며 사용하는 것은 어린 아이들, 특히 영어를 모국어로 사용하지 않는 아이들에게 혼동을 줄 수 있다. 만약 교사가 실제 물건을 이용하여 똑같이 나누기나 똑같이 묶기를 하고 남은 것이 생기는 경우, 아이들이 같은 크기의 묶음에 적합하지 않은 것이 무엇인지 볼 수 있도록 시간을 준다. 이렇게 남는 사물을 remainders 또는 leftovers이라고 칭하는 것에 관하여 이야기를 나누고 칠판에 이 단어들을 판서해 준다. 그리고 수학자들은 remainders를 의미하는 R을 사용하고 leftovers의 L은 사용하지 않는다는 것을 설명해 준다.

일상 소재로 하는 수학

교사는 학생들에게 오늘의 온도 읽기, **오늘의 수**, **주머니 문제** 활동을 다시 활동하도록 해도 좋다. 아마도 교사는 사물이나 간식을 똑같이 나누는 활동이나 학생들을 모둠으로 묶는 활동과 같이 나눗셈을 이끄는 상황을 학습기회로 이용해도 좋다.

사물을 똑같이 묶기와 똑같이 나누기

1월 한 달 동안, 교사는 4인 1 모둠의 각 모둠의 책상위에 다양한 물건을 제공하고 학생들에게 물건들을 공평하게 나누어 보라고 요청한다. 예를 들어, 각 모둠에 16장의 종이를 올려놓고 4명의 학생들이 각자 몇 장의 종이를 가질 수 있는지 물어본다. 아이들이 종이들을 나누어 가진 후, 그들의 해결 방법을 글이나 수로 작성하도록 한다. 또한 교사는 아이들에게 3가지 방식의 나눗셈 표기법을 사용하라고 요청할 수 있다. 그러나 아이들이 '**똑같이 나눈다**'라는 단어를 사용하는 것이 중요한 것이다. 그들의 응답은 아래와 같을 것이다.

16장의 종이를 4명이 똑같이 나누어 가지면 각자 4장씩 갖는다.
16장의 종이 ÷ 4명의 아이 = 한 사람당 4장의 종이

$$16 \div 4 = 4$$

$$4\overline{)16}$$

$$\frac{16}{4} = 4$$ 33)

결국, 교사는 각 모둠에 18장의 종이를 나눠주고, 아이들이 나머지를 가지고 무엇을 하며 어떻게 그것들을 기록할지에 관한 토의를 유도한다. 18장의 종이를 4명의 학생이 똑같이 나눠가지면 각자 4장씩 갖고 2장의 종이가 남는다. 아이들이 나머지를 가지고 할 수 있는 것에 관해 표현하도록 한다. 예를 들어, 아이들은 남은 2장의 종이를 책꽂이 뒤에 놔두기로 결정할 수도 있다. 그리고 아이들에게 이 상황을 글로 설명하게 한다. 위의 3가지 표기법을 사용해서 나머지를 표현하면 다음과 같다.

$$18 \div 4 = 4\ \mathrm{R}2, \quad \frac{18}{4} = 4\ \mathrm{R}2, \quad \begin{array}{r} 4\ \mathrm{R}2 \\ 4\overline{)18} \end{array}$$

비슷한 나누기 문제를 나타내기 위하여, 교사는 지우개, 책, 풀을 모둠원에게 제공할 수 있다. 만약 아이들이 다른 제수(나누는 수)를 이용하여 활동하기를 원한다면, 아이들이 짝 활동을 할 수 있게 학급 비품을 제공해 준다.

또한 똑같이 나누기 대신에 똑같이 묶기를 요구하는 문제를 판서해 준다. 예를 들어 다음과 같은 똑같이 묶기 상황이 포함된 문제를 준다.

10권의 책이 있다. 너희 모둠에 있는 사람들 각자 3권의 책을 갖는다면, 몇 명이 책을 가질 수 있을까요? 몇 권의 책이 남을까요? 남은 책을 가지고 무엇을 할 수 있을까요?

아이들이 우선 자신의 모둠원들과 이 문제에 관해 이야기할 수 있도록 하고, 그 다음에 그들의 생각을 나머지 학급 친구들과 나눌 수 있도록 한다. 아이들이 사고하는데 도움을

33) 여기서 나눗셈을 기호로 표현하는데 세 가지 방법으로 표현하고 있음에 주목하기 바란다. 나눗셈을 가로셈 형식 또는 세로셈 형식(장제식)으로 표현하는 것은 우리에게 익숙하다. 그런데, 분수로도 표현하고 있음에 주목할 필요가 있다. 분수는 다양한 의미를 포함하고 있는데, 그 중 "몫으로서의 분수"가 있다. 나눗셈을 개념적으로 접근하면 나눗셈 상황을 분수로도 표현 가능하다. 우리나라의 나눗셈 접근에서도 고려해 봄직한 발상이다.

받을 수 있는 모형을 만들 때, 셈도움물이나 그림그리기를 활용하도록 격려해 준다. 마지막에, 자원자가 한 번에 3권씩 책을 모둠원들에게 제공하고 난 후, 칠판에 일어난 일을 판서하도록 한다.

여기 또 다른 똑같이 묶기 문제가 있다.

> 선생님이 38개의 지우개를 가지고 있습니다. 선생님이 지우개를 묶음으로 만들어, 한 사람당 2개씩 가질 수 있도록 할 것입니다. 몇 명의 학생이 지우개를 가질 수 있습니까?

이 상황에서는, 아이들이 스스로 공평하게 나누는 수의 크기를 알고 있다는 것을 이해할 수 있도록 도와준다. 아이들이 발견해야 하는 것은 물건을 나누었을 때 얻게 되는 **묶음**이 몇 개인지 구하는 것이다.

심화

- 아이들이 나눗셈을 할 준비가 되었다고 느낄 때, 남은 수업을 이용하여 2인 1모둠이나 4인 1 모둠으로 모둠을 구성해서 교실의 사물들을 사용하여 아이들 스스로 나눗셈 상황을 준비하게 한다. 아이들은 두 개의 평서문과 한 개의 의문문을 이용하여 위에서 제시된 문제와 같은 이야기 문제를 작성할 수 있다. 아이들의 활동지 뒤편에는, '**똑같이 나누기**'와 '**똑같이 묶기**'의 단어를 사용하여 자신이 만든 문제의 답을 어떻게 구하였는지 나타내도록 한다.
- 아이들이 학급비품을 직접 나누어서 해결할 수 있는 '똑같이 나누기'와 '똑같이 묶기'의 문제를 추가로 작성하도록 한다.

학급 모둠의 수

학급 모둠의 수에서, 아이들은 똑같이 묶기로서의 나눗셈을 경험한다. 교사는 이 활동과 다른 많은 활동들을 『**구성주의 수학교실: 나눗셈**』(김진호, 홍은숙, 황혜진, 2007, 경문사)에서 찾을 수 있다.

교수·학습 지침

1. 실제 학교 생활을 하는 가운데, 학급구성원들을 2인 모둠, 3인 모둠, 4인 모둠, 5인 모둠, 6인 모둠, 7인 모둠, 8인 모둠, 9인 모둠, 10인 모둠으로 모둠을 지은 상황이 있었는지 아이들에게 묻는다. 다음과 같은 반응들을 할 것이다. "짝 활동을 할 때 2

인 모둠이 됩니다.", "책상을 붙여서 4인 모둠을 만들어요", "견학활동을 할 때 3인 모둠을 만들었어요."

2. 학급구성원들을 2인 모둠으로 모둠을 만들면 몇 모둠이 되는지 묻는다. 답을 구한 방법을 설명하도록 한다. 일부 학생들은 뛰어세기를 사용해서 학급에 있는 아이들의 수를 세고, 몇 번을 세었는지를 구할 것이다. 예를 들어, 2, 4, 6, 8, 10, 12, 14, 16, 18, 20 센 것은 10번 뛰어 센 것이다. 그러므로 짝 활동을 하면 모둠이 10개 생긴다. 다른 학생들은 20개의 셈도움물을 꺼내 와서 2씩 짝지을 것이다. 그런 다음 그 답을 이해할 수 있다. 다른 학생들은 20의 숫자에서 2씩 빼는 것을 시작하여 0까지 갈 것이다. 그런 다음 2씩 몇 번 뺐는지 세어볼 것이다. 일부 학생들은 다른 도형이나 선을 그려서 아이들을 대신한 다음 해답을 찾을 때까지 도형들을 둘씩 묶을 것이다. 몇 명은 숫자를 사용해서 묶음을 셀 것이다.

> 1, 2
> 3, 4
> 5, 6에서 20까지

3. 곱셈을 사용해서 이 문제를 이해할 수 있는 사람이 있는지 물어본다. 누군가가 "저는 2곱하기 10은 20과 같다는 것을 알아요. 그래서 10개의 모둠이 생기는 거예요."라고 말할 것이다. 만약 누군가가 곱셈을 포함한 해결방법을 반응한다면, 학생들이 주어진 문제에 대한 자신들의 해결방법들을 표현하는 다양한 방법들을 목록화 할 때 이 전략도 포함시킨다. 만약 아무도 대답하지 않는다면, 기다려 준다. 예를 들어,

> 20명의 아이들로 모둠을 만들 때 각 모둠에 2명씩 있다면, 10 모둠이 된다.
> 20명의 아이들 ÷ 모둠 당 2명씩 = 10 모둠
>
> $$20 \div 2 = 10$$
>
> $$2\overline{)20}^{\,10}$$
>
> $$\frac{20}{2} = 10$$
>
> 10 모둠 × 한 모둠에 2명씩은 20명과 같다. $(10 \times 2 = 20)$

4. 아이들이 모든 자신들의 수로 한 추론들을 이해하고 있는지 알아보기 위해서, 아이들을 2인 모둠으로 모둠을 만들어 보도록 한다.

경험 교사의 조언

아이들을 **똑같이 묶어서** 각 모둠에 2명의 아이가 있는 것과 아이들을 **두 모둠으로 나누는** 것을 혼란스러워 하는 아이들이 있는지 살펴본다. 두 상황 모두 같은 나눗셈 표기법과 수식으로 나타내어진다(20÷2=10). 그러나 이 둘은 실세계에서는 다른 의미를 지닌다. 교사는 학생들이 뺄셈에서 구잔과 구차의 차이를 이해하도록 했던 것처럼 이 차이도 이해하도록 하는 것이 좋다. 이것들을 명료하게 하는데 도움을 줄 수 있는 문장식이 아래에 있다.

- 20명의 아이들로 모둠을 **만들고**, 각 모둠에 2명씩 있다 = 모둠의 수는 10이다.
- 20명의 아이들이 2 모둠으로 **나누어진다** = 각 모둠에는 10명이 있다.

5. 아이들을 2인 모둠으로 모둠을 만들고, 학급구성원들을 **3인 모둠**으로 만든다면 몇 모둠이 될 것인지 알아보도록 한다. 일부 모둠들은 이 활동을 일찍 끝낼 것이다. 이들에게 같은 질문에 대하여 다른 방법으로 접근하도록 한다. 각 모둠이 첫 번째 전략으로 활동을 마무리하였을 때, 학급구성원들과 함께 자신들의 생각을 공유할 수 있도록 한다. 아이들이 나머지를 다루는 방법을 살펴본다. 예를 들어, "20명의 아이들로 모둠을 만들고 각 모둠에 3명씩 있다 = 3명씩 6개의 모둠이 생기고 2명이 남는다. (20÷3=6 R2)"
6. 학급구성원들에게 3인 모둠을 만들어 자신들의 계산이 맞는지 살펴보게 한다.
7. 마지막으로, 학급구성원들을 4인 모둠, 5인 모둠, 6인 모둠, 7인 모둠, 8인 모둠, 9인 모둠, 그리고 10인 모둠으로 모둠을 만들면 각각의 경우에 몇 모둠을 만들 수 있는지를 2인 1모둠별로 모둠마다의 고유한 방법으로 알아보도록 한다. 조작물이나 그림을 이용해서 주어진 문제들을 해결하도록 격려해 준다.
8. 그날이나 다음날, 아이들은 그들의 전략들에 대하여 전체 학급토론을 한다. 어떤 학생들은 이 똑같이 나누기 문제를 이해하고 있는지 살펴본다. 그러고 나서, 짝끼리 그들의 해결방식을 공유하게 한다. 일부 아이들은 매우 훌륭하면서도 독창적인 방법으로 자신들의 생각을 조직화 할 수 있다. (그림 5-1와 그림 5-2 참고)

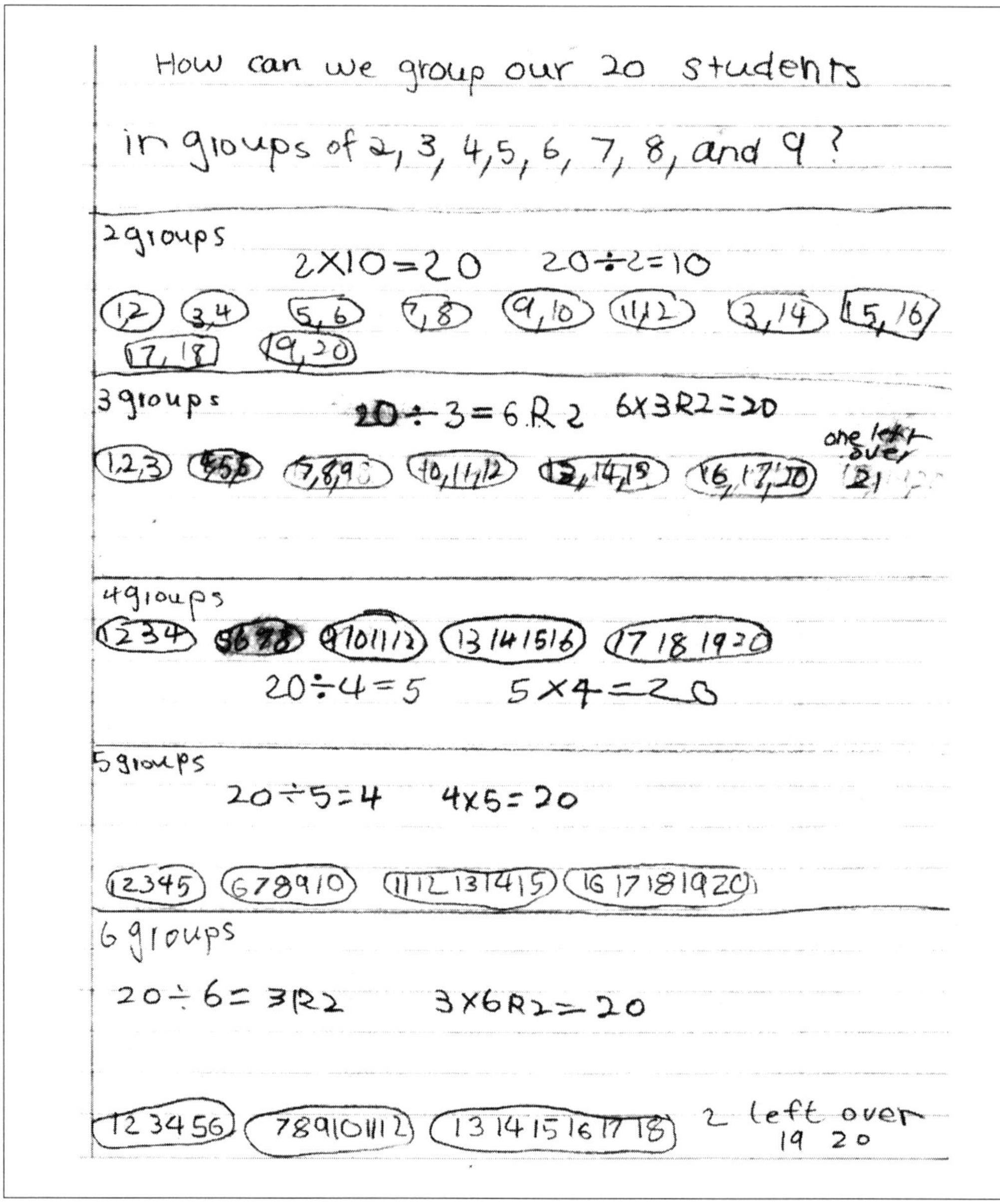

그림 5-1
Nan은 곱셈과 나눗셈 표기법을 이용해서 자신의 똑같이 나누기 문제들을 표현했다. Nan은 3명씩 묶을 때 혼란스러워했다.

일부 아이들은 어떤 묶음은 나머지가 있고 어떤 묶음은 나머지가 없다는 사실을 발견할 것이다. 예를 들어, 20명의 학생들은 2인 모둠으로 모둠을 만들면 나머지가 없지만 3인 모둠으로 모둠을 만들면 2명이 남고, 4인 모둠은 나머지가 없고, 5인 모둠은 나머지가 없고, 6인 모둠은 2명이 남는다. 누군가가 이렇게 정리한 학생이 있다면, 일부 모둠짓기가 나머지가 없는 이유를 질문한다.

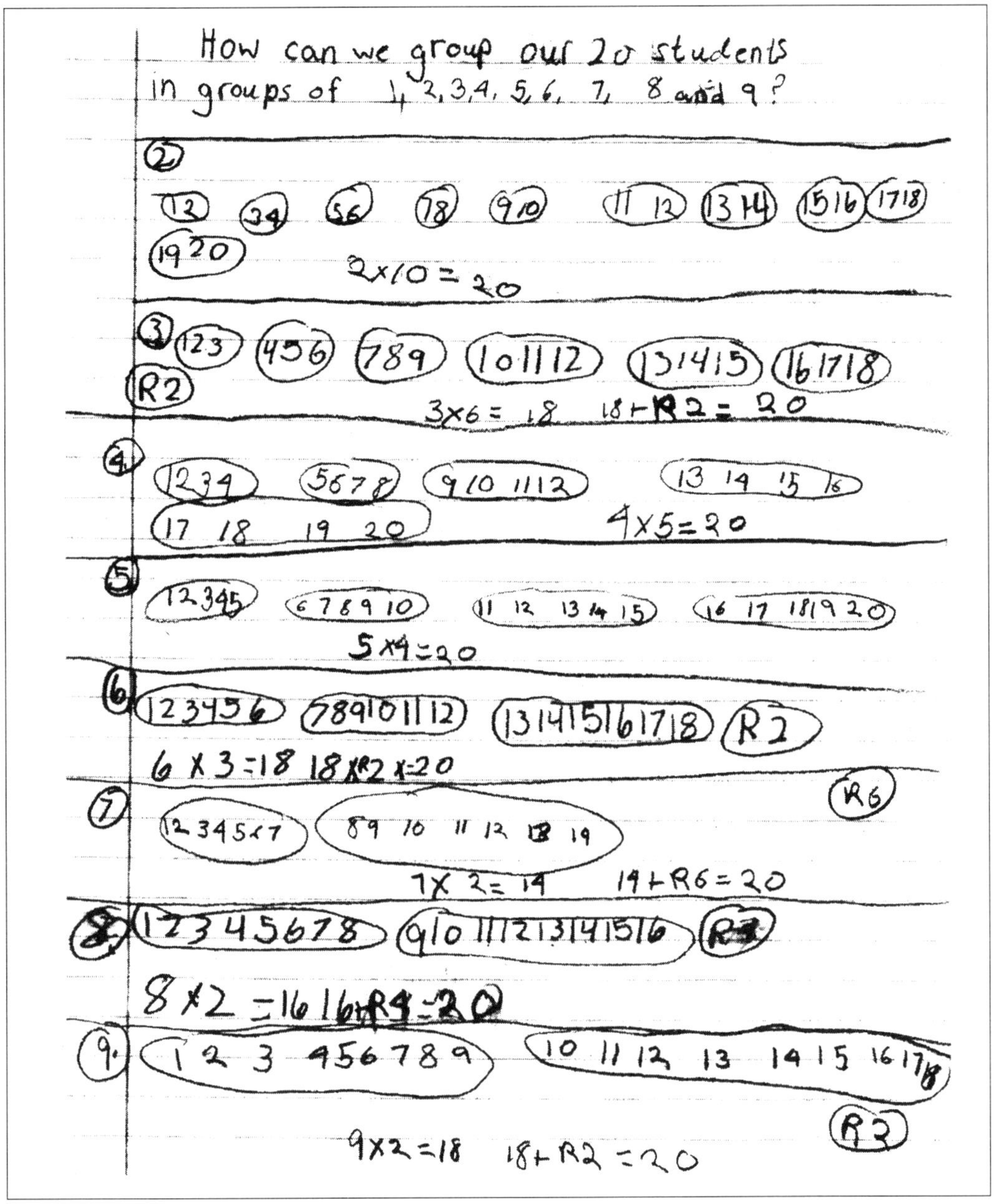

그림 5-2
Deon은 곱셈 표기법을 사용해서 각각 똑같이 나누기 문제를 표현했다. 나머지에 대해서, Deon은 덧셈식을 사용했다.

건포도 탐구 다시하기

교사는 얼마나 많은 아이들이 학급 간식 먹기를 좋아하는지 알고 있다. 교사의 관점에서, 유의미한 수학 학습에 부합하는 매우 적합한 간식이 있을 수 있다. 10월과 11월에 곱셈을 시작할 때 아이들은 나머지 없이 과자 나누기를 하였다. 이번에는, 아이들은 나머지를 있게 하면서 건포도를 똑같이 나누는 활동을 한다. (항상, 음식물을 가지고 활동을 하기 전에 또는 먹기 전에 손을 깨끗이 씻도록 한다.) 이 장기 탐구 활동의 초반부에 학생들은 건포도를 똑같이 묶기를 할 것이고, 후반부에 건포도를 똑같이 나누기 할 것이다.

교수 · 학습 지침

준비물

- 학생 개인 당 건포도 1 1/2온스 한 상자씩
- 건포도를 분류하기 위한 큰 종이 한 장씩(학생 개인 당 한 장씩)
- 센 것을 기록하기 위한 A4 용지 한 장(학생 개인 당 한 장씩)
- OHP

첫 번째 활동 : 건포도 똑같이 나누고 세고

1. 각 학생들에게 건포도 1상자씩 나누어 준다.
2. 상자를 열기 전에 상자에 건포도가 몇 개쯤 있는지 물어본다.
3. 아이들의 추측을 작은 수에서 큰 수대로 칠판에 판서한다.
4. 추측들의 범위를 결정한다. 예를 들어, 가장 큰 수가 65이고 작은 수가 20이라면, 범위는 65−20=45이다. (3학년 아이들은 큰 수를 가장 좋은 수라고 생각하기 때문에, 이들은 높게 어림하는 것을 좋아한다.)
5. 학생들에게 상자들을 열도록 한다.
6. 이제 상자들이 열려졌기 때문에, 학생이 건포도의 수를 어림할 수 있음을 설명해 준다. 상자들이 닫혀 있을 때는 아이들은 추측만을 할 수 있었음을 지적해 준다.
7. 어림값들을 물어보고 기록하고, 어림값들의 범위를 확인한다. 이상적으로, 어림값들의 범위는 추측의 범위보다 작을 것이다.
8. 건포도 한 상자를 OHP 위에서 쏟는다. 이 건포도들을 똑같이 나누기하고 센다. 교사가 5개씩 묶었다면, 5개씩의 묶음마다 원을 하나씩 그린다. 만약 남은 것이 3개 있다면, 이것들을 원으로 그리지 않은 채 이것들끼리 묶음지어 놓는다.
9. 건포도 5개씩 묶은 원이 7개 있다고 가정해보자. 건포도의 총 개수가 몇 개인지를 나타낼 방법을 아이들에게 묻는다. 한 아이가 각 원 아래에 뛰어세기를 하면서 적을 것을 제안 할 것이다. 5, 10, 15, 20, 25, 30, 35. 그러고 나서, 그 아래에 35+R3=38이라고 쓴다. 또 다른 누군가는 이 활동이 **원과 별 게임**과 비슷한 활동이라고 할 수 있다. 아마도 교사는 **7개의 원×각 원에 5개씩의 건포도는 35와 같고 35 더하기 3개의 나머지는 38과 같다**라고 쓸 수 있다. 7×5=35라고 적은 다음에 그 밑에 35+3R=38이라고 적는다.
10. 자원자들을 불러 교사가 아래와 같은 똑같이 묶기 나눗셈 문장을 적는 것을 돕도록 한다.

38개의 건포도를 묶는데 각 묶음에 5개씩 들어가게 하면 7개의 묶음과 3개의 나머지가 된다.

$$38\text{개의 건포도} \div \text{묶음당 } 5\text{개씩} = 7 \text{ 묶음과 } 3\text{R}$$

$$38 \div 5 = 7 \text{ R}3$$

$$5 \overline{)38} \quad 7 \text{ R}3$$

$$\frac{38}{5} = 7 \text{ R}3$$

11. 아이들에게 자신들의 건포도 상자에 있는 건포도들을 똑같이 묶기 하도록 한다. 아직 먹을 수 있도록 허용해서는 안 된다. 조사가 끝날 때 먹을 수 있음을 확인시켜 준다.
12. 학생들에게 그들이 곱셈 문장과 나눗셈 문장을 기록하게 한다. 또한 그들이 숫자나 그림을 각 원 안에 쓰게 하여 다른 학생들이 그들이 똑같이 묶기 한 것을 알 수 있게 한다. (그림 5-3과 그림 5-4 참고)

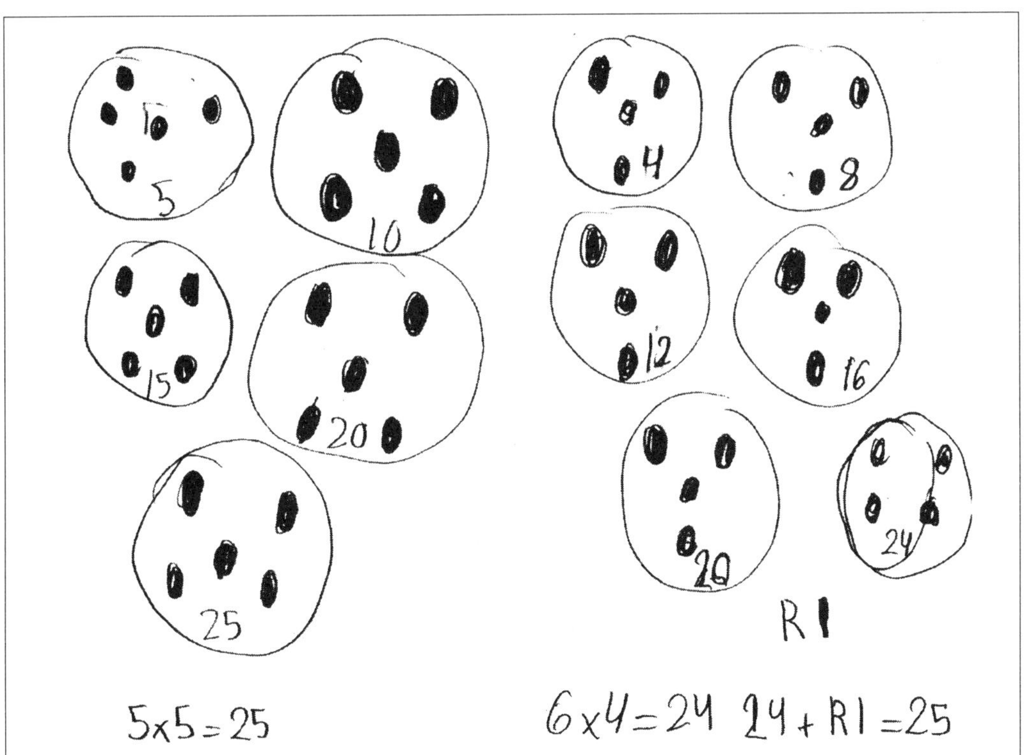

그림 5-3
Rebecca는 자신의 건포도를 5개씩 그리고 4개씩 묶음짓기 하였다.

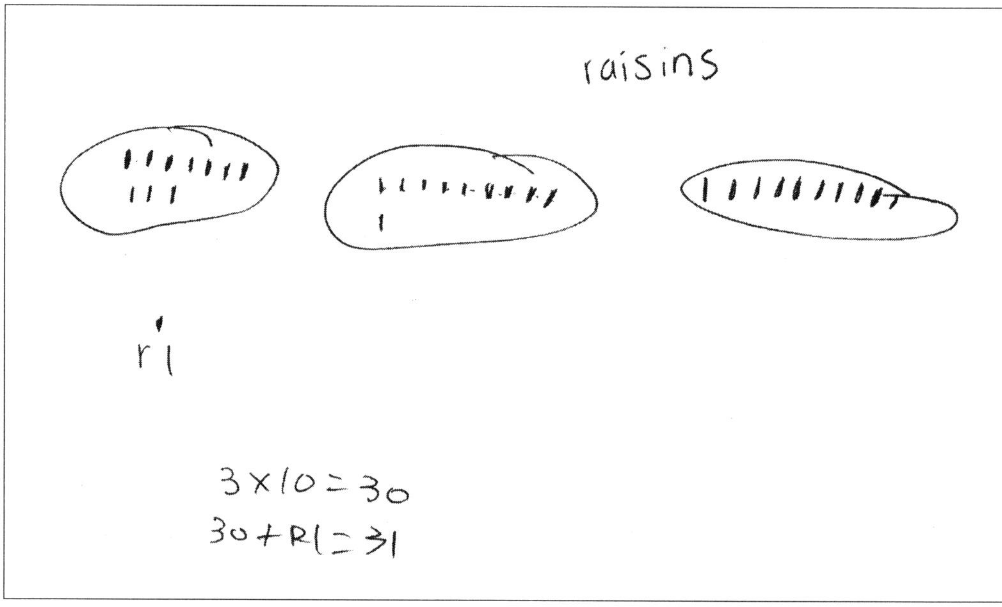

그림 5-4 Jaime는 자신의 건포도를 10개씩 묶음짓기 하였다.

13. 아이들이 자신들의 활동을 마치면, 그들의 활동을 점검한다. 새 활동지에다가 다른 방법으로 자신들의 건포도를 똑같이 묶기를 할 것을 요청한다. 그리고 그들이 어떻게 하던지 같은 총량이 나오는지 확인한다.
14. 모든 아이들이 자신들의 건포도의 수를 세고 기록하기를 마쳤을 때, 4인 1 모둠의 학생들에게 누가 **가장 적은** 건포도를 가지고 있는지 묻는다. 그러고 나서, 학급에서 가장 적은 수의 건포도를 가진 아이가 누구인지 찾아본다.
15. 4인 모둠에서 **가장 많은** 건포도를 가진 아이를 찾고, 학급에서 가장 많은 건포도를 가진 아이를 물어본다.
16. 칠판에 x축에 가장 작은 수부터 시작하여 가장 큰 수까지 쓴 선 그래프를 그린다. 각 아이들에게 자신들의 건포도의 수를 말하도록 하고, 그 사람의 수를 선 그래프 위에 x로 표기한다. (그림 5-5 참고)
17. 모든 자료가 선 그래프 위에 기록되고 나면, 범위(건포도의 제일 작은 숫자에서부터 가장 큰 숫자까지의 차이)에 대해 논의한다.
18. 두 번째 방법으로 주어진 건포도를 똑같이 묶기를 한 아이들에게 첫 번째 건포도를 세어서 얻은 값과 두 번째 세어서 얻은 값이 똑같은지를 묻는다. 이 아이들에게 자신들이 한 활동을 학급구성원들에게 보여주도록 한다. (모든 아이들이 러그 지역에 모여 있어서 친구의 활동지를 잘 볼 수 있다면, 이런 공유하기는 쉽게 이루어진다. 교사는 뒤에 머물려 있으면서 어떠한 중재나 판서없이도 아이들끼리 자신들의 활동을 공유하도록 할 수 있다.)

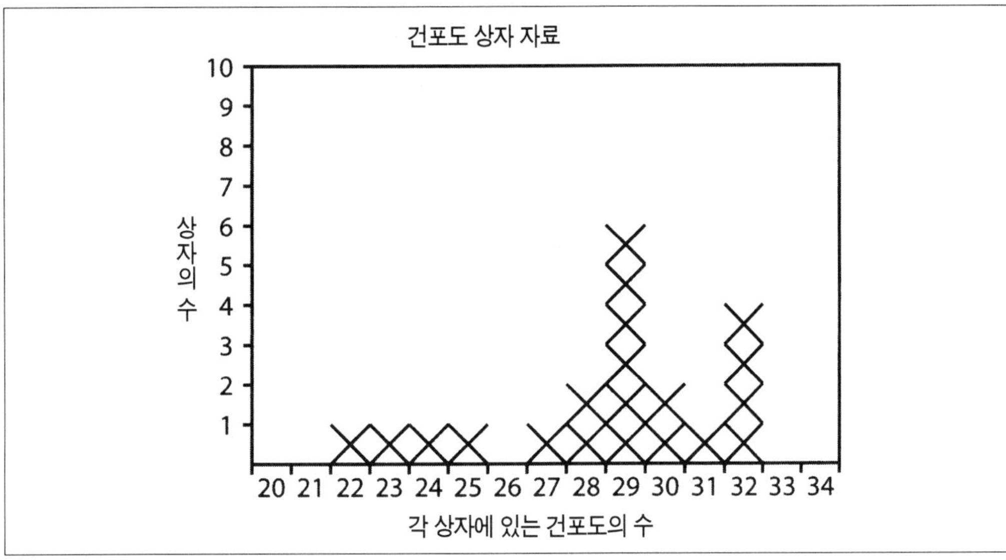

그림 5-5
이 학급은 각 학생들이 가지고 있는 건포도의 수를 보여주는 그래프를 만들었다.

두 번째 활동 : 4인 1 모둠에서 건포도 나누기

1. 이제 자신의 건포도를 센 각각의 학생들은 다함께 책상 위에 있는 건포도 전체의 수를 함께 세어서 결과를 별도의 종이에 기록한다. 또한 그 건포도를 서로 똑같이 나누어 갖는 방법을 설명하게 한다. (그림 5-6과 그림 5-7 참고)
2. 학생들이 자신들의 그림을 설명하고 나면, 자신이 가진 건포도를 먹게 해준다.

심화

아이들의 건포도 똑같이 묶기 활동지들을 살펴보고, 아래와 같은 문제들을 제시한다.

> Margo는 건포도를 4개씩 묶었습니다. Margo는 건포도 8묶음을 만들고 3개가 남았습니다. 건포도는 모두 몇 개입니까? 이것을 어떻게 알았습니까?

> Margo의 건포도를 10개씩 묶어도 전체 개수는 똑같을까요? 이것을 알 수 있는 방법을 설명하세요. 이 문제를 해결할 때 여러분이 그릴 그림에 맞게 문장식을 적으시오.

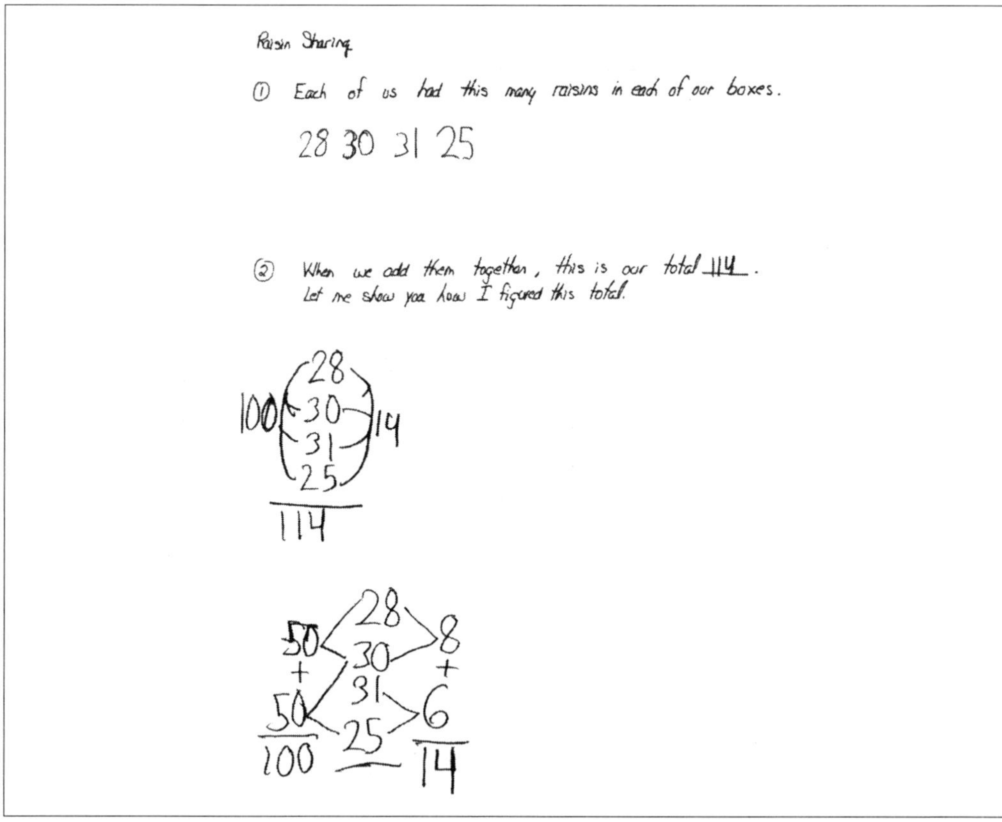

▶
그림 5-6
Angela와 그 모둠 친구들은 자신의 책상에 있는 건포도의 총수를 구한 방법을 보여주었다.

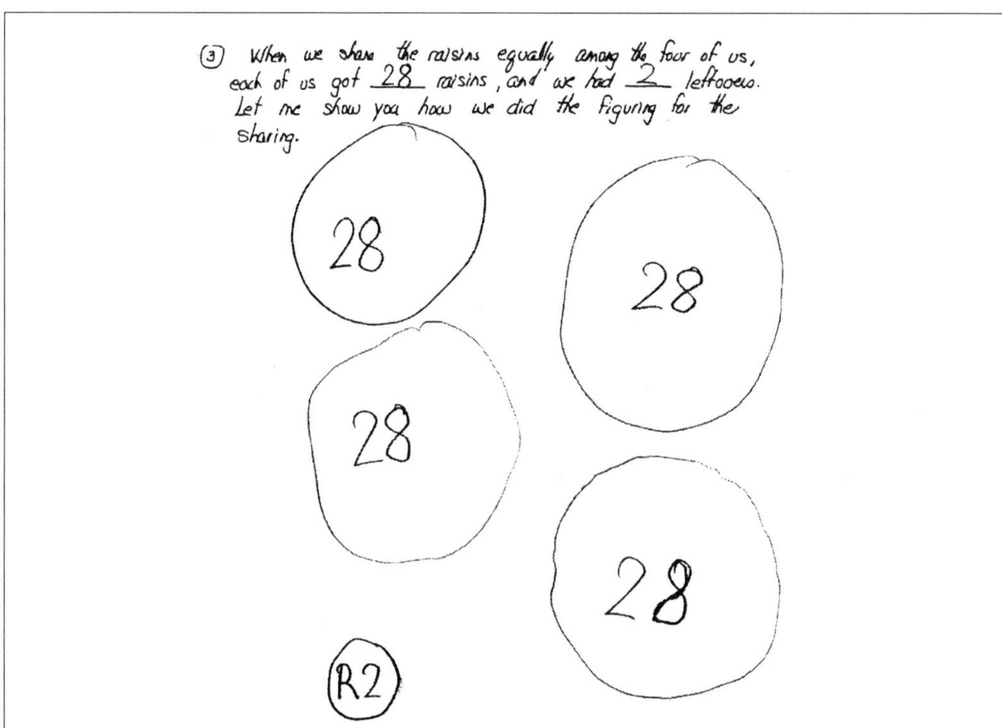

▶
그림 5-7
Angela와 그 모둠 친구들은 그 건포도를 똑같이 나눈 방법을 보여주었다.

게임

아이들이 세기 게임을 계속하는 동안, 아이들은 나눗셈을 곱셈과 관련짓기 시작한다. 아래 설명하는 게임들은 가정과 학교 사이에 의미 있는 수학적 연결을 제공한다. 이 모든 활동에서 누군가의 생각을 의사소통하는 능력은 중요한 요소이다.

원과 별 게임 다시 하기

준비물

- 각 면에 4, 5, 6, 7, 8, 9가 적혀있는 정육면체, 개인당 1개씩 (이 수들은 아이들이 더 큰 곱셈구구를 연습할 수 있게 해준다.)

교수·학습지침

1. 학생들 중 한 명의 자원자와 함께 원과 별 게임의 시범을 보인다. 예를 들어, 주사위를 굴려 6이 나오면, 원을 6개를 그린다. 정육면체를 다시 굴린다. 5가 나오면, 6개의 원 안에 별 5개씩 그린다.
2. 그 결과로 나온 곱셈식을 문장식을 이용해서 적는다. 예를 들어, 5×6=30이라는 곱셈식과 별 5개씩 있는 원 6개는 모두 별 30개와 같다는 문장식을 적는다. 또한 다음과 같이 그 역도 적는다. 30개의 별을 한 묶음에 별이 5개씩 되도록 나누면 원 6개 또는 6개의 묶음과 같다는 문장식과 30÷5=6의 나눗셈식을 적는다. (그림 5-8 참고)

경험 교사의 조언

곱셈과 함께 나눗셈을 사용하면서 아이들은 두 연산의 밀접한 연관성을 깨닫게 된다. 어렸을 때 나는 곱셈으로 나눗셈 문제를 맞게 풀었는지 확인하라고 배웠다. 하지만 그 연관성은 전혀 이해하지 못했다. 교사들은 학생들이 곱셈을 이용해서 나눗셈을 이해하고 있다는 사실을 자주 발견하게 될 것이다. 마치 뺄셈을 이해하기 위해 덧셈을 이용하는 것과 같이 말이다.

이는 또한 문장제 문제 활동을 할 때도 마찬가지이다. 예를 들어 한 아이에게 다음 문장제 문제를 해결하도록 해본다.

자전거가 3대가 있습니다. 각각의 자전거는 바퀴가 2개씩 있습니다. 바퀴는 모두 몇 개가 있습니까?

이 경우에는 곱셈식 2×3=6이 이 문제를 표현한다. 그러나 그 문제는 또한 나눗셈으로 생각할 수 있는 경우가 두 가지가 있다.

> 바퀴 6개를 자전거 3대에 나누어 끼우면 자전거 한 대당 바퀴는 2개가 됩니다. (6÷3=2)
> 바퀴 6개를 2개씩 끼우면 3대의 자전거에 끼울 수 있습니다. (6÷2=3)

▶
그림 5-8
Sam은 엄마와 함께 원과 별 게임을 하고서 자신의 결과를 보여주었다. 샘은 4×6=28[1)]이라는 식에 대해 다시 생각을 해 볼 필요가 있었다.

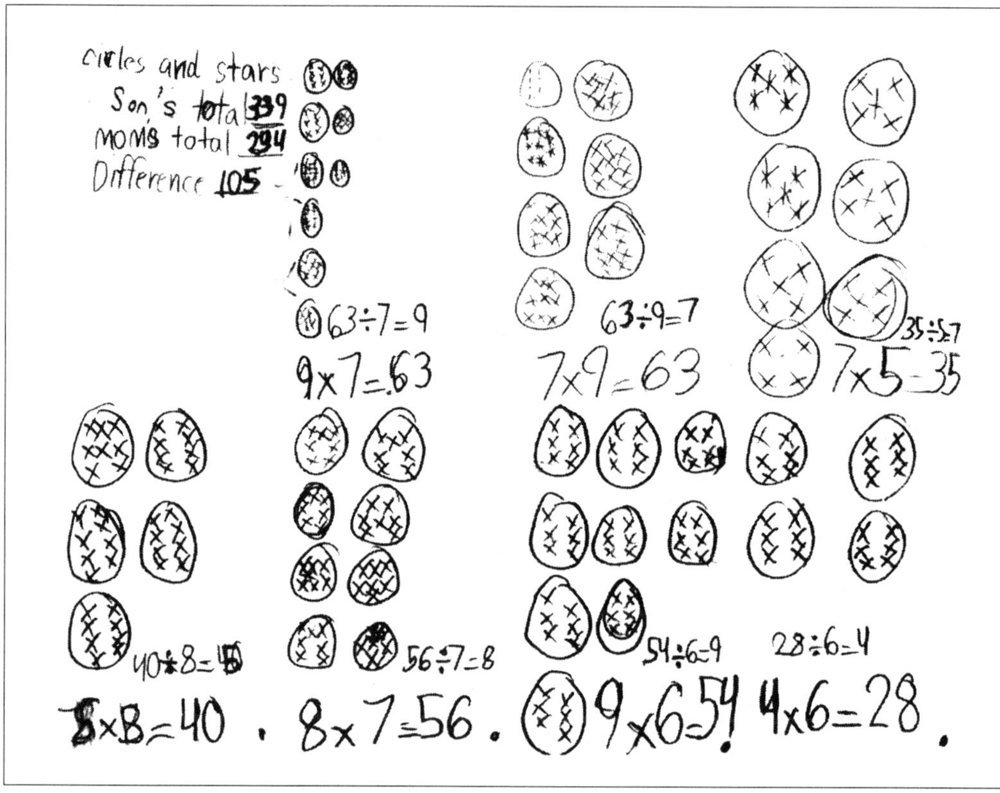

나머지 게임

이 게임은 학생들에게 똑같이 나누기 상황에서 나머지가 발생하는 나눗셈을 하는 경험을 제공한다.

준비물

- 색타일 15개를 넣을 수 있는 종이컵, 2인 1모둠 당 하나씩
- 2인 1모둠 당 작은 종이 접시 6개
- 2인 1모둠 당 주사위 1개
- 2인 1모둠 당 종이 컵 1개
- 2인 1모둠 당 활동지 1장

경험 교사의 조언

학생들이 2명씩 짝을 지어 다른 짝과 이 게임을 하도록 한다. 두 팀은 게임을 하는 동안 무슨 일이 일어나는지 이야기를 나누어 자기 짝이 이해를 잘 할 수 있도록 돕는다. **나머지 게임**은 나머지가 있는 나눗셈, 그리고 3학년 학생들에게는 새로운 경험인 나눗셈의 결과로 나온 식을 기록하는 것을 포함한다. 백짓장도 맞들면 낫다는 속담을 기억하기 바란다.

교수·학습지침

1. 각각의 종이컵에 색타일 15개를 넣는다.
2. 2인 1모둠 당 색타일이 담긴 종이컵을 1개씩, 종이 접시 6개, 주사위 1개를 준다.
3. 경기자 1이 주사위를 굴려서 나온 눈의 수만큼 책상 위에 종이접시를 놓는다. 주사위를 다시 굴리고, 각각의 접시에 **두 번째 굴려 나온 주사위의 눈의 수**만큼 색타일을 놓는다. 나눗셈 계산 후 나머지로 남은 타일들은 새 게임이 시작할 때까지 다시 사용하지 않도록 플라스틱 컵에 놓아둔다.
4. 경기자 1은 접시의 수와 타일의 수를 나타내는 나눗셈식을 쓴다. 예를 들어, 주사위를 굴려 3이 나오고 다음에 4가 나오면, 접시 3개에 각각 타일을 4개씩 놓아야 한다. 이에 대한 나눗셈식은 15÷3=4…3이 된다. 나눗셈식을 쓴 다음에, 그 학생은 활동지에 자신 이름의 첫 글자를 적고 나머지로 남은 타일 3개를 플라스틱 컵에 놓고, 접시들에 있는 색타일들을 종이컵에 다시 넣는다.
5. 경기자 2는 나머지 3개가 없어졌기 때문에, 타일 12개를 가지고 시작한다. 주사위를 굴려 4가 나오면, 접시 4개를 놓는다. 다음으로 주사위를 굴려 3이 나오면, 접시에 타일을 3개씩 놓는다. 이 경우에는 나머지가 없다.
6. 경기자 2는 활동지에 있는 경기자1의 식 아래에 12÷4=3…0이라고 나눗셈식을 적고 이름을 적는다.
7. 나머지가 하나도 남지 않을 때까지 게임을 계속한다.

이 게임의 처음 몇 회 동안, 교사는 아이들에게 단어들과 학생들이 채울 수 있는 빈칸으로 이루어진 활동지에 기록하게 하는 것도 고려해 볼 수 있다. (부록과 그림 5-9와 그림 5-10 참고)

2인 1모둠으로 **나머지 게임**을 하는 동안, 궤간순시하면서 각 라운드마다 나머지를 제거하고 있는지 확인한다. 이 게임의 승자를 판정하는 방법을 알려주고 싶다면, 학생들이 활동지의 아래쪽에 자신이 얻은 나머지들을 모두 더하게 한다. 나머지가 가장 많은 학생이 게임에서 이긴다.

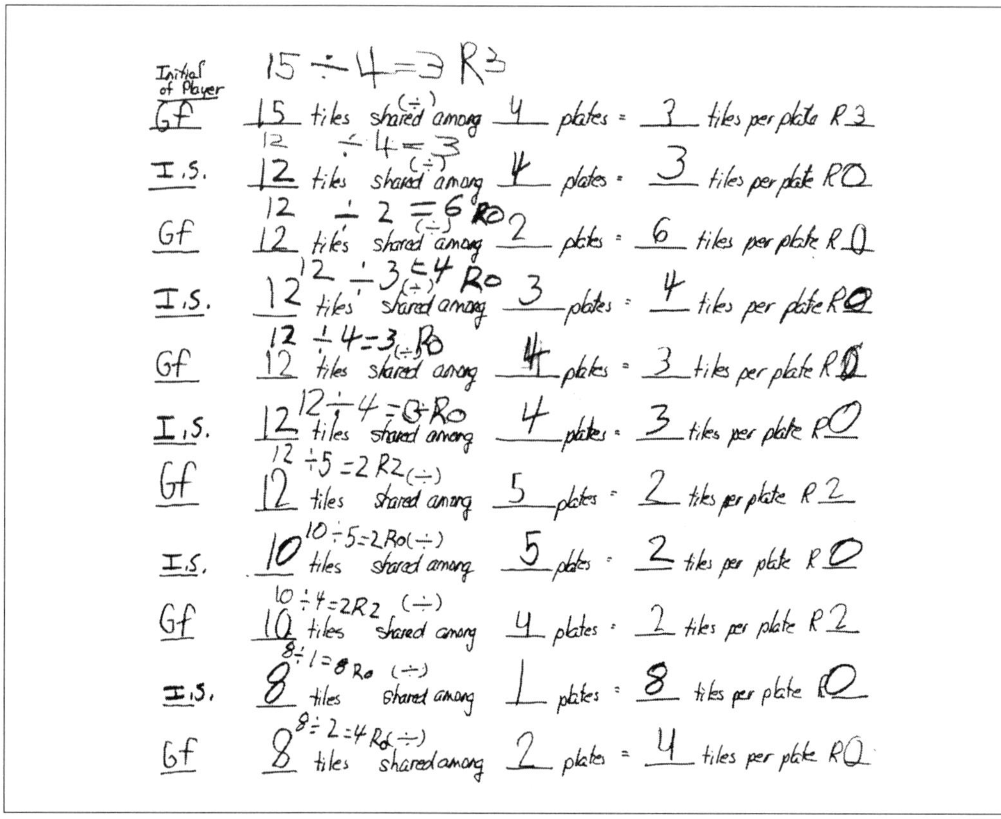
Initial of Player
15 ÷ 4 = 3 R3
Gf 15 tiles shared (÷) among 4 plates = 3 tiles per plate R 3
12 ÷ 4 = 3
I.S. 12 tiles shared (÷) among 4 plates = 3 tiles per plate R0
12 ÷ 2 = 6 R0
Gf 12 tiles shared (÷) among 2 plates = 6 tiles per plate R 0
12 ÷ 3 = 4 R0
I.S. 12 tiles shared (÷) among 3 plates = 4 tiles per plate R0
12 ÷ 4 = 3 R0
Gf 12 tiles shared (÷) among 4 plates = 3 tiles per plate R0
12 ÷ 4 = 3 R0
I.S. 12 tiles shared among 4 plates = 3 tiles per plate R0
12 ÷ 5 = 2 R2 (÷)
Gf 12 tiles shared among 5 plates = 2 tiles per plate R 2
10 ÷ 5 = 2 R0 (÷)
I.S. 10 tiles shared among 5 plates = 2 tiles per plate R0
10 ÷ 4 = 2 R2 (÷)
Gf 10 tiles shared among 4 plates = 2 tiles per plate R 2
8 ÷ 1 = 8 R0 (÷)
I.S. 8 tiles shared among 1 plates = 8 tiles per plate R0
8 ÷ 2 = 4 R0 (÷)
Gf 8 tiles shared among 2 plates = 4 tiles per plate R0

그림 5-9
Gary와 Isa는 그들의 나눗셈식을 기록하기 위해 부록에 있는 활동지를 이용하였다.

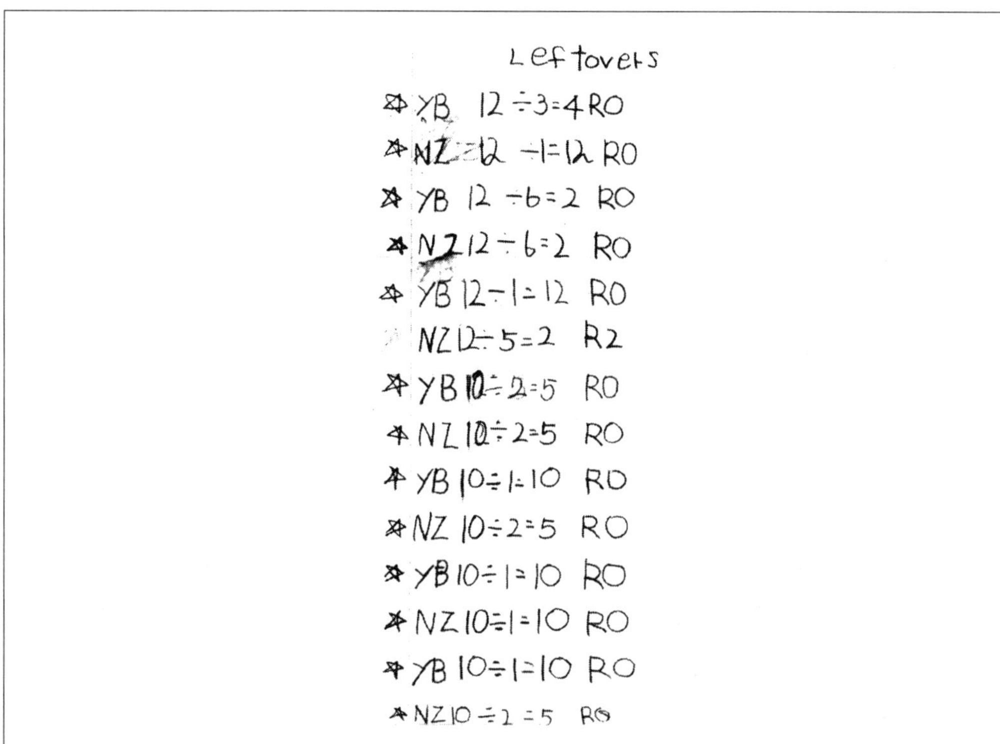
Leftovers
YB 12 ÷ 3 = 4 R0
NZ 12 ÷ 1 = 12 R0
YB 12 ÷ 6 = 2 R0
NZ 12 ÷ 6 = 2 R0
YB 12 ÷ 1 = 12 R0
NZ 12 ÷ 5 = 2 R2
YB 10 ÷ 2 = 5 R0
NZ 10 ÷ 2 = 5 R0
YB 10 ÷ 1 = 10 R0
NZ 10 ÷ 2 = 5 R0
YB 10 ÷ 1 = 10 R0
NZ 10 ÷ 1 = 10 R0
YB 10 ÷ 1 = 10 R0
NZ 10 ÷ 2 = 5 R0

그림 5-10
Yang과 Nan은 빈 활동지에 그들이 만든 나눗셈식을 목록으로 만들었다.

이 게임을 한 대부분의 학급에서는 나머지가 없는 나눗셈식의 차트를 계속해서 만든다. 이 차트는 왜 나머지가 없는가에 대한 흥미로운 토론을 이끈다. 12를 4로 나누면 3이 되고 나머지가 0이 되고, 아이들은 이상적으로 3×4를 계산해서 12가 되거나 또는 3씩 또는 4씩 뛰어세기를 하면 12가 된다는 것을 깨닫게 될 것이다.

또한 교사는 학생들이 집에서 숙제로 가족들과 **나머지 게임**을 하도록 해도 좋다. 이를 위해서 **나머지 게임**의 숙제 규칙을 집으로 보내는 것을 잊지 않도록 한다.(부록참고)

경험 교사의 조언

적절해 보일 때, 학생들이 특정한 수 만큼 배열된 유리창 배열을 보면서 나눗셈 사고를 연결하도록 도와준다. 예를 들어, 수가 12이면 유리창 4개씩 3줄 또는 유리창 3개씩 4줄로 된 배열을 볼 수 있다. 12의 인수는 3이나 4라는 것을 지적한다. 아이들이 3씩 또는 4씩 뛰어세기를 하면 12에 이른다. 3곱하기 4는 12(3과 4는 12의 인수쌍)이기 때문에, 12를 4로 나누면 3이고 나머지는 0이라는 것을 설명한다.

여기서 중요한 아이디어는 제수(나누는 수)가 피제수(나누어지는 수)의 인수일 때, 몫(나눗셈의 결과)은 제수의 인수쌍이고 나머지는 없다는 것이다. 아이들은 **학급 모둠의 수** 활동을 하면서 이와 똑같은 인수쌍의 연결을 할 수 있다.

측정

많은 학생들은 측정 활동을 좋아한다. 교사는 새로운 측정 활동을 고안하기 보다는, 예전에 했던 문제들을 이용해서 똑같이 나누기 또는 똑같이 묶기 상황에 적당한 생각을 재확인할 수 있다. 종종 학생들은 자신만의 아이디어를 가지게 될 것이다. 어느 해 나의 학생들은 연결정육면체로 교실의 길이와 높이를 재기로 하였다. 그런데 연결정육면체 각각을 세는 것은 어려웠다. 그래서 아이들은 색깔별로 10칸 기차를 만들었고, 그것들을 연결한 다음 그 기차의 수를 세었다[34]. 아래에 설명된 **추측하고 측정하기 다시 하기**는 이 아이디어를 기반으로 확장된 것이다.

1분 동안 별 그리기 다시 하기

학생들이 별모양, 달러 기호, 알파벳, 숫자 중의 어떤 것을 사용하든지, 학생들은 1분

34) 이 활동은 "구성주의 수학교실: 2학년(김진호, 남미선, 안희진, 2010, 교우사)"를 참고하기 바란다.

동안 별 그리기를 변형시켜서 몇 가지 활동을 할 수 있고, 그 결과를 곱셈 문장식이나 관련된 나눗셈 문장식으로 기록하고 곧이어 이를 수식으로 기록할 수 있다. 1분 동안 별 그리기에서는, 만약 한 학생이 35개의 별을 각각 5개의 별을 가진 7개 묶음으로 나누었다면, 그 학생은 이 곱셈식을 다음과 같이 표기할 수 있다. 7묶음 곱하기 각 묶음 당 5개의 별은 7 묶음에 35개의 별이 있는 것과 같다(7×5=35). 나눗셈식으로는 그 학생은 35개의 별을 7개 묶음으로 공평하게 나누는 것은 5개의 별이 각 묶음에 있는 것과 같다(35÷7=5)고 쓸 수 있다. 그 학생은 35개의 별을 각각 5개의 별을 가진 묶음으로 나누면 7개 묶음이 된다(35÷5=7)고도 쓸 수 있다.

추측하고 측정하기 다시 하기

학생들이 같은 색의 연결정육면체로 만든 10칸 기차를 가지고 교실안의 사물들을 측정하도록 하고, 그들의 결과를 나눗셈식으로 표현하도록 한다. 예를 들면, 만약 책꽂이가 연결정육면체 42개의 높이라면, 학생들은 "42 연결정육면체를 10칸 기차로 모으면, 4개의 10칸 기차 더하기 나머지 2개가 된다(42÷10=4R2)"고 쓸 수 있다.

학생들이 교실 안에서 각자가 어떤 것이 긴가, 넓은가, 또는 높은가를 비교하여 보고 싶은 2가지의 물건을 생각해보도록 하는 경우를 고려해 본다. 학생들은 넓이에 대한 길이, 길이에 대한 높이 등도 비교해 볼 수 있다. 학생들은 각자 무엇을 측정했는지 기록하고 10칸 기차를 이용해 측정한다. 학생들은 모둠별로 한 활동들을 나눗셈식으로 표현한 후 두 개의 측정값을 비교한다.

돈

돈을 공평하게 분배하는 것은 학생들이 일상생활에서 자주 쓰는 또 다른 경험이다. 이처럼 교사는 실생활과 연관된 문제를 활용하는 것이 좋다.

5달러 똑같이 나누기[35)]

준비물

- 4인 1 모둠 당 돈 주머니 1개

35) 이 활동에 대한 자세한 안내는 "구성주의 수학교실: 나눗셈(김진호, 홍은숙, 황혜진, 2007, 경문사)"의 2장을 참고하기 바란다.

교수·학습지침

1. 4인 1 모둠씩 앉도록 한다.
2. 4인 1 모둠에 돈 주머니를 하나씩 나누어 준다.
3. 학생들에게 어떻게 5달러를 4명이서 공평하게 나눌 수 있을지를 생각하도록 하고, 이들이 찾은 답에 도달한 방법을 단계별로 기록하도록 한다. 명확하게 하기 위해서, 학생들에게 그림 상에 적어 둔 수의 의미를 알 수 있도록 단위(이 경우 사람 또는 돈의 단위)를 포함해야 한다는 점을 상기시켜 준다. 학생들에게 달러와 센트의 표시를 어떻게 하는지 보여준다. 추가적인 소수점 연습을 제공하기 위해서, 학생들이 25센트를 25cents보다는 $.25로 쓰도록 한다. (그림 5-11과 그림 5-12 참고.)

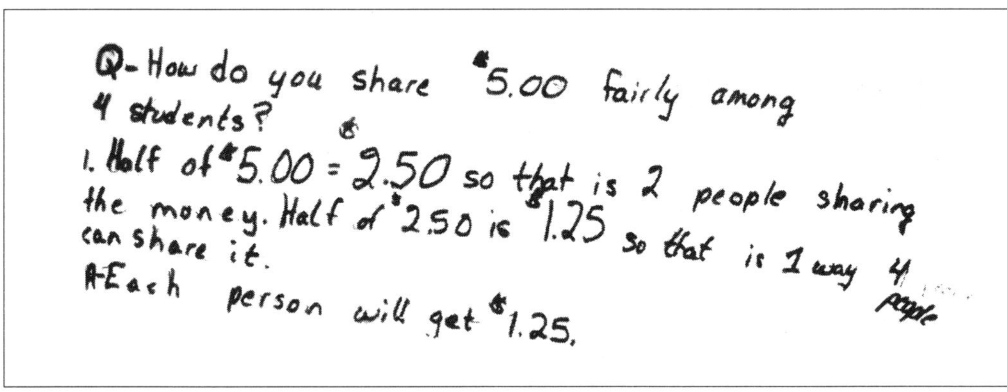

그림 5-11
Wei-Cee는 문장식을 이용해서 주어진 문제에 대한 모둠 학생들의 생각을 보였다.

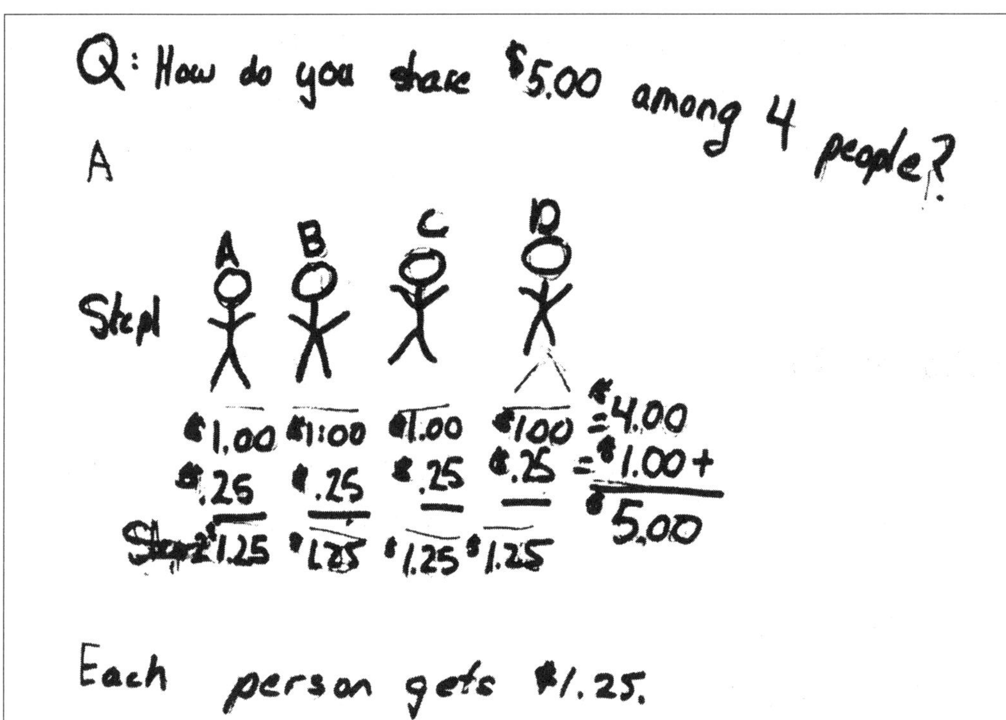

그림 5-12
Marcus는 글, 수, 그림을 이용해서 네 사람이 5달러를 나눠 갖는 문제에 대한 모둠구성원들의 생각을 나타냈다.

일찍 마친 모둠에게는, 그들의 활동을 점검하도록 하고, 작성한 해법이 명확하고 확신을 갖기 위해 추가적인 정보를 필요로 하는지 묻도록 한다. 시간이 허락한다면, 일찍 활동을 끝낸 학생들은 5달러를 나누는 다른 방법을 생각해 볼 수도 있다.

여느 때와 같이, 학생들이 자신들이 찾아낸 여러 가지 전략들을 학급구성원들과 공유하도록 한다. OHP로 학생들이 그들의 활동들을 공유할 수 있도록 한다. 이런 방법으로, 학생들이 자신의 기록물로 수업에 기여할 수 있도록 한다.

심화

- 학생들은 4명이 50센트를 어떻게 공평하게 나누고 나머지를 어떻게 할지 생각하도록 한다.
- 학생들은 4명이 10달러를 어떻게 공평하게 나눌지 생각해 내도록 한다.

두 개의 주머니 속의 동전 다시 하기

학생들이 실제 또는 가짜 동전을 이용해서 풀 수 있는 문제카드를 적는다.
예를 들어, 한 카드에는 다음과 같이 쓸 수 있다.

> 선생님은 $.28을 가지고 있다. 선생님은 돈의 반절을 하나의 주머니에 넣고 나머지 반절을 또 다른 주머니에 넣고 싶다. 선생님은 얼마의 돈을 하나의 주머니에 넣어야 할까요?

학생들이 답을 생각해 내기 위해 사용한 추론을 기록하도록 한다. 어떤 카드는 학생들이 나머지를 결정하는 방법을 알아보기 위해 $.45와 같이 나누어떨어지지 않는 수를 가지도록 한다. 다른 아이디어를 얻기 위해서, 『*Mathematical Thinking at Grade 3*』(Russell과 Economopoulos, 1995)를 참고할 수 있다.

수학 동화를 기반으로 한 활동

학급구성원들과 함께 읽은 책들 중에서 "수학적 내용들"을 주목한다. 아래에 선택된 활동들은 다양한 수학 개념들을 탐구할 수 있는 많은 기회를 제공한다.

알사탕 사기

Megan McDonal가 지은 『*Judy Moody was in a mood. Not a good mood. Not a bad mood*』라는 책 속의 한 장인 "Two Heads are Better Than One"이 수학적 내용을 다루고 있다. 이 이야기에서 Rocky와 그의 친구 Judy는 각각 1달러를 가지고 있다. Judy의 남동생 Stink는 6센트를 가지고 있다. 만약 하나의 풍선껌 값이 25센트라면, 그들의 돈을 다 써서 세 사람은 얼마나 많은 알사탕을 살 수 있을까?

초인종이 울렸어[36)]

Pat Hutchins가 쓴 『*The Doorbell Ring*』[37)]에서 엄마는 그녀의 아이들 둘에게 각각 6개의 쿠키를 주었다. 아이들이 그것을 먹을 기회를 갖기도 전에 친구 두 명이 집에 왔다. 이제 그들은 네 명이서 12개의 쿠키를 나눠가져야만 한다. 그 아이들이 쿠키를 먹기 전에 초인종이 몇 번 더 울려서 원래의 12개의 쿠키들은 더 많은 친구들과 나눠 먹어야만 한다. 결국, 12명의 아이들이 쿠키를 원하고 있고 단 하나만의 쿠키를 가진다는 예상을 할 수 있다. 다행히도 이 장면에서 할머니께서 더 많은 쿠키를 가지고 오신다. (주의: '초인종이 울렸어' 활동을 하기 전에, 이번 장 중 '문장제 문제'에서 소개한 '과자나누기' 활동을 먼저 하는 것이 좋다.)

준비물

- 한 학생당 30×45cm 종이 1장

교수·학습지침

1. 이 수학 동화책을 읽기 전에 이 책을 이미 읽어본 적이 있는 사람이 있는지 물어본다. 읽어본 학생이 있다면, 그들에게 이 책의 대강의 내용을 설명하게 한다.
2. 교사는 책 속 등장인물들이 과자를 나누어 갖는 문제를 해결하는 매 장면마다 책 읽기를 잠시 멈춘다. 그리고 학생들이 그 문제의 해결 방법을 알고 있는지 질문한다. 예를 들어, 네 명의 아이들이 12개의 과자를 나눠 가져야하는 것에 대해서, 한 학생은 덧셈을 사용할 수 도 있다. 3개의 과자+3개의 과자+3개의 과자+3개의 과자=12개의 과자. 또 다른 학생은 뺄셈을 사용할 수도 있다. 12개의 과자−3개의 과자=9개의 과자. 그러고 나서, 다음 아이에게 3개의 과자를 더 주어야 하니까, 3개를 주면 남은 것은 6개의 과자이다. 그러고 나서, 남은 두 명의 아이에게 과자를 3개씩 주면 된다. 아무도 해결 방법을 말하지 않는다면, 곱셈을 사용해서 답을 알아낼 수 있는지 묻는다. 이상적으로라면, 한 학생이 4명의 아이 곱하기 3개의 과자는 12개의 과자와 같다

36) 이 활동은 "구성주의 수학교실: 나눗셈(김진호, 홍은숙, 황혜진, 2007, 경문사) 중 3장"에 보다 자세하게 소개되어 있다.
37) 이 책은 "자꾸자꾸 초인종이 울리네(신형건, 2006, 보물창고)"로 번역되어 있다.

고 제안할 것이다.

3. 이 책속에서 과자 나누기 하는 각각의 상황을 토의하게 할 때 칠판에 각각의 문제를 적는다. 그 후, 이 문제를 나타낼 수 있는 세 가지 방법을 적는다. 여기에 몇 개의 예들이 있다.

첫 번째 과자 나누기 상황

12개의 과자를 2명의 아이들이 똑같이 나눠가져서 한 명이 과자를 6개씩 가진다.

12개의 과자 ÷ 2명의 아이들 = 한 명당 6개의 과자

$$12 \div 2 = 6$$

$$2 \overline{)\,12}^{\;6}$$

$$\frac{12}{2} = 6$$

두 번째 과자 나누기 상황

12개의 과자를 4명의 아이들이 똑같이 나눠가져서 한 명이 과자를 3개씩 가진다.

12개의 과자 ÷ 4명의 아이들 = 한 명당 3개의 과자

$$12 \div 4 = 3$$

$$4 \overline{)\,12}^{\;3}$$

$$\frac{12}{4} = 3$$

세 번째 과자 나누기 상황

12개의 과자를 6명의 아이들이 똑같이 나눠가져서 한 명이 과자를 2개씩 가진다.

12개의 과자 ÷ 6명의 아이들 = 한 명당 2개의 과자

$$12 \div 6 = 2$$

$$2 \overline{)\,12}^{\;6}$$

$$\frac{12}{6} = 2$$

네 번째 과자 나누기 상황

12개의 과자를 12명의 아이들이 똑같이 나눠가져서 한 명이 과자 1개씩 가진다.

12개의 과자 ÷ 12명의 아이들 = 한 명당 1개의 과자

$$12 \div 12 = 1$$

$$12 \overline{)\,12}^{\;1}$$

$$\frac{12}{12}=1$$

4. 2장에서 Used to be rich 이야기로 하는 활동에서 한 것처럼, 학생들에게 30×45cm 종이를 8등분으로 접게 한다. 첫 번째 칸에 학생들은 자신의 이름과 "초인종이 울렸어"라는 제목을 적는다. 학생들은 이어지는 네 개의 칸에 네 개의 과자 나누기 문제 상황을 각각 나타내기 위해, 문장식과 나눗셈 표시법을 적는다. 그러고 나서, 그들은 자신들의 나눗셈식에 맞는 그림을 그린다.

   학생들을 궤간순시하면서 혼란스러운 그림이나 식을 발견하면 학생들에게 질문을 한다. 만약 피제수와 제수를 바꿔서 나눗셈식을 적은 학생들을 발견하더라도 놀라지 않지 바란다. 그들에게 그들의 표기가 의미하는 것을 설명하도록 요구한 다음에, 칠판에 적어 둔 나눗셈식을 참고하도록 한다.
5. 많은 학생들이 나눗셈식과 그림을 완성했을 때, 그들이 할머니가 가져온 쟁반에 있는 과자 배열을 보여주는 이야기 속의 그림을 조사하게 한다. 그 그림은 한 줄에 13개씩 6줄이 있는 그림이다. 원래의 12개에 78개의 과자를 더하면 매우 큰 수가 되기 때문에, 보다 단순한 문제로 바꾼다. 할머니께서 단지 18개의 과자만을 가지고 오셨다고 제안하고, 12개의 과자에 18개를 더하면 몇 개인지 질문한다.
6. 일단 학생들이 18+12=30임에 동의하면, 30개의 과자를 네 명의 아이들이 똑같이 나눠가질 수 있는지 질문한다.
7. 학생들에게 이 이야기로 계속하는 나머지 과자 나누기 문제 상황들에 대한 지시사항들을 설명해 준다.

다섯 번째 과자 나누기 상황

30개의 과자를 12명의 아이들이 똑같이 나눠 가지기= 한 명이 과자 ____개씩

여섯 번째, 일곱 번째 과자 나누기 상황[38)]

학생들에게 그들 자신의 새로운 과자 나누기 문제들을 만들도록 한다. 예를 들어, 더 많은 사람들이 와서 30개의 과자를 공평하게 나누기를 해야 하거나, 더 많은 과자가 생겨서 12명의 사람들이 똑같이 나누기를 해야 하는 상황을 설정하도록 한다. 또는 사람의 수와 과자의 수를 모두 변화시키는 상황을 설정하도록 한다. 학생들에게 활동지의 나머지 두 칸에 각각 나눗셈식을 하나씩 적도록 하고, 각 문제를 해결하는 방법을 표현하도록 한다. 그리고 답에 대한 삽화를 그리도록 한다.

다섯 번째 과자 나누기 상황에서 나머지가 생길 것이라는 것에 주의한다. 학생들은 나머지를 어떻게 처리할지 결정할 "곰곰이 생각해 볼 시간"이 필요할 것이다. 몇몇은 쟁반에 나머지를 놔두거나 냉장고 속에 넣을 것이다. 또 다른 학생들은 나머지 각각을 반으로 나눠서 공평하게 나눠줄 것이다. 이러한 경우에, 그들은 그에 일치할 수 있는 나눗셈식을 적는 방법을 모를 것이다. 많은 학생들이 이 문제에 관해서 자신들의 생각을 만들었을 때, 그동안 학생들이 생각한 것을 공유하게 할 수 있고, 표기법에 대해 도움을 줄 수 있을 것이다. 예를 들어, 6개의 쿠키가 남는 것에 대하여, 2와 나머지 6 또는 2R6이라고 적을 수 있다.

하나의 반은 $\frac{1}{2}$로 적는다.(183쪽 참고) 다섯 번째 과자 나누기 상황의 답은 두 개와 반 개의 과자이기 때문에, 학생들은 분수를 포함하는 수를 일반적으로 어떻게 적는지(이 경우는 $2\frac{1}{2}$) 이해할 필요가 있다. 그러나 학생들이 자신들의 표기에서 와라는(2와 $\frac{1}{2}$의 과자) 말을 포함하여 쓰는 것을 더 잘 이해한다면 그렇게 쓰도록 허용해 준다. 학생들이 각자 문제를 푸는 시간으로 돌아가기 전에 또 다른 질문을 가지고 있는지 반드시 질문한다.

한 학생이 이 이야기로부터 도출한 과자 나누기 문제들을 설명한 방법에 대한 예가 그림 5-13에 나타나 있다.

8. 학생들이 그들 자신이 만든 과자 나누기 문제들을 학급구성원들과 함께 공유하도록 한다.

---

38) 학생들에게 동일한 활동을 소개하고 이것을 개별적으로 또는 모둠별로 할 것을 요구하였을 때, 학생들은 동시에 활동을 마치지 않는다. 따라서 교사편에서는 주어진 활동을 일찍 마친 학생들을 위한 후속 활동들을 갖고 있어야 한다. 이 후속 활동들은 이 활동에서 보는 것처럼 가급적이면 본 활동으로부터 파생된 것이 좋다. 아마도 이런 후속 활동이 심화 활동이라고 할 수 있다. 이런 심화 활동은 제7차 교육과정에 따른 수학교과서에서 심화 활동과 비교해 봄으로써 시사점을 얻을 수 있다.

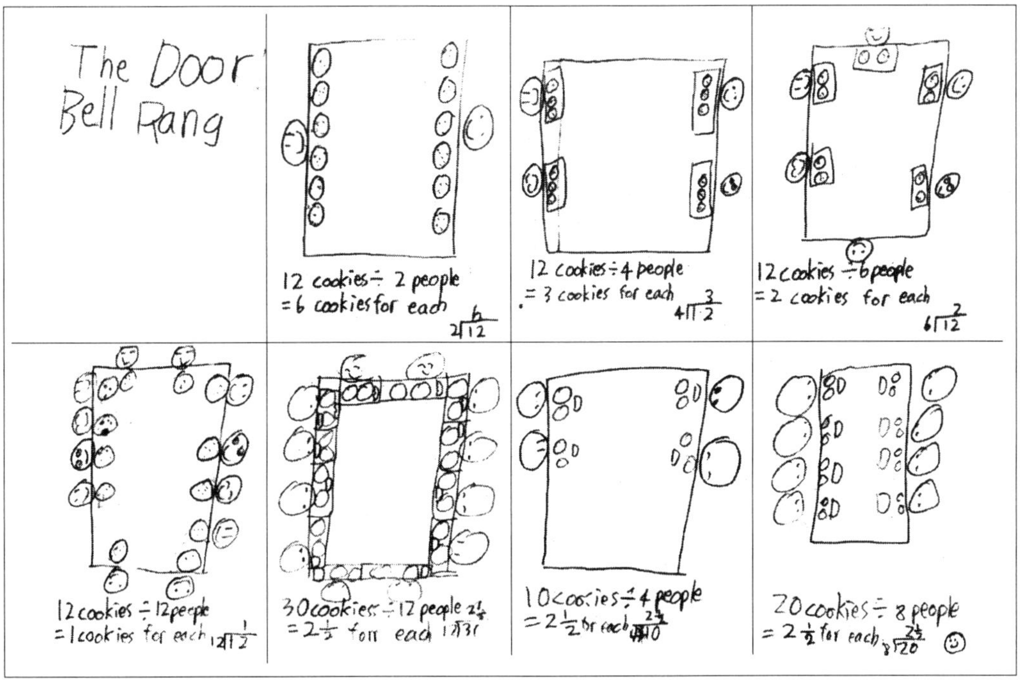

그림 5-13
Salina는 다양한 쿠키 나누기 문제를 해결한 방법을 보여주기 위해서 식탁에 앉은 친구들의 그림을 그렸다.

경험 교사의 조언

나머지가 있는 똑같이 나누기 문제인 다섯 번째 문제 상황은 학생들에게 혼란스러움을 느끼게 하는 기회를 줄 것이다. 학생들이 불균형을 경험할 때, 그들은 종종 배움에 있어 큰 발전을 한다. 나는 이런 경우를 가르칠만한 순간이라고 부른다. 그러나 학생들이 나머지가 있는 나눗셈에 대해서 오래 혼란스러워하지를 않기를 바라므로, '멈추고 공유할' 시간을 조심스럽게 판단한다. 정신적인 지원 또는 좀 더 명확한 지원을 하면서 옆에서 지켜볼 때와 한 발 물러서서 지켜볼 때를 알아야 한다.

심화

아이들은 과자가 아닌 다른 것들을 똑같이 나누기하는 것에 대해 브레인스토밍 하도록 한다. 그러고 나서, 각자가 새로운 활동지를 8등분하고 각 부분에 자기 자신의 똑같이 나누기 이야기를 작성한다. (이 활동과 관련된 더 많은 심화 활동은 『*Teaching Arithmetic: Lessons for introducing Division, Grades 3-4*』[39]를 참고하기 바란다.)

39) 이 활동은 "구성주의 수학교실: 나눗셈(김진호, 홍은숙, 황혜진, 2007, 경문사)"로 번역되어 있다.

변화는 과자 나누기

Joanne Rocklin이 지은 『*One Hungry Cat*』는 "초인종이 울렸어" 활동의 재미있는 후속 활동을 제공해 준다. 고양이 탐은 자신과 자신의 두 친구를 위해 12개의 과자를 굽는다. 그는 3개의 접시에 똑같이 4개씩 나누는 방법을 생각해 낸다. 이때 그는 자기 접시에 있는 과자들을 먹었다. 지금 그는 8개의 과자를 3개의 접시에 똑같이 담아야 한다. "초인종이 울렸어"와 달리 과자의 수는 변하는 반면 등장인물과 접시의 수는 변하지 않는다.

과자를 모두 먹은 고양이 탐이 다시 나눠 먹을 정사각형 모양의 레몬 케이크를 구웠기 때문에, 또 다른 문제 상황이 만들어진다. 마지막으로 고양이 탐은 이번에는 2개의 머핀에 있는 9개의 블루베리를 똑같이 나누기를 원하는 그의 손님들을 위해 2개의 블루베리 머핀을 굽는다. 책에 있는 상황들을 탐구함으로써 아이들은 나머지가 있는 똑같이 나누기를 경험하게 된다. 레몬 케이크 나누기 부분은 분수에 대한 사고로 안내한다. 그러나 교사는 학생들이 다음 장에 소개된 활동들을 통해 분수를 보다 완전히 탐구하도록 하는 것이 좋다.

준비물

- 2인 1모둠 당 12개의 둥근 원반 또는 연결정육면체
- 2인 1모둠 당 3개의 종이 접시

교수·학습지침

1. 2인 1모둠에게 12개의 과자(둥근 원반 또는 연결정육면체)와 3개의 종이 접시를 나누어 준다.
2. 탐이 12개의 과자를 3명의 학생에게 똑같이 나누어 주는 부분을 학생들에게 실연하도록 한다.
3. 학생들이 탐이 3사람에게 8개의 과자를 똑같이 나누어 주는 부분도 실연하도록 한다. 나머지 2개로 무엇을 해야 하는지에 대해 꼭 토의하도록 한다. 몇몇 학생들은 아마 손님들에게만 나머지 2개를 줄 것을 제안할 것이며, 다른 학생들은 과자를 잘라서 탐과 손님들에게 나눠줄 것을 제안할 것이다. 이는 나중에 교사가 분수는 하나의 전체 중 똑같은 크기의 부분들이라는 것을 설명하는 것에 대한 커다란 출발점이 된다. 흰 칠판에 2개의 둥근 과자를 그린다. 과자의 **부분들**을 똑같이 나누기가 이 이야기에서 주어진 문제를 풀 수 있는 방법인지에 대한 제안들을 요청한다. 몇 가지 가능성에 대한 것이 그림 5-14에 있다.

아이들은 탐과 두 명의 친구가 8개의 과자를 나눌 때 온전한 과자를 2개씩 갖게 됨을 알 것이다. 만일 그들이 나머지 2개의 과자를 똑같이 나누고자 결정한다면 다음과 같은 몇 가지 전략들이 있다.

전략 1

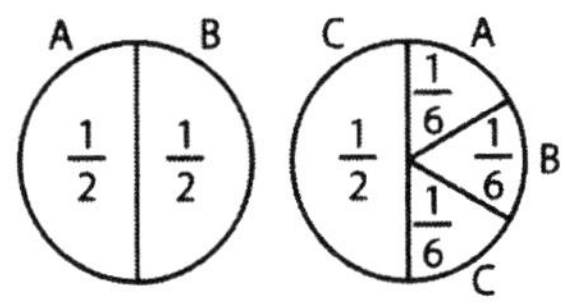

A는 남아있는 2개의 과자 중 $\frac{1}{2}$과 $\frac{1}{6}$을 갖는다.

전략 2

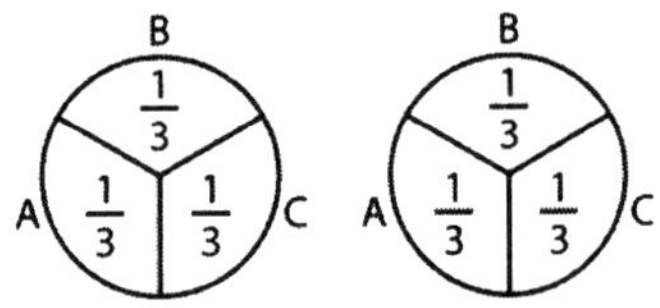

A는 남아있는 2개의 과자 중 $\frac{2}{3}$를 갖는다.

전략 3

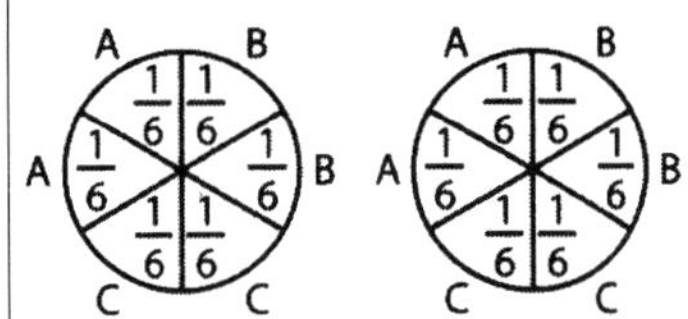

A는 남아있는 2개의 과자 중 $\frac{4}{6}$를 갖는다.

◀ **그림 5-14** 남은 2개의 과자를 똑같이 나누기 위해 과자를 조각내는 방법에는 몇 가지 방법이 있다.

경험 교사의 조언

대부분의 아이들은 그들이 자르고 접을 수 있는 둥근 종이 과자들을 갖고 있을 때 조차 과자 그림들을 3등분하여 나누는 것이 어렵다는 것을 알아낸다. 아이들이 하는 제안들을 기록한다. 그러나 각 분수 부분의 크기가 서로 같아야 한다는 점을 상기시켜 주고 잘 된 것과 그렇지 않은 것을 보여준다. (아래 참고)

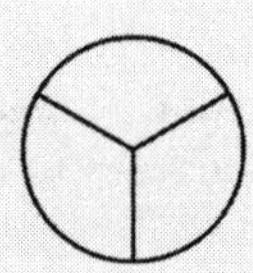

잘 된 것

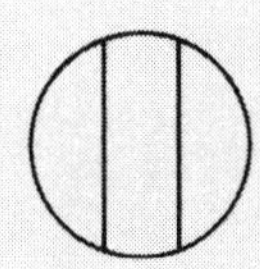

잘못된 것

이것이 교사가 지도하고 있는 학생들이 분수를 공식적으로 경험하는 첫 번째 경험이라는 점을 염두에 두고, 올바른 개념을 소개해 주고 분수의 의미를 설명하는 부분을 가볍게 다룬다. $\frac{1}{3}$은 온전한 과자 하나가 3개의 똑같은 크기를 가진 세 부분으로 나누어지는 것이며, 똑같은 크기의 세 부분 중 하나를 의미한다. 만일 과자 나누기 문제에 대한 답이 "3분의 1이 두 개"라는 개념은 $\frac{1}{3}+\frac{1}{3}$ 또는 $\frac{2}{3}$일 것이다. 학생들은 다음 장의 활동들을 통해 분수 개념에 대해 더 탐구할 수 있는 많은 기회를 갖게 될 것이다.

그러나 학생들이 이 활동을 시작하기 위해서, 만일 교사가 두 개의 나머지 과자를 $\frac{1}{2}$로 나눈다면 무슨 일이 일어나는지를 칠판에 그린다. 각각의 절반인 부분에 $\frac{1}{2}$이라고 쓴다. 이 개념은 전체를 크기가 같은 두 개의 조각으로 나누고 그 중 하나를 나타내고 있음을 의미한다. 그리고 아직도 나누어줄 $\frac{1}{2}$쪽짜리 과자가 남아있음을 알려준다. 아이들은 남아있는 반쪽짜리 과자를 3부분으로 나누고 이러한 조각들 각각을 $\frac{1}{3}$로 나타낼 것을 제안할 것이다. 아이들에게 과자들의 각 조각이 $\frac{1}{3}$이 되기 위해서는 전체 과자의 $\frac{1}{3}$이 되어야 함을 설명해 준다. 반쪽짜리 과자의 $\frac{1}{3}$은 전체 과자의 $\frac{1}{6}$이다. (아래 참고)

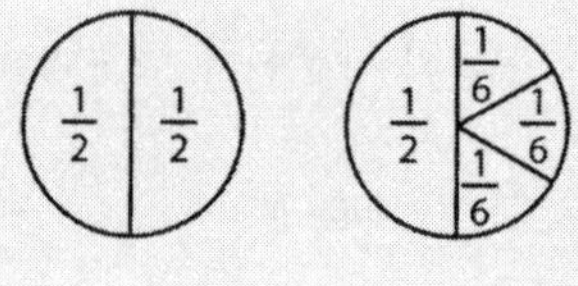

개미들의 행렬

Elinor J. Pinczes가 지은 『*One Hundred Hungry Ants*』[40]에서, 개미들은 가능한 빨리 소풍장소에 도착할 방법들로 줄을 서고자 애쓰고 있다.

준비물

- 4인 1 모둠 당 1 모형 한 세트[41] 또는 다른 조작교구들

교수 · 학습 지침

1. 칠판에 100마리의 개미를 한 줄로 줄지어 놓으면 한 줄에 100마리의 개미가 있다고 쓴다.
2. 3가지 표기법들을 적는다.

$$100 \div 1 = 100$$

$$1\overline{)100}^{\;1}$$

$$\frac{100}{1} = 100$$

3. 한 줄에 몇 마리의 개미들이 있는지를 보여주지 않으면서, 한 번에 한 부분씩 이 이야기를 읽어 준다. 각 이야기마다 서로 다른 길이로 조작물들을 놓으면서 아이들에게 답을 구하도록 요청한다. 첫 번째, 100마리의 개미들이 두 줄로 똑같이 나누어지도록 한다. 각 4인 1 모둠에 1 모형 100개를 세어 갖고 이것들을 두 줄로 똑같이 세우도록 한다. 각 줄에는 1 모형이 몇 개 있는지 물어 본다.
4. 아이들에게 이 답에 맞는 문장식을 적도록 하고, 세 가지 대응하는 나눗셈 표기법을 작성하도록 한다.
5. 그 다음으로 개미들을 4 줄로 똑같이 세우도록 한다. 그러고 나서, 학생들에게 각 줄에 있을 개미들의 수를 추측하는 시간을 준다. 아이들의 추론을 들어 준다. 그러

40) 이 책은 "배고픈 개미 100마리가 발발발(신형건, 2006, 보물창고)"로 번역되어 있다.
41) 1 모형(counting cube) 한 세트는 1000개(기본 크기 1cm)이고, 10 모형(counting rods) 한 세트는 100개이고, 100 모형(counting square) 한 세트는 10개이다.

고 나서, 아이들에게 이 똑같이 묶기를 할 수 있는 시간을 준다. 나눗셈에 대해서 생각해 볼 수 있는 이 시기에, 아이들은 조작물을 동량의 묶음으로 묶는 많은 경험을 하는 것이 도움이 된다는 것을 알게 된다.

6. 학생들이 이 이야기에 나오는 모든 문제들을 다 처리할 때까지 계속한다.

심화

학생들에게 12마리의 개미들을 2줄, 3줄, 4줄 … 12줄로 세우고자 할 때 무슨 일이 일어나는지 탐구하도록 한다.

놀이공원 표 똑같이 나누기

Teddy Slater가 지은 『*Two Tickets to Ride*』에서, Amy는 놀이공원에서 놀이기구를 탈 수 있는 50장의 티켓을 갖고 있다. 그녀는 공원에서 열릴 생일 파티에 몇 명의 친구들을 초대해야 하는지 결정하기 위해 고심하고 있다. 그녀가 자신과 학급 친구들을 초대하는 것에 대해 생각하고 있을 때, 그녀는 25명의 친구들이 생각났다. Amy가 공평하게 표를 나눠 준다면, 각자 몇 장의 놀이기구 탑승 티켓을 갖게 될지 계산해야 한다. Amy는 그 때 3명의 친구와 그녀 네 명이 표를 나누어 갖는 것에 대해 생각해 본다. Amy는 남동생을 더하여 5명이 되었다. 표의 수는 그대로 있지만 표를 나누어 갖는 아이들의 수는 바뀐다.

Amy, Sam, Max, 그리고 두 명의 다른 친구들이 잠시 놀이공원에 있었던 후에 맥스는 13장의 무료 표를 얻었다. 그는 13장의 추가 표로 무엇을 해야 할지, 어떻게 나누어야 할지 계산한다. 이 이야기의 말미에 Amy와 그녀의 손님들이 어떻게 11장의 표를 나누어야할지 그리고 나머지 한 장으로 무엇을 해야 할지 결정해야만 한다. 알 수 있듯이, 이 책은 나머지에 관한 결정을 해야 하는 의미 있는 맥락을 제공해 준다.

이야기 문제

과자 나누기

이 활동에 대한 보다 자세한 사항에 대해서는 "구성주의 수학교실: 나눗셈(김진호, 홍은숙, 황혜진, 2007, 경문사)를 참고하기 바란다.

준비물

- 빈 과자 그림들이 그려진 종이 한 장 (부록 참고)
- 4인 1모둠 당 활동지 몇 장씩 (부록 참고)

교수 · 학습 지침

1. 부록에 있는 과자들을 색복사지에 복사하고, 부록에 있는 활동지를 흰종이에 복사한다.
2. 색과자들을 오린다.
3. 학생들이 오늘 활동할 각 과자 문제에 대해 학생들에게 설명해 준다. 이때, "과자"들은 누군가가 결석했을지라도 그 친구까지 포함한 4인 1모둠의 학생들이 나누는 것으로 한다는 점을 설명해 준다.
4. 한 개의 과자를 보여 주고 4인 1모둠에서 한 명 당 몇 개의 과자를 갖게 될지 묻는다.
5. 한 개의 과자를 활동지의 네 부분 각각에 풀로 붙이고, 각 과자에 '1-전체'라고 적는다.
6. '한 명당 갖게 된 과자는 몇 개인가요?'라는 질문에 대해, 교사는 아이들이 문장, 문장식, 수식 또는 이런 것들 중의 일부 또는 모두를 적도록 할 것인지를 결정해야 한다. (표기는 4개의 과자를 4 명이 나누면 각자 과자 한 개와 같다(문장), 4개의 과자÷4명의 아이들=각자 과자 1개(문장식), 4÷4=1(수식)와 같다.)
7. 4인 1모둠이 6개의 과자를 4명이 나누는 활동을 하도록 한다. 그리고 활동을 끝냈을 때, 활동지를 교사에게 보여주게 한다. 과자의 $\frac{1}{2}$ 조각들이 모두 똑같은지 점검하고 아이들이 이러한 분수 부분에 어떻게 이름을 붙였는지 관찰한다. 아이들이 온전한 과자들에도 이름을 꼭 붙이게 한다. (그림 5-15 참조)
8. 다음 4개의 문제를 학생들에게 주고 해결책을 활동지에 기록하게 한다.

과자 수	사람 수
4	4
3	4
2	4
1	4

9. 아이들이 활동할 때, 아이들을 궤간순시하고 나누는 문제를 어떻게 해결하는지 그리고 나눗셈과 분수를 어떻게 이해하는지 경청한다. 만일 모둠이 일찍 끝냈다면 4명이 7개의 과자를 나누도록 한다. (그림 5-16과 그림 5-17 참조)
10. 이 활동에 대해 전체 학급 토론을 한다. 아이들이 어떻게 한 개의 과자를 4명이 똑같이 나누었는지 물어보고, 아이들이 분수 $\frac{1}{4}$ 이 전체를 똑같이 4개로 나눈 것 중에 한 조각을 의미하는 것임을 이해하고 있는지 점검한다. 이는 아이들이 의미 있는 맥락 속에서 분수를 배우는 소중한 기회이다.

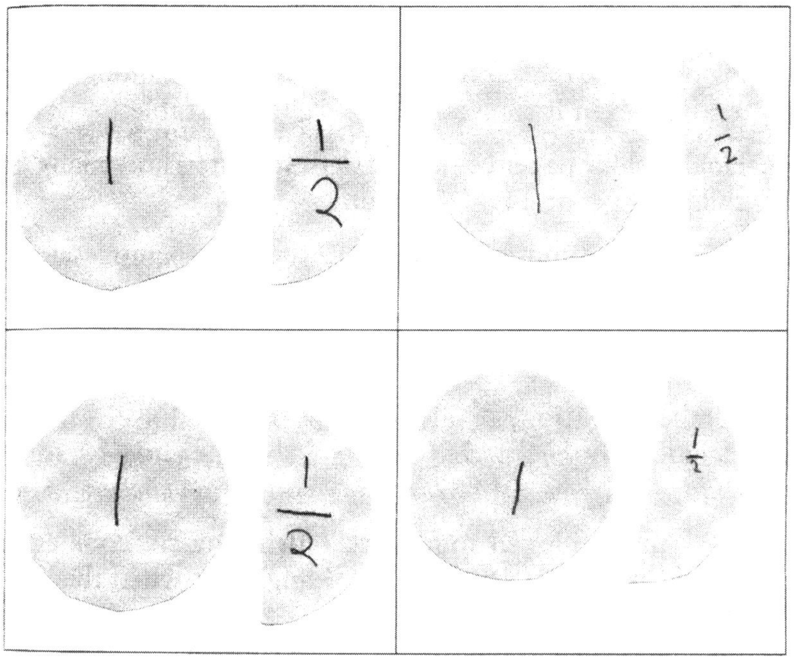

과자 나누기

이름 ______ ______

______ ______

6 개의 과자를 4명에게 똑같이 나누어 준다. 각 네모 안에 한 사람의 몫을 붙인다.

한 사람이 얼마 만큼 가졌어요?

Sentence Answer Each person gets 1 1/2 cookies.

Word / Number Equation. 6 cookies ÷ evenly among 4 people = 1 1/2 cookies for each person.

◀ 그림 5-15
Susan과 Peter는 6개의 과자를 네 사람이 똑같이 나눈 방법을 보였다.

4명이 똑같이 두 개의 과자를 나누는 방법을 알아내는 동안, 몇몇 학생들은 두 개의 과자를 $\frac{1}{2}$씩 나눌 것이다. 다른 학생들은 $\frac{1}{4}$씩 나눌 것이다. 아이들이 만들어 내는 이런 상황은 교사가 과자 $\frac{1}{2}$과 과자의 $\frac{2}{4}$가 같은지를 질문할 수 있는 좋은 기회이다.

4명이 똑같이 3개의 과자를 나누는 동안, 몇몇 학생들은 각자에게 과자의 $\frac{1}{2}$과 $\frac{1}{4}$을 줄 것이다. 다른 학생들은 각자에게 과자의 $\frac{3}{4}$만큼 주게 될 것이다.

학생들의 대부분이 5개의 과자를 4사람이 똑같이 나누는 것에 대해 무엇을 하는지 지켜보기 바란다.

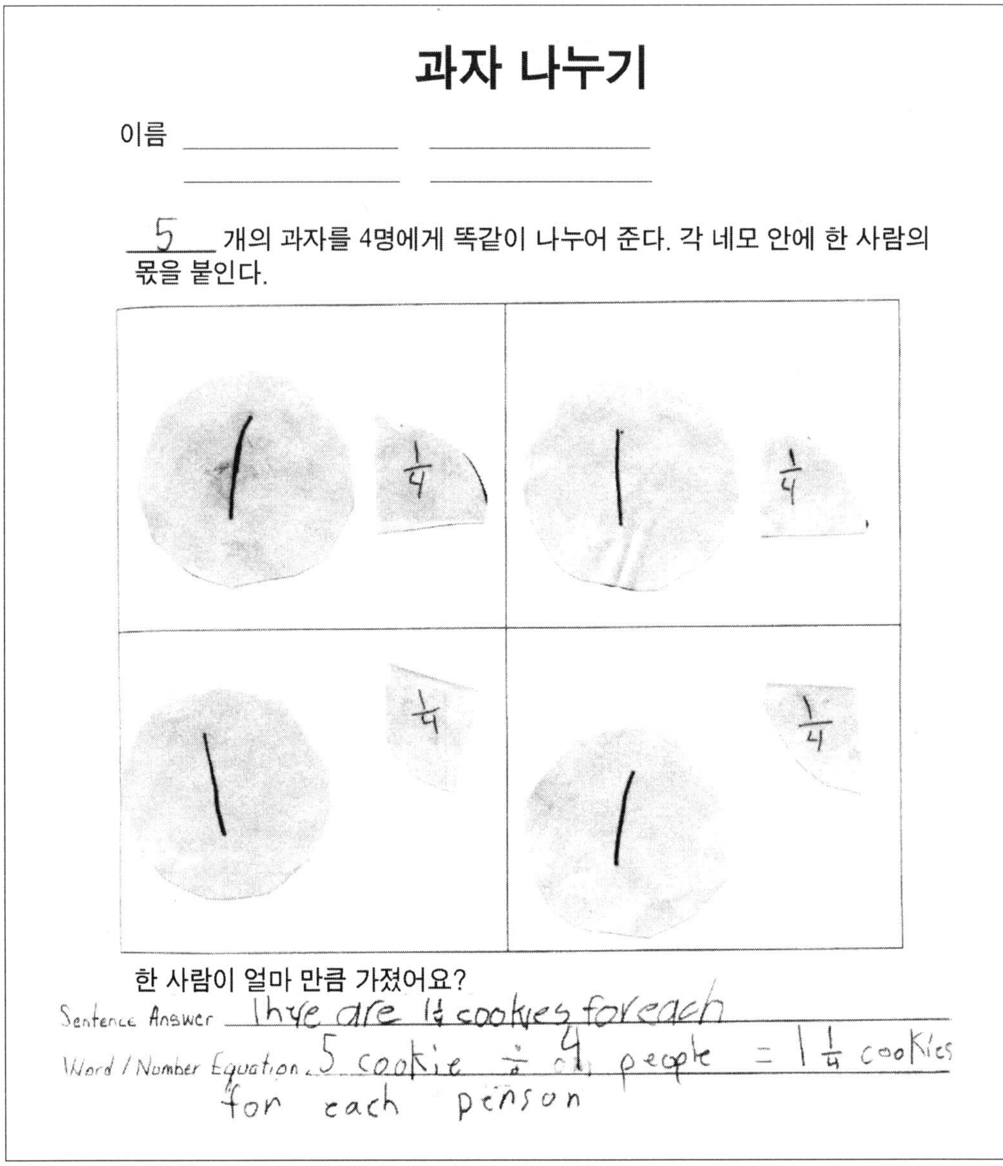

과자 나누기

이름 ______________ ______________

______________ ______________

<u>5</u> 개의 과자를 4명에게 똑같이 나누어 준다. 각 네모 안에 한 사람의 몫을 붙인다.

한 사람이 얼마 만큼 가졌어요?

Sentence Answer there are $1\frac{1}{4}$ cookies foreach

Word / Number Equation 5 cookie ÷ 4 people = $1\frac{1}{4}$ cookies for each person

▶ **그림 5-16**
Salina와 Ray는 5개의 과자를 네 사람이 똑같이 나누는 방법을 보였다.

심화

"구성주의 수학교실: 나눗셈(김진호, 홍은숙, 황혜진, 2007, 경문사)"는 다음과 같은 심화 활동들을 소개하고 있다. 이러한 활동들은 특히 학급구성원들이 이미 많은 인수에 관한 토론을 해왔고 나머지가 없는 나눗셈식과 함께 나머지 활동을 해왔다면 적합하다. 또는 만일 학급구성원들이 유리창의 배열로부터 얻은 인수쌍들이 이러한 나머지 등식과 어떻게 관련되어 있는지를 토론해왔다면 적합하다.

- 학생들은 4인 1 모둠에서 과자를 똑같이 나눌 때 나머지가 없는 경우는 과자가 몇 개 일 때인지 탐구한다. 4사람이 4개의 쿠키를 나누었을 때 나머지가 없음을 학생들

에게 보여준다. 그리고 "과자 몇 개를 4사람에게 나누어줄 때 나머지가 없을까요?"라고 질문한다.

- 12개의 과자를 몇 사람에게 똑같이 나누어줄 때 나머지 없이 나눌 수 있는지 학생들에게 해결방법을 찾도록 하고, 그 방법들을 설명하도록 한다.
- 학생들은 4명 대신에 6, 8명의 사람들이 특정한 과자의 개수를 나누는 방법도 구한다[42].

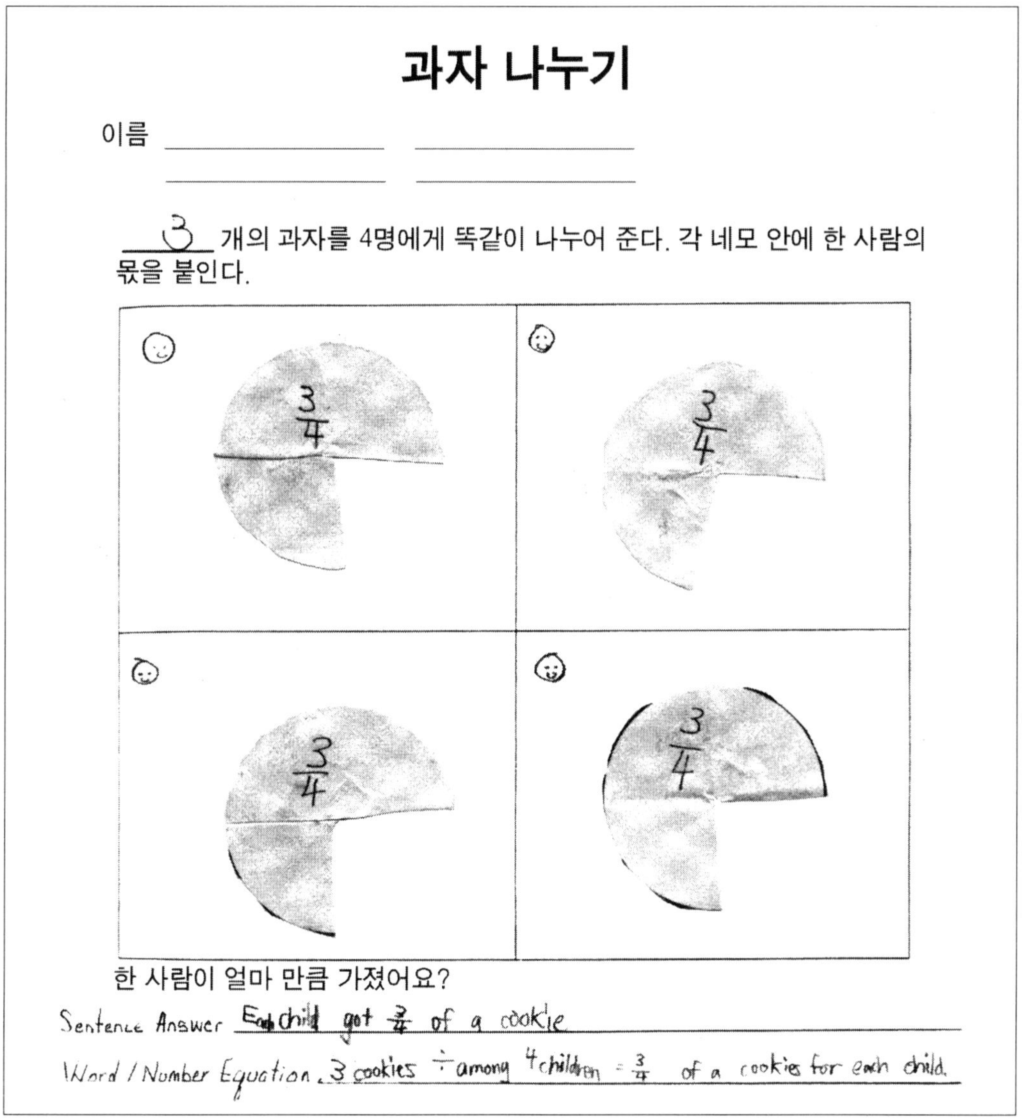

과자 나누기

이름 ____________ ____________

____________ ____________

__3__ 개의 과자를 4명에게 똑같이 나누어 준다. 각 네모 안에 한 사람의 몫을 붙인다.

$\frac{3}{4}$	$\frac{3}{4}$
$\frac{3}{4}$	$\frac{3}{4}$

한 사람이 얼마 만큼 가졌어요?

Sentence Answer Each child got $\frac{3}{4}$ of a cookie

Word / Number Equation 3 cookies ÷ among 4 children = $\frac{3}{4}$ of a cookies for each child.

◀ 그림 5-17 Yousif와 Eun-Jin은 3개의 과자를 네 사람이 똑같이 나누는 방법을 이해하였다.

42) 각주 38)에서도 언급하였듯이, 교사는 본 활동과 관련된 활동을 심화 활동으로 준비하는 것이 좋다.

묶음으로 되어 있는 것들 다시 하기 : 나눗셈 문제들 추가하기

3장(107쪽)에 "이야기 문제"절 중에 묶음으로 되어 있는 것들이라는 활동이 소개되어 있었다. 이 활동은 학생들에게 자신들이 그린 그림들에 맞는 3개의 문장을 적도록 요청하였다. 예를 들면 다음과 같다.

> 3대의 자전거가 있다.
> 각 자전거는 바퀴가 2개 있다.
> 전부 6개의 바퀴가 있다.

곱셈 문장제를 적기 위해서, 학생들은 마지막 문장을 제거하였고 "3대의 자전거는 모두 몇 개의 바퀴를 가지고 있습니까?"와 같은 질문을 추가하였다.

그러고 나서, 학생들은 문장식과 수식을 가진 새로운 질문에 답을 하였다.

> 자전거 3대 × 각 자전거의 바퀴 수는 2 = 바퀴는 전부 6개
> $3 \times 2 = 6$

이 활동을 하면 완성한 12×18인치 이야기 문제 활동지를 다시 한 번 나누어 준다. 교사가 이 활동지들을 학급문집으로 만들었으면, 교사는 문집을 풀어서 활동지들을 되돌려 준다.

이제 학생들은 똑같이 나누기 이야기 문제와 똑같이 묶기 이야기 문제를 이들 활동지 위에 적을 수 있다. 이때 원래 활동지에 있는 마지막 문장(전체 수)을 이번 활동을 위한 첫 번째 문장으로 하고 다른 문장들은 지운다. 예를 들어, 한 학생이 위의 문제에서 맨 위 문장(3대의 자전거가 있다)을 지우면, 그는 3번째 문장으로부터 시작하고 한 문장을 추가해서 똑같이 나누기 문제를 쓸 수 있다.

> 전부 6개의 바퀴가 있다.
> 각 자전거는 바퀴가 2개씩 있다.
> 몇 대의 자전거가 있습니까?

이 아이는 이 문제에 대한 다음과 같이 표현할 수 있다. 내가 담당하고 있는 아이들은 나눗셈 기호를 똑같이 묶기 또는 똑같이 나누기 단어 위에 또는 옆에 놓음으로써, 자신들이 나눗셈 상황을 이해하는데 도움이 되었다고 나에게 말한다.

6개의 바퀴를 똑같이 묶으면(÷) 각 자전거는 2개의 바퀴를 갖고 = 3대의 자전거가 있다.

$$6 \div 2 = 3$$

관련된 곱셈식은 3×2=6이다.

이 학생이 첫 번째 문장을 돌려놓고, 두 번째 문장을 지울 때, 이 아이는 세 번째 줄로 시작하고 한 문장을 추가해서 **똑같이 나누기** 문제를 적을 수 있다.

전부 6개의 바퀴가 있다.
3대의 자전거가 있다.
각 자전거는 몇 개의 바퀴를 가지고 있습니까?

이 아이는 답을 다음과 같이 표현할 수 있다.

6개의 바퀴를 3대의 자전거에 똑같이 나누어 주면 = 각 자전거는 2개의 바퀴를 갖는다.

$$6 \div 3 = 2$$

관련된 곱셈식은 2×3=6이다.

이 활동은 '곱셈과 나눗셈이 관련 있다'는 아이디어를 가정에 알려 준다. 교사는 학생들이 **"묶음으로 되어 있는 것들"** 활동을 하면서 한 활동을 토대로 한 가지 또는 두 가지 종류의 나누기 이야기 문제들을 적도록 할 것인지를 정한다. (교사가 활동지들을 하나 또는 두 개의 학급문집으로 묶으면, 이 문집들은 학생들뿐만 아니라 학부모에게 유의미한 읽을 거리를 제공해 준다. (그림 5-18과 그림 5-19 참고)

경험 교사의 조언

나누기 문제를 적는 것은 학생들에게 약간은 까다로울 수 있다. 학생들은 주어진 문제가 똑같이 나누기인지 똑같이 묶기인지를 결정할 필요가 있다. 알려진 것은 무엇이고 알려지지 않은 것은 무엇인지에 대해 생각하는 것이 도움이 될 수 있다. 첫 번째 나누기 문제에서, 바퀴의 수와 각 자전거의 바퀴 수는 알려졌다. 자전거의 수(묶음의 수)는 알려지지 않았다. 따라서 이것은 **똑같이 묶기(포함제)** 문제이다. 두 번째 나누기 문제에서, 바퀴의 수와 자전거의 수는 알려졌다. 이 자전거들 사이에 똑같이 나누어 줄 바퀴의 수는 알려지지 않았다. 따라서 이것은 **똑같이 나누기(등분제)** 문제이다.

교사가 이 활동을 순환 모둠 시간에 제공한다면, 학생들이 이들 추론 단계들을 잘해내도록 돕는 것이다.

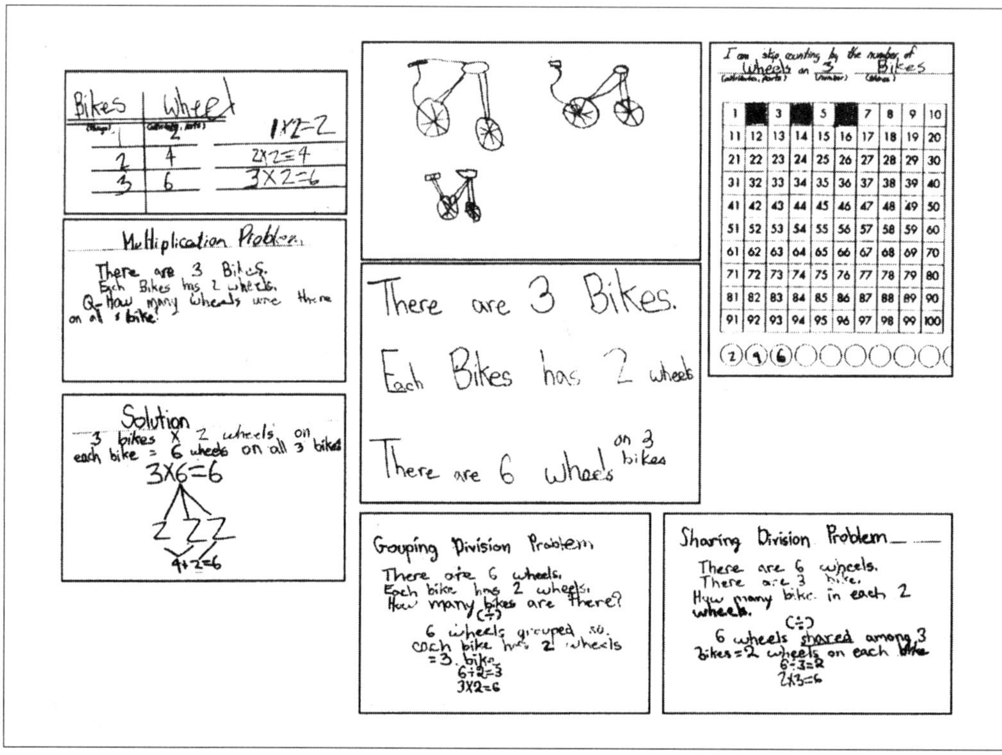

그림 5–18
Yousif는 자전거 문제에 대한 자신의 나누기 생각을 나타내는 그림과 식을 제공했다.

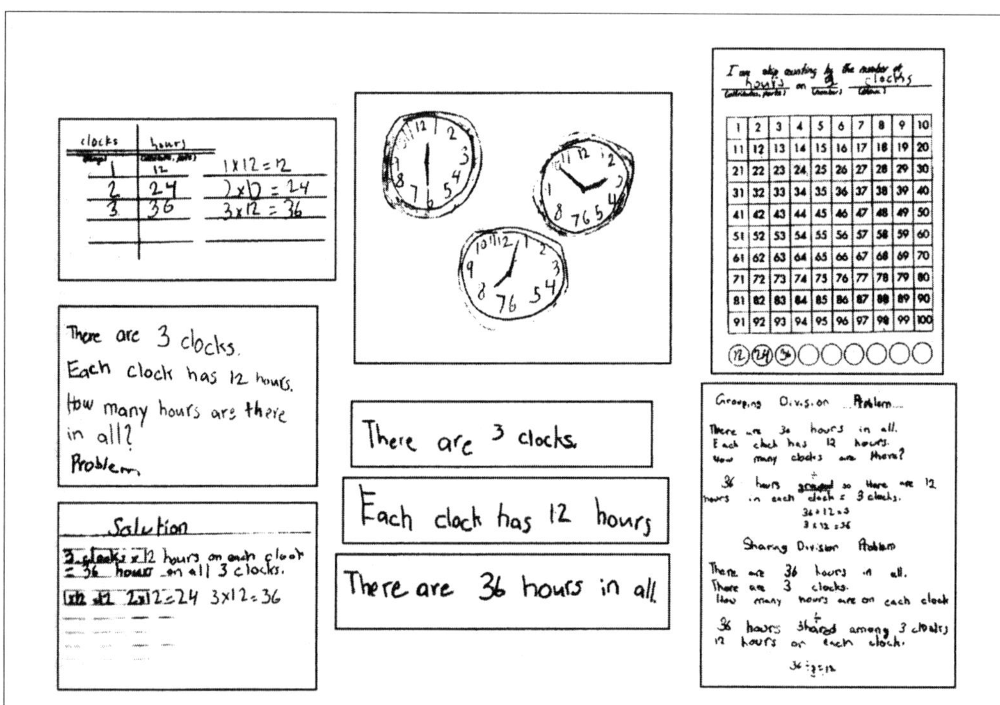

그림 5–19
Latasha는 **"묶음으로 되어 있는 것들"** 이야기 문제 활동지에 3과 12의 인수들을 다루었다.

심화

- 아이들은 묶음으로 되어 있는 것들을 가지고 다른 곱셈/나눗셈 문장제를 만들도록 한다. 다음과 같은 것들이 가능하다.

  - 한 바구니에 있는 사과들
  - 한 선반에 있는 책들

  아이들에게 곱셈 문제에서 7, 8, 9를 인수로 사용하도록 해서 더 많은 곱셈 조합을 연습할 수 있는 기회를 아이들에게 준다. 교사가 이것을 숙제로 낸다면, 아이들은 자신들의 수업 중에 한 **묶음으로 되어 있는 것들** 활동지를 집으로 가져가서 이것을 원형으로 활용할 수 있도록 하고, 이것을 자신들의 부모에게 보여주도록 한다.
- 교사는 각 아이로부터 한 문제(곱셈 또는 나눗셈)를 컴퓨터에 정리하고 각 문제 옆에 아이의 이름을 적어 둔다. 나누기 문제의 각 유형이 몇 문제씩 포함되도록 한다. 학생들은 자신들이 각 상황에서 곱셈을 할 것인지 나눗셈을 할 것인지 정해야 한다. 많은 아이들이 나눗셈 상황에 대해 곱셈을 하지만, 이들의 문장식 또는 수식은 이 문제를 나눗셈으로 표현할 수 있다는 사실을 기억하기 바란다. (그림 5-20 참고)

곱셈 조합의 숙달

이제 학생들은 여러 가지 상황에서 곱셈 조합을 사용해 봤을 것이다. 학생들은 2씩, 5씩, 10씩 세기를 이런 수세기를 하면서 자신들의 타고난 수감각과 연결짓기 시작했다. 그러고 나서, 이들은 **원과 별 게임**에서 주사위를 가지고 반복적으로 사용된 조합들에 초점을 맞추었었다. 이 곱셈 조합들은 1×1에서부터 6×6까지 확장되었다. 겨울방학 즈음에, 학생들은 4, 5, 6, 7, 8, 9가 적혀진 주사위를 가지고 **원과 별 게임**을 함으로써 새로운 조합을 이해하게 되었다. 그 조합들은 다음과 같다.

4×7	6×7
4×8	6×8
4×9	6×9

(3×7, 3×8, 3×9와 익숙해지기 위해, 학생들은 문장제 또는 또 다른 게임 경험이 필요하다) 이제 일부 학생들은 아래와 같은 "6개의 큰 수들"의 조합을 완전히 터득할 준비가 되었을 수도 있다.

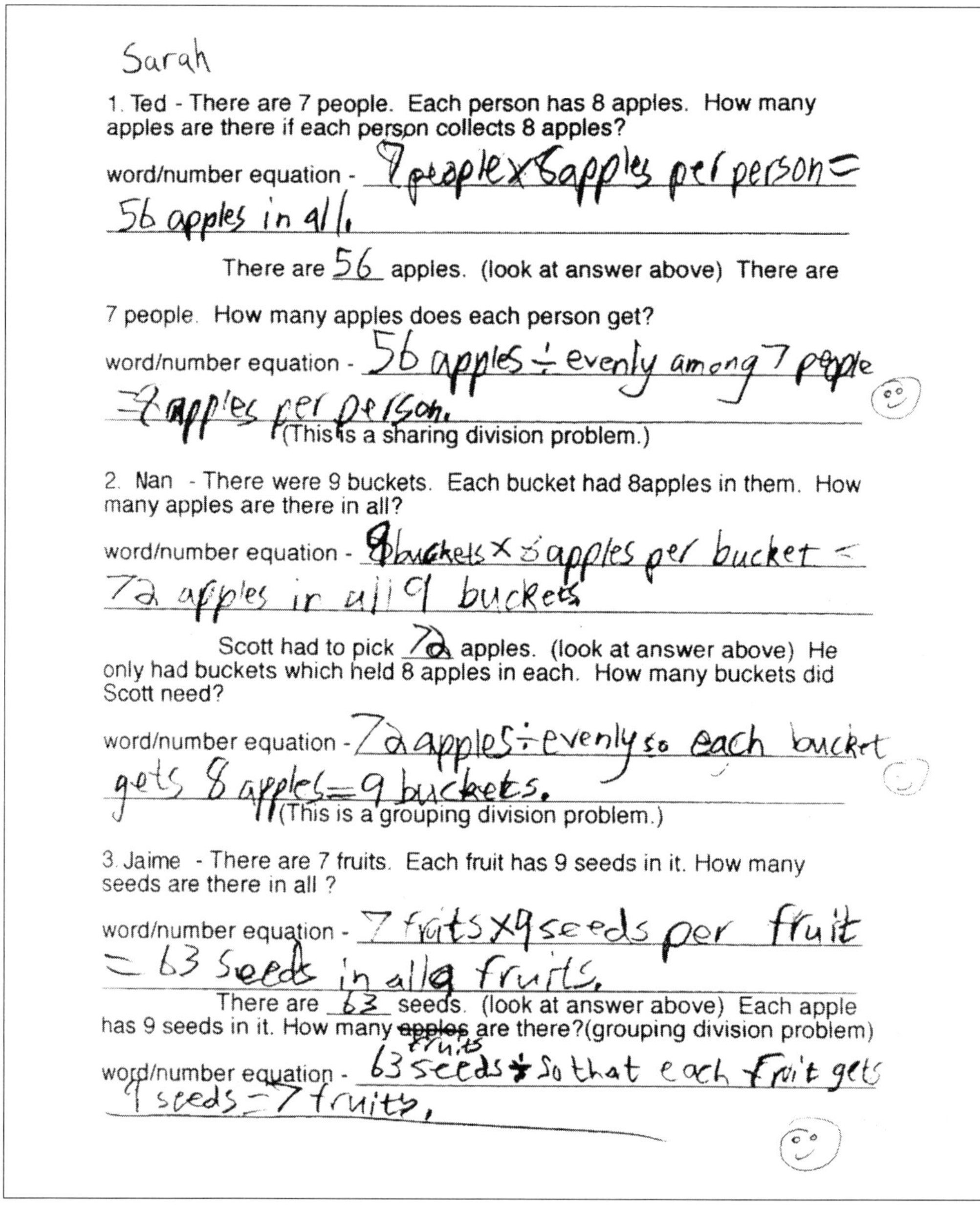

Sarah

1. Ted - There are 7 people. Each person has 8 apples. How many apples are there if each person collects 8 apples?

word/number equation - 7 people x 8 apples per person = 56 apples in all.

There are 56 apples. (look at answer above) There are 7 people. How many apples does each person get?

word/number equation - 56 apples ÷ evenly among 7 people = 8 apples per person.

(This is a sharing division problem.)

2. Nan - There were 9 buckets. Each bucket had 8apples in them. How many apples are there in all?

word/number equation - 9 buckets x 8 apples per bucket = 72 apples in all 9 buckets

Scott had to pick 72 apples. (look at answer above) He only had buckets which held 8 apples in each. How many buckets did Scott need?

word/number equation - 72 apples ÷ evenly so each bucket gets 8 apples = 9 buckets.

(This is a grouping division problem.)

3. Jaime - There are 7 fruits. Each fruit has 9 seeds in it. How many seeds are there in all ?

word/number equation - 7 fruits x 9 seeds per fruit = 63 seeds in all 9 fruits.

There are 63 seeds. (look at answer above) Each apple has 9 seeds in it. How many ~~apples~~ fruits are there?(grouping division problem)

word/number equation - 63 seeds ÷ so that each fruit gets 9 seeds = 7 fruits.

▶
그림 5–20
Sarah는 학급 친구 중 3명이 만든 이야기 문제를 해결했다.

7×7		
7×8	8×8	
7×9	8×9	9×9

곱셈 조합들을 이런 묶음들로 분해하는 것을 통해, 학생들은 학습해야 할 곱셈 조합이 많다는 생각을 떨쳐버릴 수 있다. 그럼에도 불구하고 학생들은 일부 곱셈 결합을 특정한

시간이 지나서도 초점을 두어서 학습할 필요가 있을 수 있다.

교사와 학생들이 이들 새로운 조합들을 곱셈 상황과 나눗셈 상황 모두에 적용할 수 있는 이야기 문제를 만들 수도 있다. (그림 5-21 참고)

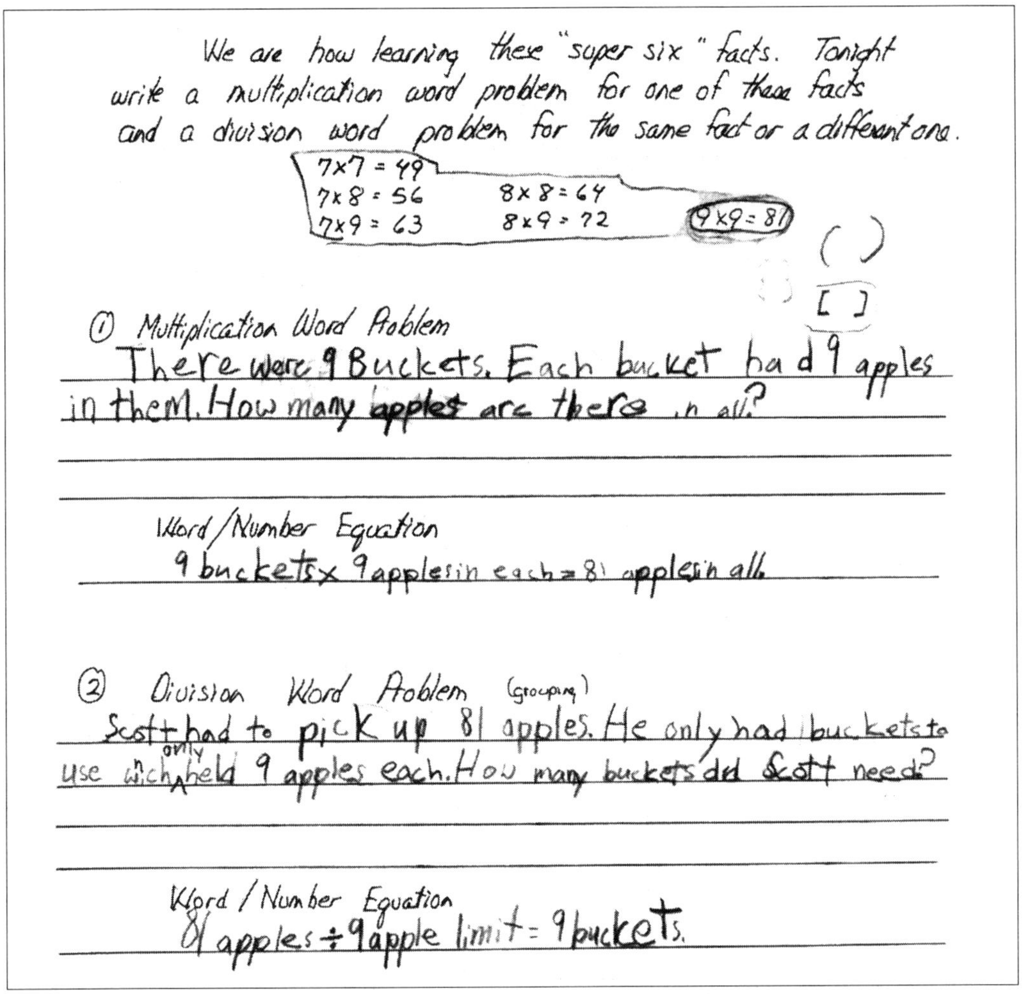

그림 5-21
Latasha는 9×9=81에 맞는 곱셈 및 똑같이 묶기 나눗셈 문제를 적었다.

그리고 교사는 앞에서 언급한 주사위(4, 5, 6, 7, 8, 9로 이루어진)를 이용하여 **원과 별 게임**과 **곱셈 빙고**와 같은 게임을 할 수 있다. 8장에 소개된 **곱셈 틱-택-토**는 학생들에게 이러한 조합들을 학습할 수 있는 더 많은 기회를 제공한다.

이제 학생들이 조합을 공부할 때 조작물이나 그림 모델을 포함한 그림을 이용하여 해결하도록 계속해서 지원해야 한다. 나중에 일부 학생들은 수 추론을 활용해 이들 곱셈 구구들을 이해할 수 있을 것이다. 가장 중요한 것은 학생들이 문제를 이해하기 위해 조합을 언제 어떻게 이용하는지 이해하도록 하는 것이다.

가정 통신문

교사는 학생들이 수학시간에 무엇을 하는지, 왜 하는지 그리고 어떻게 하는지를 학부모들에게 종종 알리는 것이 좋다. 아래에 나눗셈 단원을 시작할 때나 혹은 중간에 보낼 수 있는 가정통신문 견본을 하나 소개한다. 교사는 이것을 써도 되고 교사가 직접 작성한 통신문을 사용해도 되며, 또는 『*Teaching Arithmetic* 시리즈』[43](Math Solution Publication)에 소개 된 것들 또는『*Investigation in Number, Data, and Space* 시리즈』(Dale Seymour Publications)에 소개된 것들 중의 하나를 사용해도 된다.

친애하는 부모님께,

저는 이 편지가 부모님께서 학생들이 요즈음 수학시간에 무엇을 하는지 이해하는데 도움이 되기를 바랍니다. 10월과 11월에 학생들은 동량의 사물들을 묶음지어서 곱셈 문제에 대한 답 즉 곱을 구했습니다. 학생들은 곱셈을 덧셈과 연관지었습니다. 예를 들면, 만약 세 바구니의 사과가 있습니다. 그리고 각 바구니에는 9개의 사과가 있으면, 학생들은 덧셈을 이용해 9+9+9=27, 뛰어 세기를 이용하여 9, 18, 27, 곱셈을 이용하여 9×3=27과 같이 공부했습니다.

나눗셈 생각하기 : 이제 학생들은 나눗셈 사고를 곱셈 사고와 연관지으려고 합니다. 두 연산 모두에서, 학생들은 동량의 묶음들을 다루고 있습니다. 예를 들면, **원과 별 게임**을 하는 동안, 만약 세 개의 원이 있고 각 원에 4개의 별이 그려져 있다면, 별은 모두 12개가 있게 됩니다. **3개의 원× 각 원에 4개의 별=모두 12개의 별** 이제 학생들이 원과 별 게임을 하면서 각 상황을 생각할 때, 나눗셈을 이용합니다.

학생들은 **똑같이 묶기**와 **똑같이 나누기**의 두 가지 나눗셈 상황을 배우고 있습니다. 다음은 **똑같이 묶기**의 한 예입니다. **12개의 별이 있습니다. 우리는 각각의 원에 4개의 별을 놓으려고 합니다. 우리는 몇 개의 원이 필요합니까?** 여기서, 묶음의 수(원)는 아직 모릅니다. 12개의 별을 한 원에 4개씩 묶음지어 놓으면, 세 개의 원이 그려집니다.

똑같이 나누기 나눗셈 문제는 다음과 같습니다. 12개의 별이 있습니다. 우리는 3개의 원에 똑같은 수의 별을 놓으려고 합니다. 한 원에 몇 개의 별을 놓을 수 있습니까? 여기서, 동량의 묶음의 크기의 양을 알지 못합니다.

43) 이 시리즈 중 일부는 현재 구성주의 수학교실 시리즈로 번역되어 시중에서 구할 수 있다. 이 번역서 또한 이 번역 작업의 일환이다.

학생들은 나눗셈의 두 상황을 명확히 구분할 필요는 없습니다. 그러나 그들은 두 가지 상황의 문제를 다양하게 다룰 필요가 있습니다.

실생활 소재를 통해 새로운 개념을 배우기 : 학생들이 나눗셈을 이해하고 개념을 형성해 갈 때, 그들은 16장의 종이를 4명이 나누어 갖는 것(똑같이 나누기), 18개의 연필을 3개씩 똑같이 나누어 갖기(똑같이 묶기)와 같은 실생활 물건을 나누어 봅니다. 부모님과 자녀가 야채를 살 때, 음식을 나눌 때와 같이 식탁을 차릴 때, 이와 같은 연산을 해 볼 수 있습니다.

저희 교실에서, 학생들은 '나머지'를 다루고 있습니다. 예를 들면, 18장의 종이를 4명이 똑같이 나누어 갖기와 같은 것입니다. 여기서 2장의 종이가 남게 됩니다. 학생들은 2장의 종이를 선반에 다시 갖다 놓거나 또는 반으로 찢어 4와 1/2장씩 갖게 됩니다. 학생들이 과자를 나눌 때, 그들은 나머지를 조각(분수)으로 나누게 됩니다.

학생들은 학급에 있는 실생활 물건들을 똑같이 나누기 또는 똑같이 묶기를 할 뿐만 아니라 "차이점"을 하면서도 이 두 가지 나누기 활동을 합니다. 이런 활동을 하면서, 학생들은 그림을 그리거나 나눗셈을 이해하기 위해 종이 모델을 이용합니다. 이러한 모델들을 가지고, 학생들은 문장이나 수를 사용해서 자신이 이해한 것을 표현합니다. 결국, 학생들은 아래와 같이 구체적인 식 형태로 문제를 풀었다는 것을 표현하게 됩니다.

$$18 \div 3 = 6$$

$$\frac{18}{3} = 6$$

$$3\overline{)18}^{\;6}$$

학부모님과 학생이 정기적으로 **원과 별 게임** 또는 **나머지 게임**을 하면서 학부모님의 계속적인 협조를 부탁드립니다.

진심으로 감사합니다.

Suzy Ronfeldt

평가 : 학생 인터뷰44)

2장의 마지막에 있는 '평가' 부분에서, 교사가 전체 학급 토론과 2인 1모둠 활동을 하는 동안 덧셈과 뺄셈에 대한 각 아이들의 이해 정도를 듣고 보는 것에 초점을 두었다. 3장의

44) 수학 수업을 진행해 가는 중에 학습자의 이해를 면담을 통해 알아보는 기법에 대해서는 "수학교실에서 어린이를 이해하기 위한 융통성 있는 면담(남승인, 류성림, 김진호, 2008, 경문사)"를 참고하기 바란다.

마지막 부분에서, 교사는 학생들의 학급 활동과 개개인이 작성한 평가지를 읽으면서 학생들의 곱셈에 대한 이해 정도를 평가했다. 교사는 이러한 형태의 평가를 계속하기를 원할 것이고, 또한 등분제와 포함제 나눗셈 상황과 관련된 학생들의 생각에 대한 더 깊은 이해를 얻기 위해 몇몇 학생들을 1 : 1로 인터뷰하는 것을 고려해볼 수도 있다. 개별적으로 작성한 평가지에 있는 학생들의 생각을 이해할 수 있는 1 : 1 학생 인터뷰에 대한 제안을 아래에 제시해 놓았다.

개별 지필 평가

이 단원을 배우는 동안 개별 지필 평가로, 교사는 다음과 같은 질문을 할 수 있다.

- 나눗셈이란 무엇인가? (단원의 도입 부분에서 질문하고, 다 배운 후에 다시 한 번 질문하기) (그림 5-22 참고)

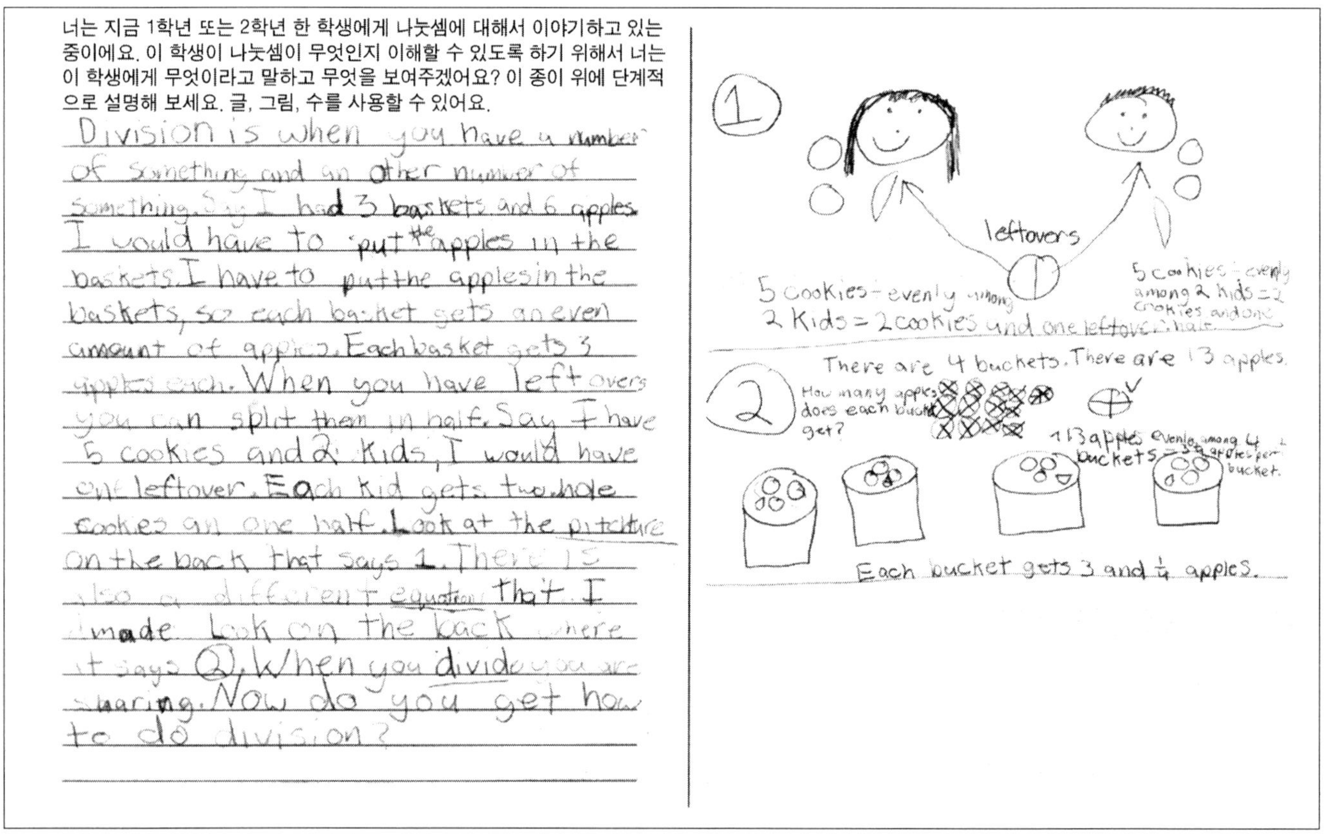
너는 지금 1학년 또는 2학년 한 학생에게 나눗셈에 대해서 이야기하고 있는 중이에요. 이 학생이 나눗셈이 무엇인지 이해할 수 있도록 하기 위해서 너는 이 학생에게 무엇이라고 말하고 무엇을 보여주겠어요? 이 종이 위에 단계적으로 설명해 보세요. 글, 그림, 수를 사용할 수 있어요.

Division is when you have a number of something and an other number of something. Say I had 3 baskets and 6 apples. I would have to put the apples in the baskets. I have to put the apples in the baskets, so each basket gets an even amount of apples. Each basket gets 3 apples each. When you have leftovers you can split them in half. Say I have 5 cookies and 2 kids, I would have one leftover. Each kid gets two hole cookies an one half. Look at the pitcture on the back that says 1. There is also a different equation that I made. Look on the back where it says 2. When you divide you are sharing. Now do you get how to do division?

▲ **그림 5-22** Sarah는 2쪽에 걸쳐서 자신이 나눗셈에 대해서 배운 것을 설명했다.

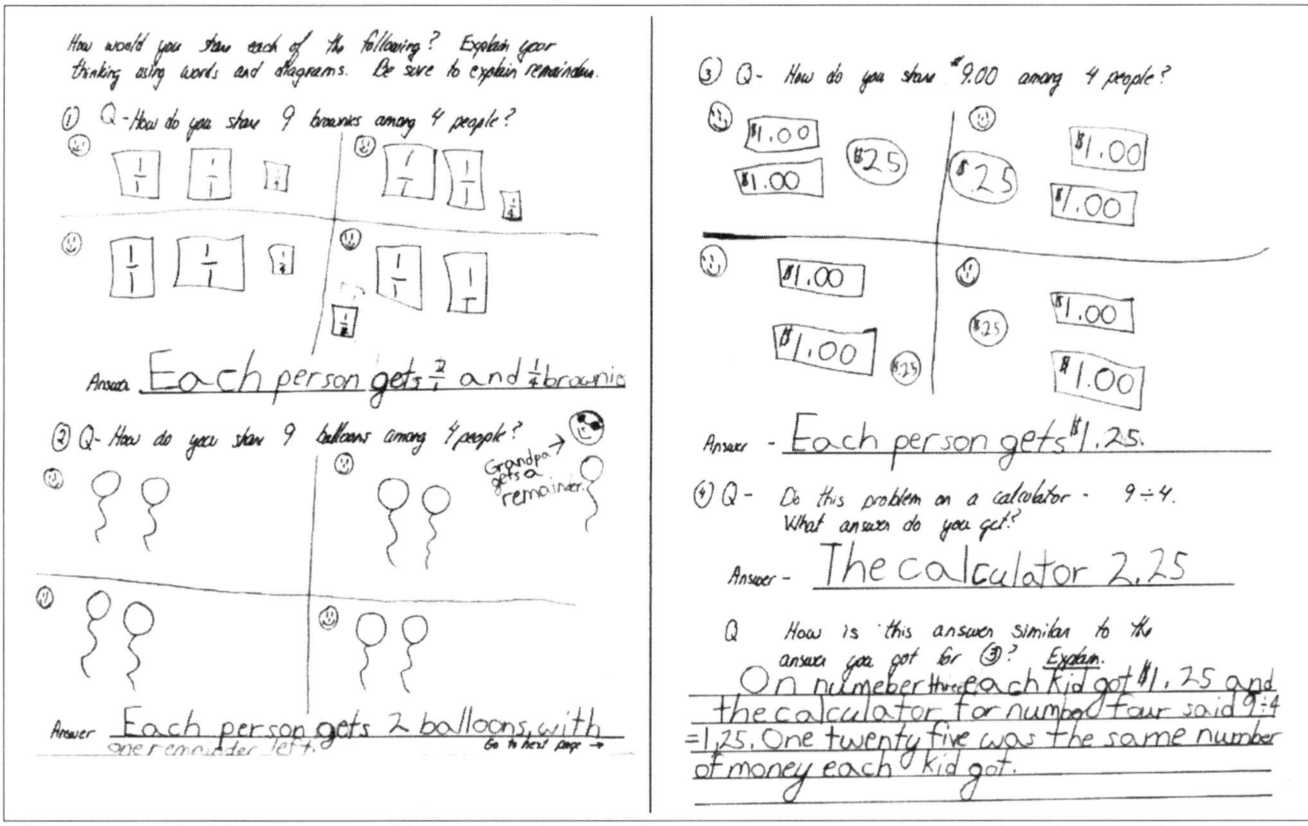

▲ **그림 5-23** Eun-jin은 9÷4를 4가지 상황으로 설명했다.

- 9÷4를 4가지의 서로 다른 상황으로 설명해보시오. (그림 5-23 참고)
- 20÷4=5가 무엇을 의미하는지를 어린 학생들에게 설명해보시오. (그림 5-24 참고)

1:1 학생 인터뷰

평가를 목적으로 학급의 모든 아이들을 인터뷰하는 시간을 가질 수 있는 교사는 거의 없다. 그러므로 학급의 학생들이 등분제와 포함제 문제를 얼마나 이해하고 있는지에 대한 정보를 얻기 위해서 적은 수의 학생들만 인터뷰하는 것을 생각해보도록 한다. 분명히 나눗셈을 이해하고 있다고 믿어지는 학생 한 명, 약간 이해하고 있는 학생 한 명, 아직 개념을 이해하지 못한 학생을 각각 한 명씩 고른다. 각 학생들의 나눗셈 이해 정도에 대한 교사의 처음 판단이 인터뷰를 하는 동안 바뀌더라도 놀랄 필요는 없다.

나눗셈을 소개할 때, 교사는 학생들에게 교사의 요청에 따라 종이, 연필, 그 밖의 다른 물체들을 다루는 문제들을 제공했다. 1:1 인터뷰를 하는 동안 그와 비슷한 형태를 시도해 본다. 등분제, 포함제와 관련된 질문, 나머지가 있는 문제와 관련된 질문, 나머지가 없는 문제와 관련된 질문을 포함해야 한다. 몇 가지를 제시해 보면 다음과 같다.

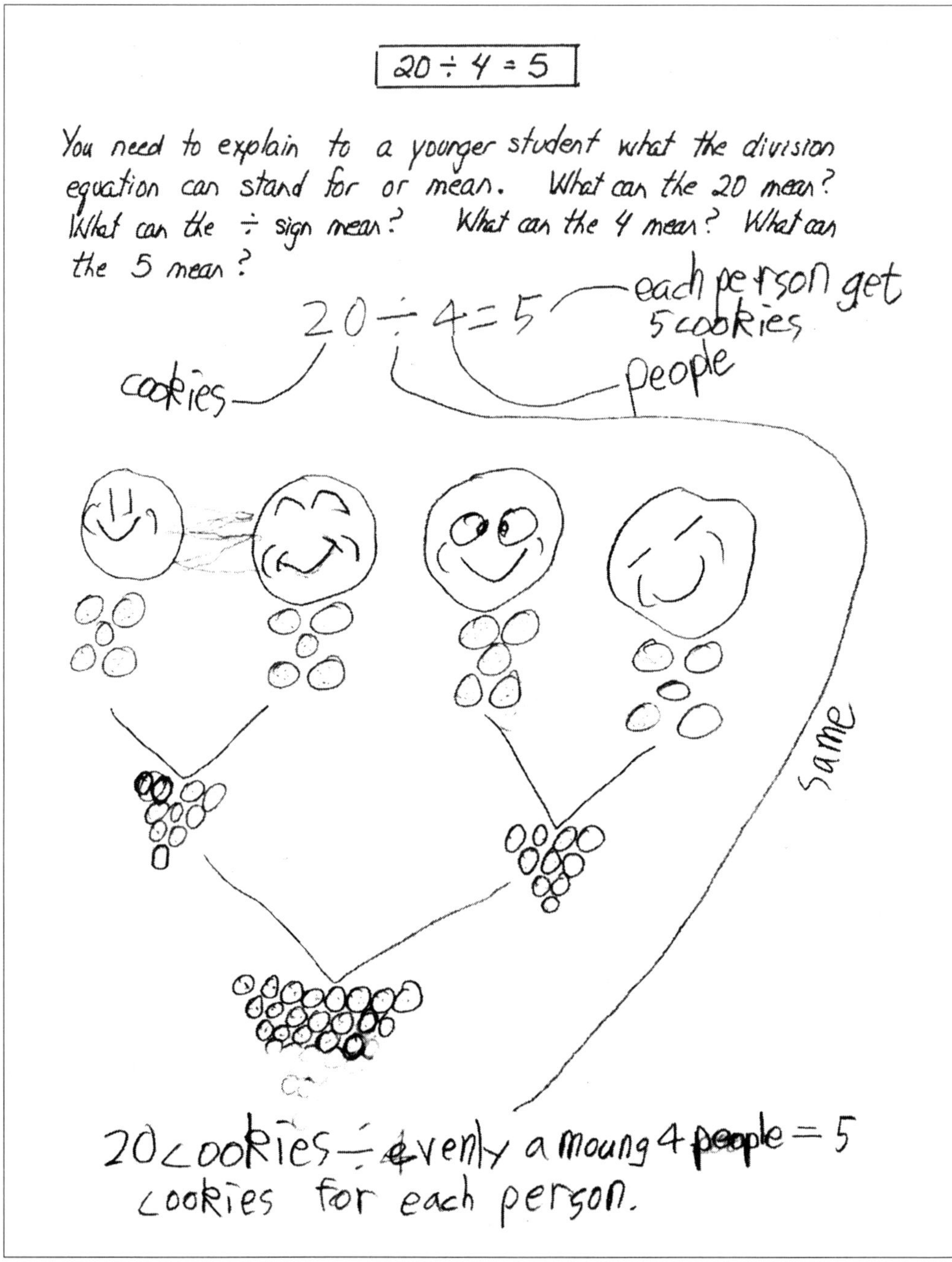

▶ **그림 5-24**
Salina는 그림을 그려서 나눗셈식을 설명했다.

등분제 상황

"쌓기나무가 18개 있습니다. 만약 우리에게 똑같이 나누어 준다면 각자 몇 개씩 쌓기나무를 가지게 될 것이라고 어림해요? 나머지가 있을까요? 왜 그렇게 생각해요? 쌓기나무를 나누어주면서 확인해 보세요."

"쌓기나무가 23개 있습니다. 만약 우리에게 똑같이 나누어 준다면 각자 몇 개씩 쌓기나무를 가지게 될 것이라고 어림해요? 나머지가 있을까요? 왜 그렇게 생각해요? 쌓기나무를 나누어주면서 확인해 보세요. 남은 쌓기나무로 무엇을 할 수 있을까요?"

포함제 상황

"선생님이 여기 연필 몇 자루를 가지고 있어요. 이것들을 똑같이 묶고 세어보세요. 그래서 선생님이 너의 생각을 보고 들을 수 있게요. 이제 이것들을 또 다른 방법으로 똑같이 묶고 세어보세요. 그래서 선생님이 너의 생각을 보고 들을 수 있게요. 매번 같은 묶음의 수를 얻었나요? 만약 아니라면, 다음에 무엇을 할 것이에요?"

"너는 여기에 연필 35자루가 있다는 것을 알고 있어요. 너는 선물을 주기 위해서 연필을 4자루씩 묶기를 원한다고 가정해보자. 몇 묶음을 만들 수 있을 거라고 생각해요? 그것을 어떻게 계산했어요? 이제 연필을 4자루씩 묶어서 묶음을 직접 만들어보세요. 몇 묶음이지요? 나머지가 있어요? 나머지를 가지고 무엇을 할 생각이에요? 네가 어떻게 했는지를 문장식으로 표현한다면 어떻게 써야할까요? 낱말들이 없는 식으로 표현한다면 어떻게 써야할까요? 네가 이 나눗셈 상황을 이해하는데 도움이 되는 곱셈식은 무엇이에요?"

제 6 장

2월

분수 탐구하기

"다른 사람과 수학 사고를 의사소통하는 중요한 단계는 자신의 아이디어를 조직하고 명료화하는 것이다. 학생들은 자신의 아이디어를 명확하게 의사소통하기 위해 많은 노력을 기울임으로써 자기 자신의 사고에 대해 더 잘 이해할 수 있다."

학교 수학을 위한 원리와 규준,
류희찬 · 조완영 · 이경화 · 나귀수 · 김남균 · 방정숙, 경문사 많은 아이들에게 그들의 생활 속에서 이미 분수를 익숙하게 사용하고 있었다는 것을 상기시켜주면 분수가 흥미 있다는 것을 알게 된다. 예를 들어, 대부분의 3학년 학생들은 시각을 말할 때 "30분 경과(1시간의 반 경과)", "상(하)현달", "막대 사탕의 반", "거스름돈으로 $\frac{1}{4}$(잔돈으로 쿼터)"와 같은 표현을 반복적으로 사용한다. 그들은 차 숟가락의 $\frac{1}{8}$ 정도의 소금과 밀가루 $\frac{3}{4}$ 컵을 재봤을 것이며, 그들은 디저트를 나누고 매일 가정에서 혹은 집에서 사물을 공평하게 나누는 경험을 해왔다. 이 단원을 시작할 때에 학생들과 그들의 부모에게 집에서 분수를 사용하는 방법에 관하여 생각해오도록 요청한다. 그러고 나서 분수에 관한 수업 중에 대화를 유발하기 위해서 이 아이디어의 목록을 사용한다.(그림 6-1 참고.)

이 단원이 진행되는 동안, 학생들은 종이 과자 나누기를 복습할 것이며 종이 브라우니 나누기를 시작할 것이다. 그들은 또한 분수를 눈에 보이도록 하는 구체적인 모델을 사용하는 게임들을 통해서 분수를 탐구하게 될 것이다.

학습 환경

이 장은 분수를 다루는 탐색 활동을 제공함을 상기한다.

비록 3학년 2학기가 시작되었지만, 교육과정을 빨리 시작하라는 어떠한 압력도 이겨내야 한다. 학생들이 많은 체험을 통해서 자신의 속도대로 분수의 의미를 이해하도록 도와주는 일에 전념한다. 아이들은 이러한 구체적인 초기의 경험들을 몇몇 표준화된 시험에 나오는 분수 문제에 가져다 쓸 수 있다.

"수학적 의사소통"을 할 시간을 가진다.

학생들에게 학급 전체로 또는 모둠 토의로 분수에 관하여 말할 수 있는 많은 기회를 제공한다. 아이들은 분수 모델을 가지고 활동하고 그들이 이해한 것을 말로 설명하면서, 그들은 그들의 생각을 표현하는 분수 표기법을 향해서 옮겨갈 것이다. 이때쯤이면, 학급의 대부분의 아이들이 개별적으로 그들 자신의 수학적 문제 해결에 관심을 가질 동안 교사는 한 모둠과 함께 자리에 앉을 수 있을 것이다. 하지만 큰 전체 학급 토론이든 소모둠 토론이든, 학생들은 이제 막 분수를 탐구하기 시작했다는 것을 명심해야 한다. 아이들과의 학습 여정을 즐긴다. 그리고 사람 집단들 또는 수학 놀이감의 분수들의 부분에 이름을 붙이는 활동에서 분수를 더하고 빼는 활동으로 서둘러 옮겨 가야 한다는 압박감을 느끼지 않아도 된다. 그들은 4학년과 5학년 때 분수를 복습할 많은 기회를 가질 것이다.

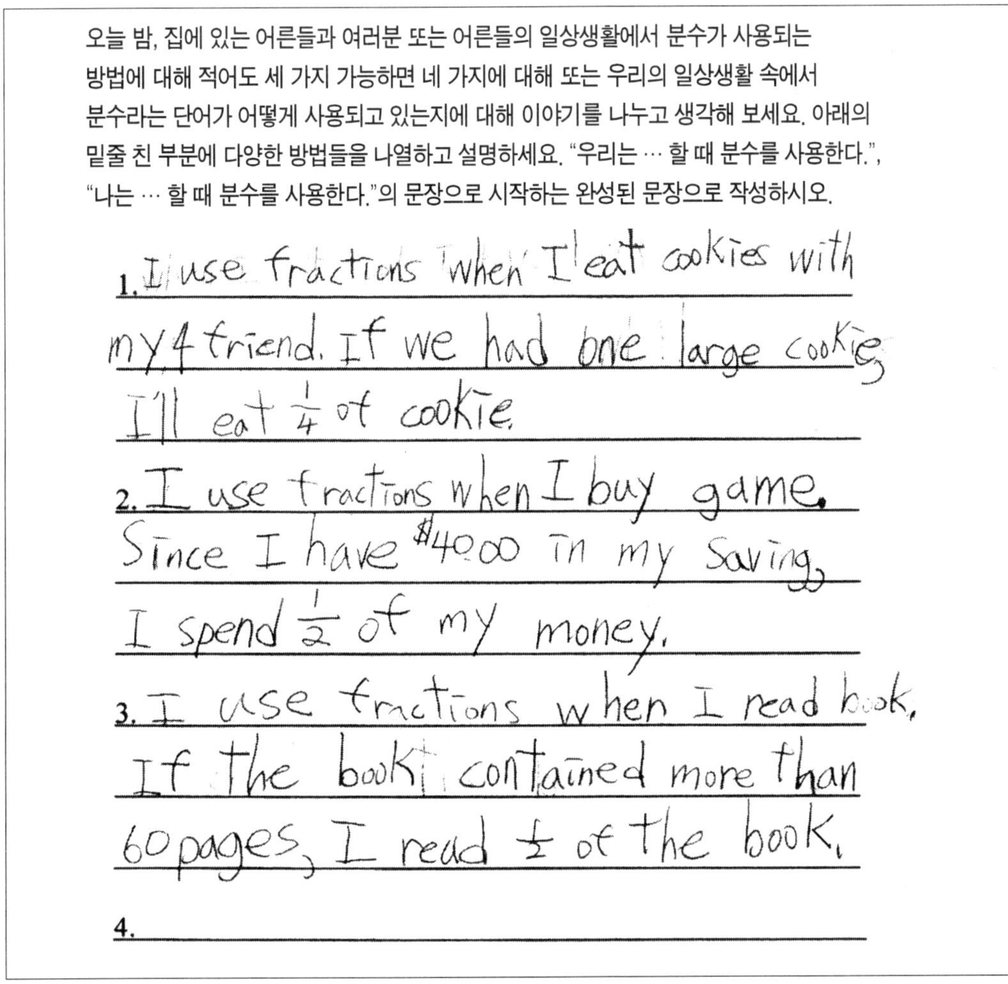

오늘 밤, 집에 있는 어른들과 여러분 또는 어른들의 일상생활에서 분수가 사용되는 방법에 대해 적어도 세 가지 가능하면 네 가지에 대해 또는 우리의 일상생활 속에서 분수라는 단어가 어떻게 사용되고 있는지에 대해 이야기를 나누고 생각해 보세요. 아래의 밑줄 친 부분에 다양한 방법들을 나열하고 설명하세요. "우리는 … 할 때 분수를 사용한다.", "나는 … 할 때 분수를 사용한다."의 문장으로 시작하는 완성된 문장으로 작성하시오.

1. I use fractions when I eat cookies with my 4 friend. If we had one large cookie, I'll eat $\frac{1}{4}$ of cookie.

2. I use fractions when I buy game. Since I have $4000 in my saving, I spend $\frac{1}{2}$ of my money.

3. I use fractions when I read book. If the book contained more than 60 pages, I read $\frac{1}{2}$ of the book.

4.

◀ **그림 6-1**
Jerry는 자신과 가족들이 집에서 분수를 사용하는 방법에 관하여 적었다.

학생들에게 수학 놀이감을 이용해 분수에 대해 이해할 기회를 제공한다.

아이들은 수학 놀이감을 사용하여 분수에 대하여 이해하게 된다. 패턴 블록은 이러한 목적에 유용하다. 그러나 또한 학생들은 그들 자신이 만든 색종이 모델의 원 모양의 과자와 정사각형 모양의 브라우니를 몇 개의 조각으로 나누는 활동을 할 때 그리고 그들이 손수 만든 게임을 할 수 있는 키트를 만들어 분수를 포함하는 문제를 해결할 때 분수에 대해 강력한 감각을 얻는다.

아이들이 분수와 나눗셈 사이의 관계를 연결 지을 수 있도록 도와준다.[45)]

학생들은 5장의 활동들을 통해서 음식을 특정한 수의 사람이 공평하게 나누어 가지기

45) 분수는 "부분과 전체로서의 분수, 몫으로서의 분수, 비로서의 분수, 연산자로서의 분수 등"의 의미를 갖고 있다(이에 대해서는, 분수 개념에 대한 초등학생들의 비형식적 지식 분석(오유경, 2009, 대구교육대학교 석사학위논문)을 참고하기 바란다.). 따라서 나눗셈과 분수는 밀접한 관계가 있고, 이를 수학학습에서 함께 다루는 것은 관계맺기라는 측면에서 중요한 활동이다.

위해서 종이 과자의 나머지를 부분으로 나눌 수 있다는 것을 알게 된다. 그들은 연필과 같은 몇몇 나머지들은 부분으로 나누어질 수 없음을 배운다.

이번 장에서의 학습은 학생들이 14÷4=3 나머지 2, $\begin{array}{l} \quad 3 \ \text{R2} \\ 4\overline{)14} \end{array}$ 의 세로셈, 그리고 $\frac{14}{4}=3\frac{1}{2}$과 같은 세 가지 형태의 표기법을 사용하여 문제를 나타냄으로써 부가적인 나눗셈 경험을 제공해준다. 마지막 표기법은 분수로 곧바로 연결된다.

수학

아이들은 분수가 전체를 똑같이 나눈 부분을 말하는 것임을 깨닫는다.

"전체"는 하나의 물건이 되거나, 예를 들면, 어떤 모양 (원모양의 과자, 직사각형의 막대 사탕, 정사각형의 브라우니와 같은), 또는 어떤 집단(연필 꾸러미, 아이들의 집단)이 될 수 있다. 아이들은 전체인 어떤 모양이나 어떤 집단을 부분으로 나누는 경험을 해야 한다[46]. (아래 참고.)

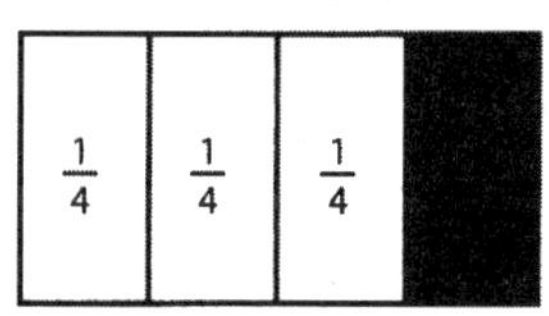

$\frac{1}{4}$이 색칠되었다.

$\frac{1}{4}$이 동그라미 안에 있다.

아이들은 분수에서 아래의 수는 전체가 똑같이 나누어진 수를 나타낸다는 것을 이해한다. 위의 수는 우리가 얘기하고 있는 부분의 수임을 보여준다.

시간이 지나면서, 몇몇 아이들은 전체를 더 많은 똑같은 조각으로 나누게 되면 각 조각의 크기가 더 작아짐을 알아채기 시작한다. 이러한 아이들 중에서 몇몇은 이것이 아래 수가 커질수록 나누어진 부분의 크기가 더 작아지기 때문이라는 것을 깨닫기 시작한다. 교사는 많은 학생들은 이것을 이해하기 위해 더 많은 분할 경험이 필요할 수 있음을 상기할 필요가 있다. 분수의 표기법에서 윗부분과 아랫부분에 대하여 토의할 때 **분자**와 **분모**라는 말을 사용하면 아이들은 이 낱말들을 문맥 속에서 들을 것이다. 그러나 그들이 학습을 하는 이 시점에서 분수감각을 얻기 위해서 이러한 어려운 낱말을 마스터할 필요는 없다는 것을 기억하기 바란다.

---

46) 2007 개정 교육과정에 따른 초등수학교과서는 연속량으로 분수를 도입하고 있는데, 연속량과 이산량을 대상으로 동시에 등분할 경험을 제공할 필요가 있다.

아이들은 $\frac{1}{2}$과 전체와 같은 "대표적인" 분수를 참고하면서 분수를 비교하는 경험을 할 필요가 있다.

아이들이 $\frac{1}{2}$보다 작거나 큰 분수에 관하여 이야기를 할 때, 그들은 이 분수의 크기 즉 상대적인 크기에 대하여 그들이 생각하는 것을 돕는 참고대상을 가지고 있다. 그들은 마음속에 있는 참고대상을 가지고 크기에 따라 분수들을 순서대로 놓기 시작한다.

아이들은 분수의 동치관계를 탐구하면서 분수를 이해한다.

수학 놀이감을 사용한 구체적인 경험을 통해서 아이들은 2분의 2, 3분의 3, 4분의 4 등이 하나의 전체를 만드는 것을 "보기" 시작한다. 그들은 또한 4분의 2, 6분의 3, 또는 8분의 4가 $\frac{1}{2}$과 같다는 것을 이해한다.

분수 키트를 사용하여 학생들은 절반, 반의 반, 반의 반의 반에 상응하는 관계를 이해하기 시작한다. 패턴 블록을 사용하여 그들은 3분의 1과 6분의 1, 2분의 1과 6분의 1 사이의 관계도 탐구할 것이다.

아이들은 분모가 같은 분수를 결합하고(더하고) 비교하고 그리고 덜어내는 (빼는) 탐구 경험을 한다.

$\frac{1}{4}+\frac{1}{4}+\frac{1}{4}$을 결합할 때, 아이들은 그 합이 $\frac{3}{12}$이 아니라 $\frac{3}{4}$이라는 것을 이해하기 위해서 분수 키트 또는 종이 과자를 사용한다. $\frac{5}{6}$와 $\frac{1}{6}$을 비교할 때, 그들은 $\frac{5}{6}$가 $\frac{1}{6}$보다 $\frac{4}{6}$만큼 크다는 것을 알아내기 위해 패턴 블록 또는 종이 브라우니를 사용한다.

일상 소재로 하는 수학

아이들이 여러 분수를 사용해서 교실 안에 있는 사람들을 등분할 된 집단으로 설명할 때, 이들은 분수 사고를 사물들의 집합에 적용하고 있는 것이다. 다음의 일과 활동들은 이 학습을 지원할 수 있다.

점심급식자수 세기와 출결확인 다시 하기

출결확인과 점심급식자 수 세기를 하는 동안 분수라는 말이 자연스럽게 나올 것이다.

예를 들어, 교실에 20명의 학생이 있다고 가정하여 보자. 그들 중 10명이 그날의 점심 급식을 구입하기를 희망한다면, 분수는 $\frac{10}{20}$이다. 즉 20명 중 10명은 점심 급식을 원한다. 며칠 동안 이러한 종류의 대화를 한 후, 교사는 교실 앞으로 스무 명 모두를 나오도록 한다. 그들을 10명씩 두 집단으로 나누고서, 이 두 집단 중 한 집단은 점심 급식을 구입할 것이라고 말한다. $\frac{1}{2}$과 $\frac{10}{20}$이 같다는 아이디어를 토의한다.

경험 교사의 조언

학생들은 아마도 음식에 관하여 이야기할 때 절반이라는 표현에 익숙해져 있을 것이다. 그러나 $\frac{1}{2}$이라는 분수 표현은 아마도 보지 못했을 것이다. 그래서 그들은 아마도 이 표기법을 혼란스러워할 것이다. 또한 그들은 아마도 분수에 관하여 얘기할 때 특징지어지는 몇몇 불일치에 익숙하지 않을 것이다. 예를 들어, 우리는 $\frac{1}{3}$에 대해서 "one-third", 그리고 $\frac{1}{4}$에 대해서 "one-fourth"라고 하지만, $\frac{1}{2}$에 대해서는 (one-second가 아니라) "one-half"라고 부른다. 이 불일치와 분수 표기법에 관해서 설명할 어느 정도의 시간을 고려한다.

분수 수업 시간 중 어느 날 점심 급식을 구입하고자 하는 학생이 말끔하게 범주의 반으로 떨어지지 않을 때, 즉 점심을 사기를 바라는 학생이 20명 중 15명이 될 때, 교사는 아마도 무언가 다르게 하기를 원할 것이다. 이 예에서, 교사는 학생들을 나오게 해서 점심을 사기를 원하지 않는 5명의 학생 집단을 만들 수 있다. 학교 급식을 원하는 15명을 똑같이 5명씩 집단으로 나눈다. 이제 교사는 네 개의 똑같은 크기의 집단을 가졌고, 각 집단은 5명의 사람으로 구성되어 있다. 이들 네 집단 중 세 집단은 학교 급식을 원하고($\frac{3}{4}$), 그렇지 않은 집단은 하나이다($\frac{1}{4}$).

아이들의 모둠들

이 활동은 계속해서 가치 있는 수업을 제공한다.

교수 · 학습 지침

1. 4인 1모둠으로 구성된 한 모둠을 교실 앞으로 나오게 한다.
2. 학급구성원들에게 앞에 나온 모둠에 대해 분수로 된 참인 진술을 하도록 한다. 예를 들어, 어떤 아이는 여자 아이가 이 모둠의 반이라고 말할 것이다.
3. 칠판에 관련된 분수를 적는다. 분모가 무엇을 말해주는지를 설명해 준다. 이 예에서, 이 분모는 이 모둠을 두 개의 크기가 같은 집단으로 나누었음을 말해주고, 이들

같은 집단들 중의 하나는 여자 아이들의 집단이 된다는 것을 말해준다.

4. 그 모둠의 아이들에게 이 분수 표현에 맞게 서도록 요청한다. 만약 이 모둠의 아이들이 남자아이 한 명과 여자 한명으로 구성된 두 집단을 만든다면, 위 '2'에 있는 참인 진술 만들기를 반복해서 수행한다. 두 집단이 '2'에서 한 표현에 맞게 나누어졌는지 질문한다. 학생들의 제안을 듣는다. 결국에는 교사는 아이들의 도움을 받아 이 4명의 아이들을 두 집단(한 집단은 두 명의 여자 아이로 구성되고, 다른 한 집단은 두 명의 남자 아이로 구성된)으로 나눌 수 있을 것이다.
5. 이 4인 1 모둠에 대한 분수 표현을 계속해서 요청한다. 아이들이 한 표현들을 정확히 담아내는 막대그림(아래 참고)을 그린다. 예를 들어, 누군가가 안경을 쓰고 있는 사람이 이 모둠의 $\frac{1}{4}$이라거나 손목시계를 차고 있는 사람이 이 모둠의 $\frac{1}{4}$임을 지적하였다면, 그에 맞는 그림을 그린다.

이 모둠의 $\frac{1}{4}$은 안경을 끼고 있다.
이 모둠의 $\frac{1}{2}$은 남자아이들이다.
이 모둠의 $\frac{1}{4}$은 손목시계를 차고 있다.

이 모둠 내에 있는 아이 중 한 아이가 특징이 중복되는 아이가 있다는 것을 주목한다. 즉, 한 아이는 남자아이이고 안경을 끼고 있다. 교사는 막대그림을 그릴 때에 이러한 특징들을 과장해서 그린다.

이 아이디어는 Joan Akers, Cornelia Tierney, Clarce Evans와 Megan Murray가 쓴 『*Name That Portion, Grades 5 and 6*』에서 각색한 것이다.

자신들의 학급 친구들을 집단으로 묶고 교사가 그림을 그려가면서 분수 문장을 표현하는 것을 많이 경험 하고 나면, 학생들은 한 모둠에 대해 학급이 만들어 낸 분수 표현 목록에 있는 분수들을 표현하기 위해서 그들 자신의 특징을 과장해서 그릴 준비가 되어 있을 것이다. 마지막으로, 자기 자신이 속한 모둠에 대한 모둠원들의 분수 표현을 만들고 막대그림을 그린다. (그림 6-2와 그림 6-3 참고.)

그림 6–2
Deon의 그림은 3개의 분수 표현을 표현하고 있다.

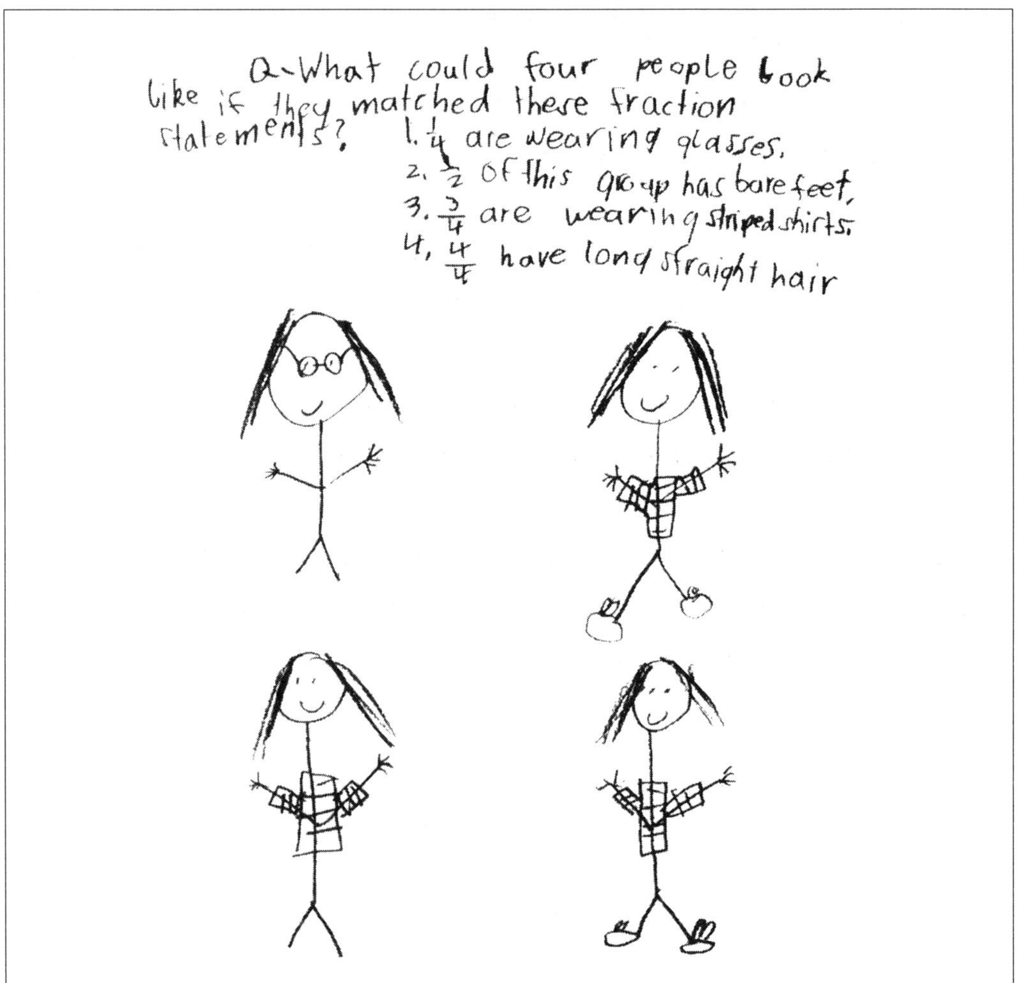

그림 6–3
Rebecca의 그림은 4개의 부가적인 분수 표현을 정확히 표현하고 있다.

심화

- **엉뚱한 모둠:** 아이들은 서로 다른 특징을 가진 네 외계인으로 구성된 엉뚱한 모둠을 그리기를 좋아하기 때문에, 이 활동을 정말로 좋아한다. 아이들에게 외계인 모둠에서 네 명 중 한 명의 뺨에 보라색 큰 점을 가지도록 그리고 그 모둠의 반은 안테나를 가지도록, 그리고 그 모둠의 4명 중 3명은 마법의 손목시계를 차고 있는 그림을 그리도록 요구한다. 마지막으로 아이들이 엉뚱한 모둠을 구성하고, 그들 자신의 분수 문장을 쓰게 한다. 패턴 블록을 사용하여 $\frac{1}{3}$과 $\frac{1}{6}$로 작업을 하는 일에 아이들이 얼마나 익숙해져있느냐에 따라, 아이들은 3명 혹은 가능하면 6명의 "외계인" 또는 사람으로 구성된 모둠에 대하여 탐구할 수도 있을 것이다.

그림 6-4
Sasha의 그림은 8명의 모둠이 특징지어질 수 있는 다양한 방법을 보여주었다.

- **8명의 모둠:** 학생들이 준비가 되었다면, 교실 앞으로 8명으로 구성된 모둠이 나오도록 한다. 그러고 나서, 교사는 그들을 $\frac{1}{4}$과 $\frac{1}{2}$로 나눌 수 있다. 만약 이 어린이들을 분수 $\frac{1}{2}$에서 분자가 가리키는 **두** 개의 같은 크기의 모둠으로 나누기를 바란다면, 이 두 모둠 각각은 4명의 어린이로 구성될 것이다($\frac{1}{2}=\frac{4}{8}$). 만약 8명의 어린이들을 네 개의 같은 크기의 모둠으로 나누고 싶다면, 각 모둠은 두 명의 어린이로 구성될 것이다($\frac{1}{4}=\frac{2}{8}$). 이들 모둠의 $\frac{3}{4}$은 6명의 어린이가 될 것이다($\frac{6}{8}=\frac{3}{4}$). 다시 어린이들은 8명을 부분으로 나눈 것을 그림과 연계된 분수 문장으로 표현할 수 있다. (그림 6-4 참고.)

게임

아래에 설명되어 있는 게임을 하기 위해서, 아이들은 먼저 분수 키트를 만들어야 한다. (키트를 만드는 방법은 아래에 있다.) 학생들이 자신의 키트를 만들면서, 다른 분수들과 같은 분수(예를 들어, $\frac{1}{2}=\frac{2}{4}$, $\frac{1}{8}=\frac{2}{16}$)에 관하여 전체 학급 토의를 많이 실시한다. 일단 키트가 완성되면, 아이들이 학급이나 집에서 게임을 할 수 있도록 유도한다. 아이들은 그 외에도 패턴 블록을 또 다른 게임 시리즈로 $\frac{1}{3}$과 $\frac{1}{6}$을 탐구하기 위해서 사용할 수 있다. 이들 두 게임 상황에서, 아이들은 분수의 영역 모델을 경험할 것이다. 즉, 분수의 영역 모델이란 집합의 부분으로서의 분수라기보다는 오히려 전체의 부분으로서의 분수를 의미한다[47].

경험 교사의 조언

처음에 교실에서 분수 키트를 사용하기 시작하였을 때, 어린이들과 나는 바로 게임을 시작하였다. 이제 우리가 분수 키트를 만들고, 키트의 분수에 관하여 **보다 많은**, **보다 적은**, **같은**을 쓸 때, 우리는 의미 있는 분수 토의를 하기 위해 그 과정을 멈춘다. 여러모로 이러한 토의는 아이들이 자신의 분수 키트를 만들고 사용할 때 가장 의미 있는 학습을 제공한다.

47) 분수를 지도하기 위한 구체적인 모델로는 영역 모델, 길이 모델, 집합 모델, 넓이 모델이 있다.

분수 키트 만들기

아이들은 자신의 분수 키트를 만들면서 참고할 모델이 필요하다. 그래서 시작하기 전에 칠판 위에 완성된 분수 키트를 전시한다. 접착테이프의 작은 조각을 각각의 부분에 붙이면 이것들을 쉽게 움직일 수 있다.(아래 참고.)

<table>
<tr><td colspan="16">1(전체)</td></tr>
<tr><td colspan="8">$\frac{1}{2}$</td><td colspan="8">$\frac{1}{2}$</td></tr>
<tr><td colspan="4">$\frac{1}{4}$</td><td colspan="4">$\frac{1}{4}$</td><td colspan="4">$\frac{1}{4}$</td><td colspan="4">$\frac{1}{4}$</td></tr>
<tr><td colspan="2">$\frac{1}{8}$</td><td colspan="2">$\frac{1}{8}$</td><td colspan="2">$\frac{1}{8}$</td><td colspan="2">$\frac{1}{8}$</td><td colspan="2">$\frac{1}{8}$</td><td colspan="2">$\frac{1}{8}$</td><td colspan="2">$\frac{1}{8}$</td><td colspan="2">$\frac{1}{8}$</td></tr>
<tr><td>$\frac{1}{16}$</td><td>$\frac{1}{16}$</td><td>$\frac{1}{16}$</td><td>$\frac{1}{16}$</td><td>$\frac{1}{16}$</td><td>$\frac{1}{16}$</td><td>$\frac{1}{16}$</td><td>$\frac{1}{16}$</td><td>$\frac{1}{16}$</td><td>$\frac{1}{16}$</td><td>$\frac{1}{16}$</td><td>$\frac{1}{16}$</td><td>$\frac{1}{16}$</td><td>$\frac{1}{16}$</td><td>$\frac{1}{16}$</td><td>$\frac{1}{16}$</td></tr>
</table>

준비물

- 5개의 서로 다른 색깔로 된 8×30cm 크기의 공작용 종이 띠 여러 조각. 학생 개인당 색깔별로 한 장씩
- 학생 개인당 1개의 가위
- 학생 개인당 1개의 어두운 색깔 펜
- 학생 개인당 1개의 서류 봉투

교수 · 학습 지침

1. 색깔이 있는 공작용 종이를 띠 모양으로 잘라서 학생들에게 나누어 준다. (각 아이는 5개의 조각을, 각 색깔별로 한 조각씩을 받는다.)
2. 전체를 나타낼 색깔 종이(예를 들면, 갈색) 하나를 선택한다. 아이들에게 이 조각에 어두운 색 펜으로 1이라고 쓰게 한다. 만약 이 토의를 음식으로 연결시키고 싶다면, 교사는 아이들에게 전체 조각을 막대 사탕으로 생각하도록 이끌어줄 수 있다.
3. 그러고 나서, 다른 색깔(노란색과 같은) 종이를 골라서 반으로 자른다. 아이들은 조각을 끝을 맞춰서 이 조각을 반으로 접는다. 그러고 나서, 아이들은 가능한 한 직선으로 접은 자국을 따라서 자르거나 찢는다. 학생들이 전체를 똑같이 두 개로 나눈 사실에 대해 토론하도록 한다. 아이들이 조각을 반으로 자른 두 개에 $\frac{1}{2}$이라고 쓰게 한다. 반드시 이 라벨 뒤에 숨겨져 있는 의미에 관하여 학생들이 토의를 하게 한다.

(각 조각은 전체를 똑같이 두 부분으로 나눈 것들 중 한 부분이기 때문에 $\frac{1}{2}$이 되는 것이다.)

4. 아이들에게 “막대 사탕”을 똑같이 4개의 부분으로 접으려면 어떻게 해야 하는지 질문한다. 누군가가 $\frac{1}{4}$은 반의 반을 접으면 된다고 말할 것이다. 아이들이 세 번째 조각을(아마도 파란색) 집어서 반으로 접어서 그것을 자르게 하고나서, 각각을 반으로 접어서 자르게 한다. 그 결과로 생긴 네 조각에 각각 $\frac{1}{4}$(크기가 같은 네 개의 부분 중 한 개이라고 쓰게 한다. (아래 참고.)

$\frac{1}{4}$	$\frac{1}{4}$	$\frac{1}{4}$	$\frac{1}{4}$

5. 같은 절차를 8개의 조각을 만들 때(먼저 네 조각을 만들고 나서) 그리고 16 개의 조각을 만들 때(먼저 8 조각을 만들고 나서) 따르도록 한다. 이 과정은 학생들이 $\frac{1}{8}$은 $\frac{1}{4}$의 반이고, $\frac{2}{16}$와 같다는 것을 깨닫도록 도울 것이다.
6. 아이들 각자가 각각의 조각의 뒤에 자기의 이니셜을 쓰게 하고 자기의 이름이 적혀 있는 서류 봉투에 그 조각들을 집어넣는다.

첫 번째 활동 : 분수 토의하기

교수 · 학습 지침

1. 아이들이 분수 키트를 만들고 나면, 양탄자에 학생들을 모이게 하고 칠판 위에 교사의 분수 키트를 보여준다. 학생들이 인지하고 있을 분수들의 상대적인 크기와 분수의 동치, 분수의 다른 특징에 대하여 학급 토의를 한다.

   다음과 같은 일반적인 질문으로 시작한다. “분수에 관해서 무엇을 알고 있어요?” 만약 한 아이가 $\frac{6}{8}$과 $\frac{3}{4}$이 같다고 말하면, 그 아이가 그것을 어떻게 알았는지 물어본다. 그는 아마도 칠판으로 나와서 $\frac{3}{4}$의 크기 만큼을 손을 찻잔 모양으로 오므리면서 만든 후 $\frac{6}{8}$을 만들면서 그의 생각을 보여줄 것이다. 그 아이는 “막대 사탕”의 시작으로부터 $\frac{3}{4}$과 같아지는 분수의 끝부분까지의 길이를 가리킨다. 그는 또한 막대 사탕의 시작부터 $\frac{6}{8}$과 같은 분수의 끝 부분까지의 길이를 잰다. 이 아이는 이들 두 길이가 같다는 것을 발견한다.

   그런 후에 교사는 아마 다음과 같이 질문할 것이다. “$\frac{6}{8}$과 $\frac{3}{4}$이 같다는 것을 보여줄 다른 방법을 알고 있는 사람 있어요?” 아마도 누군가가 $\frac{2}{8}$와 $\frac{1}{4}$이 같고 $\frac{2}{8}$가 또 다른 $\frac{1}{4}$과 또 같고, 그리고 $\frac{2}{8}$가 또 다른 $\frac{1}{4}$과 역시 또 같다고 추가할 것이다. 교사와 학급의 아이들이 8명으로 이루어진 분수 모둠을 구성했다면, 교사는 이러한 최근에 언급한 것들과 그 이전의 결과물을 연결시킬 수 있다. "우리가 교실 앞에서 8명의 모둠을 구성했을 때, 8명 중에서 6명이 테니스화를 신고 있었던 것을 기억하나요? 지금 테니스화를 신고 있는 6명과 그렇지 않은 사람 2명, 총 8명이 나와 봅시다. 이제 $\frac{6}{8}$과 $\frac{3}{4}$이 같은지 알아보기 위해 여러분 스스로 모둠을 나눠 봅시다." 아이들이 잠깐 동안 이 문제를 논쟁하게 한다.

학생들이 만약 이 일을 잘 해결하지 못하고 있다면, 아이들에게 $\frac{3}{4}$의 분자에 주목하게 한다. 4가 의미하는 것이 무엇인지 질문한다. (4개의 똑같은 묶음이 있다는 것을 의미한다.) 8명의 어린이가 어떻게 4개의 똑같은 모둠을 만들 수 있는지 질문한다. (각 모둠 당 2명씩 하면 될 것이다.) 그러고 나서, "이들 4개의 모둠 중 3 모둠이 테니스화를 신고 있어요? 테니스화를 신고 있지 않은 모둠은 한 모둠인가요?"하고 질문한다.

2. 아이들의 관심을 칠판 위에 전시된 분수 키트로 다시 돌린다. "그 밖에 너희들이 알아낸 다른 것은 무엇이에요?"하고 질문한다. 아마도 한 아이가 '막대 사탕의 작은 조각들이 점점 작아지면 분수의 아래에 있는 수가 점점 더 커져요.'라고 말할 것이다. 바꾸어 말하면, 8개의 똑같은 크기의 조각들로 잘린 막대 사탕은 분수의 아래에 있는 수(분모)가 8이다. 막대 사탕이 16개의 같은 크기의 조각으로 나뉜다면 분모는 16이 된다. 그리고 한 막대 사탕의 $\frac{1}{16}$은 한 막대 사탕의 $\frac{1}{8}$보다 더 작다. 아이들에게 이것이 왜 그런지 생각하도록 한다.

   아이들의 반응에 따라 질문을 이끌어 가고, 개방형 질문("예" 또는 "아니오" 답을 요구하지 않는 질문)을 하도록 한다. 예를 들어, "칠판 위의 분수에 관하여 알아낸 그 밖의 다른 것은 무엇인가요?", "바로 지금 분수에 대하여 생각하고 있는 것은 무엇입니까?", "네가 가지고 있는 질문은 무엇이니?"

경험 교사의 조언

학급 토론에 대한 이러한 제안들을 반성해 보았을 때, 나는 하루치로는 너무 많은 아이디어를 다루었음을 깨닫는다. 겨울방학 후에, 교사들은 교육과정을 무시하기 보다는 지키려는 압력을 느끼고 교육과정대로 하려는 경향이 있다. 그들은 학생들이 지역의 모든 3학년의 표준 수준이 되는지, 표준 학력고사에서 잘 할 수 있을지 걱정하기 시작한다.

멈추어 아이들의 이야기를 들어줄 시간을 가져야 한다는 것을 기억하기 바란다. 아이들이 이끄는 대로 따라가고 그들의 이해를 돕는 학급 토의를 위해 제공되는 아이디어를 추구한다. 확실히 어린이들은 2학기인 지금 학급 토의를 10분보다 길게 할 수 있다. 그러나 나는 많아야 20분을 추천한다. 교사는 이 분수 키트 토의를 이틀 넘게 실시하도록 결정할 수 있다.

3. 분수의 동치에 관하여 많은 유도된 질문을 하면서 시작한다. "$\frac{1}{4}$과 같으려면 $\frac{1}{16}$이 몇 개가 있어야 할까요? $\frac{2}{4}$와 같으려면 $\frac{1}{16}$이 몇 개가 있어야 할까요?", "칠판 위의 분수 키트를 사용하여 전체인 하나와 같아지도록 쓸 수 있는 식은 무슨 식인가요?" 누군가가 $\frac{1}{2}+\frac{1}{4}+\frac{1}{16}+\frac{1}{16}+\frac{1}{16}+\frac{1}{16}=1$이라고 대답할 것이다. 교사나 혹은 학급의 한 아이가 "전체 1" 바로 위에 키트의 조각들로 부터 옮겨서 이것을 증명할 수 있다. $\frac{1}{16}+\frac{1}{16}+\frac{1}{16}+\frac{1}{16}$이 $\frac{4}{16}$로 합해진다는 사실을 토의한다. 이것은 $\frac{1}{2}+\frac{1}{4}+\frac{4}{16}$ 식으로 단순화할 수 있다. 그러고 나서, "전체 1과 똑같은 또 다른 식을 세울 다른 사람 없나요?"하고 질문한다. 만약 한 아이가 $\frac{1}{8}+\frac{1}{16}+\frac{1}{16}+\frac{1}{8}+\frac{1}{8}+\frac{1}{4}+\frac{1}{4}$을 제안한다면, "우리는 어떻게 분모가 같은 분수들을 조합하여 이 식을 단순하게 할 수 있을까요?"하고 질문한다. 아이들의 도움으로, $\frac{3}{8}+\frac{2}{16}+\frac{2}{4}=1$과 같은 등식을 다시 쓴다.

경험 교사의 조언

몇몇 어린이들은 분모가 같은 분수를 조합하여 등식을 단순하게 하는 과정에 아마도 흥미를 느낄 것이다. 등식 $\frac{3}{8}+\frac{2}{16}+\frac{2}{4}=1$을 참고하면서, 한 학생이 아마도 자신이 $\frac{2}{16}=\frac{1}{8}$이고 $\frac{2}{4}=\frac{4}{8}$라는 것을 안다는 것을 깨달을 것이다. 따라서 이 학생은 $\frac{3}{8}+\frac{1}{8}+\frac{4}{8}=\frac{8}{8}$이고 $\frac{8}{8}=1$이라는 것을 쓸 수 있다. 교사는 일종의 이러한 개인적인 탐구를 격려해야 할 것이다. 그러나 이러한 탐구 단계에서 대부분의 아이들은 이러한 단계를 밟을 준비가 되어 있지 않을 수도 있다는 것을 기억하기 바란다.

아이들이 분모가 같은 분수를 조합하는 것을 자주 경험하고 -그리고 수 대신에 모델들을 조작할 때- 그들은 $\frac{1}{16}+\frac{1}{16}+\frac{1}{16}+\frac{1}{16}$이 $\frac{4}{64}$와 같지 않다는 것을 이해하기 시작한다. 학생들은 분수 키트 조각, 패턴 블록, 또는 종이 과자나 브라우니와 같은 모형을 다룸으로써 그들이 분수를 이해할 시간과 기회를 많이 가지도록 한다.

4. "같은 크기의 분수 조각들을 모두 사용하여 전체인 하나에 대한 등식을 쓸 수 있는 사람 있어요?"하고 질문한다. 만약 어떤 아이가 $\frac{1}{4}+\frac{1}{4}+\frac{1}{4}+\frac{1}{4}=1$을 제안한다면, 칠판에 이 등식을 쓴다. 그 후에 이러한 분수들이 얼마나 만들어질 수 있는지 질문한다. 다음에 $\frac{4}{4}=1$이라고 쓴다. 만약 한 아이가 $\frac{4}{16}=1$이라고 잘못 말한다면, 이 아이에게 전체 1 조각 위에 $\frac{1}{16}$ 조각을 4개 올려놓으라고 요청한다. 중학교와 고등학교에서조차, 이러한 실수는 종종 일어날 수 있다는 것을 강조한다. 이러한 실수들은 학생들이 $\frac{1}{4}$을 4개 더하면 분모 4는 그대로 4로 남으며, 분모가 16이 되는 것

은 아니라는 것을 깨닫도록 하는 좋은 기회가 될 것이다.

5. 분수 키트 모델을 능가하는 사고를 하도록 학생들을 몰아가는 것도 고려한다. 예를 들어, "여러분은 전체인 1과 같도록 같은 크기의 분수 조각들로 등식을 만들 때의 패턴을 알고 있어요?" (즉, $\frac{2}{2}=1$, $\frac{4}{4}=1$, $\frac{8}{8}=1$, $\frac{16}{16}=1$). "여러분은 우리의 분수 키트로 나타낼 수 **없지만** 분수로서는 사실인 유사한 분수 문장을 만들 수 있어요? 이것을 어떻게 알아냈어요?"하고 질문한다.

두 번째 활동 : 분수 토의하기

교수·학습 지침

1. 다음 날 칠판에 분수 키드 조각들을 원래의 형태로 붙이고서 학생들을 칠판 앞의 양탄자 위로 다시 모이게 한다. 오늘은 교사가 아이들이 **보다 큰, 보다 작은, 같은**과 같은 낱말을 사용하여 분수 문장을 탐구하도록 도울 것이라고 말해 준다. 학생들은 키트에 있는 분수들의 상대적인 크기를 알아내기 위하여 "대표적인" 즉 "참고대상"으로서 $\frac{1}{2}$과 1을 사용할 것이다.
2. 칠판 위의 분수 키트 옆에 다음과 같은 문장을 차트 위에 써서 붙인다.

> ______는 ______보다 작다. 왜냐하면 ______________________________.
> ______는 ______보다 크다. 왜냐하면 ______________________________.
> ______는 ______ $\frac{1}{2}$에 가깝다. 왜냐하면 ______________________________.
> ______는 ______과 같다.

경험 교사의 조언

내가 처음으로 위에 있는 문장 구조를 판서했을 때, 나는 '왜냐하면'이란 단어를 빠뜨렸다. 아이들의 분수 문장은 대부분 맞았다. 그러나 "이유"가 빠져 있었다. 아이들이 그것이 왜 맞는지 그들의 답에 대한 "이유"를 설명했을 때, 그들은 그들 자신의 생각에 대해 더 깊은 이해를 발전시켰으며 그들의 학급 친구의 학습도 넓혔다.

3. **보다 큰, 보다 작은, 같은**이라는 용어에 대한 공통된 의미를 형성한다. 만약 학생들의 모국어가 영어가 아니라면 구체적인 예들을 사용한다. 예를 들어, 크기는 같지만 높이가 다른 책 한 무더기를 바로 옆에 놓는다. "어느 무더기가 다른 것보다 더 많아요? 어떻게 알았어요? 어떤 무더기가 다른 것보다 적어요? 어떻게 알았어요?"하고

질문한다.

아이들로 하여금 책 무더기를 눈을 동그랗게 뜨고 쳐다보고 세어 봄으로써 그것을 알아내게 한다. 한 무더기에는 8권의 책이 있고, 나머지에는 5권의 책이 있다면, '8권의 책은 5권의 책 보다 많다.'와 같은 학생들이 만든 문장을 판서한다. '왜냐하면'이라는 말을 추가하여 더 자세히 설명하도록 독려한다. 예를 들자면, '8권의 책은 5권의 책보다 많다. 왜냐하면 $5+3=8$이기 때문이다.' 누군가는 '5권의 책은 8권의 책 보다 적다. 왜냐하면 5는 8 보다 3 적기 때문이다.'고 또한 말할 것이다.($8-3=5$)

4. 아이들이 구체적인 수세기 상황에서 **보다 적은**, **보다 많은**, **같은**을 이해하고 있을 때 다음과 같이 질문한다. "어제 우리는 전체 1과 같아지는 등식을 썼어요. 같은 크기의 분수를 이용하여 $\frac{1}{2}$과 같다고 쓸 수 있는 등식은 무엇일까요?" ($\frac{2}{4}=\frac{1}{2}$, $\frac{4}{8}=\frac{1}{2}$, $\frac{8}{16}=\frac{1}{2}$)
5. 이제 다음과 같이 질문한다. "너희는 분수 키트를 사용하여 $\frac{1}{2}$보다 큰 분수의 문장을 만들 수 있어요? 기억하세요. 우리는 그 문장이 왜 참이라고 생각하는지를 알 수 있어야 해요. 그래서 '왜냐하면'이라는 단어를 사용하세요." 누군가가 $\frac{8}{16}=\frac{1}{2}$이기 때문에, $\frac{9}{16}$가 $\frac{1}{2}$보다 크다고 제안할 것이다. 또 다른 아이는 $\frac{2}{4}=\frac{1}{2}$이기 때문에, $\frac{3}{4}$이 $\frac{1}{2}$보다 크다고 제안할 것이다. 칠판에 두 문장을 쓰고서 그것들을 제안한 아이들의 이름을 따서 거기에 이름을 붙인다. 칠판으로 이 학생들을 오게 해서 그들의 문장이 참인 이유를 설명하게 한다.
6. 칠판에 그러한 문장을 둘 또는 세 개 적었을 때, "이제 $\frac{1}{2}$보다 작은 분수 문장을 만들어 볼 수 있겠어요?"하고 질문한다. 다음과 같은 반응들이 나올 수 있다. $\frac{3}{8}$은 $\frac{1}{2}$보다 작다. 왜냐하면 $\frac{4}{8}=\frac{1}{2}$이기 때문이다. $\frac{2}{16}$는 $\frac{1}{4}$보다 작다. 왜냐하면 $\frac{4}{16}=\frac{1}{4}$이기 때문이다.
7. "여러분은 분수 키드에서 볼 수 있는 $\frac{1}{2}$에 가까운 분수의 문장을 만들 수 있겠어요?" 하고 질문한다. 다음과 같은 반응들이 포함될 수 있다. '$\frac{7}{16}$은 $\frac{1}{2}$에 가깝다. 왜냐하면 $\frac{1}{2}$과 같기 위해서는 $\frac{1}{16}$만 더 있으면 되기 때문이다.', '$\frac{5}{8}$는 $\frac{1}{2}$에 가깝다. 왜냐하면 $\frac{1}{2}$은 $\frac{4}{8}$와 같고, $\frac{5}{8}$는 $\frac{4}{8}$에 가깝기 때문이다.' 누군가가 $\frac{1}{4}$, $\frac{1}{8}$, $\frac{1}{16}$의 조합이 $\frac{1}{2}$에 가깝다고 제안한다면, 분수의 조합 대신에 단지 한 개의 분수만을 사용하라고 제안한다.

> **경험 교사의 조언**
>
> 아이들이 분수 활동을 하는 이 단계에서는 아이들이 조금 주제에서 벗어나가는 것을 고려해야 한다. 칠판에 있는 $\frac{1}{2}$과 크기가 같은 $\frac{1}{2}$, $\frac{2}{4}$, $\frac{4}{8}$, $\frac{8}{16}$을 가리킨다. 아이들에게 $\frac{1}{2}$의 동치 분수들 각각의 분자와 분모 사이의 관계를 알아챈 사람이 있는지 질문한다. 누군가가 분자는 분모의 $\frac{1}{2}$이라고 하거나 분모가 분자의 두 배라는 것을 깨달았다면, 교사는 학생들의 문제 해결 전략을 적어온 종이에 아이의 이름과 생각을 적어놓는다. 그러고 나서 칠판에 있는 분수 키트로 나타낼 수 없는 분수가 $\frac{1}{2}$과 크기가 같을지를 생각해내는 아이디어로 사용할 것을 제안한다.
>
> 학생들이 분자와 분모사이의 관계에 대해서 알아채지 못한다면, 그들이 준비가 되어 있지 않은 것을 받아들이고, 다음으로 넘어간다.

분수 문장 쓰기

교수 · 학습 지침

1. 아이들을 2인 1모둠으로 앉게 한다. 그들에게 분수 키트 옆에 붙여놓는 문장 구조를 사용하여 5개의 분수 문장을 쓰도록 한다. 아이들이 그들 자신의 분수 키트를 사용하여 그들이 쓴 문장이 사실인지 확인하게 한다. 또는 짝 활동으로 4개의 문장(보다 작은 하나, 보다 큰 하나, 같은 하나, 그리고 자유 선택 하나)을 적고, "우리는 이것을 알고 있다. 왜냐하면 ___________."으로 시작하는 문장을 통해서 그들의 생각을 설명하게 한다. (그림 6-5 참고.)

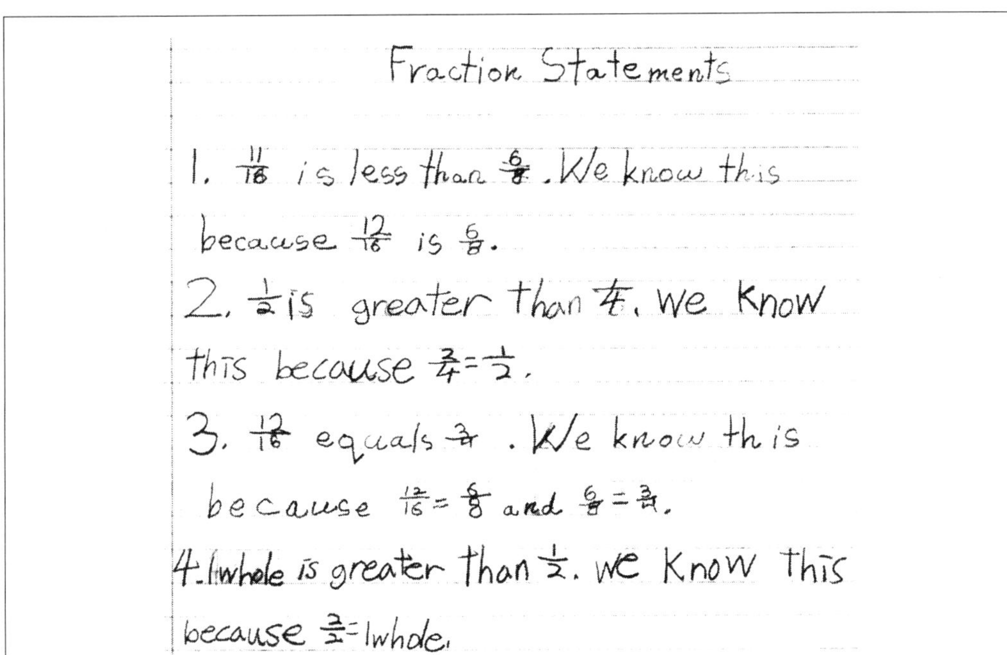
Fraction Statements

1. $\frac{11}{16}$ is less than $\frac{6}{8}$. We know this because $\frac{12}{16}$ is $\frac{6}{8}$.
2. $\frac{1}{2}$ is greater than $\frac{1}{4}$. We know this because $\frac{2}{4}=\frac{1}{2}$.
3. $\frac{12}{16}$ equals $\frac{3}{4}$. We know this because $\frac{12}{16}=\frac{6}{8}$ and $\frac{6}{8}=\frac{3}{4}$.
4. 1 whole is greater than $\frac{1}{2}$. We know this because $\frac{2}{2}$ = 1 whole.

그림 6-5
Ray와 Eun-Jin은 그들의 분수 문장에 숨어있는 그들의 생각을 설명하기 위해 4개의 분수 문장을 사용하였다.

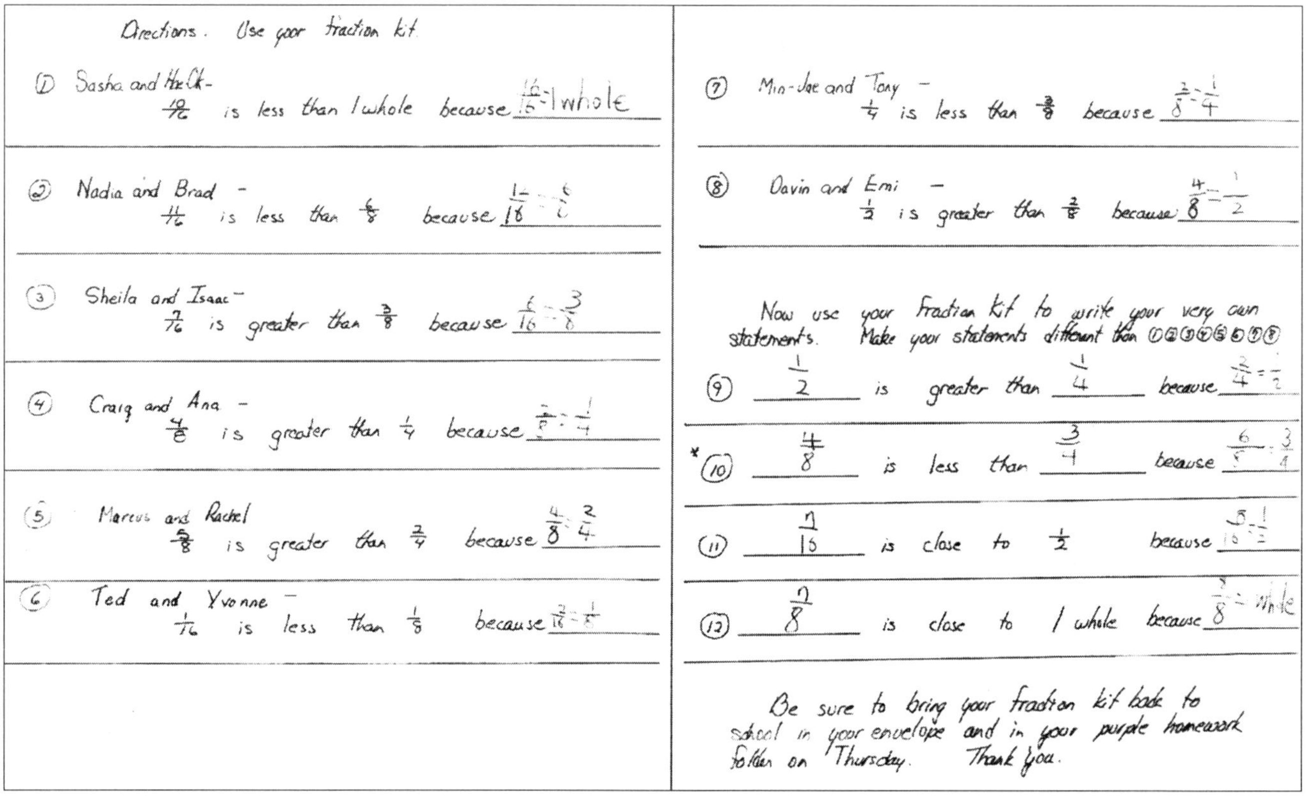

Directions. Use your fraction kit.

① Sasha and HeeOk – 4/16 is less than 1 whole because 16/16 = 1 whole

② Nadia and Brad – 4/16 is less than 6/8 because 12/16 = 6/8

③ Sheila and Isaac – 7/16 is greater than 3/8 because 6/16 = 3/8

④ Craig and Ana – 4/8 is greater than 1/4 because 2/8 = 1/4

⑤ Marcus and Rachel – 5/8 is greater than 2/4 because 4/8 = 2/4

⑥ Ted and Yvonne – 1/16 is less than 1/8 because 2/16 = 1/8

⑦ Min-Jae and Tony – 1/4 is less than 3/8 because 2/8 = 1/4

⑧ Davin and Emi – 1/2 is greater than 3/8 because 4/8 = 1/2

Now use your fraction kit to write your very own statements. Make your statements different than ①②③④⑤⑥⑦⑧

⑨ 1/2 is greater than 1/4 because 2/4 = 1/2

⑩ 4/8 is less than 3/4 because 6/8 = 3/4

⑪ 7/16 is close to 1/2 because 8/16 = 1/2

⑫ 7/8 is close to 1 whole because 8/8 = 1 whole

Be sure to bring your fraction kit back to school in your envelope and in your purple homework folder on Thursday. Thank you.

▲ **그림 6-6** Jaime는 학급 친구들이 작성한 분수 진술을 이해하였다.

2. 아이들이 그들의 추론하는 과정 중 그들의 문장에 '왜냐하면' 부분에 초점을 맞추도록 돕기 위해 질문을 한다. 그들의 문장을 일찍 완성한 모둠에게는 그들의 문장이 말이 되는지 검토하게 한다. 그러고 나서 생각을 확장시킨다. 아이들은 칠판 위에 있는 형식을 사용하여 더 많은 분수 문장을 쓰고, 그들 자신의 힘으로 몇몇 개의 분수 문장을 쓰거나 또는 칠판의 분수 키트로 나타낼 수 없는 분수 문장을 쓰는 시도를 하게 한다.
3. 각 모둠으로 부터 하나씩의 분수 문장을 베끼고, 다음 며칠 동안 숙제를 낼 때 이것을 포함시킨다. 아이들은 집으로 그들의 분수 키트를 가져가서 이 숙제들을 완성해 올 수 있도록 한다. (그림 6-6 참고.)

경험 교사의 조언

아이들은 자신들이 창조한 문제들이 학급 과제의 부분이 되는 것을 보는 것을 자랑스러워 할 것이다. 그들은 "그래, 나는 수학자야. 그리고 내가 말한 것은 중요해"하고 느낄 것이다. 이러한 연습은 게다가 "우리 모두는 수학에 대해 함께 생각하고 있다."는 또 다른 강력한 메시지를 준다.

분수 키트 게임들

아이들은 분수 키트를 가지고 **덮기**와 **들어내기**의 두 가지 형태를 포함한 몇 가지 게임을 할 수 있다. 만일 교사가 소모둠 토의 또는 '순환 모둠 시간'에 게임을 가르친다면, 아이들의 추론을 경청해야 한다. 이러한 환경에서 교사는 쉽게 아이들의 분수에 대한 사고를 분류하는데 도움을 주는 다음의 질문들을 할 수 있다. 소모둠 또는 '순환 모둠 시간' 환경은 조용한 아이들이 큰 소리로 참여하고 질문을 하도록 장려한다.

(분수)덮기

준비물

- $\frac{1}{2}$, $\frac{1}{4}$, $\frac{1}{8}$, $\frac{1}{8}$, $\frac{1}{16}$, $\frac{1}{16}$이 표시된 면을 갖고 있는 숫자 주사위, 두 학생당 주사위 하나

교수 · 학습 지침

1. 아이들이 2인 1모둠을 만들도록 하고 각각의 학생이 손쉽게 사용할 수 있는 분수 키트를 갖도록 한다. 각 모둠 당 숫자 주사위 하나씩을 준다.
2. 각 게임 경기자는 자신의 분수 키트로부터 '1 전체' 조각을 꺼내 놓는다. 그 다음 주사위를 돌아가며 굴리고 주사위에서 나온 분수에 해당하는 분수 조각을 1 전체 조각 위에 놓는다. 전체 조각을 정확히 가장 빨리 덮는 사람이 이긴다. 만일 경기자가 전체를 덮기 위해 작은 조각(즉, $\frac{1}{8}$ 또는 $\frac{1}{16}$) 한 개가 필요한데, 주사위를 굴려 더욱 큰 분수(즉, $\frac{1}{2}$ 또는 $\frac{1}{4}$)가 나왔다면 그 아이는 자기 순서를 넘어가야만 한다.
3. 두 경기자 모두 정확히 1 전체를 분수 조각들로 덮은 후에 이 분수 조각들을 더해 1이 됨을 보여주는 덧셈식을 적도록 한다. 다음은 몇 몇 학생들의 덧셈식이다.

   Nadia는 $\frac{1}{16}+\frac{1}{8}+\frac{1}{4}+\frac{1}{16}+\frac{1}{2}=1$이라고 썼다.

   Macus는 $\frac{1}{16}+\frac{1}{16}+\frac{1}{16}+\frac{1}{8}+\frac{1}{2}+\frac{1}{16}=1$이라고 썼다.
   (이 분수들은 실제로 더해서 1이 되지 않음에 주의하기 바란다.)
4. 전체 학급 토론 동안, 이러한 완전히 **덮기** 덧셈식 중 몇 가지를 칠판에 적는다. 동분모 분수들을 더한다. 즉, 이 덧셈식들을 간단히 한다. 예를 들어, Nadia의 덧셈식은 $\frac{2}{16}+\frac{1}{8}+\frac{1}{4}+\frac{1}{2}=1$이 될 수 있고, Macus의 덧셈식은 $\frac{4}{16}+\frac{1}{8}+\frac{1}{2}=1$이 되었을 것이다. 누군가가 Macus의 방정식이 1과 같지 않음을 발견하는지를 살핀다.
5. 이 덧셈식들을 작성한 학생들에게 이에 대응하는 분수 키트 조각들을 취해서 이것들

을 1 전체 위에 일렬로 정렬시키도록 한다. 이러한 과정은 이 덧셈식이 정말 합하여 1 전체가 되는지를 빠르게 드러낼 것이다.

심화

각 학생으로부터 분수 키트 덮기 덧셈식을 하나씩 받아 적는다. 그러고 나서, 아이들에게 각 덧셈식을 간단히 하기 위해 분수들을 조합하도록 한다.

들어내기(Uncover) : 첫 번째 활동

이 게임은 $\frac{1}{4}$조각 2개를 $\frac{1}{2}$조각 한 개와 교환하는 활동을 통하여 학생들이 동치분수라는 용어에 익숙하게 한다.

준비물

- $\frac{1}{2}$, $\frac{1}{4}$, $\frac{1}{8}$, $\frac{1}{8}$, $\frac{1}{16}$, $\frac{1}{16}$이 표시된 면을 갖고 있는 숫자 주사위. 2인 1모둠 당 주사위 하나

교수·학습 지침

1. 아이들을 2인 1모둠으로 모둠을 만들게 하고, 각 학생이 손쉽게 사용할 수 있는 분수 키트를 갖도록 한다. 2인 1모둠 당 숫자 주사위 하나씩을 준다.
2. 각 경기자는 자신이 가지고 있는 1 전체를 $\frac{1}{2}$ 2조각을 가지고 덮는다. 이 게임의 목표는 1 전체 조각을 완벽하게 들어내는 첫 번째 사람이 이기는 것이다.
3. 게임 경기자들은 숫자 주사위를 번갈아 가며 굴린다. 경기자 1이 $\frac{1}{16}$이 나왔고 이 경기자는 자신이 갖고 있는 $\frac{1}{2}$조각 중의 하나를 $\frac{1}{16}$조각 8개로 바꿀 수 있다. 그러나 이 경기자는 이 바꾸기를 하기 위해서 상대 경기자에게 설명해야만 한다. "나는 $\frac{1}{2}$은 $\frac{8}{16}$과 같음을 알고 있어. 그래서 나는 $\frac{1}{2}$을 $\frac{8}{16}$로 바꾸고 있어. 지금 나는 숫자 주사위를 굴려 나온 $\frac{1}{16}$을 없앨거야." 경기자 1은 $\frac{1}{2}$조각 한 개와 $\frac{1}{16}$조각 7개를 남겨둔다. 경기자 2는 잘 듣고 경기자 1이 분수를 제대로 이해하고 있는지를 확인하기 위해 주의 깊게 관찰한다. (게임이 진행됨에 따라, 만일 게임 경기자가 주사위를 굴려 나온 분수에 해당하는 분수 조각을 갖고 있다면 교환할 필요가 없다)
4. 경기자 2가 주사위를 굴려 비슷한 방법으로 교환한다. 경기자 1이 자신의 다음 차례에서 주사위를 던져 $\frac{1}{8}$이 나왔다고 가정하자. 이번에는 경기자 1은 $\frac{1}{16}$조각 2개를

$\frac{1}{8}$조각 하나로 바꿀 수 있다. 그리고 경기자 1은 $\frac{1}{8}$조각을 제거하며 말한다. “나는 $\frac{2}{16}$가 $\frac{1}{8}$과 같음을 알고 있어. 그래서 나는 여기를 교환할거야. 그리고 지금 나는 $\frac{1}{8}$조각을 없앨거야.”

5. 이 게임은 한 경기자가 마지막 분수 조각을 정확히 제거할 때까지 계속된다. 만일 경기자 1이 그 게임의 끝까지 $\frac{1}{16}$조각 한 개를 갖고 있다면 경기자 1은 주사위를 굴려 $\frac{1}{16}$이 나올 때 까지 기다려야만 한다.

들어내기(Uncover) : 두 번째 활동

학생들이 이 활동을 하기 전에, 교사 혼자서 이 활동을 해 보는 것이 좋다. 그래야 이 두 번째 활동에 나오는 3가지 선택 사항들을 이해하는데 도움이 된다. 이 두 번째 활동에서, 각 놀이자는 다시 자신이 가지고 있는 1 전체를 $\frac{1}{2}$ 2조각을 가지고 덮는다. 각 경기자가 숫자 주사위를 굴릴 때, 이 경기자는 다음의 세 가지 선택사항을 갖는다.

- 만일 그 경기자가 주사위의 분수가 1 전체 위에 있는 분수 조각들과 같을 때만 그 같은 분수 조각 하나만을 제거한다.
- 1 전체 위에 있는 분수 조각들 중 어떤 것이든지 동치의 조각들로 바꾼다.
- 아무것도 하지 않는다.

경기자들은 그들이 **들어내기 : 첫 번째 활동**에서 했던 것처럼 한 번 주사위를 굴렸을 때 교환과 제거를 한꺼번에 할 수 없다. 이 두 번째 활동에서, 경기자들은 교환과 제거 중 오직 한 가지만 할 수 있다. 상대편이 경기를 함에 따라 경기자들은 경기하고 있는 것에 동의하는지를 확실히 하기 위해 서로 점검한다. 1 전체를 제일 먼저 들어내는 경기자가 승자가 된다. 만일 경기자가 남아있는 조각 하나를 갖고 있고 주사위를 던져 나온 분수 조각이 남아있는 조각보다 더 크다면, 이 경기자는 그 조각을 제거할 수 없다.

심화

아이들이 두 번째 분수 키트를 만든다. 그래서 아이들은 이 두 세트를 집에 가져가 부모님과 함께 다양한 게임을 한다. 두 번째 세트의 구성은 숙제로 부과한다. 이 게임들을 위해, 게임 안내서(교수·학습 지침)(부록 참고)를 집으로 보내도록 한다. 이 게임을 하는 동안 일어난 것에 대해 이야기를 나누는 것이 가장 중요한 부분이라는 것을 게임 안내서에 명시되어 있는지 확인한다. 이 게임을 하는 동안 사고를 자극하고 이야기를 나누는 것을 자극하는 몇 가지 질문이 아래에 있다.

왜 너는 _____을 ________으로 바꾸고 있나요?
어떻게 이들 두 분수들이 동치인지를 나에게 보여주세요.

패턴블록

분수 키트로, 아이들은 $\frac{1}{4}$, $\frac{1}{8}$, $\frac{1}{16}$을 공부한다. 패턴블록을 가지고, 아이들은 $\frac{1}{3}$, $\frac{1}{6}$을 탐구한다. 교사는 학생들이 두 가지 분수 모델을 사용하여 많은 경험을 하도록 한다. 패턴블록 세트에서 '1 전체'는 노란색 정육각형이다. 학생들은 한 개의 과자를 나타내기 위해 노란색 정육각형을 사용할 수 있다. 녹색 이등변 삼각형은 온전한 과자의 $\frac{1}{6}$을 나타내고, 빨간색 사다리꼴은 $\frac{1}{2}$을, 파란색 평행사변형은 $\frac{1}{3}$을 나타낸다. 만일 교사가 패턴블록들을 갖고 있지 않다면 종이(용지) 모델을 만들기 위해서 책 뒤쪽에 있는 〈부록〉을 사용할 수 있다. 아이들은 위에서 언급한 설명에 맞추기 위해 종이 모델에 색을 칠할 수 있다. 이러한 패턴 블록 분수 활동은 Marilyn Burns(2000)가 출간한 『*About Teaching Mathematics(2nd Ed.)*』과 Cornelia Tierney와 Mary Berle-Carman(1995)가 집필한 『*Fair Shares*』에 설명되어 있다.

노란색 정육각형 만들기

교수 · 학습 지침

1. 아이들이 패턴블록 세트에서 노란색 정육각형을 녹색 삼각형으로 덮도록 한다. 아이들이 6개의 삼각형 중의 한 개는 전체 정육각형 중 $\frac{1}{6}$이라는 것을 이해하기 위해서 노란색 정육각형은 6개의 삼각형이 필요하다는 것을 이해할 필요가 있다.
2. 한 개의 사다리꼴은 전체 정육각형의 $\frac{1}{2}$이고 한 개의 평행사변형은 전체 정육각형의 $\frac{1}{3}$이라는 사실을 이해하기 위해서, 두 개의 빨강색 사다리꼴과 세 개의 파랑색 평행사변형을 이용하여 이 과정을 반복한다.
3. 아이들이 삼각형, 사다리꼴, 그리고 평행사변형을 사용하여 가능한 모든 정육각형을 만들도록 한다. 같은 모양의 조각을 다르게 배열하는 것은 다른 정육각형이 아님을 상기시킨다. 만일 정육각형이 두 개의 삼각형과 두 개의 평행사변형으로 덮여 있다면, 비록 그 조각들이 다른 방법으로 배열되어 있다 할지라도 한 가지로 간주한다. (아래 참고) 정육각형을 덮는 7가지 다른 배열 방식이 있다.

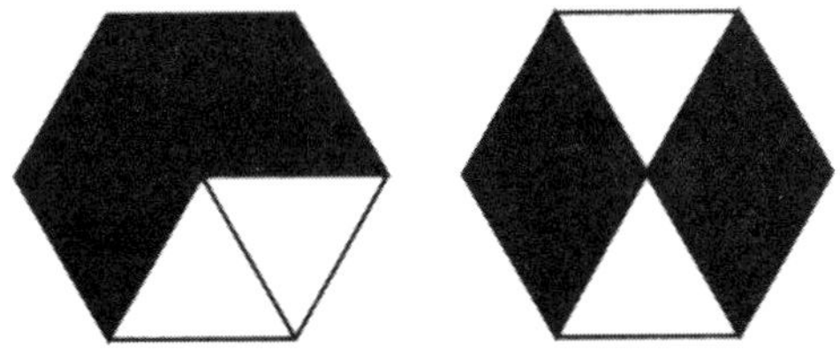

이 둘은 정육각형을 만들 수 있는 한 가지 방법으로 센다.
이들은 각각 두 개의 파란 색 조각과 두 개의 그린 조각이다.

4. 모든 아이들이 7가지 가능한 배열 방법에 동의할 때, 아이들은 비어있는 정육각형이 그려져 있는 종이에 각각의 배열을 그리고(부록 참고) 각 분수 부분을 분류하여 표시한다. 그리고 정육각형 위에 그 패턴블록 모양을 놓고 모양을 따라 선을 긋는다.
5. 그 다음 학생들은 패턴블록 배열 옆에 덧셈식을 쓴다. 예를 들어, 정육각형을 두 개의 평행사변형과 두 개의 삼각형으로 덮었기 때문에, 덧셈식은 $\frac{1}{3}+\frac{1}{3}+\frac{1}{6}+\frac{1}{6}=1$이 될 것이다.
6. 일찍 끝낸 아이들은 패턴 블록을 가지고 한층 더 탐구한다.
7. 모든 학생들이 조사를 완료했을 때, 7가지 배열을 나타내는 7가지 덧셈식에 대해 논의한다. 칠판에 또는 차트에 다음의 덧셈식을 적는다.

$$\frac{1}{2}+\frac{1}{2}=1$$

$$\frac{1}{3}+\frac{1}{3}+\frac{1}{3}=1$$

$$\frac{1}{6}+\frac{1}{6}+\frac{1}{6}+\frac{1}{6}+\frac{1}{6}+\frac{1}{6}=1$$

$$\frac{1}{2}+\frac{1}{3}+\frac{1}{6}=1$$

$$\frac{1}{6}+\frac{1}{6}+\frac{1}{6}+\frac{1}{2}=1$$

$$\frac{1}{3}+\frac{1}{6}+\frac{1}{6}+\frac{1}{6}+\frac{1}{6}=1$$

$$\frac{1}{3}+\frac{1}{3}+\frac{1}{6}+\frac{1}{6}=1$$

8. 차트 위에 있는 덧셈식들을 좀 더 간단한 덧셈식으로 만들기 위해 이 분수들을 어떻게 조합, 즉 더하였는지를 학생들에게 묻는다. 단축된 덧셈식을 원래 쓴 덧셈식들 옆에 기록하도록 한다.

$\frac{1}{2}+\frac{1}{2}=1$ $\qquad$ $\frac{2}{2}=1$

$\frac{1}{3}+\frac{1}{3}+\frac{1}{3}=1$ $\qquad$ $\frac{3}{3}=1$

$\frac{1}{6}+\frac{1}{6}+\frac{1}{6}+\frac{1}{6}+\frac{1}{6}+\frac{1}{6}=1$ $\qquad$ $\frac{6}{6}=1$

$\frac{1}{2}+\frac{1}{3}+\frac{1}{6}=1$

$\frac{1}{6}+\frac{1}{6}+\frac{1}{6}+\frac{1}{2}=1$ $\qquad$ $\frac{3}{6}+\frac{1}{2}=1$

$\frac{1}{3}+\frac{1}{6}+\frac{1}{6}+\frac{1}{6}+\frac{1}{6}=1$ $\qquad$ $\frac{1}{3}+\frac{4}{6}=1$

$\frac{1}{3}+\frac{1}{3}+\frac{1}{6}+\frac{1}{6}=1$ $\qquad$ $\frac{1}{3}+\frac{2}{6}=1$

심화

Cornelia Tierney와 Mary Berle-Carman(1995)이 집필한 『*Fair Shares, Grades 3 and 4*』에서 아이들은 자신들의 7개의 정육각형 배열을 이용해서 구잔(제거하기) 뺄셈과 관련된 다음의 질문들을 탐구한다.

"$\frac{3}{3}$으로 만든 정육각형에서 만일 $\frac{1}{3}$을 제거한다면 남아있는 것은 얼마입니까? 모든 정육각형을 검토하시오. 정육각형의 $\frac{1}{3}$을 제거하는 다른 방법이 있습니까?"

"$\frac{6}{6}$으로 만든 정육각형에서 만일 $\frac{2}{6}$를 제거하면 남은 부분은 얼마입니까? 이 분수를 말할 수 있는 다른 방법이 있습니까?"

"$\frac{2}{2}$로 만든 정육각형에서 만일 $\frac{1}{2}$을 제거하면 남아있는 것은 무엇입니까? 이제 모든 정육각형을 검토하시오. 정육각형 중 $\frac{1}{2}$을 제거할 수 있는 다른 방법이 있습니까? $\frac{1}{2}$이라고 쓸 수 있는 등식은 무엇입니까?"

"정육각형 중 $\frac{1}{4}$을 제거할 수 있습니까? 그렇다면 이유는? 할 수 없다면 이유는 무엇입니까?"

정육각형 교환

순환 모둠 시간 동안, 4~6명의 아이들로 구성된 소모둠과 이 초기의 분수 게임(Tierney와 Berle-Carman, 1995)을 놀이한다.

준비물

- 학생 1명당 "노란색 정육각형 완성하기" 1장씩 (부록 참고)
- 모둠 당 한 개의 $\frac{1}{2}$, $\frac{1}{2}$, $\frac{1}{3}$, $\frac{2}{3}$, $\frac{1}{6}$, $\frac{5}{6}$가 표시된 주사위 1개씩

교수 · 학습 지침

1. 경기자들이 번갈아가며 주사위를 굴리고 이에 대응하는 패턴 블록을 빈 정육각형 위에 올려놓는다. 예를 들어, 만일 Susan이 $\frac{1}{3}$을 굴렸다면 Susan은 정육각형 위해 파랑색 평행사변형 한 개를 올려놓는다.
2. 모든 사람이 한 번씩 돌아가며 한 후에, 경기자들은 다시 주사위를 굴린다. 만일 Susan이 두 번째 차례에 $\frac{5}{6}$를 굴렸다면, Susan은 자신의 정육각형 옆 부분에 $\frac{5}{6}$를 적어두고 자신의 조각들을 이 정육각형 위에 올려놓기 전 몇 가지 교환을 한다. Susan은 자신의 동작을 설명해야만 한다. "나는 $\frac{2}{6}$는 $\frac{1}{3}$과 같기 때문에 $\frac{2}{6}$를 $\frac{1}{3}$로 바꾸고 있는 중이야. 나는 다른 $\frac{2}{6}$ 역시 $\frac{1}{3}$로 교환할래. 지금 나는 내 정육각형 위에 이미 놓여 있는 $\frac{1}{3}$에 더하기 위해 $\frac{2}{3}$를 갖고 있어." Susan은 정육각형 위에 이미 놓여 있는 $\frac{1}{3}$에 합치기 위하여 $\frac{2}{3}$조각을 옮긴다. "나는 $\frac{3}{3}$조각을 1인 육각형 전체로 바꾸어 놓으려고 해. 그리고 나는 다음 육각형 위에 남은 $\frac{1}{6}$조각을 놓을 거야."

이러한 "더 큰 조각과 교환하기"는 이 게임의 기본적인 부분이다. 경기자들은 둘 또는 세 개의 조각들을 더 큰 한 개의 조각으로 교환한다. 이 게임의 목표는 게임의 마지막에 각 정육각형을 적은 개수의 패턴 블록들로 표현하는데 있다.

게임을 하는 동안, 교사와 다른 아이들은 각 경기자들의 "분수 이야기"와 동작이 맞는지를 점검하기 위하여 경청하며 살펴본다. 대분수의 개념이 이 게임에서 매우 자연스럽게 언급된다. 위의 예에서, Susan은 $1\frac{1}{6}$ 정육각형을 갖고 있다. $1\frac{1}{6}$은 정수 옆에 분수가 있기 때문에 **대분수**라고 부른다고 설명해 분다.

비록 Susan이 "1과(또는 그리고) $\frac{1}{6}$의 정육각형"을 갖고 있다 할지라도, 우리는 "과(또는 그리고)"라는 말을 쓰지 않는다는 것을 아이들에게 상기시킨다. 한 편, 만일 "그리고"를 포함시키는 것이 아이들로 하여금 분수 활동을 터득하는 데 도움이 된다면, 아이들은

"한 개의 정육각형 그리고 정육각형의 $\frac{1}{6}$"이라고 말할 수 있다.

교사와 아이들이 **정육각형 교환**에 대한 몇 차례 게임을 하고 난 후에 "~보다 많은"과 "~보다 적은"에 관한 질문을 한다. 예를 들어 "여러분이 갖고 있는 활동지를 보세요." "Ray는 $2\frac{1}{6}$의 정육각형을 갖고 있고, 선생님은 $2\frac{2}{6}$를 갖고 있습니다. 누가 더 많이 갖고 있나요? 얼마나 더 많이 갖고 있나요?" 아이들은 구차(비교하기)를 사용해서 이 문제를 해결할 수 있다.

심화

학생들이 가정에서 부모님과 함께 **정육각형 교환** 게임을 할 수 있도록 한다. 교사는 노란색 정육각형, 빨간색 사다리꼴, 파란색 평행사변형, 녹색의 이등변 삼각형 조각이 인쇄된 종이를 가정에 보낸다. 아이들은 위의 도형들을 잘라 봉투에 넣어 가정에 가져가기 전 조각들에 색칠을 한다. 교사는 각 경기자에게 정육각형이 한 개씩 그려져 있는 종이(부록 참고)와 $\frac{1}{2}$, $\frac{1}{2}$, $\frac{1}{3}$, $\frac{2}{3}$, $\frac{1}{6}$, $\frac{5}{6}$가 표시된 주사위를 나누어 주어야만 한다.

게임 규칙을 가정에 보내는 것 이외에도 부모님들이 게임을 하는 동안에 분수에 대한 담화를 장려하기 위한 질문을 할 수 있도록 질문 목록을 보낸다.

> 예를 들어:
> "왜 빨간색 사다리꼴을 파란색 마름모 한 개와 녹색 삼각형으로 바꾸었어요?"
> "지금 몇 개의 정육각형을 갖고 있어요?"
> "네가 갖고 있는 정육각형과 내 정육각형의 개수 사이에 차는 얼마에요? 그것을 어떻게 알았어요?"
> "너는 내가 가지고 있는 것보다 정육각형을 몇 개 더 가지고 있어요?"
> "$\frac{4}{6}$와 $\frac{2}{3}$가 같다는 것을 어떻게 알 수 있지요? 내게 보여줄래요?"

전멸(Wipeout)

이 짝 활동의 목표는 자신의 패턴 블록들을 버리는 첫 번째 경기자가 되는 것이다. 이 게임은 **들어내기 : 두 번째 활동**과 비슷하다.

준비물

- 한 학생당 패턴 블록 한 세트

- 두 사람당 $\frac{1}{2}$, $\frac{1}{3}$, $\frac{1}{3}$, $\frac{1}{6}$, $\frac{1}{6}$, $\frac{1}{6}$가 표시된 분수 주사위 한 개
  (주의: **정육각형 교환**과 **분수 키트 게임**의 주사위와 이 주사위는 다름)

교수 · 학습 지침

1. 아이들을 2인 1모둠으로 모둠을 만들도록 한다.
2. 각 경기자들은 **노란색 육각형 만들기** 225쪽에서 탐구했던 일곱 가지 패턴 중 한 패턴을 이용하여 다른 조각들(녹색 삼각형, 파랑색 마름모, 빨강색 사다리꼴)을 가지고 자신의 패턴블록 세트로부터 한 개의 정육각형 덮는 것으로 시작한다.
3. 경기자 1은 분수 주사위를 던지고 아래의 3가지 선택 사항 중 하나를 실행한다.

   - 정육각형의 윗부분에 있는 분수 조각 중 하나를 제거한다. (단, 주사위를 던져서 나온 눈이 이 정육각형의 분수와 일치 할 때만 그렇게 할 수 있다.) (제거)
   - 남아있는 블록들 중 어느 블록이든지 이것을 똑같은 값을 지닌 블록들로 바꾼다. (교환)
   - 아무 것도 하지 않고 분수 주사위를 경기자 2에게 넘긴다.

   경기자들은 동시에 교환과 한 블록의 제거를 할 수 없다. 경기자들은 둘 중의 한 가지만 할 수 있다. 경기자들이 게임을 하면서, 아이들은 서로서로의 교환에 주의해서 정확하게 하고 있는지를 확인해야 한다.
4. 이 게임은 한 경기자가 정육각형의 윗부분으로부터 모든 조각들을 제거했을 때 끝난다.

측정

분수 키트를 사용해서 길이 측정하기

아이들이 “막대 사탕” 전체의 $\frac{1}{4}$과 $\frac{2}{8}$ 또는 $\frac{2}{16}$를 비교할 때처럼, 아이들은 이 막대 사탕의 끄트머리에서 시작해서 왼쪽에서 오른쪽으로 공간을 측정한다. 그래서 분수 키트는 측정을 연습할 기회를 제공한다(213-214쪽 참고)

아이들에게 3×12인치 크기의 공작용 종이 띠를 자르고 이것을 크기가 같게 해서 네 부분으로 접게 하고, 이것을 종이자로 이용해서 교실에 있는 물건들을 재도록 한다. 학생들의 목표는? 만일 학생들이 측정하는 물체들이 $\frac{1}{4}$피트에 가까운지, $\frac{1}{2}$피트에 가까운지, $\frac{3}{4}$피트에 가까운지를 알아보기 위함이다[48]. 만일 학교가 위치한 지역의 교육과정이 표준

화된 측정 도구를 주장한다면, 학생들은 종이자 위에 인치 표시를 하여 구획할 수 있다. 만일 아이들이 이것을 한다면, 그들은 $\frac{1}{4}$피트 구역이 3인치라는 것을 곧 깨닫게 될 것이다. 자의 시작부분으로부터 $\frac{1}{2}$피트를 접는 곳은 6인치이다. 자의 시작부분으로부터 $\frac{3}{4}$피트인 곳은 9이다. 자 전체는 12인치이다.(그림 6-7 참고.)

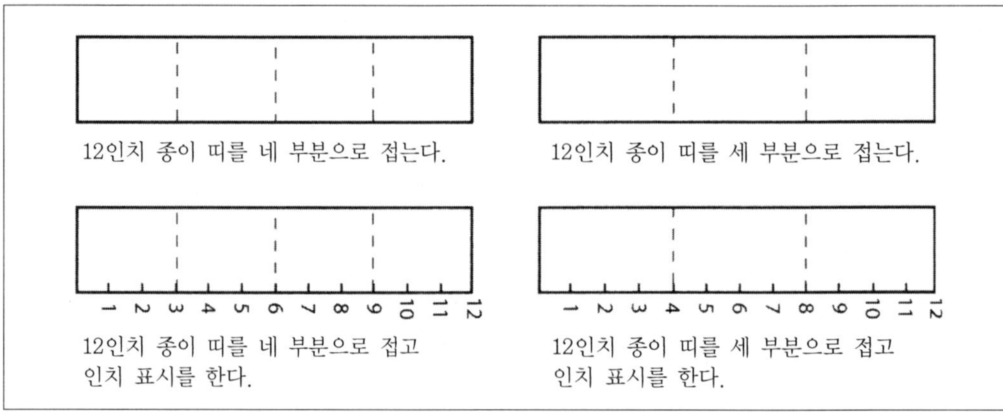

그림 6-7
종이 자를 접는 방법과 인치를 표시한 모습이다.

시간 말하기

아이들은 학기 중에 시간에 대해 말하기 때문에, 아이들이 자신들의 언어와 시계문자판의 분수 부분들을 연결시킬 수 있도록 돕는다. 한 시간의 $\frac{1}{4}$은 시계문자판의 $\frac{1}{4}$ 즉 15분이다. 한 시간의 $\frac{1}{2}$은 시계문자판의 $\frac{1}{2}$ 즉 30분이다. 한 시간의 $\frac{3}{4}$은 시계문자판의 $\frac{3}{4}$ 즉 45분이다.

돈

교사가 앞으로 돈을 포함한 활동들을 소개할 때마다, 쿼터는 25센트 즉 $\frac{1}{4}$달러(100센트임을 확실히 언급한다. 이렇게 하여 아이들은 쿼터를 분수 $\frac{25}{100}$, 즉 $\frac{1}{4}$로 생각할 수 있다. 아이들에게 0.25달러 개념을 상기시킨다. 마찬가지로, $\frac{1}{2}$달러의 가치는 $\frac{50}{100}$, $\frac{1}{2}$, 0.5달러임을 명확히 해 둔다. $\frac{3}{4}$달러를 $\frac{75}{100}$, $\frac{3}{4}$, 0.75달러로 나타낼 수 있는 방법을 보여 준다.

48) 12인치는 1피트로 이 띠를 네 부분으로 접었으므로 각 접은 마디는 $\frac{1}{4}$피트, $\frac{1}{2}$피트, $\frac{3}{4}$피트가 된다.

수학 동화를 기반으로 한 활동

과자 나누기

Laura Ingalls Wilder가 집필한 『*Little House in the Big Woods*』[49]에서 Laura와 Mary는 이웃인 Peterson 부인을 방문한다. 이 방문의 마지막에, Peterson 부인은 이들에게 각각 과자 한 개씩을 준다. 이들은 각자의 과자를 반씩 먹고, 남아있는 반쪽 과자를 Carrie에게 주려고 집으로 가져간다. 친구들의 아량으로, Carrie는 결국 $\frac{1}{2}$짜리 과자를 2개 즉 온전한 과자 한 개를 갖게 된다. 학생들에게 "세 명의 소녀가 똑같이 두 개의 과자를 나누어 갖기 위해서 두 소녀는 두 개의 과자를 어떻게 부분으로 나눌 수 있을까?"라고 묻는다.

레몬 케이크 나누기

Joanne Rocklin이 집필한 『*One Hungry Cat*』(5장 182쪽 참고)에서, Tom은 정사각형 모양의 레몬 케이크를 구웠고 이것을 똑같이 네 조각으로 나눈다. 자기 자신과 두 명의 친구를 위해서 세 조각을 남기고, Tom은 한 조각을 먹는다. Tom이 $\frac{1}{4}$ 조각 4개를 3명에게 똑같이 나누어 줄 수 있는 방법을 학생들에게 알아보라고 요청한다. 이 이야기의 다음 부분에서, Top은 남아있는 $\frac{1}{4}$ 3조각 중 각 조각의 $\frac{1}{2}$씩을 먹는다. 학생들에게 "음, 선생님은 지금 남아있는 조각들이 원래 전체 케이크의 몇 분의 몇인지 궁금해요."라고 말한다.

나머지 나누기

Pat Hutchins가 집필한 『*The Doorbell Rang*』(5장 177쪽 참고)를 이용해서, 학생들이 똑같이 나누고 남은 과자들을 다시 나누어야 하는 문제들에 대해 브레인스토밍 할 수 있다.

탕면 만들기

Andrea Buckless가 집필한 『*Too Many Cooks!*』 다시 논의한다. (3장 106쪽 참고). 이번에는 책의 뒷부분에 있는 탕면 조리법에 초점을 맞춘다. 분수 $\frac{1}{2}$과 $\frac{1}{4}$은 조리법의 일부분이다. 교사와 아이들은 이 조리법의 반으로 줄이기와 두 배로 늘리기에 대해 토의할 수 있을 것이다.

---

49) 이 책은 "초원의 집(김석희, 2003, 시공주니어)"로 번역되어 있다.

이야기 문제들

아래 활동들은 학생들이 모형(가짜의) 음식을 분수로 나누고 그들 자신만의 음식 문제를 작성해 보는 부가적 기회를 제공한다.

과자 나누기 다시하기

만약에 교사가 5장 185-189쪽에 묘사되어 있는 **과자 나누기** 활동을 하지 않았다면, 이 활동을 먼저 한다. 이 활동에서 아이들은 6, 5, 4, 3, 2, 1 개 종이 과자를 네 명 또는 두 명이 똑같이 나누는 것을 경험하게 된다. 5장 177쪽 The Doorbell Rang 활동에서 학생들은 과자 12개를 학생 명수를 달리하여 나눈 뒤 과자 30개를 12명이 나누게 된다. 다시, 원형 종이 과자에 대해서는 〈부록〉를 참고한다.

> **경험 교사의 조언**
>
> 원과 별 게임에서 한 것처럼, 학생들에게 A4 용지를 똑같이 8부분으로 접도록 한다. 아이들은 각 부분에 $\frac{1}{8}$이라고 적는다. 그리고 교사는 $\frac{1}{8}$짜리 몇 개가 전체 종이의 $\frac{1}{2}$과 같은지에 대해 학급토론을 가질 수 있다. $\frac{1}{8}$짜리 몇 개가 전체 종이의 $\frac{1}{4}$과 같은가요? 이 활동은 학생들의 과거의 접기 경험을 현재 분수활동과 연결시켜 주고 브라우니 나누기 조사 활동의 도입부를 제공한다.

브라우니 나누기

각 학생에게 여러 장의 브라우니 활동지를 나누어 준다. (〈부록〉 참고) 학생들이 정사각형의 부분들에 대한 생각을 갖도록 하기 위해 브라우니를 자르고 접는 연습을 하도록 한다.

다음에는 학생들이 7개 브라우니를 두 명, 세 명 등의 사람들에게 나눠주는 방법을 구하도록 한다. 또는 학생들은 8, 9, 10개 브라우니를 3명 또는 4명의 아이들에게 나눠 줄 수도 있다. 학생들의 과자 나누기 경험을 바탕으로, 교사는 이들 문제들 중 어떤 것이 이 시점에서 학생들의 학습에서 의미가 있는지를 알 수 있다. 학생들에게 그 문제들을 보여주기에 앞서, 교사는 각 문제들의 답을 구해야 한다. (그림 6-8참고)

3 사람이 8개의 브라우니를 똑같이 나누는 방법은?

그림 6-8
Jarod는 세 사람이 8개의 브라우니를 나누어 갖는 방법을 표현하였다.

경험 교사의 조언

아이들은 정사각형 종이 "브라우니" 나누기와 남은 것 때문에 이 브라우니들을 분수 부분들로 접는 방법을 발견하는 것을 즐긴다. 정사각형 나누기는 원 나누기와 다르다. 그러나 교사는 아이들이 삼등분에 대해 생각할 때 원과 결부하여 생각한다는 것을 볼 수 있다. 원형의 과자는 원 안에 Y가 들어 있는 모양으로 세 부분으로 나눌 수 있다. (아래 참고)

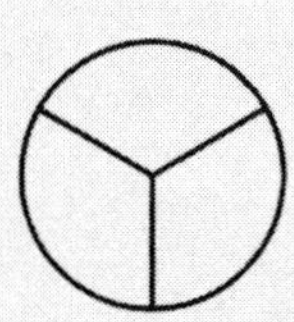

그러나 내부를 Y모양으로 세 부분으로 나뉜 정사각형 브라우니는 올바르지 않다. 왜냐하면 세 부분 모두가 크기가 같지 않기 때문이다. (아래 참고)

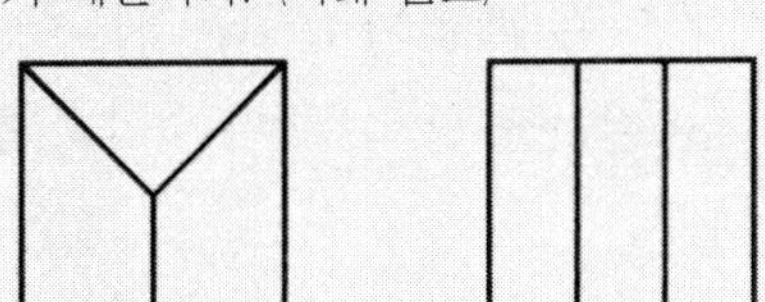

같지 않다. 같다.

어느 것이 더 많은지 결정하기

학생들이 브라우니 나누기에 대한 많은 경험을 갖게 한 후에, 학생들이 “어느 것이 더 많은지”를 구하도록 요구하는 문제들을 풀도록 격려한다. 학생들은 다양하게 배열되어 있는 창문의 수 또는 몇 개의 쟁반에 놓인 과자의 수를 비교했을 때, “어느 것이 더 많은지” 문제를 곱셈 공부를 하면서 했었다.

아이들이 누가 더 큰 부분을 가졌는지 누가 더 많이 가졌는지 구해야만 하는 문제들에 대한 보다 자세한 세부사항에 대해서는 『*Fair Shares*』(Tierney and Berle-Carman, 1995)를 참고하기 바란다.

첫째, 교사는 두 개의 서로 다른 브라우니 나누기 문제를 주고 아이들에게 누가 더 많은 브라우니를 가졌는지 물어볼 수 있다. 만약에 아이들이 이것을 할 준비가 되어 있다면, 교사는 “얼마나 더 많이” 가졌는지 물어볼 수도 있다. 아이들은 이 문제를 풀 때, 종이 브라우니 그리고/또는 수가 적혀 있는 그림을 이용해서 브라우니를 나누는 방법을 보여줄 수 있다. (아래 참고)

문제 1 : 2사람이 5개의 브라우니를 몇 개씩 똑같이 나누어 가졌습니까?

사람 A : ☺ 1 1 $\frac{1}{2}$

사람 B : ☺ 1 1 $\frac{1}{2}$

답: 각 사람은 $2\frac{1}{2}$개의 브라우니를 갖는다.

문제 2 : 4사람이 5개의 브라우니를 몇 개씩 똑같이 나누어 가졌습니까?

사람 A : ☺ 1 □$\frac{1}{4}$

사람 B : ☺ 1 □$\frac{1}{4}$

사람 C : ☺ 1 □$\frac{1}{4}$

사람 D : ☺ 1 □$\frac{1}{4}$

답: 각 사람이 $1\frac{1}{4}$개의 브라우니를 갖는다.

문제 1에 있는 사람들이 더 많은 브라우니를 갖는다.

두 번째, 교사는 두 개의 서로 다른 과자 나누기 문제를 물어본 다음, “어느 집단이 더 많은 과자를 가졌어요?”와 같은 질문을 할 수 있다. (아래 참고.)

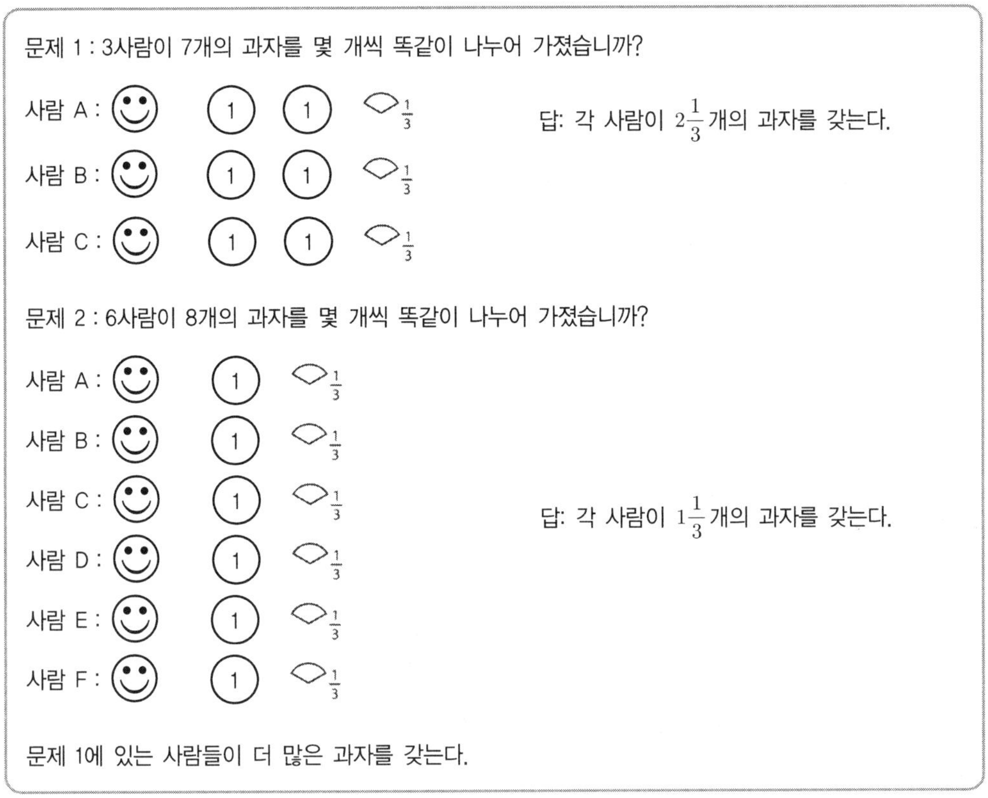

이 아이들은 또한 브라우니의 $\frac{1}{3}$과 $\frac{1}{4}$중에 어떤 것이 더 큰지에 대해 2학년에게 설명하는 편지를 쓸 수도 있을 것이다. (그림 6-9 참고)

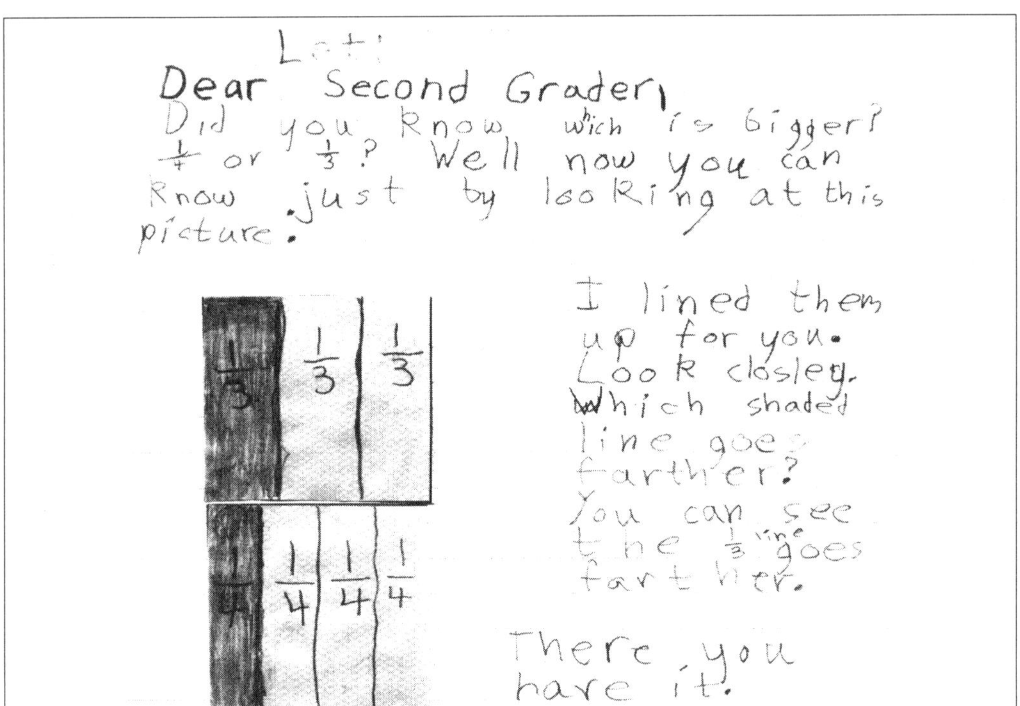

그림 6-9
Susan은 2학년 학생들에게 $\frac{1}{3}$과 $\frac{1}{4}$ 중 어느 것이 더 큰지에 대해 설명하였다.

평가

전체 학급토론과 짝 토론을 하는 동안(2장 참고) 경청하고, 학생들이 활동 중 필기 한 것 그리고 개별 쓰기 과제를 살펴보고(3장 참고), 가능할 때마다 학생들을 면담함(5장 참고)으로써 아이들의 이해도를 지속적으로 평가한다. 표준화된 시험을 실시하고 준비해야 하는 시간에도 금년의 남은 기간 동안에도 이런 방식의 평가를 지속적으로 실시한다.

표준화된 시험 준비하기

만일 교사가 그렇게 할 필요를 느낀다면, 이번 달이 아마도 OHP 위에서 매일 짧은 표준화된 시험 준비 연습문제들을 시작하기 위한 좋은 달이다. 교사가 지난 5개월 동안 일구어온 효과가 있는 수학 프로그램을 계속하면서, 시험 준비는 매일 10~15분만 가볍게 한다.

시험 환경에 적응하도록 하기 위해서, 학생들에게 주어지는 연습문제들에 대해서 서로 서로 자신들의 전략들에 대해서 이야기를 주고 받는 것 없이 그리고 조작물을 사용하지 않으면서 혼자서 활동하도록 한다. 학생들은 메모지(파지)에 숫자를 쓸 수 있고 그림을 그릴 수 있다. 만일 그들이 그렇게 할 준비가 되었다면, 아이들은 길잡이로 몇몇의 수들을 가끔 쓰면서 마음속으로 추론을 할 것이다.

다음을 기억하기 바란다. 선다형 형식에서, 시험 문제를 만드는 사람들은 많은 아이들이 주어진 문제들에 대해 올바르게 답을 하기를 원하지 않는다. 그래서 학생들에게 문제의 답지들 중에서 혼란스러운(엉뚱한) 답지들을 검토하라고 조언해 준다. 종종, 2개의 답은 완전히 부적절할 것이다. 그래서 아이들은 이런 것을 지울 수 있다. 그러고 나서, 아이들은 다른 두 개의 가능한 답지에 초점을 맞출 수 있고 두 개 중 어떤 것이 옳고 왜 그런지를 알아내는데 시간을 쓸 수 있다. 시험 준비를 연습하는 기간 동안, 모든 사람이 자신의 방법으로 주어진 문제의 답을 구하는 시간을 갖은 후에 여러 가지 올바른 답에 대해 학급 토론한다. 편안한 분위기와 아이들의 강력한 수학적 사고력에 대해 신이 나도록 장려한다. 모든 아이들에게 시험에 대해 안심시키고 이것에 대해 안심시키고 차분한 분위기를 유지하도록 한다.

만일 교사가 할 수 있다면, 이러한 연습할 시간을 정하기 전에 한 달 또는 두 달을 기다린다. 대부분의 아이들은 표준화된 시험의 문제들을 이해하는데 충분한 시간을 필요로 한다. 문제를 해결하는데 할당된 시간은 적고, 이런 이유로 한 페이지 가득 채워진 수들을 계산해야 하는 그들로서는 성급해질 수밖에 없다.

이번 달 동안, 학생들에게 매일 선다형 문제 두 문제씩을 제시한다. 아이들이 더해야 하는지, 빼야 하는지, 곱해야 하는지, 아니면 나누어야 하는지에 대해 생각해보도록 문제들을 다양하게 구성한다. 학생들에게 구잔과 구차 문제들 모두를 제공한다. 나누기에 대해 등분제와 포함제 문제를 균형 있게 제공한다. 만일 교사가 문제를 만들어 낼 시간을 갖고 있지 않다면 교과서에서나 또는 시험 준비 자료들에서 아이디어를 찾도록 한다.

제 7 장

3월

덧셈과 뺄셈 후속활동

"학생들이 수학에 대해서 사고하고 추론하며, 다른 사람들과 말이나 글로 자신의 생각에 대해서 의사소통을 할 때, 분명하고 설득력 있게 하는 것을 배우게 된다. 다른 사람들의 설명을 들음으로써, 학생들은 이해할 기회를 얻을 수 있다."

학교 수학을 위한 원리와 규준,
류희찬 · 조완영 · 이경화 · 나귀수 · 김남균 · 방정숙, 경문사이 시점에 이르기까지, 많은 학생들은 자신들의 계산의 효율성을 증가시키면서, 이들은 수만 이용한 추론 및 머릿속 추론을 활용 중이다. 일부 학생들은 조작물들 또는 그림들을 이용해서 구체적으로 추론을 계속하고 있다. 다른 학생들은 자신들이 수에 대해 이해한 것을 종이 위에 도식화하면서 수만 이용한 추론을 한다. 교사는 모든 이런 다른 능력을 지닌 학생들이 문제들을 이해하도록 격려하는 것이 좋다. 학기말 시험이 가져다주는 심리적 부담감에도 불구하고, 아이들이 그들이 이해하는 방식으로 수학을 이해하도록 계속해서 도와준다.

이번 장에 제안되어 있는 문제해결을 소개하기 전에, 2장을 다시 읽어보도록 한다. 학생들이 아직 접할 기회를 갖지 못한 문제들이 있는지 알아보고, 있다면 지금 이것들을 함으로써 얻을 수 있는 혜택이 있는지 살펴본다.

학습 환경

2장에 있는 유사한 문제 상황들을 다시 논의하고 확장한다.

이 장에 언급되어 있는 많은 문제들은 지난 가을에 학생들이 이미 더하고 빼면서 생각해 보았던 문제들이 확장된 것이다. **어림과 측정 다시 하기 활동**에서, 학생들은 연결정육면체를 사용하는 대신에 센티미터와 인치 같은 표준측정단위를 사용한다. **한줌의 콩 다시 하기 활동**에서, 학생들은 리마콩 대신에 강낭콩이나 편두를 사용해서 묶음짓기, 세기, 비교하기, 조합하기를 한다. 『*Alexander, who used to be rich last Sunday*』[50)]에서, 아이들은 1달러가 아니라 2달러에서 5달러까지를 사용한다. 교사는 특별히 이들 문제들에 흥미를 가진 학생들에게만 다시 하기 활동으로 해보도록 할 수도 있다.

좀 더 수만 이용한 추론과 머릿속 추론으로 옮겨갈 준비된 아이들을 돕는다.

점차적으로, 교사는 점점 더 많은 학생들이 종이 위에서 손가락을 사용하지 않은 채 자신들의 마음속으로 덧셈과 뺄셈 문제들을 이해하기를 열망하는 모습을 볼 수 있을 것이다. 예를 들어, 아이들은 1.58달러를 쓰면서 계산원에게 5달러를 줄 때 거스름돈은 3.42달러가 된다는 것을 이미 그들의 머릿속에서 알고 있다고 말할 것이다. 이럴 때 교사는 잠시 큰 기쁨을 느끼고 어떻게 그런 해법이 나왔는지 물어본다. 이런 경우에 아이들은 1.58달러 더하기 0.02달러는 1.60달러가 되고 0.4달러를 더하면 0.42의 거스름돈이 된

50) 이 책은 "부자가 되고 싶은 알렉산더(정경임, 지양사, 2004)"로 번역되어 있다.

다. 즉, 그는 2.00달러를 받게 된다. 이 학생은 길잡이로서 재빨리 0.42달러라고 공책에 적는다. 5달러가 되기 위해서는 3달러가 더 있어야 하고, 이 학생은 3달러라고 적는다. 이 학생이 이들 길잡이들을 보았을 때, 이 학생은 간단히 3.42달러를 거스름돈으로 받는다는 것을 안다.

이 문제를 해결할 수 있는 모든 경로는 타당하다는 것을 교사 스스로 상기하기 바란다. 자신의 동전지갑에 있는 동전들을 이용해서 이 문제를 해결한 어린이는 자신이 이해하는 방식으로 사고하고 추론하는 것이다.

일부 어린이들은 이 거스름돈을 구하기 위해서 전통적인 절차를 사용할는지 모른다.

$$\begin{array}{r} \scriptstyle 4\ \ 9\,1 \\ \$\,\not{5}.\not{0}0 \\ -1.58 \\ \hline \$\,3.42 \end{array}$$

만약 교사가 각 아이가 적어도 두 가지 전략을 사용하도록 장려한다면, 학생들은 좀 더 융통성 있게 사고하고 추론할 수 있을 것이다. 학생들은 또한 좀 더 수학적 힘을 갖고 있다고 느낄 것이다.

더 많은 심화 활동, 메뉴 시간, 그리고 월별 수학 영역으로 교사가 갖고 있는 프로그램을 확장한다.

이 시기에 일부 학생들은 덧셈과 뺄셈 문제 상황에서 좀 더 자신감을 갖게 될 것이다. 일부 학생들은 여전히 그렇지 않을 것이다. 만약 교사가 각 문제에 대해 의미 있는 심화 문제를 가지고 있다면, 교사는 이것을 이용해서 자신감에 차 있는 학생들을 좀 더 참여시킬 수 있을 것이다. 교사는 또한 좀 더 시간을 필요로 하는 학생들의 학습을 지원하는 시간을 가질 수 있다. 이들 후자의 학생들이 부적절한 감정을 갖지 않도록 하면서, 이들이 자신의 사고를 통해서 활동할 수 있는 시간을 갖도록 한다. 이들 학생들이 "심화 활동"에 대한 심리적 부담감을 느끼지 않으면서 기본 활동에 초점을 맞출 수 있도록 도와준다.

메뉴활동시간에, 주어진 문제를 푸는데 좀 더 많은 시간을 필요로 하는 학생들은 "저녁 메뉴" 문제들만 풀도록 한다. 이런 종류의 문제들은 전체 학급 활동에서 이미 행해진 문제들과 직접적으로 관련되어 있음을 확인해 준다. 이런 학생들에게 실수는 배움의 기회일 뿐이고 확실한 방법으로 저녁 메뉴를 완성하는 것은 매우 자랑스러운 것임을 일깨워 준다. "선생님은 네가 이것을 해낼 수 있음을 알아요. 선생님은 너를 도와주기 위해 여기 있을 뿐이에요."라는 메시지를 보낸다.

좀 더 자신감 있는 문제풀이자에게는 "후식문제"를 주고 그들이 완성한 저녁메뉴 문제 다음에 그들의 사고를 좀 더 새로운 상황으로 넓히도록 한다. "두 사람의 지혜가 한 사람의 지혜보다 낫다: 백지장도 맞들면 낫다(*two heads are better than one*)."라는 속담처럼 짝 활동을 하도록 격려한다. 만약 이들이 의문이 발생하면, 이들은 교사에게 오기보다는 서로 도와줄 수 있다.

만약 교사가 월별 수학 문제 풀이를 위한 교실 공간을 지정하기로 마음먹었다면(학생들이 주어진 과제를 끝낸 후 이동할 수 있는 공간), 1장에 있는 제안들을 다시 읽어 보기 바란다.

경험 교사의 조언

교사로서, 우리는 덧셈 또는 뺄셈 상황들을 이해하려고 애쓰는 학생은 분수 문제나 기하 문제를 이해하려고 할 때도 어려워 할 수 있다는 것을 기억할 필요가 있다. 그 역도 마찬가지다. 덧셈과 뺄셈 문제에 자신감 있는 학생은 기하나 분수 문제에서는 그렇지 않을 수도 있다. 왜냐하면 그들의 공간적인 추론능력이 아직 발달하지 않았을 수도 있기 때문이다.

수학

학생들이 100보다 큰 수들을 가지고 활동하면서, 이들은 계속해서 이런 수들을 이해해 가면서 가족수(family number)또는 친근수(friendly number)(이런 수들은 주요 지표수 또는 참조수로 알려져 있다.)를 알게 된다. 이들은 또한 수들을 가족수 또는 친근수의 부분들을 가르기 할 수 있다.

비록 교사가 담당하고 있는 학생들이 큰 수를 가지고 활동을 하더라도, 학생들은 자신들의 의미를 구성해 가는데 있어서 친근수 전략을 여전히 사용한다. 예를 들어, 만약 한 학생이 348개의 사과에 267개의 사과를 더한다면, 이 학생은 이 수들을 가족수의 부분들(300+200=500, 40+60=100, 그리고 8+7=15)로 나눌 것이다. 총합은 500+100+12=615개의 사과이다. 또는 이 학생은 348에서 3을 덜어내어 345를 만든 다음, 3을 267에 더해서 270을 만들 것이다. 마지막으로, 이 학생은 이 수들을 가족수의 부분들로 나누어서 345+270을 더한다.

친근수 전략은 또한 구간과 구차 뺄셈 문제풀이에도 유용하다. 예를 들어, 다음 문제를 고려해 보자.

> 500마리의 새가 나무에 앉아있다. 얼마 후, 275마리의 새가 날아갔다. 얼마나 많은 새들이 나무에 남아있는가?

어떤 아이는 한 친근수를 생각하고 275에 25를 더해서, 275를 300으로 간주할 것이다. 그런 다음, 이 아이는 500−300=200 추론을 한 후 25를 이 200에다 더한다. 그래서 그의 답은 '225마리의 새가 나무에 남아있다.'가 된다. 또 다른 학생은 작은 수 270을 가족수 또는 친근수의 부분들(200+70+5)로 가르기를 해서 "세어 내려가기"를 할 수 있다. 그러고 나서, 이 학생은 500−200=300, 300−70=230, 그리고 마지막으로, 230−5=225를 생각한다. 또 다른 학생은 275+5=280, 280+20=300, 그리고 마지막으로 300+200=500. 5+20+200=225를 생각해서 "올라가며 세기" 전략을 사용할 수 있다. 다시, 교사가 보거나 듣게 된 전략들은 모두 칭찬해준다. 위에 언급한 전략들을 명백하게 가르치려 들지 말기 바란다. 학생들이 이런 전략들을 제공할 때, 교사는 이것들을 민감하게 인식하면 된다. 그런 방식으로, 교사는 학생들이 자신들의 전략들을 학급구성원들과 공유하도록 도울 수 있다.

> **경험 교사의 조언**
>
> 일부 지역 교육청의 학교 규준은 3학년 아이들은 몇 천(예를 들어, 1000, 2000, 3000 등)을 다루도록 하고 있다. 그러나 학생들이 이런 수들을 다룰 준비가 되어있는지는 교사가 제일 잘 안다. 아이들이 자신들이 0−100 사이의 수들에 대해서 이해한 것을 더 큰 수에 응용할 수 있기 이전에 덧셈과 뺄셈을 하면서, 아이들은 0부터 100 사이의 수들을 가족수의 부분들로 가르기를 할 수 있어야 하거나 친근수로 바꿀 수 있어야 한다.

학생들은 결과가 제공된 다양한 덧셈과 뺄셈 문제풀이 경험을 필요로 한다.

2장에서는 연산의 결과를 모르는 문제들을 풀었다. 이제 학생들은 결과를 알고 있는 덧셈과 뺄셈 문제 상황에 대한 경험을 필요로 한다. 예를 들어,

> 아침에, 120마리의 새가 나무에 있었다. 오후에 80마리의 새가 나무에 남아있다면, 몇 마리가 날아간 것인가?

80마리의 새가 여전히 나무에 있다는 결과는 제공되어 있다. 그러므로 이 상황에 대한 등식은 120−____=80과 같다. 이것은 미지수를 바꾼 것이다.

일부 구잔 문제들은 시작 수 즉 처음의 양을 미지수로 한다. 예를 들어,

> 교장선생님께서 학생들에게 150개의 연필을 주셨다. 그러고 난 후, 교장선생님께서는 가지고 있는 연필의 수는 225이다. 처음에 교장선생님께서 가지고 있던 연필은 몇 개인가?

이것도 결과를 알고 있는 뺄셈 문제이다. 이 등식은 ____−150=225와 같다. 학생들은 구차 문제를 풀 때와 마찬가지로(2장 참고), 이들은 세어 올라가거나, 더해서 이런 종류의 문제를 풀 수 있다.

결과가 알려진 덧셈 문제도 있다. 다음 문제를 고려해 보자.

> 9시 50분에 200명의 어린이들이 카페 안에서 교장선생님을 기다리고 있었다. 교장선생님이 10시에 도착했을 때, 약 350명의 아이들이 카페 안에 있었다. 몇 명의 아이들이 9시 50분과 10시 사이에 들어온 것입니까?

이 상황에 대한 등식은 200+____=350에 대응된다. 아이들은 이 문제를 뺄셈을 이용해서 풀 수 있다. 그러나 많은 아이들은 200에서 350까지 더해서 올라가는 방법을 택할 것이다.

아이들은 두 수 이상의 가수가 있는 덧셈을 계속한다.

아이들은 두 수 이상의 가수가 있는 많은 문제들을 풀면서 그들의 수학적 기능을 향상시킨다. 예를 들어, 그들은 다른 학년의 네 개의 학급, 같은 학년의 네 개의 학급을 위한 점심 세기를 하면서 두 수 이상의 가수의 덧셈을 해볼 수 있다. 그리고 만약 교사가 알파벳 각 글자마다 달러의 가치를 매긴다면(예를 들어, A=1달러~Z=26달러), 학생들은 두 수 이상의 가수를 사용해서 자신들의 성의 금전적 가치를 구할 수 있다. 이런 활동과 다른 활동들은 이 장의 다른 부분에서 묘사될 것이다.

일상 소재로 하는 수학

점심 세기 다시 하기

교사와 학생들이 3학년 수준에서 모든 학급구성원들을 위한 점심 세기를 할 때, 교사는 3학년 학급들의 점심 세기 수와 3학년과 같은 학급수를 가진 다른 학년의 점심 세기 수를 비교해 볼 수 있다. 예를 들어, 만약 3학년이 네 개의 학급이고, 2학년이 네 개의 학급이라면, 학생들은 하루 동안 점심을 주문하기 위해 3학년 학급들의 점심 세기(14+16+13+15)와 2학년 학급들의 점심 세기(11+12+16+9)를 계산할 수 있다.

경험 교사의 조언

3학년 말에, 많은 학생들은 기억을 위한 길잡이로서 수들을 단순히 적어둠으로써 이 수들을 마음속으로 수셈을 할 수 있다. 예를 들어, 3학년 자료를 보면, 학생들은 네 번의 10은 40이라는 것을 마음속으로 이해한 후, 40이라고 적을 수 있다. 그런 다음, 이들은 머릿속에서 4+6=10 그리고 3+5=8, 그래서 10+8=18이라고 추론할 수 있다. 그들은 간단히 18이라고 적고 그리고 재빨리 40+18=58이라고 추론한다. 모든 단계의 생각을 적는 대신에, 많은 학생들은 몇 개의 숫자만 적음으로써 좀 더 마음속으로 계산을 한다. 이런 종류의 길잡이-추론은 특별히 전체 학급 수업 상황에서 유용하다. 왜냐하면 이것은 시간을 절약해 주기 때문이다. 교사는 여전히 학생들이 개별 활동을 할 때, 그들이 생각한 모든 단계들을 글로 작성하기를 원할 수도 있다. 그것은 교사 몫이다.

2학년 자료에서, 아이들은 3개의 10은 30이라고 추론한 후, 30이라고 적는다. 그런 다음, 이들은 9+1=10(10은 친근한 숫자)을 추론한 후 2+6=8을 추론한다. 마지막으로 이들은 마음속으로 10+8=18이라고 추론한다. 이들은 18을 적고, 30+18=48을 얻는다.

학생들이 이 과정을 끝난 다음에, 교사는 "몇 학년이 오늘 학교 점심을 더 많이 주문할 예정이에요? 얼마나 더 많이 주문하나요? 어떻게 그것을 알 수 있어요?"라고 질문한다.

심화

- 학생들은 여러 차례에 걸쳐서 2학년과 3학년에 대한 점심 세기 정보를 차트로 기록한 후, 두 학년 모두에서 더 많은 학생들이 점심을 살 때를 찾아본다. 또한 이들은 이번 달 점심 메뉴 중에서 자신들이 선택한 것들을 조사한다.
- 학생들은 2학년과 3학년 아이들의 출석 자료를 추적해 본다. 학생들은 이 두 학년의

총합을 계속해서 구하고 이 두 총합의 차를 구한다. 이들은 다른 날들에 비해 결석생이 좀 더 많은 날이 있는지를 알아낼 수 있다.

동전은 몇 살인가?

아이들은 지갑 속에 있는 동전의 제작년도 또는 책 속에 나오는 인물들의 나이를 알아볼 많은 기회를 찾을 수 있다. 예를 들어, 만약 학생들이 그들의 지갑 속에서 1974년도에 제작된 몇 개의 쿼터 동전을 발견해 낸다면, 동전의 나이를 예상해 보게 한다. 그런 다음, 그들에게 종이에 단계별로 차근차근 풀이방법을 적을 시간을 준다. 그러고 나서, 아이들은 서로서로 자신들의 전략을 공유할 수 있다. (그림 7-1 참고)

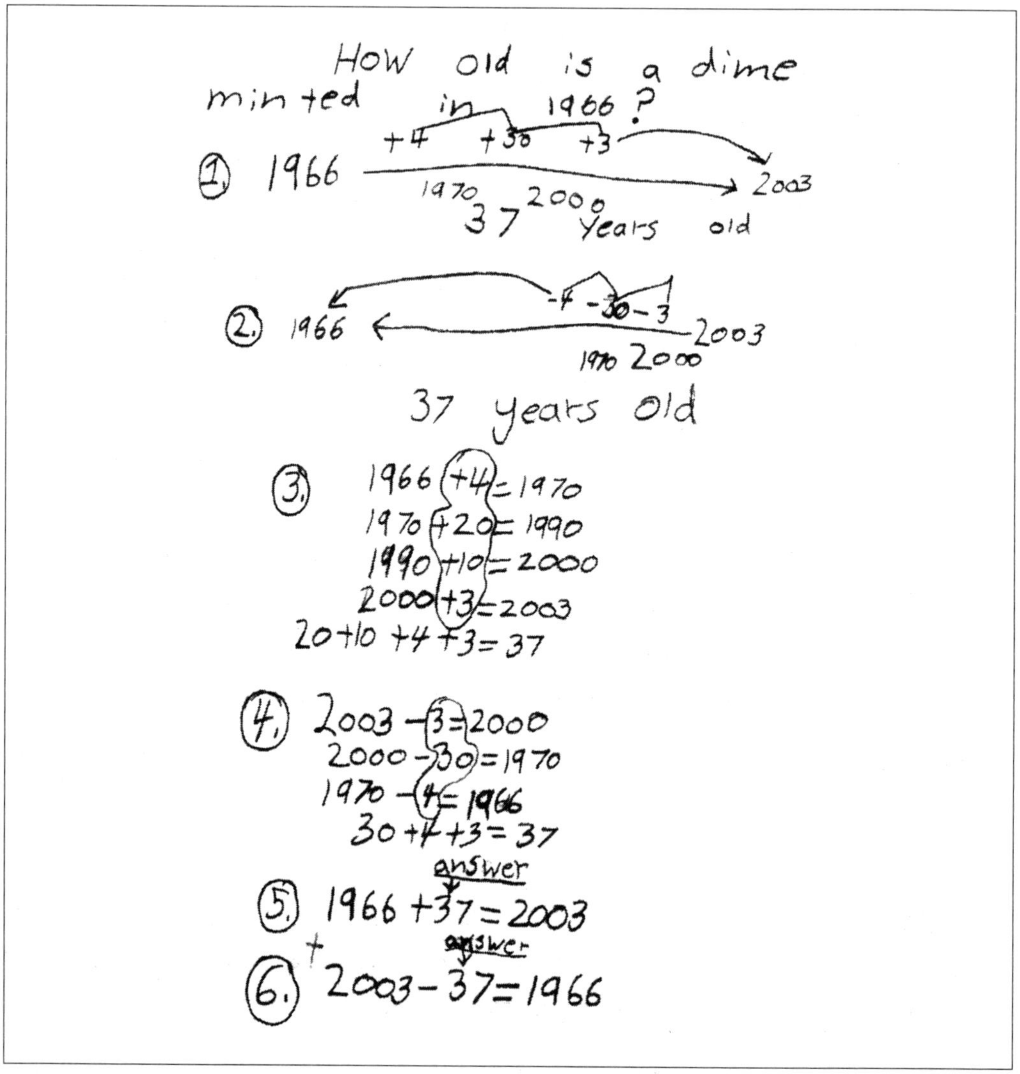

▶ **그림 7-1** Marcus는 1966년에 제작된 다임의 나이를 구했다.

심화

- 학생들은 집에서 서로 다른 동전 3개를 찾아오고, 각 동전의 제작 년도를 기록하고, 그 동전들이 얼마나 오래되었는지 기록한다. 아이들은 각 동전의 나이를 자신들이 이해한 방법을 보인다.
- 집에서 학생들은 그들이 찾을 수 있는 가장 오래된 미국 동전을 찾아본다. 그러고 나서 학생들은 이 동전의 나이를 구한다. 이때 이들은 자신들의 추론을 명료하고 이해 가능한 방법으로 보여야 한다.

등장인물은 몇 살인가요?

아이들과 함께 책을 읽을 때, 교사는 등장인물들이 몇 살인지 찾아낼 수 있는 많은 기회를 갖게 된다. 예를 들어, 『*Ramona the Pest*』라는 책에서, Ramona는 유치원생이다. 이 정보는 Ramona가 5살이라는 것을 알려준다. 이 책의 출판연도는 1968년이다. 2001년에 Ramona는 몇 살 입니까? (그림 7-2 참고)

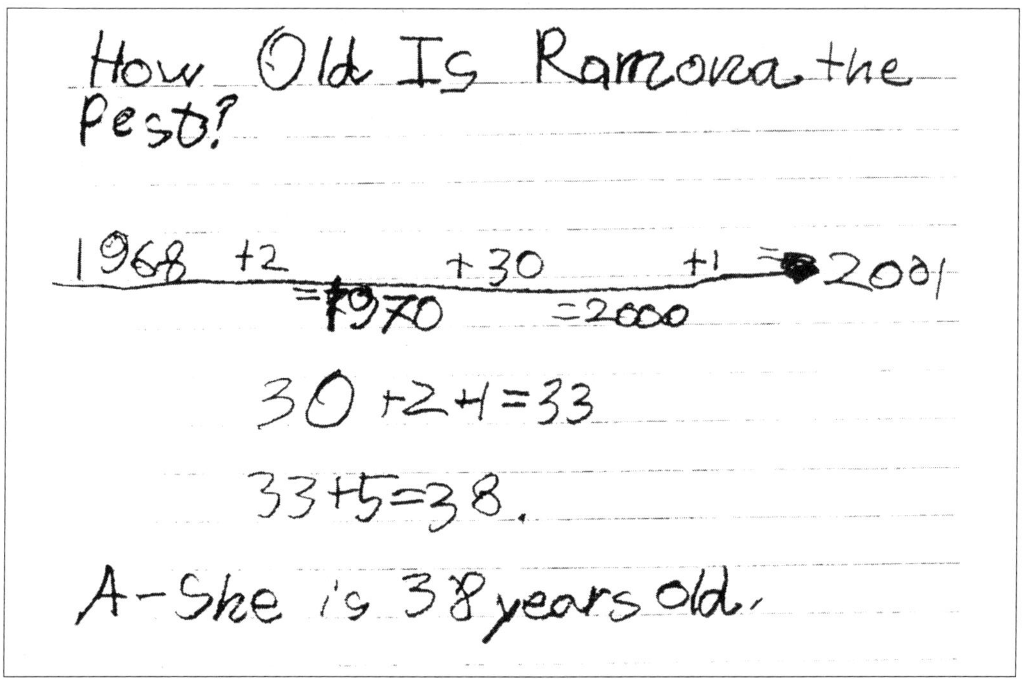

그림 7-2
Nan은 2001년도에 Ramona의 나이를 계산했다.

얼마나 되었나요?

교실에서 책을 읽으면 "얼마나 되었을까요?"라는 질문을 할 수 있는 기회를 얻을 수 있다. 예를 들어, 『*Caps for Sale*』[51]은 1940년에 초판 발간되었다. 학생들에게 1940년은 얼마나 오래 전이었는지 물어본다. (그림 7-3 참고)

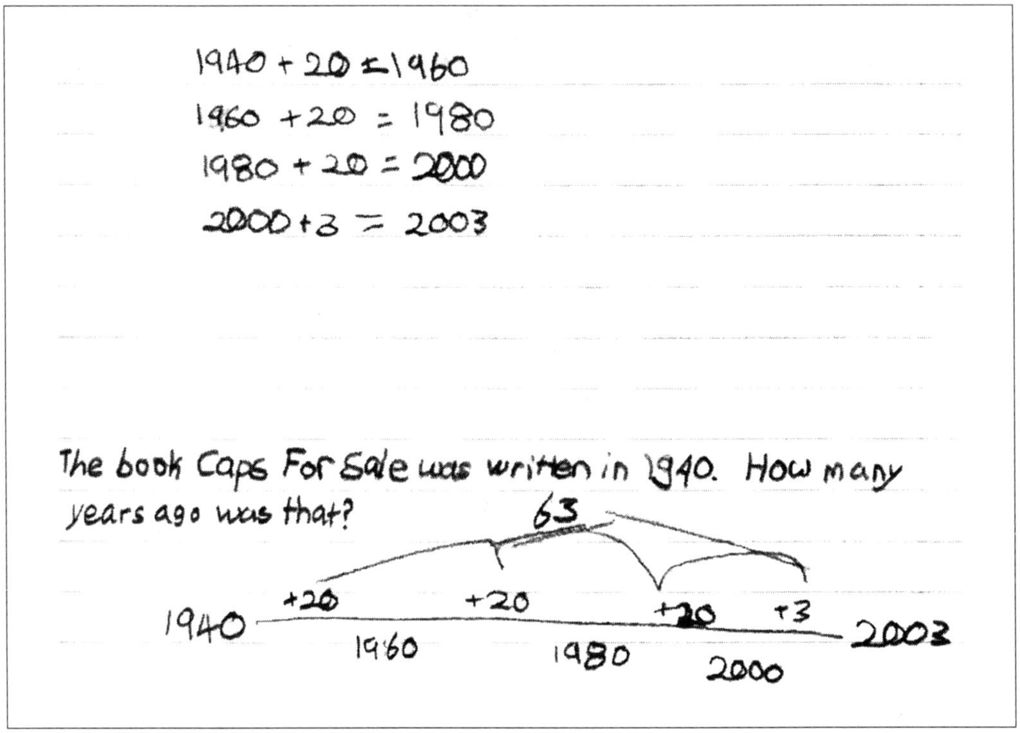

▶ **그림 7-3** Kihyun은 『*Caps for Sale*』은 63년 전에 발간 되었다고 계산했다.

심화

나의 교실에서, 나는 개인적으로 매일 4명의 학생들을 만나 그들이 그 주의 과제로 읽은 책에 대해 토론한다. 만약 학생들이 매주 그들이 집에서 읽은 책으로 1 : 1 책 회의를 한다면 책들이 출판년도로부터 얼마나 되었는지 물어본다.

현재까지 학교 등교일 수에 대한 등식

3월에, 학생들은 100일 이상 학교에 등교하였다. 아이들이 학교에 등교일 수에 대한 등식을 적는다. 학생들에게 아무런 제약("덧셈만 오직 사용할 것", 또는 "뺄셈만 사용할 것")없이 등식을 쓸 수 있는 자유를 준다. 그러면, 교사는 학생들의 수학적인 이해의 폭에 평가할 수 있고, 교사는 학생들의 문제해결의 계기를 따를 수 있다. 교사가 보고 들은 것

51) 이 책은 "모자사세요(박향주, 시공주니어, 1999)"로 번역되어 있다.

을 기초로, 교사는 수용 가능한 제약을 결정할 수 있다. 예를 들어, "오늘은, 등식에 세 가수를 사용하세요. 그 세 가수 중의 하나는 85로 하세요." 때때로, 이런 방법으로 옵션을 제약하는 것은 학생들에게 125와 같은 큰 수에 대한 새로운 이해를 하게 한다.

문장제 문제[52]를 푼 날 수

아이들이 학교에 등교한 날 수에 대한 등식을 작성하고 나면, 학생들은 이번 학년에 학교에 더 등교해야 하는 날 수를 구할 수 있다. (먼저, 지역교육청에서 정한 이번 학년의 전체 등교일 수를 구한다.) (그림 7-4 참고)

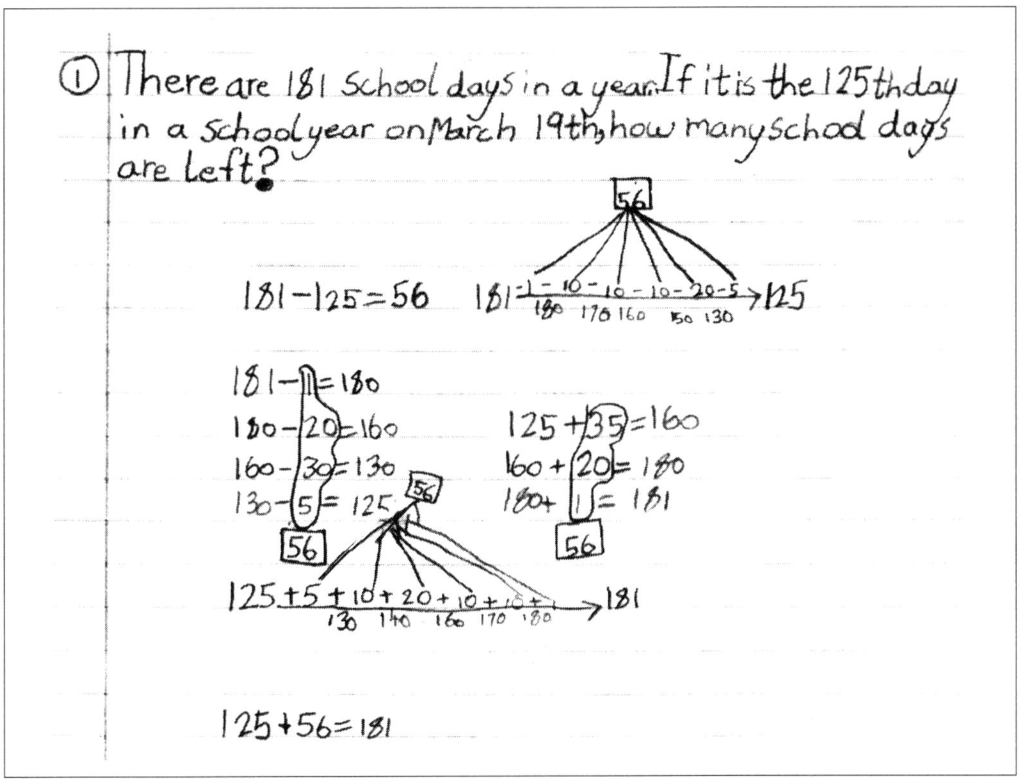

그림 7-4
Yousif는 이번 학년에 남아 있는 등교일 수를 계산했다.

오늘은 금 년 중 몇 번째 날인가?

CNN의 텔레비전 화면의 하단에 회전하는 단어 중 오늘이 금년 중 몇 번째 날인지를 보여주는 정보가 있다. 교사는 이 정보를 이용해서 매우 흥미로운 문제를 설계할 수 있다 (그림 7-5 참고). 예를 들어,

52) 미국의 경우, 아침자습 시간을 이용해서 학생들에게 그날 수학 시간에 활용할 수 있는 문장제 문제 서너 개 풀도록 한다.

> 2002년 10월 1일은 274번째 날이다.
> 2002년의 달력에는 365일이 있다.
> 274와 365의 사이의 차는 얼마인가?

교사는 각 해는 365일과 1/4일이 있다는 사실에 대해 토론하기를 원할 수도 있다. 그래서 매 돌아오는 4번째 해에, 우리는 1/4일을 4번 더해 2월에 하루를 더한다. 분수 4/4는 1과 같다.

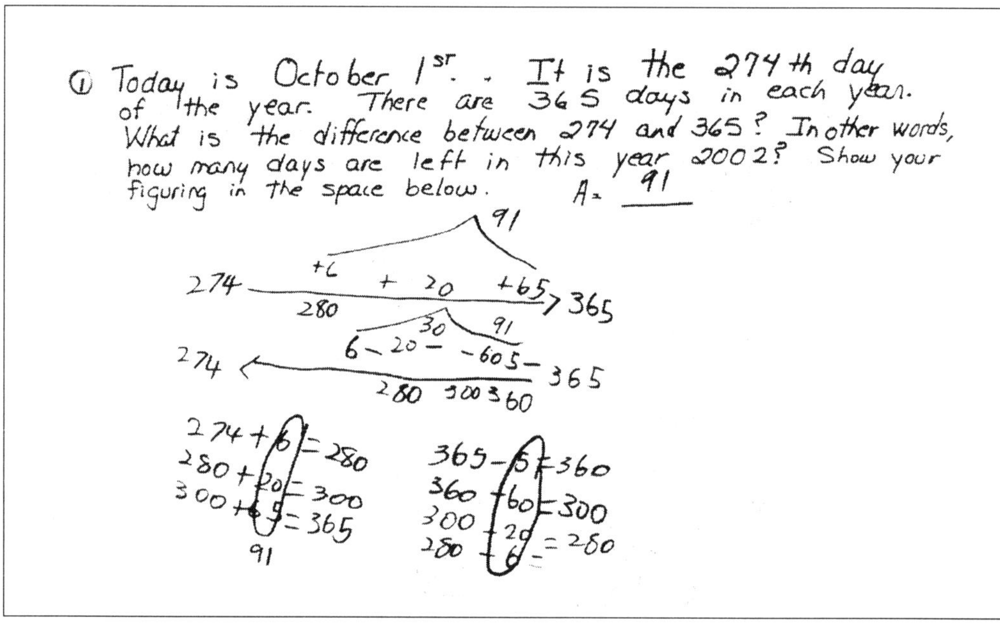

그림 7–5 Sasha는 274와 365의 차를 구한 방법을 보여주었다.

책을 읽으면서 몇 페이지가 남았는가

교사와 학생들이 한 책의 한 장에서 몇 쪽을 읽었다고 가정해 보자. 교사는 아이들에게 몇 쪽이 남았는지 물어볼 수 있다.

심화

아이들은 매 주의 책 회의에서 자신들이 읽은 책을 가져왔을 때, 책에서 몇 쪽이 남았는지 구한다.

게임

교사는 9월과 10월에 했던 게임들을 다시 할 수도 있다(2장 및 3장 참고). 몇 가지 추가할 만한 게임들이 더 있다.

돼지

전략과 확률 게임인 **돼지**는 덧셈 연습을 제공한다. 이 게임의 목적은 100점 또는 그 이상의 점수에 도달하는 것이다. 게임자들은 교대로 2개의 주사위를 굴리고, 나온 합을 마음속으로 더한다. 한 게임자는 그가 좋아하는 만큼 여러 번 주사위를 던지고, 그 결과를 이전의 결과에 더하여 총합을 기록한다. 그러나 만약 이 게임자가 "정지"(주사위 굴리는 것을 멈추는 일)를 결정하기도 전에 1이 하나 나오면, 이 게임자의 점수는 이번 차례에서는 0이 된다. 또한 만약 두 개 모두 1이 나오면, 그 게임자의 점수는 이번 차례에서 0이 될 뿐 아니라 그는 모든 점수를 잃게 된다. 그는 다시 0부터 시작해야 한다.

교사는 이 게임을 전체 학급과 게임을 하면서 소개할 수 있다. 칠판을 이용해서 교사와 학급의 점수를 기록한다. 학생들이 조작물과 1-100 수배열표를 이용할 수 있도록 한다. 학생들이 이 게임에 익숙해지면, 학생들에게 자신들이 마음속으로 더할 때 사용했던 전략들을 공유하도록 한다. 그러고 나서, 아이들은 자신들의 책상에서 짝끼리 이 게임을 한다.

심화

집과 학교에서 여러 번 **돼지** 게임을 해본 후에, 아이들은 다음과 같은 질문들 중 하나에 답을 적는다.

"주사위를 계속 굴려 게임을 진행시킬 때와, 게임을 멈추고 현재의 점수를 지킬 때를 어떻게 결정하였어요?"

"현재의 점수가 19점이고 그 다음 주사위를 굴려 얻은 합이 11이라고 가정하여 보자. 새로운 점수는 몇 점인가요? 그리고 어떻게 그것을 계산하였어요?"

"이 게임을 이기기 위한 자신만의 전략은 무엇인가?"

0에 얼마나 가까운가?

이 짝 게임은 Bonnie Tank와 Lynne Zolli가 집필한 『*Teaching Arithmetic: Lessons for Addition and Subtraction, Grades 2-3*』[53](2001)에 소개되어 있다. 0에 얼마나 가까운가? 게임은 돼지 게임을 많이 해본 학생들에게 적합하다. 큰 수들을 세기와 덧셈을 포함하고 있는 어떤 다른 게임들과 마찬가지로, 학생들은 1-100 수배열표를 사용하기를 원할 수 있다. (1-100 수배열표, 게임규칙, 기록지는 부록 참고)

준비물

- 두 명당(짝)에게 1개의 주사위
- 두 명당(짝)에게 게임 규칙 복사본, 1-100 수배열표, 기록지 한 장씩

교수 · 학습 지침

1. 게임자 1은 주사위를 굴린다. 이 게임자는 주사위의 수를 10의 자리에 쓸 것인지 1의 자리에 쓸 것인지 결정한다. (예를 들어, 5는 50도 될 수 있고 5도 될 수 있다.)
2. 게임자 1은 100으로부터 이 수를 뺀다. 그리고 등식을 쓰고 기록지에 결과를 기록한다.
3. 게임자 2도 방법은 같다. 주사위를 굴리고 나온 주사위 수를 10의 자리에 둘 것인지 1의 자리에 둘 것인지 결정한다. 100으로부터 그 수를 빼고 기록한다.
4. 각 게임자가 7번 주사위를 굴릴 때까지 게임은 계속 된다. 각 게임자는 7번의 라운드 후에 0에 가까운 게임자가 이기게 되고 남은 숫자가 얼마이건 간에 상대방 게임자가 남긴 수가 획득한 점수가 된다.
5. 만약 한 게임자가 7번의 라운드를 하기 전에 0에 도달하거나 0보다 적게 되면, 이 게임은 끝난다. 그러면, 다른 게임자가 이기게 되고 상대방의 이전 놀이에 있던 점수를 획득한 점수가 된다. 이 게임의 목적은 7번의 라운드 후에 0에 가까워지는 것이고 같은 짝과 1번 이상 경기를 해서 많은 점수를 얻는데 있다.

경험 교사의 조언

게임들은 아이들이 수를 이해하기 위해 하는 노력들 중 중요한 역할을 담당한다. 게임들은 학기 초와 마찬가지로 학기말에도 의미 있는 것이어야 한다. 가족과 함께할 수 있도록 학교에서 하는 수학 게임을 집으로 보낼 수도 있음을 고려한다. 이를 위해, 교사는 Jan Mokros와 Susan Jo Russell이 집필한 『*Combining and Comparing, Grades 3-4*』에 있는 **100에 가까워지기를** 살펴보는 것도 좋다. 이 게임에서 각 게임자는 4장의 숫자 카드를 뽑은 후, 4장의 카드를 이용하여 2개의 두 자리수를 만든다. 그 후 두 개를 더하여 그 총합이 100에 가까워지게 한다. Karen

53) 이 책은 "구성주의 수학교실: 덧셈과 뺄셈(김진호, 이부다 등, 교우사)"로 번역될 예정임.

Economopoulos와 Susan Jo Russell이 집필한 『*Putting together and Taking Apart, Grades 2 and 3*』에 있는 또 다른 게임인 **5 차지하기**(capture 5)에서, 각 게임자는 12개의 표시물을 1-100 수배열표 위에 놓을 수 있다. 그러고 나서 +3, +10, -1, +2, -30과 같은 5개의 변화 카드를 뽑는다. 이 놀이자는 자신이 1-100 수배열표에 올려놓은 12개의 표시물 중 한 표시물을 다른 표시물 위로 옮기기 위해서 모든 또는 일부 변화 카드들을 이용해서 하나의 등식을 만든다. 예를 들어, 이 게임에서 12개의 표시물 중 2개가 36과 19에 있고 36위의 표시물을 19로 이동시키려면, 이 게임자는 4개의 변화 카드를 이용해서 **36−30+3+10=19**의 식을 만들면 된다.

Rusty Bresser와 Caren Holtzman이 집필한 『*Developing Number Sense, Grades 3-6*』에 수에 대한 교실 대화를 이끌 수 있는 두 게임(이 게임은 집에서 할 수 있는 게임이 아니다.)을 찾을 수 있다. **수 알아맞히기**에서, 교사는 1-50, 50-100, 또는 1-500과 같은 범위에서 비밀의 수를 선택하고 게임에 앞서서 아이들에게 선택한 범위를 말해준다. 아이들은 비밀의 수를 추측한다. 만약 그들의 추측이 정확하지 못하면, 교사는 비밀의 수가 아이들이 추측한 수보다 큰지 또는 작은지 알려준다. **네가 할 수 있는 모든 것을 말해요**에서, 교사는 45+45+45와 같이 가로로 된 가로셈 연산 문제를 칠판에 쓸 수 있다. 아이들에게 이 문제에 대해 생각할 시간을 주고, 그런 다음 그들에게 정확하게 답을 표현하지 않고 답이 얼마쯤인지 알 수 있는가 물어본다. 아이들은 이렇게 말할 수 있다. "저는 이 문제의 답이 100과 150사이에 있다는 것을 알 수 있어요. 왜냐하면 3개의 40은 120이 되고, 3개의 50은 150이 되기 때문이에요." 이 문제에서 아이들은 가치 있는 어림 연습을 할 수 있다.

측정

다음 활동들은 2장에서 학생들이 큰 수를 이용하여 세고, 합병하고, 제거하고, 비교하는 활동들을 토대로 한 것이다.

연결정육면체 덮기(부피)

준비물

- 학생 1인당 연결정육면체 1개씩 (단, 연결정육면체의 구멍을 막아둔다.)
- 학생 1인당 팝콘과 렌즈콩 한 움큼씩

교수 · 학습 지침

1. 학생들은 연결정육면체의 한 홈을 팝콘용 콩으로 채우고 팝콘용 콩의 개수를 기록한다.
2. 그 다음 이 자료에 기초하여 같은 연결정육면체의 한 홈을 렌즈콩으로 채우려면 모

두 몇 개가 필요한지 어림해본다.
3. 학생들은 연결정육면체의 한 홈을 렌즈콩으로 채우고, 렌즈콩의 개수를 기록한다.
4. 학생들은 연결정육면체의 한 홈을 채우는데 필요한 렌즈콩의 수가 팝콘용 콩의 수보다 몇 개 더 많은지를 계산한다.

심화

학생들은 더 많은 팝콘과 렌즈콩을 담을 수 있는 더 큰 용기를 가지고 **연결정육면체 덮기** 활동을 한다.

콩 몇 움큼 다시 하기(부피)

2장에서, **콩 몇 움큼** 활동은 **어림 병 속 연결정육면체** 활동의 심화로써, 그리고 메뉴 문제로써 제안되었다. 학생들은 이때 리마콩을 사용했었고, 이번에는 더 작은 콩을 사용하게 된다.

준비물

- 학생 1인당 렌즈콩 또는 강낭콩 한 그릇

교수·학습 지침

1. 학생들은 렌즈콩이나 강낭콩을 오른손으로 한 움큼 잡는다.
2. 학생들은 잡은 콩을 묶어 세어보고, 콩의 전체 개수를 기록한다.
3. 왼손으로도 같은 활동을 반복한다.
4. 오른손과 왼손으로 잡은 콩의 합과 차를 계산한다. (그림 7-6 참고)

심화

- 학생들은 **콩 몇 움큼 다시 하기** 활동을 통하여 자신들이 구한 자료를 조사하고, 학급에서 오른손으로 잡은 콩의 개수 중에서 가장 많은 개수와 가장 적은 개수를 기록한다. 학생들은 이 두 수의 차를 계산한 다음, 두 수의 합을 계산한다. 또는 각각의 학생들에게 자신이 오른손으로 잡은 콩의 개수와 학급에서 가장 많이 잡은 콩의 개수를 비교해보도록 한다. 그 다음에 학생들은 왼손으로 잡은 콩의 개수에 관한 자료를 이용하여 같은 활동을 한다.
- 집에서 학생들은 작은 물건을 찾아서 두 움큼을 잡는다. 그리고 그 물건의 개수를 세

어보고, 비교해 보고, 합하여 보도록 한다.

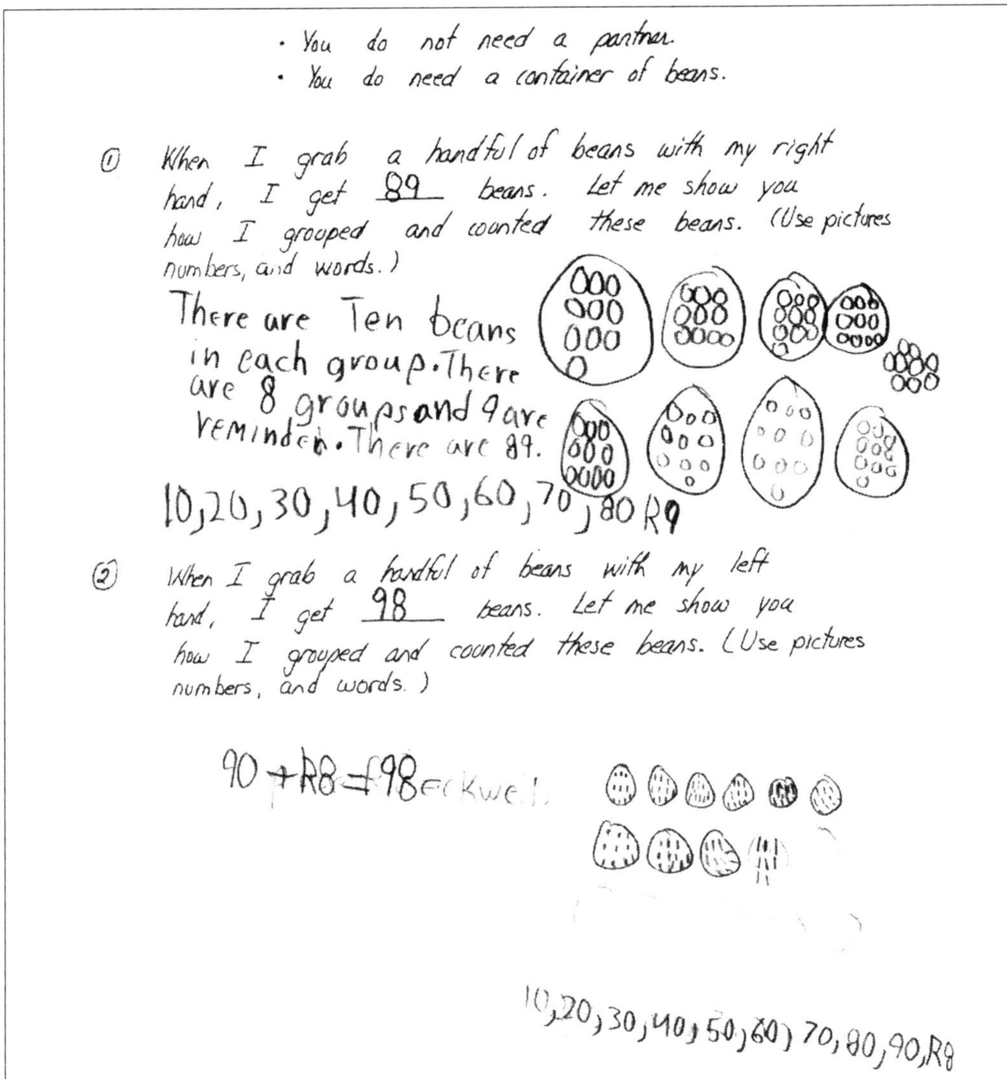

그림 7-6
Hamid는 그가 잡은 **콩 한 줌**을 계산하여 다음과 같이 기록했다.

어림과 측정 다시 하기(길이)

준비물

- Rolf Myller가 집필한 『*How Big Is a Foot?*』
- 표준 측정 도구 (예를 들어, 야드 자, 미터 자, 한 쪽에는 인치가 표시되어 있고 다른 쪽에는 센티미터가 표시되어 있는 자)

교수 · 학습 지침

1. 학생들에게 『*How Big Is a Foot?*』이라는 책을 읽어준다. 이야기를 읽다가 도제가 여왕을 위한 침대를 너무 작게 만들어서 감옥으로 가게 되는 부분에 왔을 때, 읽는 것을 멈춘다. 학생들에게 "너무 작은 침대"라는 문제를 해결할 수 있는 방법을 도제에게 알려주는 편지를 쓰도록 한다. 이 활동은 표준 측정 단위와 도구를 사용하는 것의 유용함을 알려준다.
2. 학생들에게 야드 자, 미터 자, 한 쪽에는 인치가 표시되어 있고 다른 쪽에는 센티미터가 표시되어 있는 자 등과 같은 표준 측정 도구를 소개한다. 전 세계 대부분의 사람들은 미터법(센티미터, 미터 등)을 사용하지만, 미국 사람들은 미터법과 표준법(인치, 피트, 야드 등)을 모두 사용한다는 것을 설명해 준다.
3. 책 몇 권을 고른 다음, 학생들에게 이 책들의 길이, 너비, 두께, 무게를 측정할 것이라고 이야기 해 준다. 길이, 너비, 두께, 무게라는 용어의 의미를 복습하고, 측정 용어목록집에 첨가하도록 한다.

경험 교사의 조언

물건의 끝에 자의 첫 눈금을 맞춘 다음 측정하고 있는 물건 옆에 자를 나란히 놓는 모습을 OHP를 이용하여 학생들에게 보여 준다. 교사는 지우개, 연필, 클립과 같은 교실에 있는 평범한 물건을 가지고 자의 센티미터 부분과 인치 부분을 모두 사용하여 이 활동을 할 수 있다. 모든 학생들이 이해할 때까지 이 활동을 하는데 시간을 투자하는 것이 좋다. 그 다음에 교실을 돌아다니면서 학생들이 스스로 측정을 연습하는 것을 검사하도록 한다.

먼저 학생들에게 센티미터 단위로 측정하기에는 터무니없는 길이를 어림하도록 한다. 학생들의 어림을 도와주기 위하여, 길이가 약 1센티미터인 물건(예를 들어, 새끼손가락의 너비, 클립의 너비)의 길이를 자로 측정해보도록 한다. 이것을 참고로 하여, 학생들은 어림을 좀 더 잘 할 수 있게 될 것이다. 교사는 학생들이 분수 측정값을 어떻게 나타내기를 바라는지 미리 결정해 둔다. 예를 들어, $14\frac{1}{2}$㎝는 14㎝로 기록할 것인지 아니면 15㎝로 기록할 것인지 결정해 둔다. 학생들에게 교사가 고른 책 각각의 길이를 어림한 값(센티미터로)과 실제 값, 그리고 두 값의 차를 기록하도록 한다. (부록 참고)

학생들이 위와 같은 과정에 따라 인치 자를 이용하여 발의 길이를 측정해보도록 한다. 이때에는 학생들이 1인치가 되는 참고 물건을 찾도록 한 후, 인치를 이용하여 어림하고 측정하도록 한다.

심화

- 학생들은 센티미터 자와 인치 자를 이용하여 서로의 신체 부위를 측정한다.
- 학생들은 교실에 있는 책꽂이, 화이트보드와 같은 더 큰 물건의 크기를 측정하기 위하여 자와 줄자를 사용한다. 교사는 학생들이 센티미터 자를 사용하기를 원하는지, 인치 자를 사용하기를 원하는지, 아니면 둘 다 사용하기를 원하는지를 결정하도록 한다.

돈

이름값

Bonnie Tank와 Lynne Zolli이 집필한 『*Teaching Arithmetic: Lessons for Addition and Subtraction, Grades 2-3*』에서, 저자들은 A=1달러로 시작하여 각각의 알파벳에 1달러씩 덧붙이는 것을 제안한다. 먼저 교사는 『*The Case of the Backyard Treasure*』를 큰 소리로 읽어준다(262쪽 참고). 그 다음에 학생들은 자신의 이름값을 계산할 수 있다. 예를 들어, Sam은 그의 이름값을 19달러+1달러+13달러=33달러라고 계산할 것이다.

먼저 학생들은 다양한 전략을 사용하여 자신의 이름값을 계산해 봄으로써 수만을 사용해서 추론하게 된다. 그 다음에 학생들은 자신의 이름값과 다른 학생들의 이름값의 차를 알아낸다.

학생들은 또한 자신의 이름값과 100달러와의 차도 계산할 수 있다.

달러 소비하기

준비물

- Judith Viorst가 집필한 『*Alexander, Used to Be Rich Last Sunday*』[54)]
- 학생 2명당 지갑 한 개
- 학생 1명당 18×24인치 크기의 종이 한 장

교수·학습 지침

1. 학생들에게 『*Alexander, Used to Be Rich Last Sunday*』를 다시 읽어준다. 가을에, 학생들은 이 이야기를 사용해서 1달러를 7일 동안 사용할 수 있는 자신만의 방법을 작성하였었다. 이번 활동에서는 2달러, 3달러, 4달러 또는 5달러를 7일 동안 사용하

54) 이 책은 "부자가 되고 싶은 알렉산더(정경임, 지양사, 2004)"로 번역되어 있다.

는 것에 대한 이야기를 쓰게 될 것이다.

2. 교사가 이 이야기를 다시 읽어준 그 날에, 학생들이(혼자서 또는 2인 1모둠으로) Alexander의 형제들이 조부모님 댁에 방문하기 전에 각각 돈을 얼마씩 사용했는지를 계산하도록 한다. Anthony는 2달러, 3쿼터, 1다임, 7니켈, 18페니를 가지고 있다. Nicholas는 1달러, 2쿼터, 5다임, 5니켈, 13페니를 가지고 있다. 학생들이 주어진 문제를 해결하기 위해서 필요하다면 지갑을 사용하도록 한다.
3. 다음 날, 학생들이 돈을 소비하는 것에 대한 새로운 이야기를 만들기 위한 기록지를 준비하도록 한다. 먼저 18×24인치 크기의 종이를 8부분으로 접는다. 그 다음에 이 종이의 윗부분에 다음과 같이 제목을 쓴다. Michael(학생이름), Who Used to Be Rich Last Friday.
4. 학생들이 종이의 8부분 각각에 2달러, 3달러, 4달러, 또는 5달러를 어떻게 사용했는지를 나타내는 그림을 그리고 내용을 쓰도록 한다. 8째 번 날에는 남은 돈이 없어야만 한다.
5. 각각의 학생들에게 소비한 돈을 모두 더하여 처음 시작할 때의 돈의 액수와 일치하는지를 알아보도록 한다.

심화

심화와 전체 학급 토론을 위한 아이디어를 제공받기 위해 『*Teaching Arithmetic: Lessons for Addition and Subtraction, Grades 2-3*』(Tank and Zolli 2001)을 참고한다. 한 가지 예를 제시하면 다음과 같다. 학생들은 자신들의 이야기 속에 나오는 물건 한 개의 가격을 제시하고, 1달러로 그 물건을 몇 개까지 살 수 있는지와 남는 돈은 얼마인지를 계산한다. 예를 들어, 만약 아이가 만화책을 사는데 0.15달러를 소비했다면, 1달러로는 그 만화책을 몇 권까지 살 수 있고 얼마가 남는가?

병 속 페니 다시 하기

이 활동을 더 자세히 알아보기 위해서는 2장을 살펴보면 된다. 이번 활동에서는 학생들이 500ml 크기인 병의 반을 채우고 있는 페니의 개수를 묶음지어 세어보기 위해서 2가지 전략을 사용하게 된다. 이제 학생들에게 한 가지 전략을 사용하여 묶음지어 세어보라고 한다. 그 다음에, 그 결과를 참고하여 전체 병을 채우려면 돈이 얼마나 있어야 하는지를 어림하도록 한다.

심화

- 학생들은 어림 병 전체를 채우기 위해 필요하다고 어림했던 페니의 전체 개수를 달러 몇 개, 쿼터 몇 개, 다임 몇 개로 바꿀 수 있는지 계산한다.
- 학생들은 250ml 크기의 병에 채워진 공간을 줄이기 위해서 어떤 지폐 또는 어떤 동전을 넣어야 하는지를 계산한다. 예를 들어, 만약 이 병 안에 350페니가 들어있다면, 다른 지폐나 동전으로 350 페니 만큼 넣었을 때 이 병의 공간을 더 적게 차지하게 할 수 있는가? (이 심화 활동은 "수학동화를 기반으로 한 활동"에 제시되어 있는 『*The Case of the Shrunken Allowance*』라는 책과 관련이 있다.)

거스름돈 계산하기

교사는 또한 학생들에게 일상의 평범한 상황에서 5달러, 10달러, 20달러의 거스름돈 계산이라는 개념을 소개할 수 있다. 학생들에게 학교 밖에서 5달러, 10달러, 20달러보다 적은 돈으로 일반적으로 살 수 있는 작은 물건은 어떤 것들이 있는지 물어본다. 이 반응을 이용하여, 학생들이 총액을 알기 위해서 **더하기**를 하고 거스름돈을 계산하기 위해서 **빼기**를 해야 하는 문제를 만든다.

또한 학생들의 학교생활과 관련된 문제를 제시하는 것도 고려해 볼 수 있다. 예를 들어, 만약 학교의 점심값이 2.35달러이고 한 학생이 5달러짜리 지폐 한 장을 지불했다면, 이 학생이 받은 거스름돈은 얼마입니까? (그림 7-7 참고)

학생들은 이러한 상황에서 또 다른 재미있는 문제를 생각해 낼 수도 있다. 예를 들어, 이 학생은 5달러로 학교 점심 2개를 구입할 수 있습니까? 만약 그렇다면, 이것을 어떻게 알 수 있습니까? 만약 학생이 학교 점심 3개를 구입하기 위해서 10달러를 사용한다면, 이 학생은 얼마의 거스름돈을 받을 수 있습니까?

학교 점심뿐만 아니라, 책 주문이나 특별 학급은 돈에 관련된 매우 흥미로운 문제에 대한 영감을 줄 수 있다. 설명을 위해 실례를 이용하자면, 만약 한 시간짜리 체스 레슨을 6주 동안 받았을 때의 레슨비가 12.5달러이고 한 아이가 20달러짜리 지폐 한 장을 지불했다면, 거스름돈은 얼마입니까? 그 학생은 그것을 어떻게 계산했습니까?

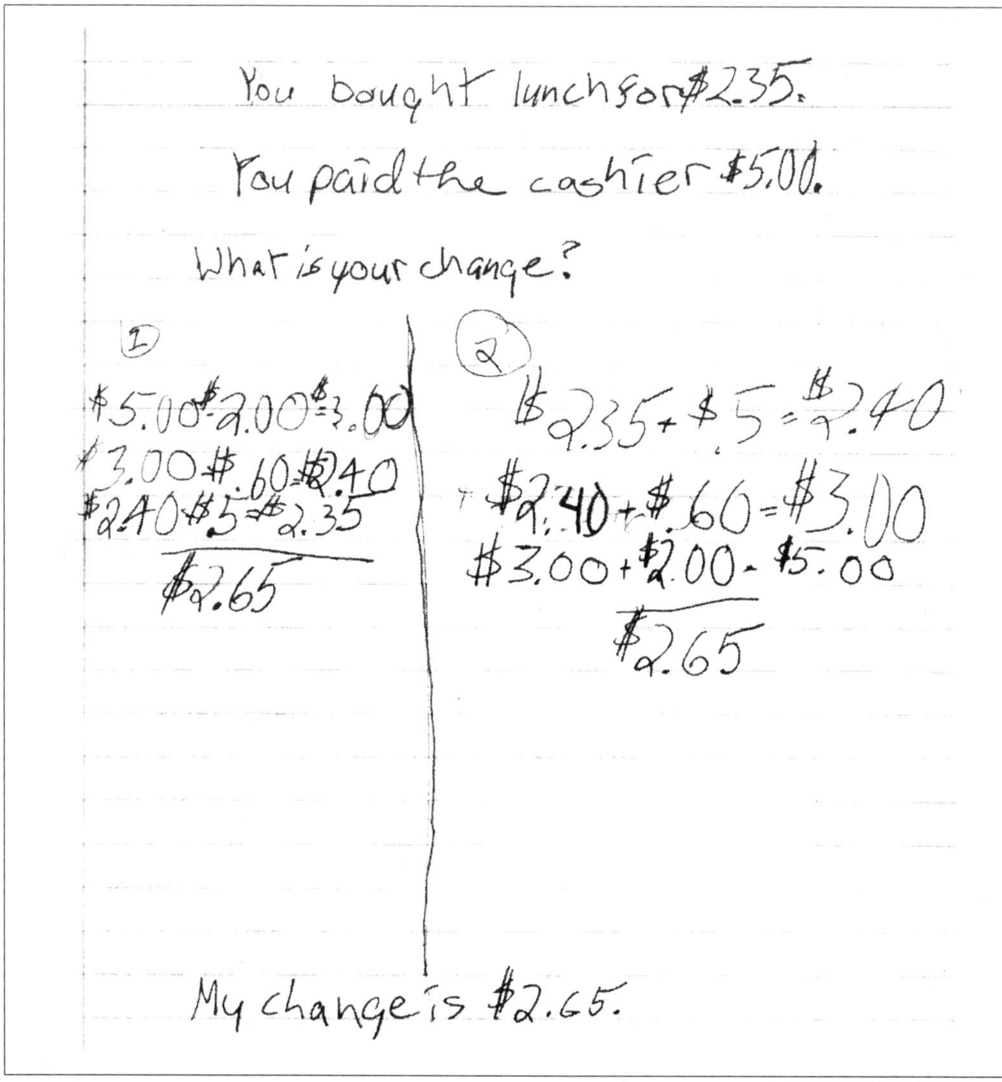

▶ **그림 7-7**
Janet은 5달러를 내고 2.35달러짜리 점심을 사먹었을 때 받을 거스름돈이 얼마인지를 계산했다.

수학 동화를 기반으로 한 활동

가격 비교하기

교실에서, Beverly Cleary가 쓴 『*Henry Huggins*』를 읽는다. 이 책이 조금 오래전에 출판되었고, "The Green Christmas"라는 제목이 붙은 장에서는 북미 원주민이 학교 연극에서 간단하게 연기하는 방법과 크리스마스가 단지 겨울의 휴일만은 아니라는 사실에 대한 토론이 필요하다. 문화와 종교가 다르면 기념행사도 다르다.

그러나 이 책은 아이들이 50년 전에 살아왔던 방식을 알 수 있게 해주고, 수학 문제를 해결할 수 있는 많은 기회를 제시한다. 예를 들어, Henry는 새 스쿠터를 사는 대신 축구공 한 개를 사려고 한다. 축구공과 다른 물건들의 50년 전 가격은 아이들의 흥미를 자극한다. 이 문제는 책 속의 상황에서 바로 제시된다. (그림 7-8 참고)

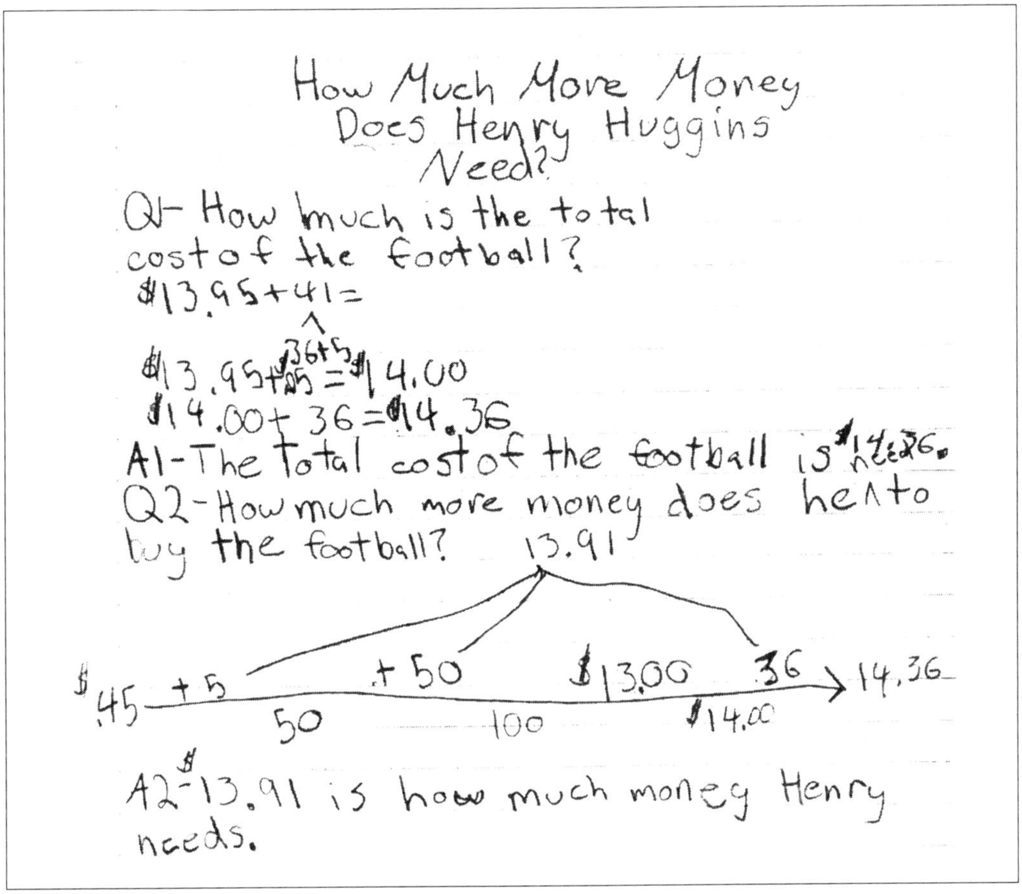

◀ **그림 7-8**
Latasha는 Henry가 축구공을 사려면 얼마가 필요한지를 계산했다.

학생들은 또한 아래에 제시된 문제를 해결했다. 아래의 문제들은 책 속에 제시된 50년 전의 물건의 가격과 현재의 가격을 비교하는 문제들이다.

Henry는 Lucky 애완동물 가게에서 특가 판매를 하는 물건을 사서 이익을 보았다. 그는 구피 2마리, 어항 한 개, 달팽이 한 마리, 수생 식물 한 개와 물고기 먹이 한 상자를 샀다. 물건의 전체 가격은 단지 0.79달러였다.

이번 주에, 선생님은 7.99달러짜리 구피 2마리, 0.50달러짜리 달팽이 2마리, 1.98달러짜리 수생 식물 한 개, 2.99달러짜리 물고기 먹이를 샀다.

여기 두 개의 문제가 제시되어 있다.

선생님은 모두 얼마를 썼는가?

선생님이 이번 주에 쓴 돈과 Henry Huggins가 50년 전에 쓴 돈의 차는 얼마인가? (답과 함께 풀이 과정을 제시하시오.)

동전과 지폐의 조합

Joanne Rocklin이 집필한 『*The Case of the Shrunken Allowance*』라는 책에서, P. B.는 매주 0.50달러의 용돈을 받고, 집안일을 도와서 추가로 돈을 받는다. 그가 세 달 동안 받은 용돈은 모두 10.05달러이다. 학생들에게 10.05달러를 만들 수 있는 동전과 지폐의 조합을 모두 만들어 보도록 한다.

숨겨진 보물찾기

Joanne Rocklin이 쓴 『*The Case of the Backyard Treasure*』라는 책에서, Liz the Whiz와 Whiz를 교육시켜주는 오빠 Henry, 그들의 개 Mary는 문제를 해결하는 것을 매우 좋아한다. 이웃인 Zack은 숨겨진 보물을 찾기 위해서 그들의 도움이 필요하다. 먼저, Liz the Whiz는 알파벳 코드를 사용하여 19-1-13이 Sam을 의미한다고 생각한다. 거기서부터, 그들은 기하 모양을 포함하고 시간을 말해주는 것과 관련이 있는 또 다른 수에 대한 단서를 알아내야만 한다. 셋은 마침내 보물을 찾아냈다. 보물은 다른 도시로 이사를 가는 Zach의 친구 Sam이 남긴 쿠키였다.

이 책은 7장의 앞부분에서 설명했던 **이름값**이라는 활동을 소개할 때 이용할 수 있는 훌륭한 책이다.

돈 합산하기

Joanne Rocklin이 집필한 『*The Case of the Shrunken Allowance*』라는 책에서, 땅콩버터를 좋아하는 P. B.는 Maria와 Mike라는 두 친구에게 빈 땅콩버터 병에 넣어둔 그의 용돈이 줄어들고 있는 이유를 알아내 달라고 요청했다. 전에는 그의 용돈이 병의 꼭대기까지 차 있었다. 오늘, 용돈은 병의 반으로 줄어있다. P. B.는 매주 용돈을 0.50달러씩 받는다. 그가 집안일을 좀 하면, 더 많은 용돈을 받는다.

이 이야기는 학생들에게 13주 동안 받은 용돈과 집안일을 해서 받은 돈을 모두 합해보고, 크기가 서로 다른 병들의 부피에 대해서 생각해 볼 수 있는 기회를 준다. 이 책은 집안일을 하는데 시간이 얼마나 걸리는지를 예상해보고, 집안일을 마치는데 실제로 걸리는 시간을 재어보고, 크기가 서로 다른 병들의 부피를 탐구하기 위해 물을 사용해 볼 것을 제안하면서 끝을 맺는다. (이 책을 활용할 수 있는 다른 활동들이 병 속 페니 다시 하기와 동전과 지폐의 조합에 제시되어 있다.)

이야기 문제

3월부터, 학생들의 학교생활 및 가정생활과 관련된 이야기 문제를 계속해서 써나가도록 한다. 또한 교사가 문제를 만들 때마다 학생들도 자신의 이야기 문제를 만들도록 한다. 이 부분을 읽기 전에, 교사는 2장의 "이야기 문제" 부분을 다시 읽어보는 것이 좋다. 또한 7장의 243쪽을 다시 보는 것도 좋다.

교사와 학생이 함께 만든 문제들

교사와 학생들은 여러 물건의 가격을 합하여 총금액을 구한 다음, 5달러, 10달러, 20달러를 냈을 때의 거스름돈을 구하는 것을 포함하는 문제를 함께 만들 수 있다. 이러한 결과가 주어지지 않고 두 단계를 거치는 문제에서는 덧셈과 뺄셈이 모두 요구된다. 학생들은 그들의 지갑을 활용하여 계속해서 이러한 문제를 이해해 나가면서, 자연스럽게 암산을 하게 된다.

돈과 관련이 되어 있지 않은 다른 문제들을 해결할 때에도, 100보다 큰 수를 이해시키기 위해서 학생들에게 계속해서 그림을 그리거나, 구체물을 사용하거나, 수 포켓 차트를 참고하도록 한다. 학생들은 시간이 많이 걸리고 다루기 힘든 큰 수에 대해서도 이러한 전략을 찾아내기 시작할지도 모른다. 만약 교사가 이러한 상황을 보게 된다면, 학생들에게 교사가 칠판에 써놓은 수에 대한 전략을 만들어보도록 함으로써 그들의 수만 사용한 추론을 격려해 주도록 한다.

수업 진도가 늦어질 수도 있지만, 당황하거나 짧은 시간에 더 많은 내용을 가르치기 위해서 압박을 할 필요는 없다. 학생들이 작은 수를 이용한 이야기 문제를 얼마나 잘 이해하는지를 생각하고, 그들이 더 큰 수에 이것을 연결시킬 수 있도록 도와주어야 한다. 모든 학생들이 따라야 하는 유일한 추상적 절차를 가르쳐야 한다는 충동을 참아내야 한다. 만약 학생들이 그들이 이해하지 못한 하나의 절차를 따르려고 노력한다면, 그들은 반드시 실수를 하게 될 것이다.

결과가 주어진 문제

이 장의 "수학" 부분에서 언급했던 것처럼, 학생들은 결과가 주어져있고 변화량이나 처음의 수량이 주어지지 않은 이야기 문제에서 가르기와 모으기를 경험해 볼 필요가 있다. 아래에 그러한 문제를 만들고, 그 문제를 학교생활 및 학생들이 읽고 있는 책과 관련시킬 수 있는 몇 가지 아이디어를 제시해 놓았다.

학교생활과 관련된 문제

다음은 **결과가 주어진** 결합과 관련된 문제이다.

> 3학년 네 반이 함께 조회에 참석했다. 먼저 Mr. R 선생님과 Mr. S 선생님이 38명의 학생들을 데리고 왔다. 그 후에 Mrs. R과 Ms. F 선생님이 아이들을 데리고 오자, 3학년 전체 아이들은 77명이 되었다. 그렇다면, Mrs. R과 Ms. F 선생님이 데려온 아이들은 모두 몇 명인가?

아이들에게, "우리가 이 문제에서 알 수 있는 것은 무엇이지요? 그리고 아직 모르는 것은 무엇이지요?"라고 물어본다. 그 다음에, 아이들의 도움을 받아 주어진 문제를 38+(　　)=77과 같이 덧셈식으로 표현한다. 마지막으로, "이제 답을 구하려면 어떻게 계산을 하면 되지요?"라고 질문을 한다. 일부 아이들은 문제 해결을 위해 덧셈을 하거나 수를 세어 올라가는 방법을 사용할 것이다. 또 어떤 아이들은 뺄셈을 하거나 수를 세어 내려가는 방법을 쓸 것이다.

또 다른 **결과가 주어진** 문제의 사례이다.

> 월요일, 3학년 3반 교실에는 48개의 새 지우개가 선반에 놓여 있었다. 금요일이 되자, 새 지우개는 18개 밖에 남지 않았다. 3학년 3반 교실에서 이 기간 동안 아이들이 사용한 새 지우개의 수는 모두 몇 개인가?

이 문제의 등식은 48−(　　)=18이 된다. 학생들이 이 문제를 어떻게 구하는지 살펴본다.

학생들이 그들 자신의 학교생활과 관련된, 결과가 주어진 이야기 문제를 등식으로 표현해 낼 수 있도록 도움을 준다.

책과 관련된 문제

이 장에서, 나는 교사와 학생들이 교실에서 자주 읽고 있는 책의 내용에 근거한 이야기 문제를 사용할 것을 자주 제안한 바 있다. 다음에 이어지는 문제는 특정한 이야기에 나오는 내용을 담은 것은 아니다. 대신, 나는 이야기 속에 나오는 상황으로부터 착안하여 가상의 문제를 만들고자 하였다.

> Henry Huggins는 Mr. Grumbie에게 주려고 벌레를 잡았다. 이틀 동안 그가 잡은 벌레는 모두 125마리였다. 만약 화요일에 80마리를 잡았다면, 월요일에 잡은 벌레의 수는 모두 몇 마리일까?

이 문제에는 처음 값이 주어지지 않았다. 학생들에게 "이 문제를 어떻게 등식으로 표현할 수 있을까요? 우리가 알고 있는 것은 무엇이지요? 우리가 모르는 것은 무엇이지요?"라는 질문을 한다. 알맞은 등식은 (　　)+80=125가 된다.

이제 답을 계산해 내기 위해 등식을 사용하도록 아이들을 독려해보도록 한다. (그림 7-9와 그림 7-10 참고)

> 교사는 결과가 주어진 등식을 제공하고, 아이들은 이 등식에 맞는 이야기를 제공한다.

교사는 결과가 주어진 등식을 제공하고, 아이들이 이 등식에 어울리는 이야기를 표현하도록 교사와 학생의 역할을 바꾼다. 그렇게 되면 아이들은 주어진 등식에 맞는 이야기를 문제를 만들어야 한다(그림 7-11과 그림 7-12 참조).

경험 교사의 조언

학생들이 결과가 주어진 다양한 문제들을 해결할 때, 한 가지 이상의 전략을 활용하도록 도움을 주어야 한다. 그림을 그리거나, 구체물을 활용하거나, 수 포켓 차트를 참고하여, 학생들은 그들의 문제풀이 전략을 보다 구체적인 모델로 이어갈 수 있다. 그러나 지금까지 참으로 많은 학생들이 모델에 대한 이해 없이 단순한 숫자 전략을 사용하고 있다.

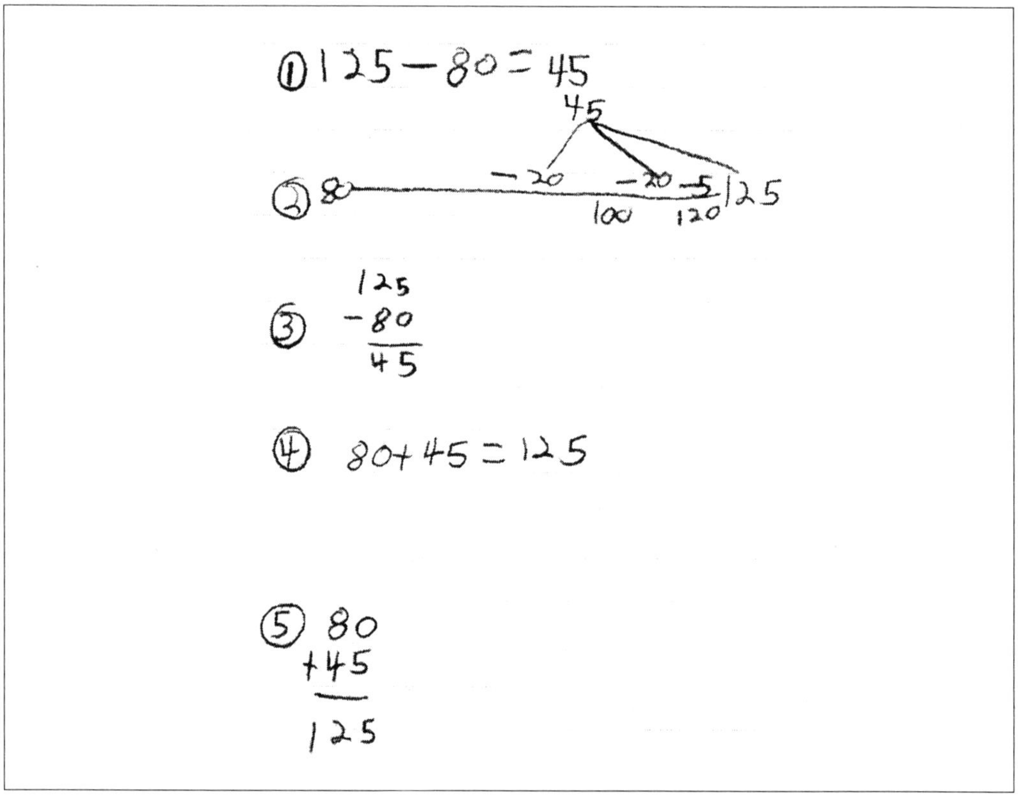

그림 7-9
Sarah는 여러 가지 수 전략을 활용함으로써 벌레와 관련된 문제에 접근하고 있다.

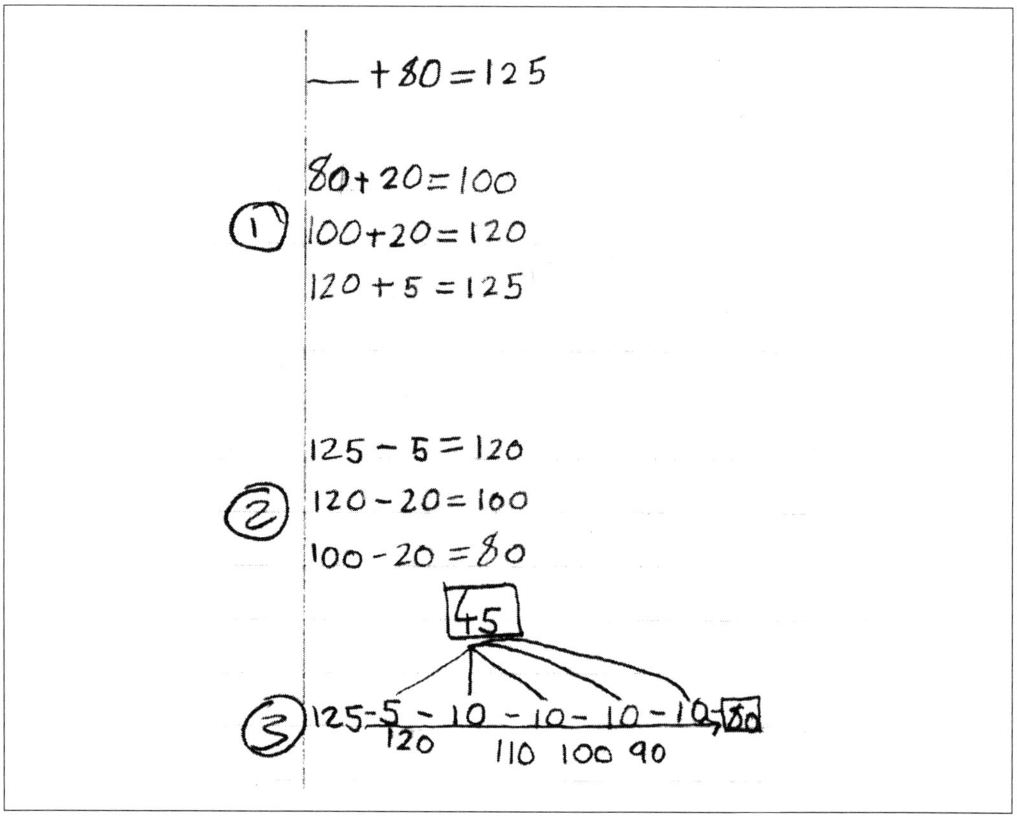

그림 7-10
Peter는 익숙한 수들을 중심으로 80부터 125까지 세어 올라가고, 다시 125부터 80까지 세어 내려가는 방법을 사용하고 있다.

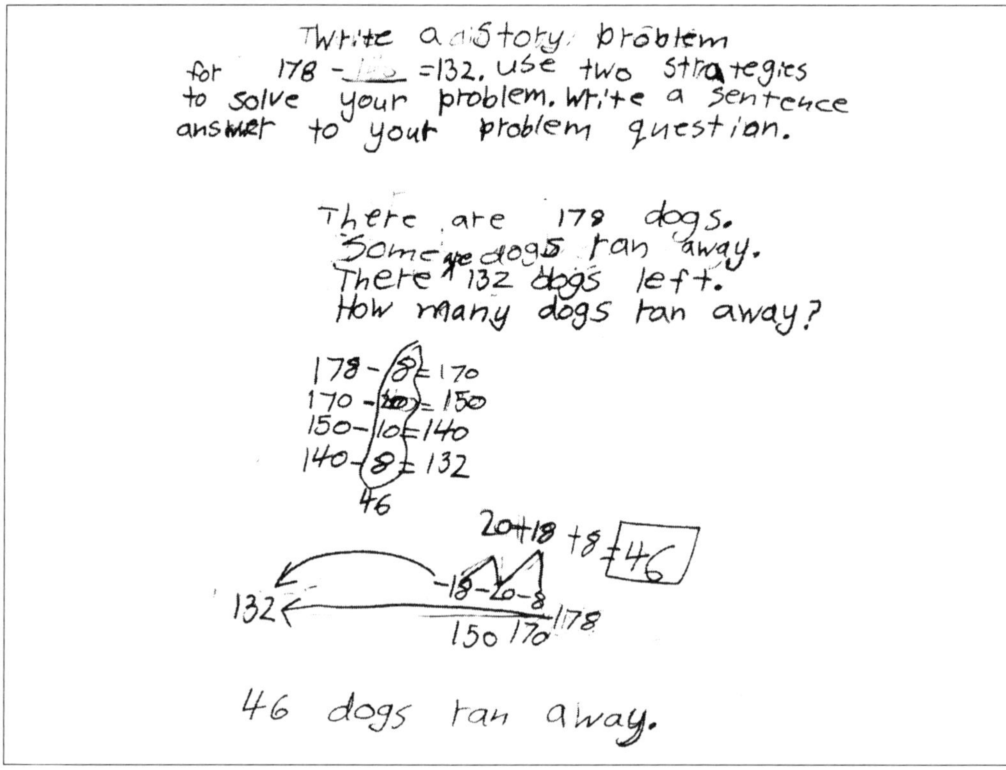

그림 7-11
Angela는 교사가 제시한 178−( )=132라는 등식을 이용하여 이야기 문제를 만들었다. 이 아이는 문제를 이해하기 위해 두 가지 전략을 활용하였다.

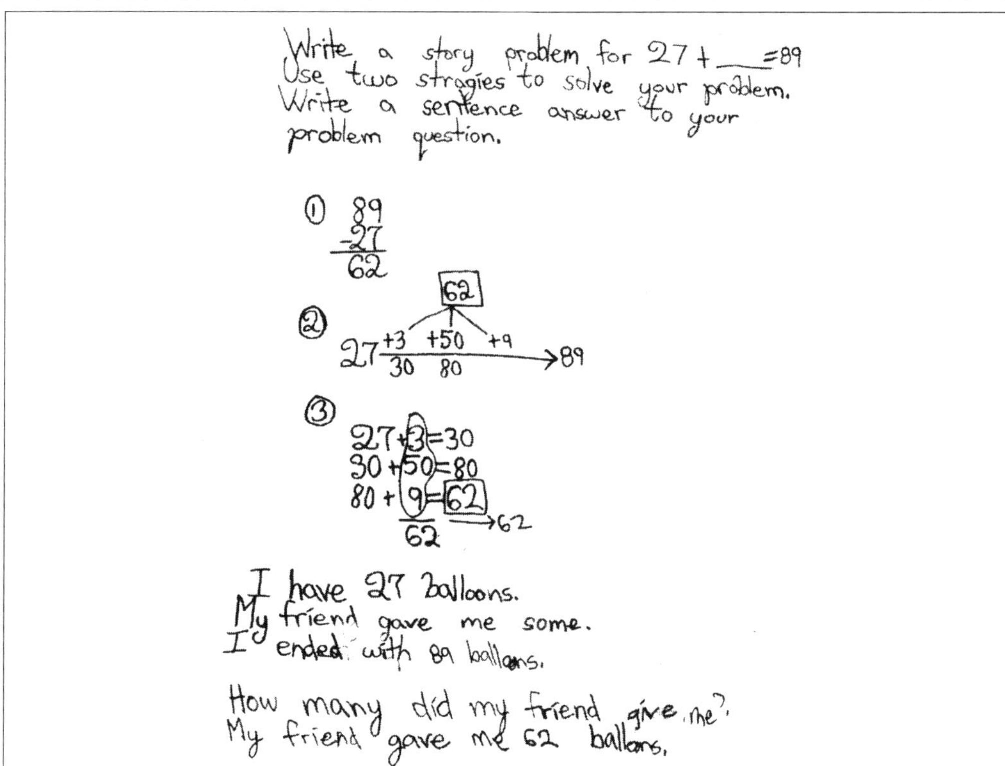

그림 7-12
Ray는 교사가 제시한 17+( )=89라는 등식을 가지고 이야기 문제를 만들었다. 그는 문제 해결을 위해 세 가지 전략을 사용하고 있다.

표준화된 시험 준비

240쪽 "학습 환경" 부분에서 논의한 길잡이 전략은 학생들이 표준화된 시험에서 있는 시간 제한을 다룰 수 있도록 도움을 줄 수 있다. 그러나 아이들이 길잡이 전략을 사용하기 위해서는 수만을 사용한 추론을 편안해 할 필요가 있다. 그들이 가장 잘 이해하고 있는 전략을 활용하여 계산하는 과정에서 그림을 그리거나 모든 단계를 써 봐야 하는 아이들을 계속해서 격려해 주도록 한다.

결과가 주어진 이야기 문제를 풀고 써보는 것은 표준화된 시험에서 요구하는 사고 과정을 위한 좋은 연습이 된다. 또한, 같은 문제를 가지고 덧셈을 하고 나서 비교해 보거나 뺄셈을 하는 아이들은 두 단계를 거쳐 해결해야 하는 문제를 해결할 때에도 이러한 추론을 사용한다. 예를 들어, 몇 가지 물건을 사고 나서 그 가격을 다 더하고, 그 후에 5달러 혹은 10달러를 냈을 때의 거스름돈을 계산할 때, 아이들은 첫 번째 단계에서는 덧셈을, 그리고 그 다음 단계에서는 뺄셈을 하게 된다.

또한, 주어진 시간 내에 두 단계 풀이 과정이 포함된 문제를 다루는 표준화된 시험은 아이들을 혼란스럽게 한다. 예를 들어, 어떤 이야기 문제가 문제를 해결하는 데 필요하지 않은 정보나 숫자를 제공한다고 하자. 학생들은 이것을 인식하여 이러한 정보들이 문제를 해결하는 데 있어 단지 방해가 된다는 점을 알아야 한다. 이렇게 불필요한 정보가 담긴 문제를 제시해보도록 한다.

문제 해결에 있어 또 다른 방해물이 될 수 있는 것은 '약'이라는 단어이다. 이야기 문제에 이 단어가 들어 있다면, 이는 아이들이 반올림을 해야 한다는 표시가 된다. 예를 들어, 1.77달러, 0.98달러, 4.56달러와 같은 수들이 포함된 문제가 있다고 가정해 보자. 학생들에게 주어진 문제는 이들 세 가지 가격을 더했을 때 **약** 얼마가 될까라는 것이다. 이 문제에서, 학생들은 종이에 정확한 값을 적고 그것을 일일이 더하는 데 시간을 허비하기 보다는, 머릿속으로 재빨리 반올림하여 2달러+1달러+5달러를 계산해야 할 것이다.

아이들은 또한 선택형답안 문제에서 보기 5번에 '정답 없음'이라는 말을 보았을 때 혼란스럽게 생각한다. 6장에서 나는 네 개의 보기 중 가장 그럴듯한 두 개의 보기로 좁혀가는 연습을 해야 한다고 제안한 바 있다. '정답 없음'과 같은 보기는 학생들이 자신이 선택한 답이 정확한지 반복하여 점검할 수 있도록 할 것이다. 아이들이 실제 시험을 볼 때 보다 자신감 있게 문제를 풀 수 있도록 이러한 형태의 문제를 해결해보도록 한다.

만일 일 년 내내, 등식을 가로로 제시해 왔다면(17+26, 95−57, 8×4, 36÷4), 같은 문제를 세로셈으로 풀어보도록 한다. 가로셈으로 풀 때와 같은 이해전략을 사용할 수 있도록 도움을 준다. 예를 들어,

$$\begin{array}{r} 17 \\ +\ 26 \\ \hline \end{array}$$

라는 문제에서 아이들은 여전히 10+20=30, 7+6=13, 그러므로 30+13=43과 같이 계산을 할 것이다.

또한

$$\begin{array}{r} 95 \\ -\ 57 \\ \hline \end{array}$$

을 풀 때, 그들은 여전히 57+3=60, 60+30=90, 90+5=95, 그래서 3+30+5=38과 같이 "수를 세어 올라가는 방법"을 사용할 수 있다.

비록 문제의 형태는 그 동안 풀었던 것과 달라졌을지라도, 학생들이 시험에서 잘 풀 수 있다는 점을 계속해서 설명해 준다. 일상의 문제 해결 상황에서 그 동안 늘 해오던 이해 전략을 사용하도록 격려해 준다. "할 수 있다"는 자신감을 불어 넣어 주고, 음악이나 미술, 체험 수학이나 과학 프로젝트, 큰 소리로 책 읽기와 비교할 때 수학 시험이 크게 다르지 않다는 점을 알려주고 즐길 수 있도록 하라!

순환 모둠 시간

3장 끝에서, 교사의 수업을 구성하는 또 다른 방법으로서 순환 모둠에 대해 폭넓게 논의하였다. 그 내용을 검토해 보기 바란다.

다음은 이번 장을 위한 순환모둠 프로그램 사례이다.

	결과가 주어진 문제 쓰기 (교사와 함께)	"콩 한 줌" 활동 다시 하기 (짝과 함께)	"0에 얼마나 가까운가?" 놀이하기 (부모님과 함께)	이름값 계산하기 (모둠에서)
8:30–9:00	Ray와 함께 표1	Sarah와 함께 표2	Latasha와 함께 표3	Juan과 함께 표4
9:00–9:30	표4	표1	표2	표3
9:30–10:00	표3	표4	표1	표2
10:00–10:30	표2	표3	표4	표1

제 8 장

4월

곱셈과 나눗셈 후속활동

"그러나 단순히 절차를 흉내 내고 암기하기만 한다면, 학생들은 금새 흥미를 잃게 될 것이다. 이 단계의 수업에서 학생들은 능동적이며 지적으로 자극받아야 하며, 수학을 이해하도록 도움을 받아야 한다."

학교 수학을 위한 원리와 규준,
류희찬 · 조완영 · 이경화 · 나귀수 · 김남균 · 방정숙 역, 경문사

이 장에 소개되어 있는 활동들을 소개하기 전에, 3장(곱셈)과 5장(나눗셈)을 다시 읽고 이 장에 소개되어 있는 활동들 중에 어떤 것을 먼저 경험시킬 것인지 알아본다. 이 장에서, 아이들은 곱셈과 나눗셈을 학습하는데 앞 장을 하면서 사용한 수들 보다 큰 수들을 이용해서 앞 장에서 한 것과 같은 활동들을 다시 할 것이고, 몇 가지 새로운 지적 자극을 주는 문제들에 대해서 활동을 할 것이다.

학습 환경

학생들이 모델들을 이용해서 곱셈과 나눗셈을 포함하는 문제들을 풀 때 이들을 계속해서 지지해 준다.

많은 교과서와 성취도 평가는 학생들이 곱셈과 나눗셈을 하는 특정 방법을 사용하여 수를 조작하도록 가르쳐서 수만으로 된 표현들로 이동시키려는 의도를 갖고 있다. 이러한 의도에 저항해야 한다. 학생들이 조작하거나 그림을 그리는 것과 같은 모델을 계속해서 사용하도록 그들을 격려한다. 결과적으로 학생들이 이 두 연산에 대한 의미를 형성한다.

예를 들어, 학생들이 나머지 게임(5장)을 했다면, 학생들은 주어진 색 타일의 수를 주어진 종이 접시의 수로 나누었을 것이다. 그들의 나눗셈식은 이러한 나누는 조작활동 과정을 보여준다. 이야기 문제에서 아이들이 계란판(12개짜리) 3개에 달걀이 몇 개나 있는지 알아낼 때, 종종 아이들은 달걀상자를 그린 후 주어진 문제를 곱셈식으로 나타내기 이전에 (12까지 뛰어세기와 같은 것을 하면서) 수를 부여할 수도 있다.

자신들이 만든 곱셈식과 나눗셈식에 훨씬 더 많은 의미를 부여하도록 하기 위해서, 학생들에게 언어를 사용하도록 격려한다.

언어의 도움을 받아 아이들은 자신들이 사용하고 있는 수들에 대한 의미를 이해한다. 한 아이는 다음과 같이 글을 작성할 수 있을 것이다. 나는 계란판 한 개에 계란이 12개 들어있다는 것을 알아. 그래서 계란판 2개는 계란이 24개이고, 계란판 3개에는 계란이 36개가 들어있어. 또 다른 아이는 문장식을 이용하여 등식을 나타낼 수 도 있을 것이다. 3판×한 판 당 12개의 계란=모두 36개의 계란. 언어를 사용하여 자신의 생각을 단계적으로 설명하는 것이 자신의 문제해결을 보다 잘 이해할 수 있게 도와준다.

학생들이 곱셈과 나눗셈 문제를 해결하는 동안 두 가지 전략을 사용함으로써, 교사는 자신들이 사용한 모델을 표현하도록 함으로써 학생들에게 수만 사용한 추론을 하도록 인도한다. 학생들이 계란판 3개를 그리고 뛰어 세기(12, 24, 36) 또는 덧셈(12+12+12)을 했을 때 학생들은 수를 부여한 것이다. 교사가 학생들에게 두 번째 전략으로 표현하도록 격려한다면, 학생들은 모델을 사용하는 것으로부터 좀 더 추상적인 수식(12×3=36)으로 구체적 추론을 하게 될 것이다.

학생들에게 자신들이 스스로 조직한 활동지에 자신들의 단계적인 문제 해결 과정을 기록하도록 한다.

미리 체계화된 활동지는 최소한으로 제공하고, 아이들이 자기 자신만의 방식으로 자신들의 활동을 완벽하게 그리고 이해가 가도록 표현할 수 있도록 지원해 준다. 교사는 5장(154쪽)에서 한 수학 활동지가 어떤 점에서 효과가 있었는지에 대하여 자료들을 검토해 보는 것도 좋다.[55] 5장에 있는 활동지는 주어진 문제의 제목을 활동지의 상단에 적도록 하고 그 아래에 아이의 이름을 적고, 질문이 무엇인지 명확하게 적고, 자신의 추론을 설명하기 위해서 단어, 수, 그리고 그림 제목이 단 그림들을 포함하도록 되어 있다. 대부분의 3학년 학생들은 자신들의 활동을 작고 읽기 어려운 공간에 끼워 넣는 것 대신에 이 활동지 전체에 걸쳐서 배열하거나 나열하는데 도움을 필요로 한다. 학생들이 자신들의 그림에 번호를 붙이고 그림과 자신들의 수학적 추론 사이의 관계를 나타낼 수 있도록 격려한다.

수학

아이들이 곱셈과 나눗셈 상황을 동량의 묶음을 생각하면서 이해하도록 한다.

만약 교사가 학생들에게 "3개의 계란판에 계란이 몇 개나 있습니까?"와 같은 문제를 준다면, 학생들에게 답을 구하기 위해서 동량의 묶음들을 조합하였는지를 질문해야 한다. 그랬다면, 어떻게 그렇게 하였는지, 그리고 왜 그렇게 되었는지를 질문해야 한다. 이런 전략들이 덧셈뿐만 아니라 곱셈을 가능하게 하는 것이라는 점을 이해하도록 도와준다.

또는 만약 아이들이 접시 5개에 타일 15개를 나누어 담는 방법을 구하는 중이라면, 다음과 같이 질문한다. "접시 5개에 담긴 타일의 수가 각각 같은 양의 묶음으로 나누어 졌습니까? 그렇다면 어떻게 그렇게 했습니까?" 아이들이 곱셈이나 나눗셈을 할 때마다, 아이들은 동량의 묶음을 다루고 있다는 아이디어를 계속해서 강화해야 한다.

55) 학습 중 학생들에게 체계화된 활동지를 제공하는 것 보다 비체계화된 활동지를 제공하는 것이 학습자들의 학습에 미치는 영향에 대해서는 "한 초임교사가 실천해 본 학습자 중심 수업(김진호, 이진경, 2008, 과학수학교육연구, 31, 77-94)을 참고하기 바란다.

몇몇 아이들은 더 큰 수를 포함하는 곱셈 문제를 풀 때, 이 수들을 친근한 수들로 가르기 하여 다룰 준비가 되어 있지만, 그렇지 않은 학생들도 있다.

만약 학생들이 할머니의 쟁반 위에 과자가 몇 개 있는지를 구하기 위해서 초인종이 울렸어(5장)를 다시 해본다면, 학생들은 과자가 각 열에 13개씩 6줄 놓여 있다는 것을 볼 수 있을 것이다. 대부분의 학생들은 쟁반을 그리고 뛰어세기나 덧셈하기를 해서 이 문제를 이해할 것이다. 이러한 학생들의 전략을 지지해 준다.

누군가가 13×6과 같은 전략을 제시할 때까지 기다린다. 학생들이 덧셈을 할 때 두 자리 수를 두 개의 가수로 분해(가르기)하는 방법을 학생들에게 상기시키는 기회로 삼는다. 할머니의 과자 쟁반으로 지금 그것을 해볼 수 있다고 제안한다. 학생들이 13을 10+3으로 생각한다면, 그것을 어떻게 곱할 수 있을까? 그러고 나서, 학생들이 두 자리 수인 인수 13이 보다 친숙한 부분인 10+3으로 나누어 생각할 수 있게 도와준다. 등식의 결과는 $(6\times10)+(6\times3)=60+18=78$이다.

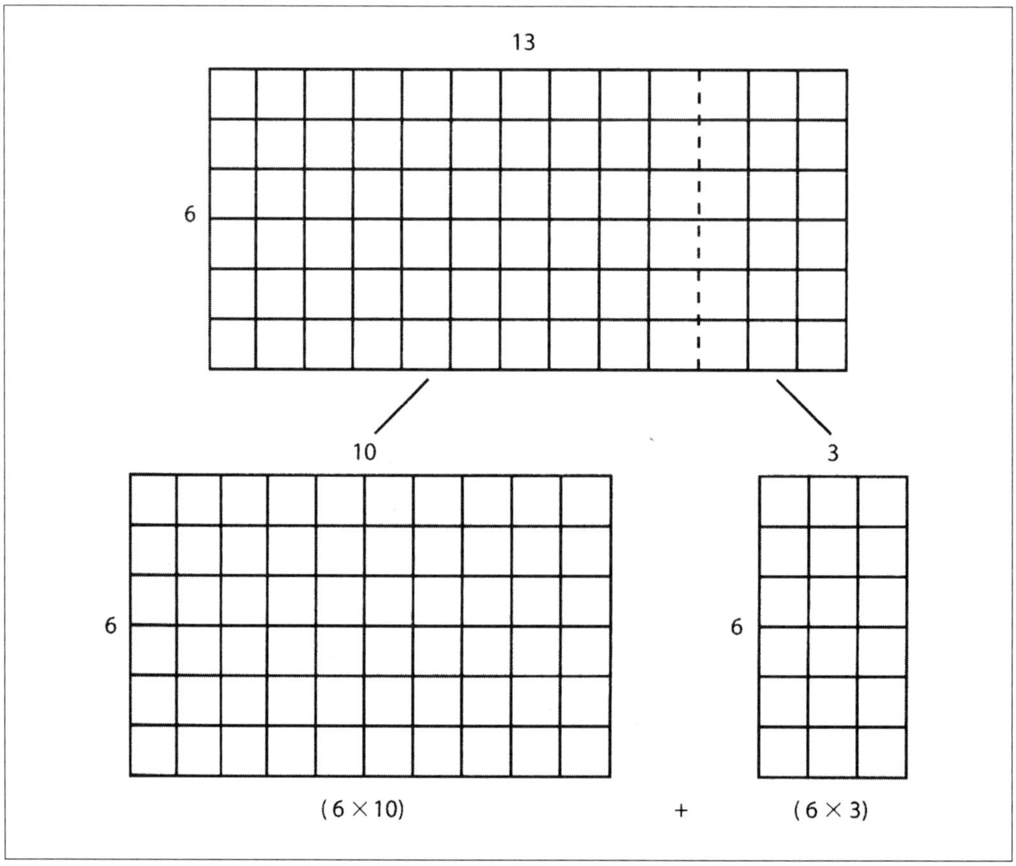

▶ **그림 8-1** 이 창문 판유리 배열을 두 개의 분리된 배열로 가르는 것이 곱셈의 분배법칙을 설명하는데 도움이 되고, 학생들 중 일부는 이것을 이해할 수 있을 것이다.

이 수로만 된 추론은 대부분의 3학년 학생들에게 중요한 단계임을 교사 자신은 상기할 필요가 있다. 따라서 학생들이 반드시 따라야만 하는 절차로써 가르치지 않도록 주의해야 한다. 이것을 가능한 하나의 전략으로 설명한다. 곱셈의 분배법칙이 보다 시각적 또는 구체적이게 하기 위해서, 교사는 13×6 직사각형 창문 배열을 두 개의 배열로 분리할 수 있다. (그림 8-1 참고)

두 자리 수 인수를 친근한 두 부분으로 나누는 전략을 이해한 학생은 곧 두 자리 수 곱하기 한 자리 수 문제에 이것을 사용하기 시작할 것이다. 예를 들어, 35×4는 30×4 더하기 5×4이다. 부분 곱은 각각 120과 20이다. 이러한 수만을 이용한 추론의 의미를 이해하지 못한 학생은 계속해서 그림, 덧셈, 뛰어세기나 증명할 수 있는 다른 방법들을 사용할 것이다.

아이들은 곱셈을 이용해서 나눗셈을 이해하고 자신들의 나눗셈에 대한 생각을 점검한다.

학생들이 나눗셈 문제를 붙잡고 고심할 때, 학생들은 종종 곱셈을 한다. 예를 들어, 다음의 문제를 생각해보자. "바퀴가 모두 32개이고 각 자동차에 바퀴가 4개씩 있다면 자동차는 모두 몇 대이겠습니까?" 이 경우에, 아이들은 다음과 같이 생각할 것이다. "나는 4를 8번 곱하면 32가 된다는 것을 알아, 그러니까 자동차는 모두 8대가 분명해." 어떤 아이는 여러 대의 자동차 그림을 그리고 32개의 바퀴를 8대의 서로 다른 자동차에 모두 사용할 때까지 각 자동차에 4개씩 주의 깊게 묶음짓기를 할 수도 있을 것이다. 이들 그림 이면에 담긴 사고를 점검하기 위해서, 이 아이는 "바퀴 4개씩 자동차 8대는 바퀴 32개와 같으니까 이것은 맞아."라고 추론한다. 나눗셈을 이해하기 위한 "친구" 연산으로써 곱셈을 사용할 수 있도록 격려한다.

일부 아이들은 곱셈을 사용해서 나눗셈을 점검하기 시작한다. 예를 들어, 이들은 20명의 학생들이 연필 70자루를 똑같이 나누어 가지려고 할 때, 한 학생당 연필 3자루씩을 갖고 10자루가 남는다는 것을 안다. 이들은 이를 다음과 같이 확인한다. 20×3＝연필 60자루, 연필 60자루＋남은 연필 10자루＝연필 70자루.

일상 소재로 하는 수학

출결 확인 다시하기

학생들에게 3학년 학급들의 매일 출석생 수에 대한 통계를 수집하도록 한다. 대부분의 학급의 학생수가 약 20명 정도라면, 출석생 수는 18, 20, 19, 20일 것이다. 아이들이 이들 네 수의 총합을 구할 때, 이들은 아마도 18+19=37이고, 2×20=40이므로 결국 37+40=77이라고 생각할 것이다. 아이들은 20+20을 할 수도 있다. 그러나 같은 크기의 수가 두 개 있다면, 학생들이 합을 구하고, 자신의 생각을 확인하기 위해 곱셈을 사용하도록 격려한다.

이런 전략들을 사용해서 출석생 수의 합을 계산하는 것은 아이들에게 한 자리 수 곱하기 두 자리 수를 할 수 있는 기회를 제공한다.

오늘의 온도 다시하기

학생들이 막대그래프에 매일의 기온을 기록하고 있다면, 그들 자신의 막대그래프에 기록된 온도를 계속해서 비교할 수 있거나 신문이나 인터넷 자료를 찾아봄으로써 세계의 다른 곳의 온도와 자신들의 결과를 비교할 수 있다. 이 활동은 학생들에게 비교의 문제를 해결하는 지속적인 연습을 제공해 준다.

학급 조작물의 목록

학생들이 큰 수로 활동하는 것에 익숙해 졌다면, 각 모둠에게 조작물(패턴 블럭, 색 타일, 연결정육면체, 칼라 쌓기나무 등) 통을 하나씩 주고 통 안에 조작물이 몇 개 들어있는지 알아보도록 한다. 만약 이러한 조작물을 가지고 있지 않다면, 학생들에게 목록 장부(inventory book) 또는 학급의 다른 자료들을 사용하도록 한다. 학생들이 이들 물품들을 묶고 세는 방법들을 발견할 때까지 며칠 동안 앉은 책상을 기준으로 4인 1 모둠을 만들어 활동하도록 한다. 따라서 교사는 학생들에게 자신의 책상에서 가 아닌 교실 주위의 여러 공간에서 활동하도록 하는 것이 좋다. 학생들이 묶음 짓고 셀 때, 학생들은 곱셈이 동량의 묶음으로 이루어진 사물들을 총합을 구하는데 손쉽게 사용할 수 있다는 것을 알게 될 것이다. 곱셈이 시간을 절약해 준다거나 효과적인 계산이라는 생각은 이 탐구에서 실용적인 의미를 갖는다. (그림 8-2와 그림 8-3 참고.)

심화

학생들은 학급의 종이 1연[56]과 자료실의 연필이나 지우개 한 상자와 같은 자료들의 물품 목록을 만든다. 학생들이 작성한 내년 물품 주문서를 활용한다.

---

56) 종이 1연(連)(500 또는 516매)

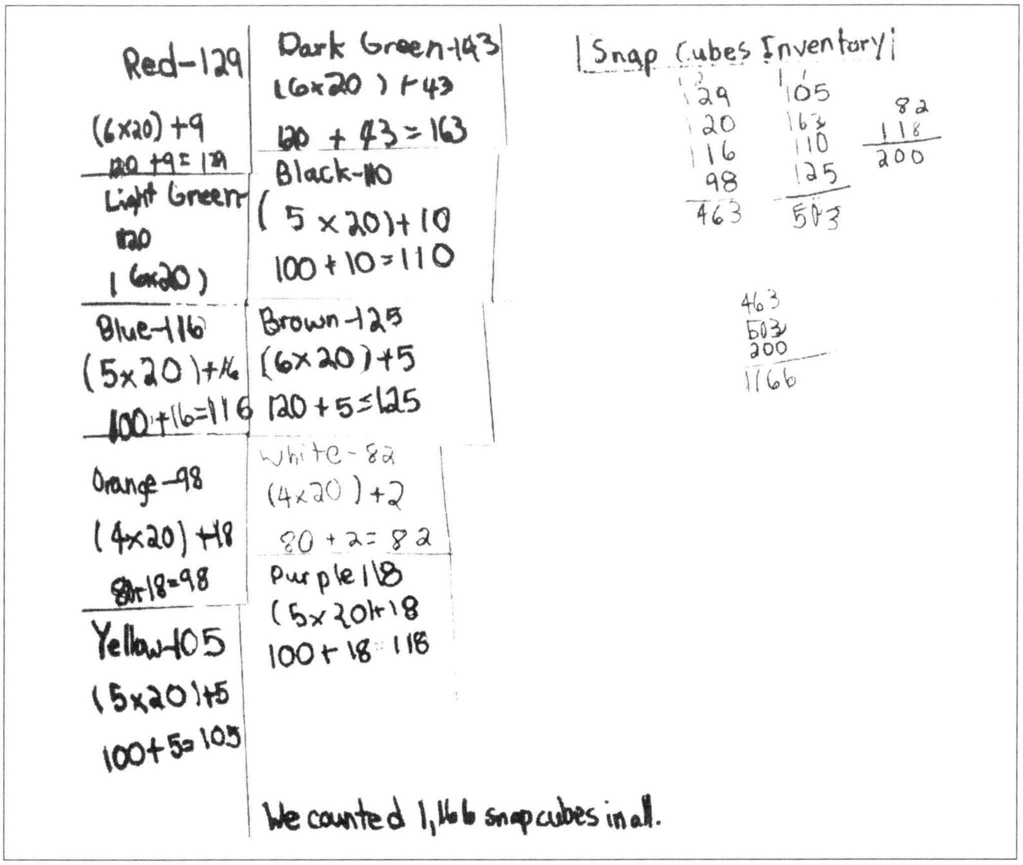

그림 8-2
Rebecca는 자신이 속한 모둠이 한 통에 들어 있는 연결정육면체의 수를 계산한 방법을 보였다.

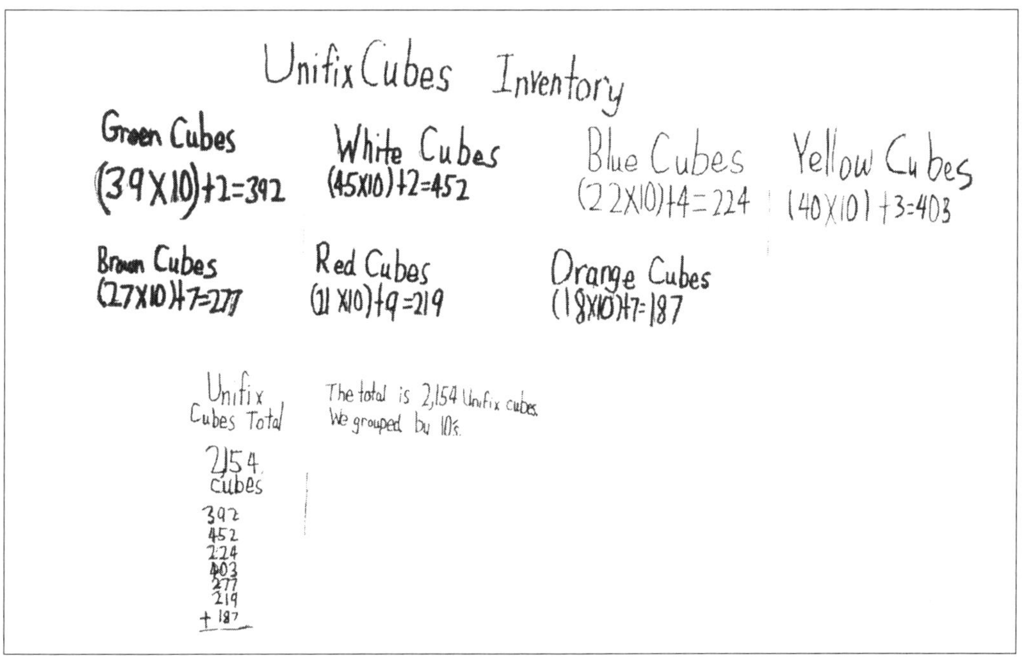

그림 8-3
Kihyun의 모둠은 연결정육면체의 수를 세었다.

게임

이 게임들은 이전에 즐겨하던 게임에 새로운 내용을 첨가한 것이다. 아이들이 곱셈의 조합을 단독으로 떼어 기억해 내기 보다는, 게임을 하는 가운데 이러한 조합들을 사용한다.

나머지 게임 다시하기

5장에서 **나머지 게임**은 색 타일 15개를 (주사위를 굴려서 나온 눈의 수에 따라) 1, 2, 3, 4, 5, 6개의 종이 접이에 나누어 담는 활동을 포함하고 있다. 이번에는 학생들이 각 면에 4, 5, 6, 7, 8, 9를 적은 수 연결정육면체를 가지고 활동하도록 한다. 24와 같은 더 많은 수의 타일을 주고, 수 연결정육면체에 대응하는 종이 접시를 제공한다.

원과 별 게임 다시하기

이 게임을 5장에서 언급한 것과 같이 주사위로 하지 않고 각 면에 4, 5, 6, 7, 8, 9가 적인 수 연결정육면체를 사용한다. 게임을 시작하기 전에, “나올 수 있는 가장 작은 답은 얼마인가요? 가장 큰 답은 얼마인가요? 그것을 어떻게 알았어요?”라고 묻는다. (나올 수 있는 가장 작은 답은 4×4=16이다. 나올 수 있는 가장 큰 답은 9×9=81이다.)

아이들이 수 연결정육면체를 가지고 여러 번 게임을 하고 나면, 게임을 7번 한 후에 나올 수 있는 가장 작은 별의 수의 합이 얼마인지 묻는다. 몇몇 학생들은 기록한 종이가 7장 있다는 것을 생각하고, 각 종이에 별 4개씩 그린 원이 4개씩 들어있다는 것을 생각해내어 7×16=112와 같이 곱할 것이다. 그러면 다음과 같은 질문을 한다. “7번 게임을 한 후에 나올 수 있는 가장 큰 수의 합은 얼마입니까?” (답은 아마도 7×81= 567일 것이다.)

새로 활동한 **원과 별 게임**에서 얻은 곱 차트를 게시한다. 원래 **원과 별 게임**에서 얻은 차트 위에, 교사는 학생들이 일반 주사위를 가지고 게임을 해서 얻은 곱들 옆에 계수표시(tally mark)를 해 두었다. 이 새로운 원과 별 게임을 위한 새로운 차트를 만든다. 이 차트는 16에서 81까지 기록이 될 것이다.

또한 5장에서 했던 것처럼, 아이들이 게임의 각 회를 진행할 때마다 곱셈식 뿐만 아니라 나눗셈식도 기록하도록 학생들을 계속해서 격려한다.

곱셈 빙고 다시하기

학생들에게 수 연결정육면체를 가지고 한 새로운 원과 별 게임에서 얻은 차트를 참고해서 어떤 곱이 가장 많이 나왔는지 알아보도록 한다. 학생들에게 이 정보를 사용하여 각자의 곱셈 빙고판을 채워 넣도록 한다. (3장 참고) 마지막으로, 학생들에게 이 게임을 할 때 일반적인 주사위 대신에 수 연결정육면체를 사용하도록 한다.

곱셈 틱택토

이 게임은 학생들이 보다 큰 곱과 7단, 8단, 9단의 조합들을 연습할 기회를 제공해 준다. 이 게임 판에 대한 설명을 담고 있는 아래 자료 및 부록을 참고한다.

곱셈 틱택토

경기자들은 두 가지 서로 다른 색으로 된 연결정육면체를 사용한다. 첫 번째 경기자가 게임판 아래에 있는 1-9로부터 두 인수를 선택하고, 각 수 위에 종이클립을 올려놓고, 이 두 수의 곱을 한 연결정육면체로 게임판 위에 표시한다. 두 번째 경기자는 두 종이클립 중의 하나를 다른 인수로 옮겨놓고, 곱을 구하고, 다른 연결정육면체로 이 곱을 표시한다. 한 경기자가 4개의 곱을 가로, 세로, 대각선으로 표시할 때까지 계속한다. 주의: 종이클립을 옮길 때, 이 종이클립을 다른 종이클립이 이미 놓여 있는 수 위에 올려놓는 것을 허용한다. 그래서 5×5와 같은 곱을 만들 수 있다.

1	2	3	4	5	6
7	8	9	10	12	14
15	16	18	20	21	24
25	27	28	30	32	35
36	40	42	45	48	49
54	56	63	64	72	81

1 2 3 4 5 6 7 8 9

측정

추측하고 측정하기 다시하기(길이)

지난 달, 학생들은 인치 자와 센티미터 자를 활용하여 책의 길이, 너비와 두께를 측정하였는가? 만약 하지 않았다면, 지금 그 활동을 하는 것을 고려해 본다.

학생들이 일단 인치나 센티미터를 사용하여 작은 물건을 측정하는데 자신감을 느끼면

야드(1 야드=36인치)자나 미터자로 책장, 책상, 문이나 그 밖의 더 큰 물체도 재기 시작할 수 있다. 그러나 학생들이 먼저 야드자에 인치로 표시되어 있는 수 그리고 미터법으로 표시되어 있는 센티미터 자의 수를 이해할 필요가 있다. 교실 선반의 폭이 야드자로 두 번 재고 28인치가 더 있다면, 아이들은 36+36+28이라는 것을 알아낼 것이다. 아니면, (2×36)+28이라고 생각할 수도 있다.

병 속의 콩 다시하기(부피)

준비물

- 작은 통조림 병 한 개
- 1/4 계량컵 1개
- 완두콩 한 자루
- OHP

교수·활동 지침

1. 고무밴드로 병의 중간 부분에 두른다.
2. 계량컵의 1/4만큼 콩을 담아 채운다.
3. 콩들을 OHP 위에 쏟는다.
4. 아이들의 도움을 받아 콩을 묶고 센다. (대략 총합은 80개 정도가 될 것이다.)
5. 콩을 계량컵에 다시 담고 이를 유리병에 쏟는다.
6. 학급구성원들에게 병의 중간부분까지 채우기 위해서는 계량컵 몇 잔이 필요한지 어림해보도록 한다. 칠판에 어림의 범위를 기록한다.
7. 또 다른 1/4계량컵만큼의 콩을 떠서 병 안에 담는다. 자신의 어림을 바꾸고 싶은 학생이 있는지 물어본다.
8. 계량컵으로 4번 병에 담아 병의 중간 부분까지 채운다.
9. 학생들이 짝 활동으로 다음의 문제를 해결하도록 한다.

병의 중간까지 채우기 위해서는 콩 4컵이 필요합니다. 각 컵에는 콩 86개가 담겨 있습니다.

- 병의 중간부분까지 담겨있는 콩은 모두 몇 개입니까? 여러분이 구한 방법을 설명하시오.
- 병을 가득 채우기 위해서는 콩이 모두 몇 개가 필요하겠습니까? 여러분이 어림한 방법을 설명하시오.

상자 속의 쌓기나무 다시하기(넓이와 부피)

준비물

- 2인 1모둠 당 7×9인치짜리 상자 한 개 (예를 들어, 실크 스카프나 다른 비슷한 크기의 물건을 담았던 상자)
- 4×4×4인치짜리 상자 한 개 (예를 들어 머그잔을 담았던 상자)
- 2인 1모둠 당 2센티미터나 1인치짜리 색 쌓기나무 한 세트

교수·학습활동

이 활동에 대한 구체적인 설명을 보려면 3장의 상자의 바닥을 덮는데 몇 개의 쌓기나무가 필요한지 어림하는 학생들의 활동이 나오는 부분을 참고한다. 7×9인치짜리 상자는 예를 들어 각 열에 쌓기나무 11개씩 8열과 같이 학생들이 한 자리 수와 두 자리 수의 곱셈을 할 수 있게 해 준다. 그리고 학생들은 2층으로 쌓은 쌓기나무의 수를 알아낸다.

그 다음에, 아이들은 자신들의 머그컵 상자를 사용한다. 일단 한 층의 넓이를 알아내고 5층까지에 쌓기나무가 얼마나 많이 들어가는지 알아내야만 한다.

한 움큼의 연결정육면체

이 문제는 Maryann Wickett, Susan Ohanian, Marilyn Burns(2002)가 집필한 『*Teaching Arithmetic: Lessons for Introducing Division, Grades 3-4*』[57]에 소개되어 있는 것이다.

준비물

- 학생 개인당 작은 연결정육면체 몇 움큼씩

교수·학습활동

1. 연결정육면체 9개를 가지고 이를 2개씩 묶음지음으로써 이 활동을 시범보인다.
2. 칠판에 이 나눗셈 활동을 나눗셈식으로 표현한다. 9÷2=4...1
3. 학생들에게 "우리가 원래 가지고 있는 연결정육면체 9개에 연결정육면체 10개를 더 가지고 전체 연결정육면체를 2개씩 묶는다면 모두 몇 개의 묶음이 생기게 되겠습니까?"라고 묻는다.
4. 학급구성원들이 다양한 전략을 토론한 후에, (위에 언급한 나눗셈식 아래에) 연결정

57) 이 책은 "구성주의 수학교실: 나눗셈(김진호, 홍은숙, 황혜진, 경문사, 2007)"로 번역되어 있다.

육면체 19개를 2개씩 묶어 나타낸 나눗셈식을 적는다. 아이들에게 곱셈식을 사용하여 맞는지 확인하도록 한다.

$9 \div 2 = 4 \cdots 1$ $2 \times 4 = 8$ $8 + 1 = 9$

$19 \div 2 = 9 \cdots 1$ $2 \times 9 = 18$ $18 + 1 = 19$

5. 연결정육면체 10개를 더 가져와서 위와 같은 과정을 반복한다. 그 결과는 다음과 같다.

$$29 \div 2 = 14 \cdots 1$$

6. 이제 학급구성원들에게 연결정육면체 39개를 2개씩 묶으면 어떻게 되는지 구하도록 한다. 이에 맞는 나눗셈식은 다음과 같다.

$$39 \div 2 = 19 \cdots 1$$

7. 다시 연결정육면체 10개를 더 가져와서 $49 \div 2 = 24 \ldots 1$을 얻는다.
8. 아이들에게 칠판에 써진 나눗셈식 목록에서 알아낸 패턴은 무엇인지 물어본다.

$$9 \div 2 = 4 \cdots 1$$
$$19 \div 2 = 9 \cdots 1$$
$$29 \div 2 = 14 \cdots 1$$
$$39 \div 2 = 19 \cdots 1$$
$$49 \div 2 = 24 \cdots 1$$

아이들은 아마도 각 나눗셈식의 나머지가 1이라거나 첫 번째 나눗셈식의 답을 제외한 나머지 나눗셈식의 답이 5씩 커진다는 것을 알아낼 것이다. 이러한 내용 또는 그 밖의 관찰된 점을 토론하고 판서한다.

9. 이제 학생들에게 다음 활동들을 완성하도록 한다.

- 연결정육면체를 한 움큼 집는다.
- 연결정육면체의 수를 세고 종이에 그 수를 기록한다.
- 집은 한 움큼을 2개씩 묶을 때 묶음의 수가 얼마인지 구하고 기록한다.
- 연결정육면체 10개를 더 더한다. 새로 2개씩 묶은 묶음의 수가 얼마인지 구하고 기록한다.
- 이러한 활동을 4번 더 하고 각 활동의 결과를 기록한다.
- 각자 알아낸 패턴을 기록한다.

10. 아이들이 이 탐구활동을 완성했을 때, 학생 6명의 처음 5개의 나눗셈식을 목록화하고 다시 한 번 여러 패턴을 찾는다. 교사가 '8'에서 아이들과 함께 알아낸 패턴과 아이들이 '9'를 하면서 알아낸 패턴 사이에 같거나 다른 것이 있는가? 교사는 이 문제와 관련된 패턴 토론에 대한 더 자세한 것을 Maryann Wickett, Susan Ohanian, Marilyn Burns(2002)가 집필한 『*Teaching Arithmetic: Lessons for Introducing Division, Grades 3-4*』에서 볼 수 있을 것이다.

심화

학생들은 연결정육면체 한 움큼을 집고 이것을 3개씩, 4개씩, 5개씩, 6개씩 등으로 묶고, 반복적으로 연결정육면체 10개씩을 더해나가면서 계속해서 패턴을 찾는다.

몇 분 동안의 별들

이 활동은 학생들이 큰 수를 연습할 수 있게 해준다.

교수·학습활동

1. 학생들에게 1분 동안에 그릴 수 있는 만큼 많은 별을 그리도록 하고, 2분 동안, 3분 동안에도 같은 활동을 한다.
2. 학생들에게 1분 동안, 2분 동안, 3분 동안 그린 별들을 각각 (동량으로) 묶고 세도록 한다.
3. 어린이들에게 곱셈과 나눗셈을 할 기회를 제공한다. 예를 들어, 한 아이가 35개의 별을 1분 동안에 그리고 2분 동안에는 70개의 별을, 3분 동안에는 105개의 별을 그렸다면, 그 아이는 1분 동안 얻은 결과로 활동을 시작할 수 있을 것이다. 이에 맞는 문장식은 다음과 같다. 별 35개를 각 묶음에 별이 5개씩 들어가도록 묶는다 = 별 7묶음이 된다. 이 학생은 나눗셈식과 곱셈식을 이용해서 자신의 추론을 나타낸다.

$$35 \div 5 = 7$$

$$7 \times 5 = 35$$

이 학생은 또한 자신이 3분 동안 그린 105개의 별을 가지고 활동한다고 가정하자. 이 학생이 별들을 10개씩 묶는다면 이에 대응하는 문장식은 다음과 같다. 별 105개를 한 묶음에 별 10개씩 묶는다 = 10묶음이 생기고 5개가 남는다. 이 학생은 또한 다음과 같은 식으로 표현할 수 있다.

105÷10=10 … 5

10×10=100

100+5(나머지)=105

만약 아이들이 별을 그리고 묶고, 세는 것을 지겨워하면, 수, 알파벳 문자, 달러표시 등으로 바꾼다.

돈

경험 교사의 조언

올해 초 학생들은 100마리 개미를 한 줄, 두 줄, 네 줄, 다섯 줄, 열 줄로 묶도록 하였었다. 이러한 활동을 했을 때, 아이들은 1×100, 2×50, 4×25, 5×20, 10×10과 같은 100의 인수를 다루게 된다. 아이들이 곱셈을 활용해서 나눗셈을 이해할 때 아이들은 100에 대한 이들 인수 쌍을 이용해서 돈 문제를 해결할 수 있다. 이것은 50센트가 두개 모여 1달러가 되고, 25센트가 네 개 모여 1 달러가 되고, 20센트가 5개 모여 1 달러가 되고, 10센트가 10개 모여 1 달러가 되기 때문이다. 몇몇 아이들은 100을 포함하는 나눗셈 문제와 자신들의 돈주머니를 사용하여 돈의 양을 구하는 문제 사이의 관계를 이해하기도 한다.

1달러를 4명의 아이들에게 똑같이 나누어 주면 = 학생 한명 당 25센트씩 준다.

$ 1.00÷4= $ .25 이고 $ .25×4= $ 1.00

1.25달러를 5명의 학생들에게 똑같이 나누어주면 = 학생 한 명당 25센트씩 준다.

$ 1.25÷5= $ .25이고 $ .25×5= $ 1.25

1.35달러를 5명의 학생들에게 똑같이 나누어주면 = 학생 한 명당 27센트씩 준다.

$ 1.35÷5= $ .27×5= $ 1.25... $ .10

$ .10÷5= $ .02

$ .25+ $ .02= $ .27

점심 값과 책 주문하기

학교생활 동안에 돈을 쓰거나(예를 들어 점심 값) 버는 것은 곱셈과 나눗셈을 연습할 풍부한 기회를 제공한다. 이것을 할 때, 무상급식 지원을 받는 학생들을 위해 세심한 배려를 해야 한다. 점심 값 문제는 점심 값이 한 가지로 정해져 있다고 가정하고 한다.

"Arrow Math" 학교에서, 학생 8명이 학교 점심값을 가지고 왔다. 학생 개인당 2.25 달러를 가져왔다. 이 학생들이 가져온 돈은 모두 얼마입니까?

학생들은 덧셈이나 곱셈을 사용하여 이 문제의 답을 구할 수 있을 것이다. 어느 경우든지, 달러와 센트로 나누어 생각하도록 한다.

전략 1 : 곱셈

8×$2.00 = $16.00, 8×$.20= $1.60, 8×$.05= $.40

따라서 $16.00+ $1.60+ $.40= $18.00

전략 2 : 덧셈

$2.00+ $2.00+ $2.00+ $2.00+ $2.00+ $2.00+ $2.00+ $2.00= $16.00

$.20+ $.20+ $.20+ $.20+ $.20+ $.20+ $.20+ $.20= $1.60

$.05+ $.05+ $.05+ $.05+ $.05+ $.05+ $.05+ $.05= $.40

따라서 $16.00+ $1.60+ $.40= $18.00

또 다른 수학 학습 기회는 학급에 필요한 책을 주문할 때 발생한다. 종종 교사는 예를 들어 책 한권이 $3.95인 책 7권을 주문하는 것과 같이 값이 같은 책들을 주문해야 할 것이다. 이러한 시나리오를 학생들에게 제시하고 곱셈을 하도록 한다.

이런 활동을 할 생각이라면, 교사는 초기에 이런 종류의 문제를 위해 책의 가격이 10의 배수가 되도록 반올림하는 것이 좋다. 예를 들어, $3.95대신에 책 한권 당 $4.00인 책을 제시하여 학생들에게 다음과 같은 등분제 문제를 제시한다.

책값의 합은 모두 $28.00이다.
책 7권이 있는데 각 책의 값은 서로 같다.
한 권의 책값은 얼마입니까?

학교 점심값 문제에서 점심 한 개의 값을 $2.00 인 것으로 가정한다. 그리고 다음의 포함제 문제를 제시한다.

> 점심값의 합은 모두 $16.00이다.
> 점심 한 개의 값은 $2.00이다.
> 몇 명의 학생이 점심을 샀는가?

체험학습은 학생들이 그들 자신의 삶과 관련된 곱셈 및 나눗셈 문제를 해결할 수 있는 추가적인 기회를 제공한다.

페니와 다임

이 활동은 『*Teaching Arithmetic: Lessons for Introducing Division, Grades 3-4*』의 9장에 소개된 활동을 재구성한 것이다. 이 활동과 심화 활동에 대한 상세한 정보는 이 책을 참고하기 바란다.

준비물

- 전체 학급을 대상으로 이 활동을 한다면, 약 1500개 정도의 페니. 순환 모둠 시간에 이 활동을 한다면, 약 300개 정도의 페니.

교수·학습 활동

1. 페니 한 움큼을 집고 묶음지어 수를 센다.
2. 칠판에 한 움큼을 묶음 짓고 수를 센 방법을 보여준다. 페니를 묶고 수를 센 것과 아이들이 건포도를 묶고 수를 센 방법 간의 관계를 짓는다.
3. 학급구성원들에게 다음과 같이 질문한다. "선생님이 가지고 있는 페니 모두를 다임으로 바꾸고 싶다면, 선생님은 다임 몇 개를 가지게 될까요?"
4. 칠판에 이 문제를 푸는데 도움이 될 만한 문장식을 쓴다. 예를 들어, 교사가 페니 23개를 집었다면 **23페니는 2개의 다임과 같고 3개가 남는다.** 라고 쓴다.
5. 학생들의 도움을 받아 이것이 포함제 문제임을 보여주는 문장을 적는다.

> 23개의 페니를 각 묶음에 10개씩 있도록 묶는다 = 2개의 묶음 즉 다임 2개가 생이고 나머지로 페니 3개가 남는다.

이러한 생각을 표현하기 위한 서로 다른 2개의 나눗셈식을 적는다.

$$23 \div 10 = 2 \cdots R3$$

$$10 \overline{)23} \quad 2 \cdots R3$$

6. 4인 1 모둠 또는 5인 1 모둠의 모둠에게 적어도 300개의 페니를 담은 바구니를 나누어 준다. 각 아이들에게 페니 한 움큼을 집고, (동량으로) 묶고, 세도록 한다. 학생들은 활동지 위에 자신들의 동량의 묶음들은 동그라미를 그리고 나머지는 동그라미를 그리지 않으면서 자신들의 활동을 기록한다. 자신들의 원 안에, 학생들은 페니를 그리거나 페니의 수를 적는다. 학생들은 또한 나머지를 표현하기 위한 그림을 그리거나 수를 적는다. 그리고 자신이 가진 페니의 합계를 기록한다. 마지막으로 아이들은 자신들의 페니를 바꿔 모두 몇 개의 다임을 갖게 되는지를 보여주는 2개의 나눗셈식을 쓰거나, 문장이나 수를 사용해서 자신들의 사고를 설명한다.
7. 아이들의 활동에 따라 다음과 같은 형식으로 T 차트에 학생들의 결과를 채워 넣는다. 표의 각 줄의 사이는 공간을 넓게 한다.

페니의 수	다임의 수
10	1
20	2
30	3
40	4
50	5

8. 아이들에게 자신의 결과를 이야기 하도록 한다. 아이들의 대답에 따라, 나머지가 있는 답으로 표를 채운다. 또한 교사가 "집었던 페니"도 포함시킨다. 예를 들어 교사가 23개의 페니를 집었었다면, T 차트의 20과 30사이에 집어넣어 기록한다.

페니의 수	다임의 수
23	2 ⋯ 3

9. T 차표를 채운 후에, 자신들이 알아낸 것을 이야기 하도록 한다. 어떤 규칙을 발견하였나요? 아이들의 대답을 판서한다.

심화

- 학생들이 책상에 나란히 앉은 학생과 짝을 이루도록 해서 가지고 있는 페니를 합산하도록 한다. 그리고 학생들이 합한 페니의 전체 수를 합하고 이것으로 바꿀 수 있는 다임의 수를 구하도록 한다.

- 한 앞 뒤 책상의 4명의 학생이 페니를 합하고 전체 수를 묶음지어 센다. 그리고 전체 얻을 수 있는 다임의 수를 알아낸다.

> **경험 교사의 조언**
>
> 『*Teaching Arithmetic: Lessons for Introducing Division, Grades 3-4*』에서 저자들은 아이들이 "10으로 나눌 때 나머지는 피제수의 일의 자리 수와 같다는 것, 그리고 피제수 중에서 일의 자리 수를 제외한 수가 몫임을 배운다는 것을 강조한다. 예를 들어, 32÷10=3...2, 163÷10=16...3 등이다." (Maryann Wickett, Susan Ohanian, Marilyn Burns(2002, p. 85)

수학동화를 기반으로 한 활동

교사가 학급구성원들에게 큰 소리로 읽어 주고 있는 책 또는 학생들이 스스로 읽은 책 속에서 수학 문제에 답을 구하는 것을 계속한다. 예를 들어, Roald Dahl의 『*Matilda*』[58]에서, 5살 반(6살)인 Matilda는 Honey 선생님의 교실에서 처음 학습하는 날 2×28과 2×487의 곱을 암산으로 구한다. 교사는 학생들에게 이런 비슷한 문제들을 해결하도록 할 수 있다.

> **경험 교사의 조언**
>
> 어린이들은 같은 그림책을 반복해서 읽는 것을 좋아한다. 교사가 『*The Doorbell Rang*』[59]와 『*Amanda Bean's Amazing Dream*』[60]을 다시 읽어주면서, 교사는 아이들에게 제공해 줄 큰 수로 된 새로운 수학 문제를 발견할 수 있을 것이다.
>
> 『*The Doorbell Rang*』에서 할머니는 7개씩 13줄로 과자를 담은 쟁반을 가지고 시작한다. 처음에, 아이들은 과자의 전체 수를 구한다. (이 활동을 이전에 과제로 내주지 않았다면 말이다.) 그리고 아이들에게 이 과자들은 모든 학급구성원들에게 똑같이 분배하고 나머지 과자는 어떻게 할 것인지 결정하도록 한다.
>
> 『*Amanda Bean's Amazing Dream*』을 사용하여, 학생들이 이 이야기에 등장하는 각 건물의 창문의 판유리 수를 구하는 것을 포함하는 2단계 문제를 할 수 있다. 한 창문에 판유리가 3개씩 6줄로 들어가 있다면, 이 창문에는 18개의 판유리가 들어 있는 것이다. 두 번째로, 아이들은 이러한 같은 배열로 판유리가 끼워진 창문이 몇 개가 있는지 구한다. 예를 들어, 건물의 앞쪽에 창문이 6개 있는데 그 각각에 18개의 판유리가 있다면, 이 6개의 창문에는 판유리가 모두 몇 개가 있는가?

58) 이 책은 "마틸다(김난령, 2000, 시공주니어문고)"로 번역되어 있다.

우유 값

Amy Schwartz가 집필한 『*Annabelle Swift, Kindergartner*』에서, Annabelle는 언니 Lucy가 있다. Lucy는 지리, Raving Scarlet의 색깔, 그리고 100이 넘는 잔돈을 세는 방법과 같이 필요한 내용을 가르쳐 주면서 Annabelle이 유치원에 갈 준비를 도와준다. 유치원 첫날, Annabelle는 Lucy가 가르쳐준 것을 사용하다가 몇 차례 당황하였다. 마지막으로, 간식 시간이 다가오고, Annabelle은 자신의 지식을 설명할 기회가 생긴 것을 알았다. Blum 선생님은 각 아이들에게 우유 값으로 $0.06을 러그 위에 놓도록 하였다. Blum 선생님은 Annabelle가 니켈과 페니를 포함해서 전체 합계가 $1.08이라고 정확하게 돈을 다 세었을 때 매우 놀랐다. 잔돈을 세는 능력 덕분에, Annabelle는 우유 반장이 되었다.

이 부분에서 책을 소리 내어 읽는 것을 멈추고 다음 포함제 문제를 학생들에게 제시한다. (그림 8-4 참고)

> Annabelle는 $1.08를 식당에 가지고 갔다.
> 우유 한 개의 가격은 $0.06이다.
> Annabelle은 모두 몇 개의 우유를 살 수 있습니까?

아이들이 답을 구한 후에, 전체 학급구성원들을 대상으로 토론을 한다. 그리고 학생들이 대답한 것과 이야기의 결론이 서로 맞는지 알아보기 위해 이야기의 나머지 부분을 읽는다.

심화

- 학생들은 학교 유치원에서 매일 산 우유의 수를 바탕으로 만든 우유 값 문제를 해결한다.
- 교사는 학급구성원 중 몇 명이 매일 점심시간에 우유를 구매하는지를 바탕으로 하는 문제를 만든다. 우유 무상 급식 지원을 받는 학생들이 상처 받지 않도록 주의한다.

---

59) 이 책은 "초인종이 자꾸자꾸 울리네(신형건, 보물창고, 2006)"으로 번역되어 있다.
60) 이 책은 "아만다의 아하! 곱셈구구(김경미, 청어람미디어, 2011)"로 번역되어 있다.

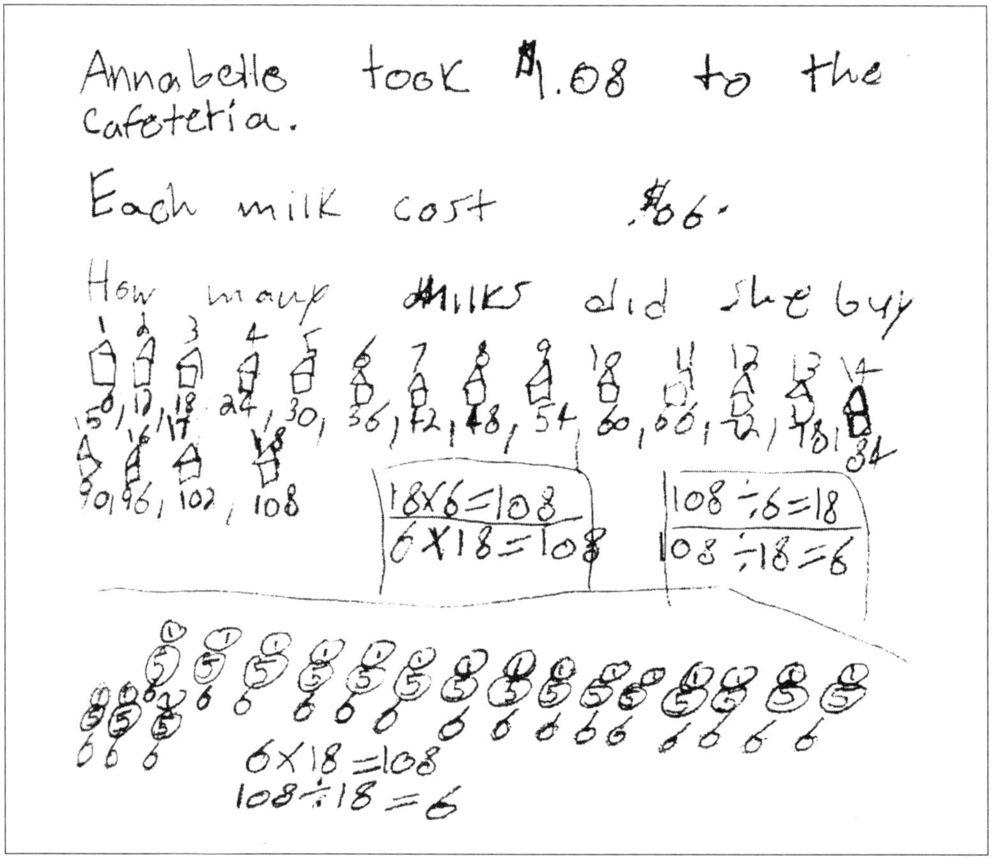

그림 8-4
Susan은 그림과 수를 이용해서 우유 값 문제를 해결했다.

학급의 애완동물들

Joanne Rocklin이 집필한 『*How much is that Guinea Pig in the Window?*』에서, Day 선생님의 학급은 빵 판매로 50달러를 벌었다. 이 돈은 학급 애완동물을 사기에 충분했다. Piper씨가 운영하는 애완동물가게를 방문했을 때, 아이들은 기르기에 가장 적합한 동물이 바로 기니피그라고 생각했다. 이 이야기는 학생들에게 더하기, 빼기, 곱하기와 나누기를 할 수 있는 많은 기회를 제공한다. Marilyn Burns는 이 책의 마지막 부분에 다음과 같은 몇 가지 문제 해결 제안을 제공하였다.

- 토끼 두 마리 가격이 60달러라면 토끼 한 마리 가격은 얼마일까요?
- 개구리 3마리 가격이 30달러이다. 생쥐 두 마리는 5달러이다. 개구리와 생쥐 중에서 한 마리 가격이 더 많이 나가는 것은 어느 것일까요? 여러분의 풀이 과정을 설명하시오.

- 애완동물가게 주인이 학생들에게 한 달에 필요한 기니피그 먹이(5달러)를 절반 가격에 줄 수 있다고 이야기 하였고, 물 그릇(2달러)과 견과류(50센트)를 절반 가격에 준다고 이야기 하였다면 이것들은 모두 얼마일까요?
- 이 이야기에 나오는 학생들은 기니피그를 키우는데 한 달에 5달러가 든다면 1년 동안 먹을 먹이를 사는데 얼마나 많은 돈이 필요할까요?

한 줄로 선 개미

Elinor J. Pinczes가 지은 『*One Hundred Hungry Ants*』를 다시 읽어줌으로써, 교사는 100마리의 개미를 여러 가지로 배열을 하고 5장에서 언급한 이들 배열에 대한 나눗셈식을 다시 논의하도록 도울 수 있다. 그러고 나서, 학생들에게 개미를 3줄로 배열할 수 있는 방법이 있는지 물어본다. 이에 대응하는 문장식은 100마리의 개미를 똑같이 3줄로 나누면 =한 줄에 33마리의 개미가 있고 1마리가 남는다. 이다.

『*Teaching Arithmetic: Lessons for Introducing Division, Grades 3-4*』에서 저자들은 다음과 같은 문제들을 제시하였다.

> 개미 20마리가 한 줄로 소풍을 가고 있다. 두 줄로 가기 위해 개미들이 다시 줄을 선다면 어떻게 될 까? 3줄이라면? 4줄이라면? ... 10줄이라면?

교사가 이 문제를 학생들에게 제시하였다면 칠판에 적는다.

20마리의 배고픈 개미

20마리가 1줄
2줄
3줄
4줄
5줄
6줄
7줄
8줄
9줄
10줄

> **경험 교사의 조언**
>
> 학생들이 5장에 있는 **학급모둠의 수** 문제를 했고 교사가 담당하고 있는 학급에 20명이 있다면, 학생들은 이 문제를 해결하는 것이 친숙할 것이다.
>
> **학급모둠의 수**에서, 어린이들은 포함제 문제를 한다. 학생들은 학급구성원의 전체 수를 알고 각 모둠의 학생수를 안다. 학생들은 모두 몇 모둠이 되는지를 구해야 한다.
>
> 개미 문제에서, 아이들은 앞의 방법을 가져온다. 아이들은 개미 전체의 수와 묶음의 수 즉 줄의 수를 안다. 아이들은 각 줄에 몇 마리의 개미가 있어야 하는지를 구해야 한다.

아이들이 20마리의 개미들이 2줄-10줄로 등분하여 갈 때 각 줄에 있는 개미의 수를 구하도록 하고, 칠판에 그들의 반응을 적도록 한다.

심화

100의 인수들에 관한 생각과 돈을 가지고 활동한 것을 이용해서, 학생들은 다음과 같은 포함제 문제들을 해결하도록 한다.

> 120마리의 개미가 함께 가고 있는데 한 줄에 20마리씩 똑같이 줄을 서서 가려면 모두 몇 줄로 서야 하는가?
>
> 125마리의 개미가 함께 가고 있는데 한 줄에 25마리씩 똑같이 줄을 서서 가려면 모두 몇 줄로 서야 하는가?

두 배가 된 개미

Carol A. Losi가 집필한 『*The 512 Ants on Sullivan Street*』에서, 작은 소녀와 그녀의 가족은 소풍을 간다. 소녀는 개미 한 마리가 작은 빵 부스러기를 옮기고, 두 마리의 개미가 작은 자두 조각을 옮기며, 4마리의 개미가 바비큐 칩 하나를 옮기고, 8마리의 개미가 바싹 구운 베이컨 조각 하나를 옮기는 것 등을 알아차렸다. 이 이야기는 그 개미가 512마리가 될 때까지 계속된다.

이 책은 학생들에게 반복해서 두 배가 되는 수에 대해 생각할 기회를 준다. Marilyn Burns가 이 책의 마지막 부분에서 제시한 수학적인 활동에서, Burns는 아이들에게 한 수를 두 배하는 것이 어떤 의미인지 설명하도록 요청한다. 이 이야기가 계속된다면, 512 다음에는 어떤 수가 올까 그리고 그 수를 어떻게 알 수 있을까? 아이들에게 다음과 같이 한 수를 두 배할 때 덧셈과 곱셈을 모두 사용해서 기록하도록 한다.

덧셈	곱셈
1	1
2=1+1	2=1×2
4=2+2	4=2×2
8=4+4	8=4×2
16=8+8	16=8×2
32=16+16	32=16×2

심화

학생들은 이 이야기에 나오는 수를 두 배해서 100을 만들 수 있을지 없을지를 결정한다. (이것은 불가능하다. 2, 4, 8, 16, 32, 64, 128, 256, 512.) 그리고 학생들은 2 대신에 3을 두 배해 가면서 100을 얻을 수 있을지 알아본다. 학생들은 4, 5, 6이나 그 밖의 수를 시작수로 하여 동일한 탐구과정을 수행한다.

코끼리 등분하기

Margaret Mahy가 집필한 『*17 Kings and 42 Elephants*』에서, 17명의 왕들은 42마리의 코끼리를 데리고 정글 여행을 떠난다. 이 책은 생동감 있는 삽화와 언어적 유희로 인해서 읽는 재미를 더해준다. 교사와 학생들은 이 이야기를 읽고 또 읽고 싶어질 것이다.

아이들이 준비가 되면, 다음의 문제를 제시한다.

> 17명의 왕들이 코끼리를 공평하게 등분한다면, 각 왕은 몇 마리의 코끼리를 갖습니까? 남는 코끼리는 어떻게 할까요?

아이들은 문제를 개별적으로 또는 짝 활동으로 해결할 수 있다. (그림 8-5 참고)

심화

학생들은 다음의 문제들을 해결한다.

> 17명의 왕들이 몇 마리의 코끼리를 가지고 있어야 그들은 남는 코끼리 없이 코끼리들을 나누어 가질 수 있습니까? 몇 가지 가능한 답을 생각해 보시오.

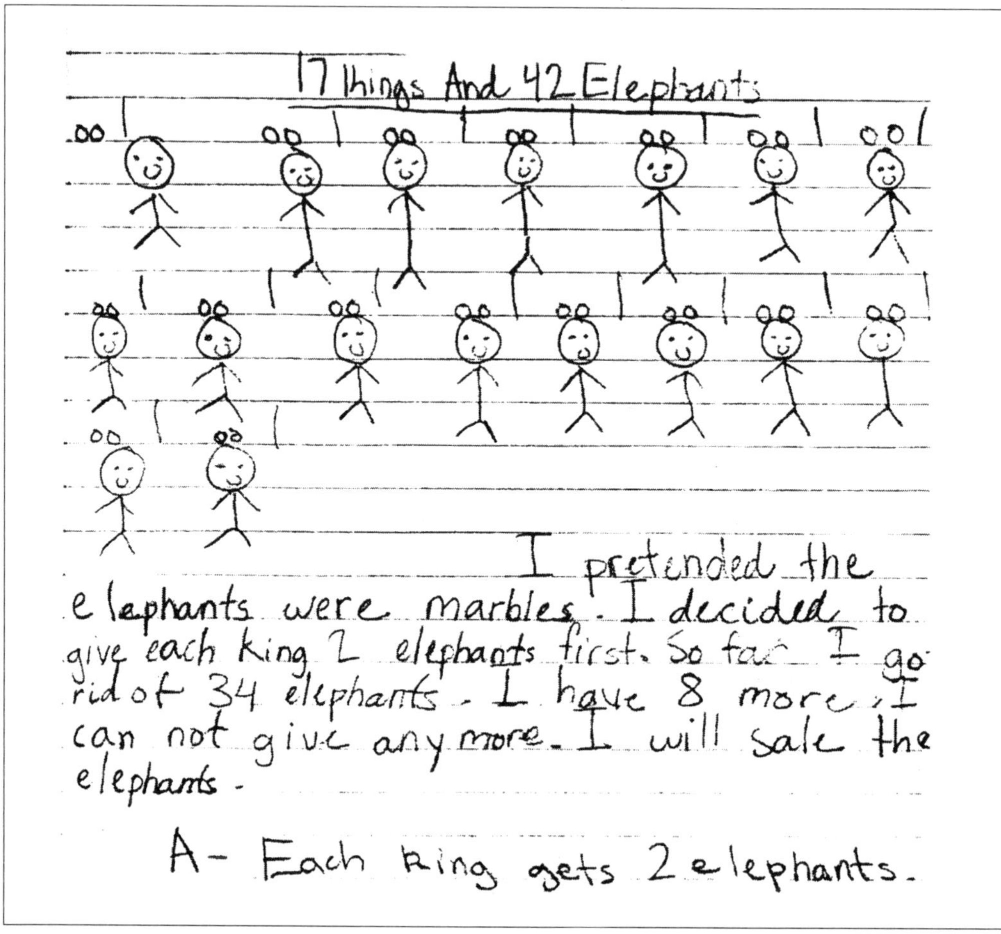

▶ **그림 8-5** Deon은 17명의 왕이 42마리의 코끼리를 등분하는 방법을 보였고 자신이 "남은 코끼리"를 가지고 하고 싶은 것을 보였다.

42마리의 코끼리가 있다면, 몇 명의 왕이 있어야 이것들을 남는 것 없이 등분할 수 있습니까?

이야기 문제들

교사가 만든 문제들

등분제나 포함제로 나눗셈 문제에 관해 생각할 때, 교사는 학급에서나 그 밖의 상황에서 추출한 문제들을 이용할 수 있는 기회를 많이 제공할 수 있다는 것을 인지하기 시작할 것이다.

예를 들어, 학생들이 체육시간을 위해 일렬로 줄을 서 있을 때, 처음 세 명에게 번호를 붙이도록 하고, 이 세 명의 학생들에게 운동장의 끝에 있는 체육선생님에게로 달려가도록 한다. 잠시 멈추었다가, 다음 아이들 3명으로 모둠을 구성하였다. 교사는 여기서 아이들에게 포함제 문제 하나를 제시한다.

> 선생님이 너희들을 체육선생님에게 보내려고 3명씩 모둠을 짓는다면, 몇 모둠이 생겨날까요? 우리는 남은 학생은 몇 명일까요? 남은 사람들은 무엇을 할까요? 이 질문들에 대한 답을 어떻게 구했어요?

교실에서 발생하는 여러 가지 상황에서 등분제 문제들을 만들어 낼 수 있다. 내 학생들 중 한 명이 겨울방학 전에 친구들에게 줄 선물로 연필 70자루를 가져왔다. 나는 1월까지 기다리고 있다가 등분제 논의를 시작하고 나서 이 연필들을 나눠 주었다. 나는 다음과 같은 문제를 제시하였다.

> Sarah는 학급구성원들에게 70자루의 연필을 주었다.
> 학급에는 20명의 아이들이 있다.
> 이 연필을 공평하게 등분하면 몇 개씩 가질까요?

나의 학생들은 광범위한 전략들을 사용해서 이 상황을 이해했다. (그림 8-6, 그림 8-7, 그림 8-8 참고)

학생들이 각자의 문제를 해결한 후, 학급전체로 우리는 대응하는 문장식, 곱셈식, 나눗셈식을 구했다. 학생들은 자신들의 활동지에 이것들을 추가하였다.

교사는 또한 교실 밖 상황이나 이전에 학생들에게 소개한 심화 활동에서 등분제 문제를 만들 수도 있다. 예를 들어, 학급구성원들이 "세 판"에 들어 있는 계란의 수[61]가 몇 개인지를 Things that come in groups[62]활동을 하는 동안에 알아낸다면, 교사는 다음의 문제를 제시하기를 원할 수도 있다. (Marilyn Burns의 『*About Teaching Mathematics, second edition*』에 제시된 것이다.)

---

61) 우리나라에서 계란 10개를 한 판으로 묶는데 반해 미국에서는 계란 12개를 한판으로 묶는다.
62) 이에 대한 상세한 내용은 "구성주의 수학교실: 곱셈(김진호, 김경미, 남미선, 경문사, 2009)"의 1장을 참고하기 바란다.

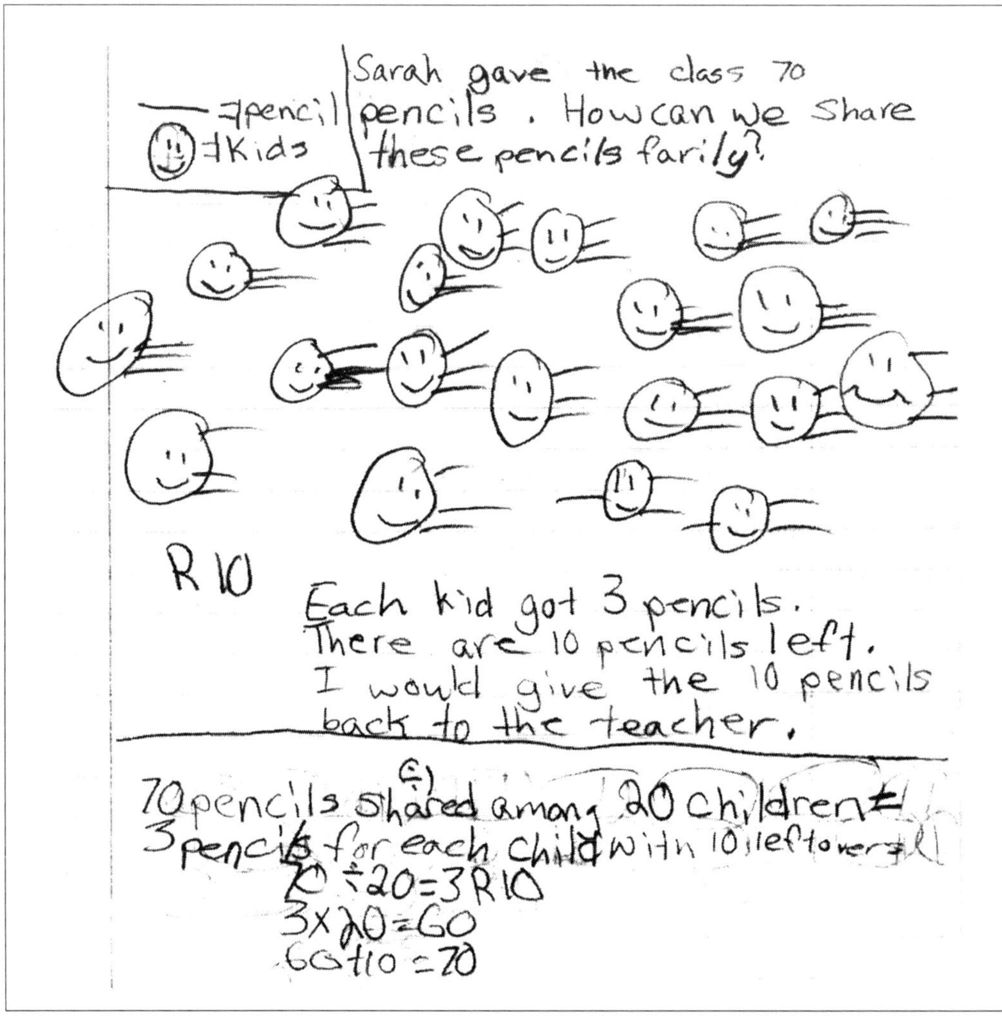

▶ **그림 8-6**
Juan은 그림을 그려서 이 문제를 이해했다.

> 냉장고에 계란 2판과 3알이 더 있다. 엄마는 매일 오믈렛을 드시는 것을 좋아하시는데 오믈렛하나를 만드는 데에는 계란 2개씩이 필요하다. 엄마가 달걀을 더 사러 나가기 전까지 엄마가 만들 수 있는 오믈렛은 모두 몇 개입니까?

음식을 가지고 똑같이 나누기와 똑같이 묶기 하는 이야기들은 문제를 위한 훌륭한 소재들이다. 예를 들어, 학생들은 이 책의 초반부에 설명되었던 건포도 등분할 활동의 심화로서 45개의 건포도를 두 명, 세 명, 네 명에게 똑같이 나누어 줄 수 있다.(그림 8-9, 그림 8-10, 그림 8-11 참고.)

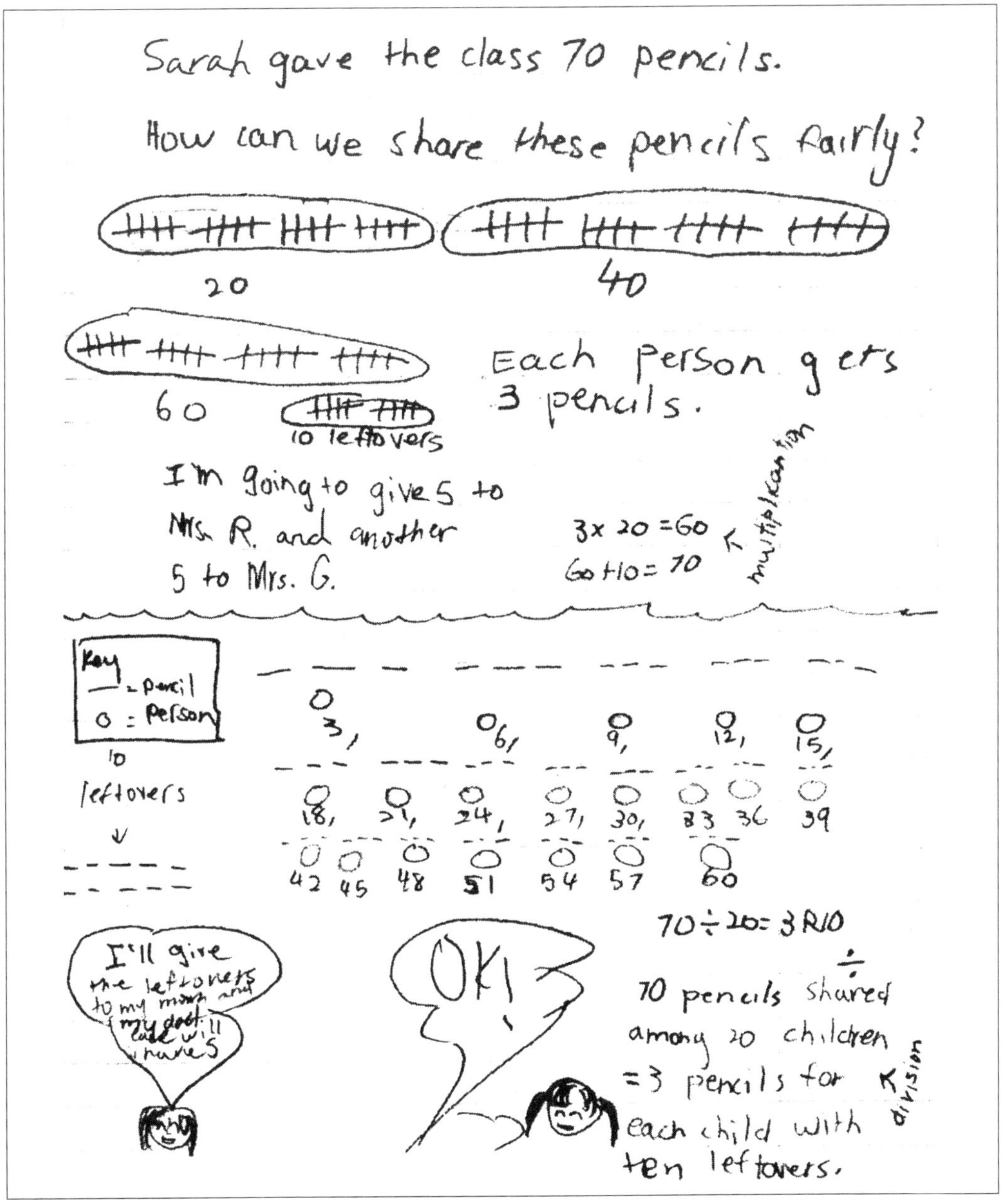

◀

그림 8-7

먼저 Latasha는 계수표시(tally marks)를 이용해서 20개씩 묶음 지어진 연필을 표시하였다. 그러고 나서 Latasha는 수를 이용해서 연필을 표현했다.

▶
그림 8-8
Peter는 1씩 증가하는 수를 이용해서 20개씩의 묶음들을 세었다.

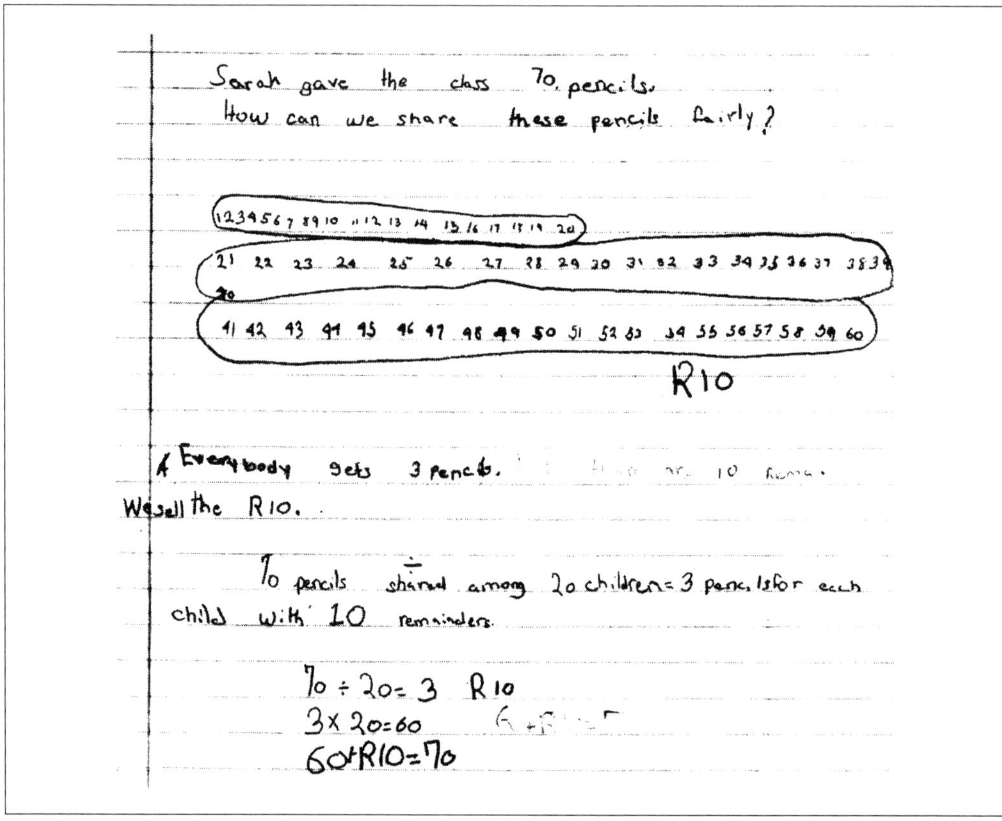

▶
그림 8-9
Salina는 45개의 건포도를 두 사람에게 등분하는 방법을 보였다.

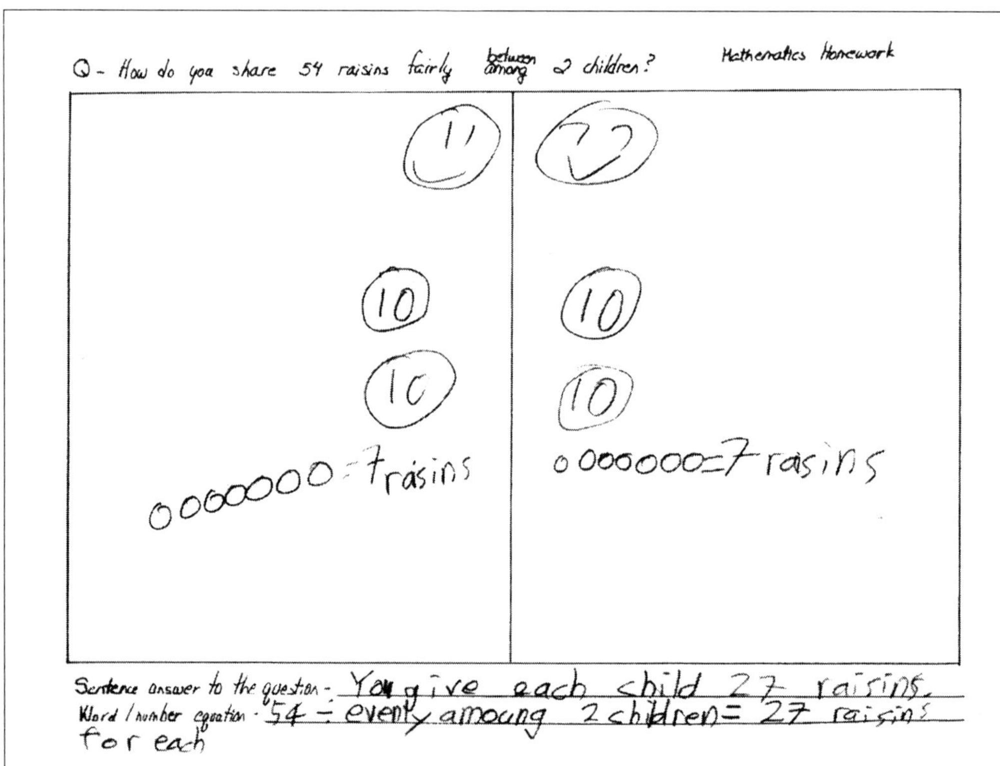

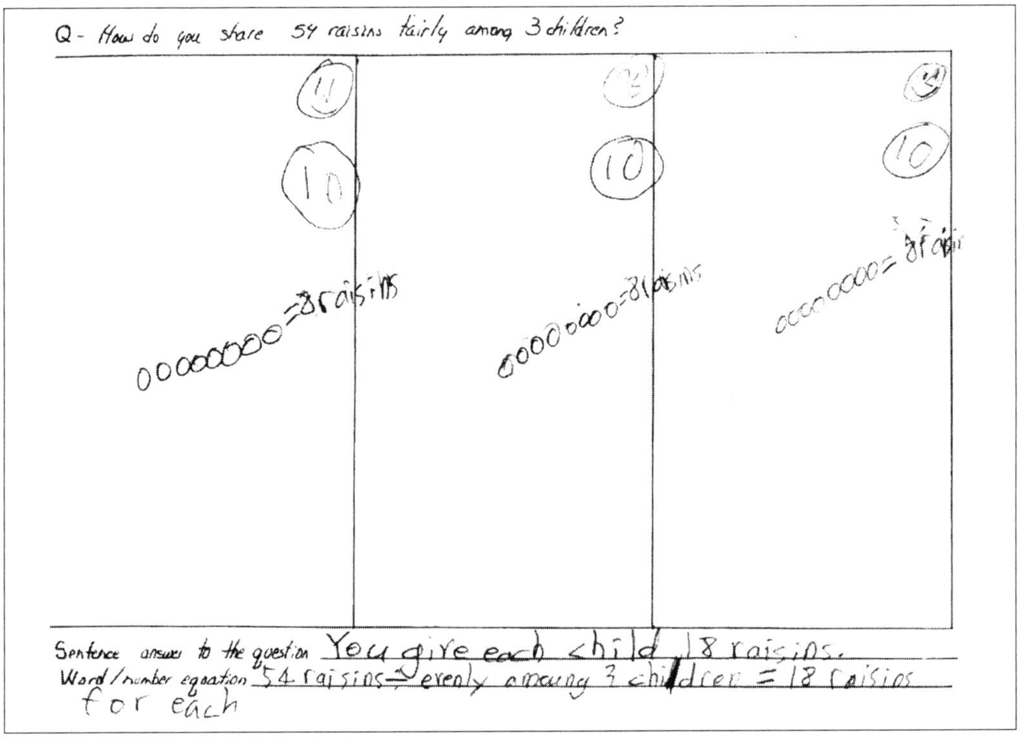

그림 8–10
Yousif는 45개의 건포도를 세 사람에게 등분하는 활동을 했다.

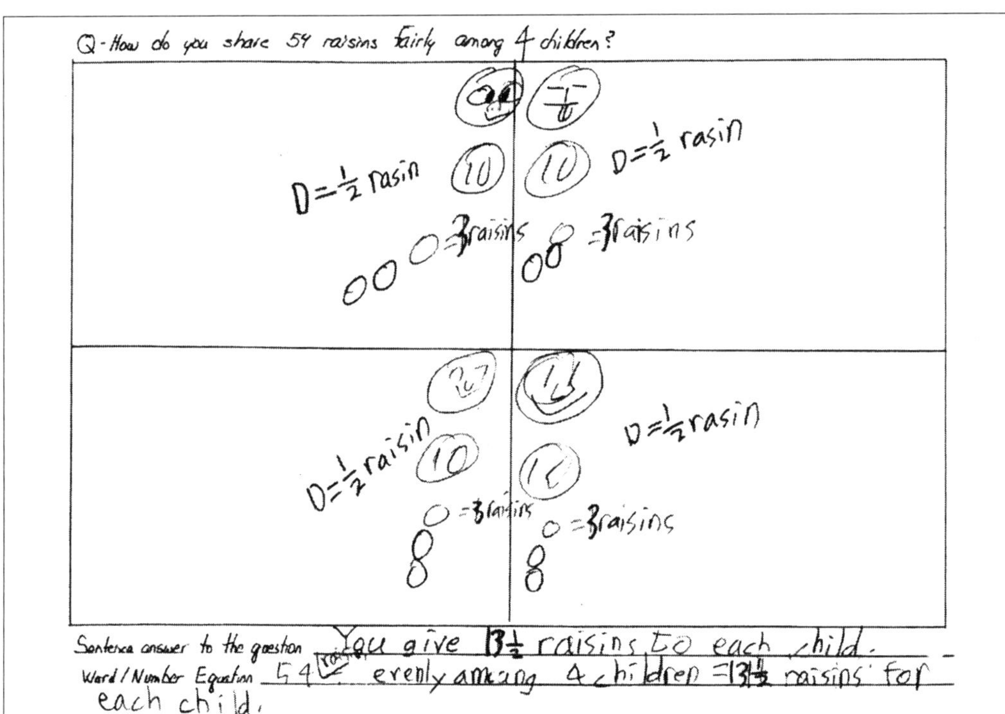

그림 8–11
Jarod는 45개의 건포도를 네 사람에게 등분하였다.

학생들이 만든 문제들

교사는 전 단원에서 했던 것처럼, 아이들에게 곱셈식과 나눗셈식을 제공하고 이들 식에 맞는 문제들을 적도록 한다. 그리고 학생들이 한 가지 또는 두 가지 전략을 사용하여 자신이 만든 문제들을 해결하도록 격려한다.

한 해의 이때 쯤, 학생들 자신이 원하는 수를 선택하여 자신의 식을 적고 자신의 문제를 쓰는 활동은 학생들에게 흥미를 줄 수 있다. 곱셈에서 몇몇 아이들은 계속해서 한자리 수를 사용할 것이다. 나머지 아이들은 한자리 수와 두 자리 수의 곱을 해야 하는 상황으로의 모험을 할 것이다. 교사는 아이들이 문제를 창조하는 재미에 빠져드는 것을 보게 될 수도 있을 것이다. (그림 8-12, 그림 8-13 참고)

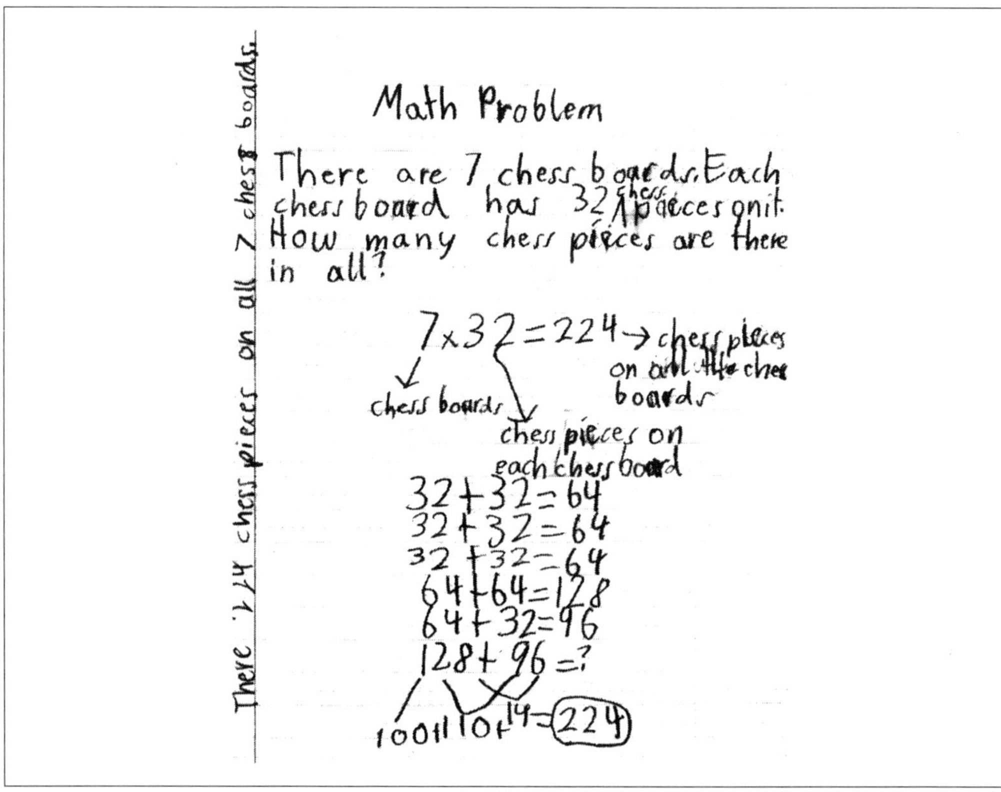

▶ **그림 8-12**
Aaron은 자신이 관심 있어 하는 서양장기를 이용해서 곱셈 문제를 만들고 덧셈을 이용해서 이 문제를 풀었다.

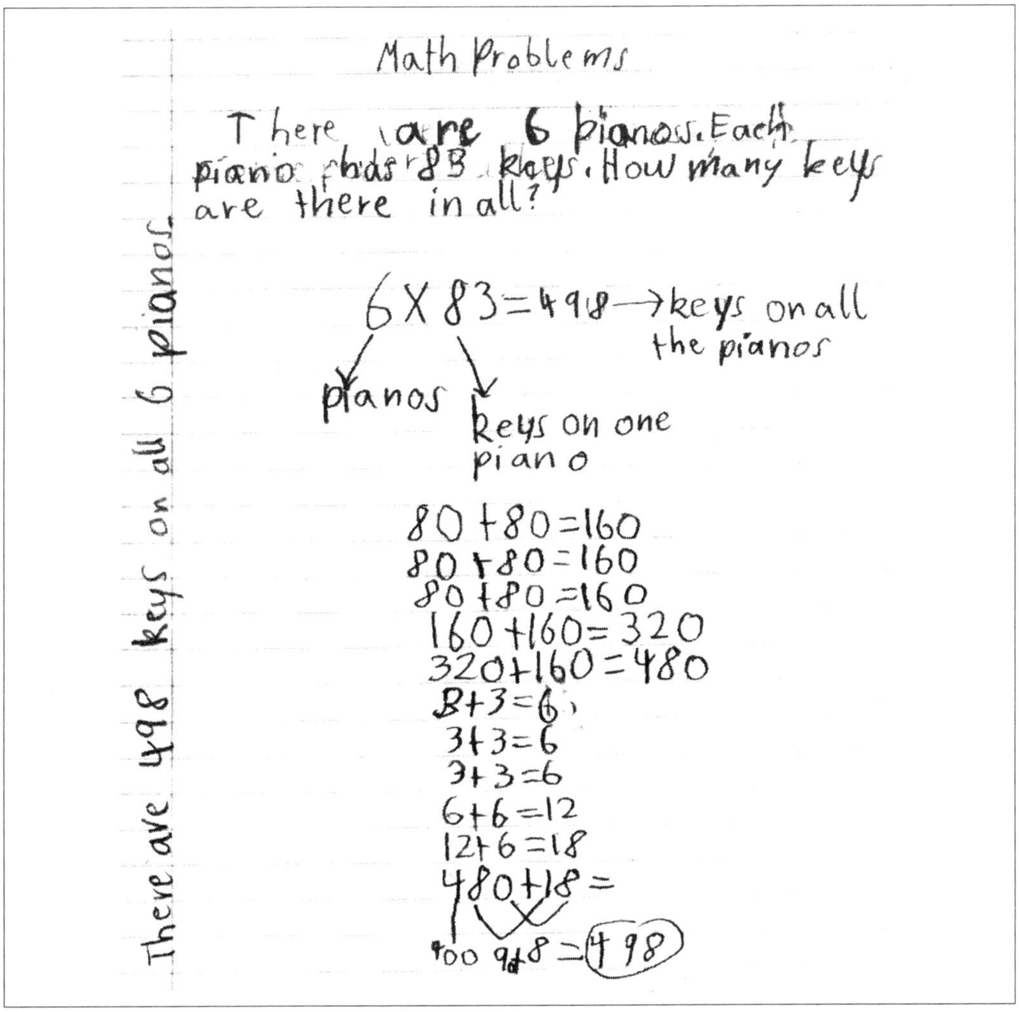

◀ **그림 8-13**
Aaron은 피아노의 건반의 수를 잘못 세었을지라도, 그는 자신이 관심 있어 하는 것을 토대로 또 다른 곱셈 문제를 만들었다.

메뉴활동

메뉴활동은 2장의 마지막 부분에서 처음으로 논의 되었었다. 교사는 여기서 제안하는 내용들을 살펴보기 전에 2장에서 설명한 것을 다시 읽어보는 것도 좋다. 이 문제들이 우리가 이전에 읽었던 책들, 책 주문이나 학교 점심값과 같이 학교에서 매일 반복적으로 이루어지는 일들과 관계가 있다는 점을 주목하기 바란다. 또한, 이들 문제들 중 많은 문제들이 두 개의 질문을 가지고 있다. **코넬 학교의 점심**과 같은 일부 문제들은 두 번째 문제의 답이 첫 번째 답에 따라 결정되기 때문에 2 단계 문제이다.

올해의 이때쯤까지, 교사는 학생들이 스스로 학습지를 조직하고 학생들이 문제를 쓴 다음에 각 문제의 답을 알아낸 방법을 설명하기를 기대한다. 이 메뉴활동에서 아이들에게 각 문제에 대해 문장으로 된 답 뿐만 아니라 등식도 제공하라고 요청한다. (그림 8-14 참고) 학생들은 그 문제를 완성할 때마다 문제 앞에 체크표시나 X 표시를 할 수 있다. 학생들은 해야 할 문제들의 순서를 선택하고 해결해야 할 문제를 결정한다.

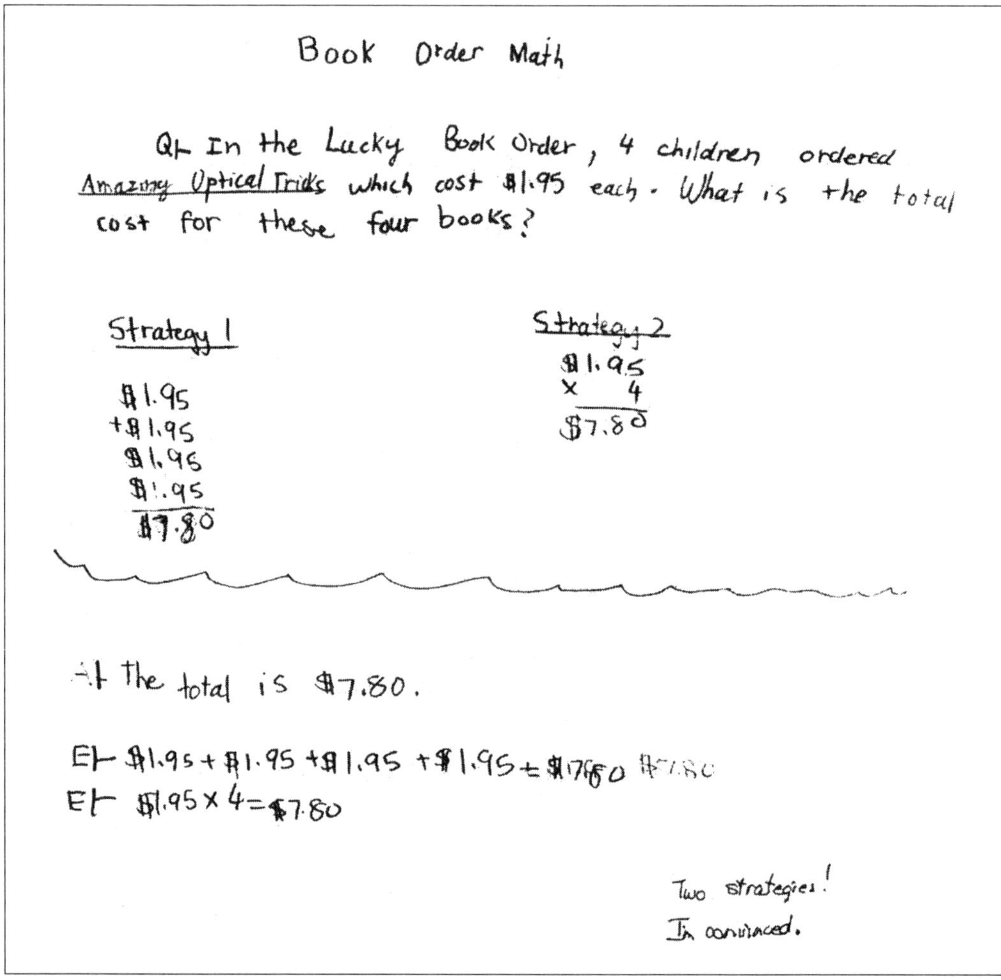
Book Order Math

Q1 In the Lucky Book Order, 4 children ordered Amazing Optical Tricks which cost $1.95 each. What is the total cost for these four books?

Strategy 1

$1.95
+$1.95
$1.95
$1.95
$7.80

Strategy 2

$1.95
× 4
$7.80

A1 The total is $7.80.

E1 $1.95 + $1.95 + $1.95 + $1.95 = $7.80
E1 $1.95 × 4 = $7.80

Two strategies!
I'm convinced.

그림 8-14 Angela는 두 가지 전략을 사용해서 첫 번째 책 주문 질문에 답을 구했다.

곱셈과 나눗셈 이해하기 : 저녁 메뉴 문제

- Little House in the Big Woods로 부터의 질문들

Q1 : 1923년 Laura Ingalls Wilder가 이 책을 썼을 때, 그녀의 나이는 몇 살입니까?

Q2 : 이 책은 몇 년 전에 쓰여졌습니까?

- Henry Huggins로 부터의 질문들

Q1 : Henry가 1103마리의 벌레를 잡았다. 그는 1331마리의 벌레를 잡아야 한다. 몇 마리의 벌레를 더 잡아야 합니까?

Q2 : Henry가 이틀 동안 지렁이 1103마리를 잡았다. 헨리가 첫 번째 날에는 지렁이 637 마리를 잡았다면 둘째 날 잡은 지렁이는 모두 몇 마리입니까?

- **Cornell School Lunch로 부터의 질문들**

Q1 : 우유 값을 포함한 학교 급식의 값이 $2.25라면, 학교 점심 5개의 값은 얼마입니까?

Q2 : 이 점심 5개의 값으로 $20.00을 지불하였다면 거스름돈으로 얼마를 받아야 합니까?

- **달력에서 남은 날을 계산하는 질문**

Q1 : 5월 19일 월요일은 올해의 139번째 날이다. 올해는 며칠 남았습니까?

- **수학책 주문하는 질문**

Q1 : 행운의 책 주문에서, 4명의 아이들이 한 권당 $1.95달러인 Amazing Optical Tricks 라는 책을 주문했다. 이 4권의 책은 모두 얼마입니까?

Q2 : 학생 7명이 마술나무 공룡세트를 샀다. 전체 가격이 $27.65이다. 각 학생들은 얼마 씩 지불해야 합니까?

- **연필 주문하는 질문**

Q1 : Ronfeldt 선생님은 내년을 위해 학생 한 명당 연필 9자루를 주문해야한다. Ronfeldt 선생님의 내년 학급에는 20명의 학생이 있을 것이다. Ronfeldt 선생님이 주문해야 하는 연필은 모두 몇 자루입니까?

Q2 : 한 팩에 연필이 6개씩 들어있다. Ronfeldt 선생님은 몇 팩을 주문해야 합니까?

우리는 저녁 메뉴 문제들을 일찍 끝낸 학생들 중 완벽하게 한 학생들에게 후식 메뉴를 제공했다.

곱셈과 나눗셈 이해하기 : 후식 메뉴 문제

저녁 메뉴 문제들을 일찍 완성하고 잘 한 아이들은 이제 덧셈, 뺄셈, 곱셈과 나눗셈을 사용하는 후식 메뉴 문제들을 시작할 수 있다.

1. 각각의 완성되지 않은 식에 대해 별개의 활동지를 사용한다.
2. 각각의 완성되지 않은 식에 맞는 이야기 문제를 적는다.
3. 문제를 해결 한 후에 풀이과정을 공유한다.

4. 두 가지 전략을 사용한다.
5. 문장으로 답을 작성한다.

완성되지 않은 식은 다음과 같다.

$364+596=\_\_\_\_\_$

$452-198=\_\_\_\_\_$

$56\times4 = \_\_\_\_\_$

$120\div10=\_\_\_\_\_$

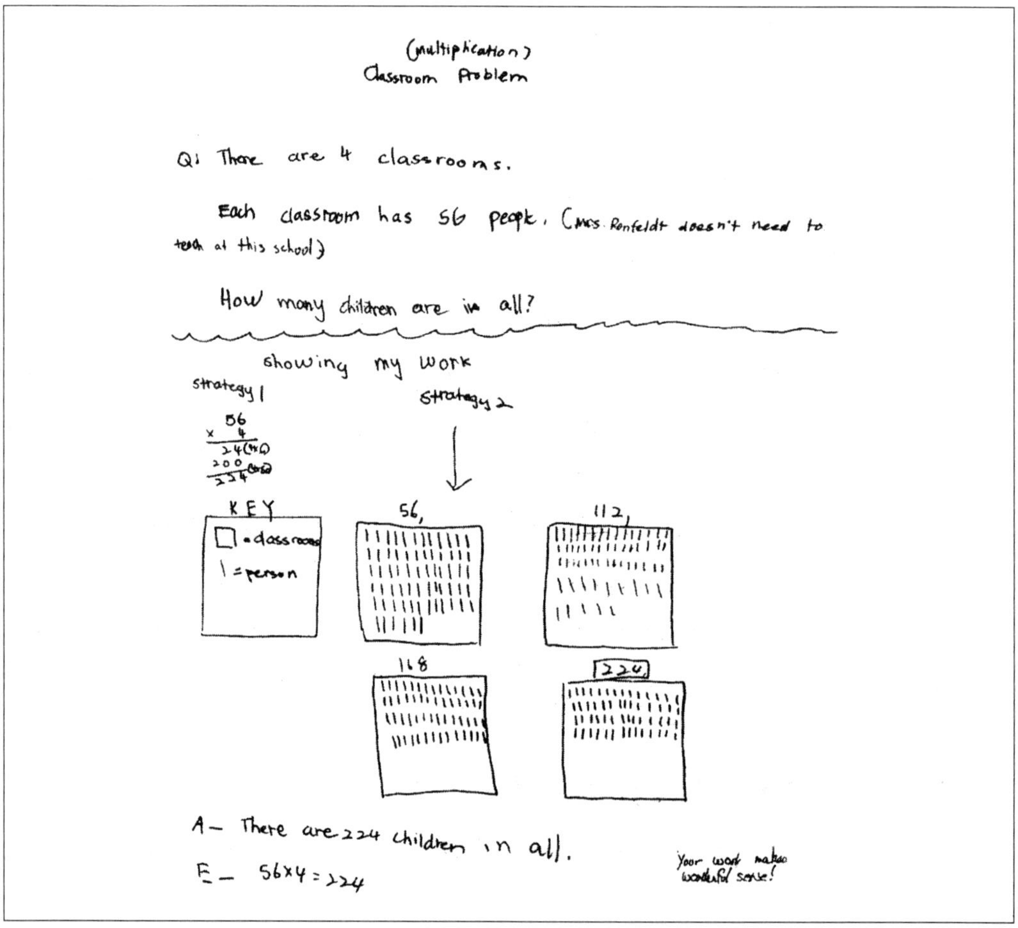

그림 8-15
Nan은 후식메뉴에 있는 56×4=_____의 문제를 해결했다.

제 9 장

5월 / 6월

평면도형과 입체도형

"3-5학년의 기하 학습은 행하면서 사고하기가 요구된다. 학생들은 분류하고, 만들고, 그리고 모형화하고, 투사하고, 선을 따라 그리고 측정하고, 작도하면서, 기하적 관계를 시각화하는 능력을 발달시킨다."

학교 수학을 위한 원리와 규준,
류희찬 · 조완영 · 이경화 · 나귀수 · 김남균 · 방정숙 역, 경문사.

이 장에 소개되어 있는 입체 도형 문제들을 하는데 시간을 사용하기 전에, 교사는 제 4장에 소개되어 있는 평면 도형과 관련된 활동들 중 하지 않은 활동들이 있으면 다시 한 번 훑어보는 것이 좋다.

학습 환경

학년 말이 다가오면서 서로서로의 동료애 및 아이디어들에 대해 즐긴다.

학년이 막바지에 다다르고 있는 이때에, 교사와 학생들은 그들이 동료에게 얼마나 마음을 썼는지를 실감하게 된다. 학생들이 문제를 짝과 함께 하거나 4명으로 이루어진 모둠으로 함께 해결하는 데에 많은 시간을 보냈음을 확인하도록 함으로써 이와 같은 공동체 의식을 찬미해 준다. 교사는 점점 더 뒤로 빠지면서 3학년 학생들이 자기 주도적으로 학습할 수 있도록 한다.

학생들의 수학적 독립심과 지속성을 기를 수 있는 장기 프로젝트 또는 조사를 소개한다.

학생들이 3학년에서 4학년으로 진급하기 직전인 이 시기에, 학생들은 자신들의 학습에 있어서 어른들에게 의지하기 보다는 자기 자신에게 의지해야 할 필요가 있다. 조사함에 있어서 학생들이 더 독립적으로 활동할 수 있게 함으로써, 교사는 학생들이 다음 학년을 준비할 수 있도록 돕는 것이다.

수학

학생들이 도형들을 가지고 활동할 때에 그들은 체계적으로 추론한다.

학생들이 규칙이나 패턴에 맞는 모양들을 만들 때(예를 들어, 연속적인 4개의 이쑤시개 패턴 중 하나를 옮기는 것), 그들은 "만약 이것이 ... 하다면, 그것은 ... 할 것이다."라는 사고를 사용한다. 동시에, 이들이 이 모양들을 뒤집거나 회전할 때 공간 추론을 사용한다.

학생들은 입체 도형들은 특별한 속성을 가지고 있어서 이 속성에 따라 구분되고 명칭이 붙여져 있음을 이해한다.

학생들이 입체 도형(다면체) 속에서 평면 도형(다각형)을 관찰할 때, 그들은 각, 면, 모서리의 의미에 더 친숙해진다. 만약 교사 자신 또는 동료교사가 정육면체, 직육면체, 사각뿔, 원뿔, 원기둥, 구와 같은 기하 모형을 가지고 있다면, 교사는 학생들이 이러한 모형들의 공통점과 차이점을 평가할 수 있도록 할 수 있다. 예를 들어, 어떤 모형은 평면과 곡면을 가지고 있고(원뿔, 구, 그리고 원기둥), 반면 다른 모형(다면체)은 오로지 평면만 가지고 있다(직육면체, 정육면체, 사각뿔 등).

각각의 다면체들은 서로 다른 이름을 가지고 있다; 특별하게, 사면체(4개의 면을 갖고 있다), 육면체(6개의 면을 갖고 있다), 팔면체(8개의 면을 갖고 있다), 십면체(10개의 면을 갖고 있다), 십이면체(12개의 면을 갖고 있다), 그리고 이십면체(20개의 면을 갖고 있다). 그러나 학생들이 이 모든 이름을 알 필요가 있다고 생각하지 않기 바란다. 이제부터는 단지 학생들이 이러한 모양에 익숙해지고, 다면체의 기본 성질을 이해할 수 있도록 도와주면 된다.

학생들이 이전에 했던 측정 경험에 의지하도록 한다.

학생들이 면적과 둘레의 길이를 탐구하는 활동에 참여할 때, 교사는 학생들에게 창문의 판유리의 배열에 대해 수업했던 활동을 상기시킬 수 있다. 예를 들어, 학생들이 모눈종이를 이용하여 윗면이 없는 상자를 만들 때, 그들은 비형식적으로 6개의 면 중 5개의 면의 표면의 면적을 탐구한다. 학생들이 이전에 만든 상자들 안에 정육면체를 채울 때, 그들은 부피의 의미를 인지한다.

4개의 이쑤시개

연속 활동으로 이루어진 이 활동을 통해서, 학생들이 회전과 거울 대칭을 이용해서 4개의 이쑤시개로 16가지 가능한 평면 도형을 찾아내면서, 학생들은 공간 추론 능력을 좀 더 많이 계발할 수 있다.

4인 1 모둠으로 이루어진 모둠에서, 이들은 먼저 몇 가지 모양이 가능한지 알아본다. 이 활동에 대한 더 자세한 설명은 Cheryl Rectanus(1994)가 집필한 『*Math By All Means: Geometry, Grade 3*』을 참고하기 바란다.

첫 번째 활동 : 16가지 모양 발견하기

준비물

- 4인 1 모둠 당 약 80개의 사각 이쑤시개
- 4인 1 모둠 당 흰 풀이 들어있는 높이가 낮은 컵 한 개
- 4인 1 모둠 당 약 15×22cm 크기의 공작용 판지 24장 (모둠마다 서로 다른 색이어야 함)
- 개인당 이쑤시개 점종이(toothpick dot paper) 복사본 한 장 (부록 참고)
- OHP

교수 · 학습지침

1. 학생들에게 지난 12월에 했던 활동 중 4개의 삼각형을 이용하여 14개의 서로 다른 다각형을 어떻게 만들었는지에 대해 상기시킨다.
2. 오늘은 학생들이 4개의 이쑤시개를 이용하여 다양한 모양을 만들 것이며, 그 중 하나만 다각형이라는 것을 설명한다.
3. OHP를 이용하여, 다음의 2가지의 규칙에 따라 4개의 이쑤시개를 어떻게 배열하는지에 대해 시범을 보인다.

   각각의 이쑤시개는 적어도 한 개 이상의 이쑤시개의 끝과 닿아야 한다.
   이쑤시개들은 끝과 끝이 닿아 직선을 만들거나 정사각형의 모서리를 만들어야 한다.
   (아래를 참고.)

이 규칙을 따른 모양들　　　　이 규칙을 따르지 않은 모양들

4. 학생들이 이쑤시개의 끝을 풀에 담근 후 공작용 판지에 붙임으로써 모양을 만들 수 있도록 알려준다. 학생들에게 활동에 대해 탐구하고 그들이 창작한 모양이 모두 서로 다른지에 관해 토의할 수 있는 충분한 시간을 준다. 학생들은 자신들이 만든 특정 모양이 다른 모양의 거울 대칭 모양인지를 확인하기 위해 자신들이 만든 모양들을 회전시켜보거나 이것들을 창가에 받쳐 들어 보임으로써 이것들이 같은 것인지를 확인할 수 있다. (아래 그림 참고)

이 둘은 같은 모양이다.

교사가 학생들이 하는 토의를 듣는 중에, 어떤 모양이 기존의 모양과 같다는 것을 발견하였다면 조언해줄 수 있다.

5. 위에서 제시한 2가지의 규칙을 토대로 학생들이 4개의 이쑤시개로 총 16개의 서로 다른 모양을 모두 발견할 때 까지 활동을 계속할 수 있도록 한다. (그림 9-1 참고.)

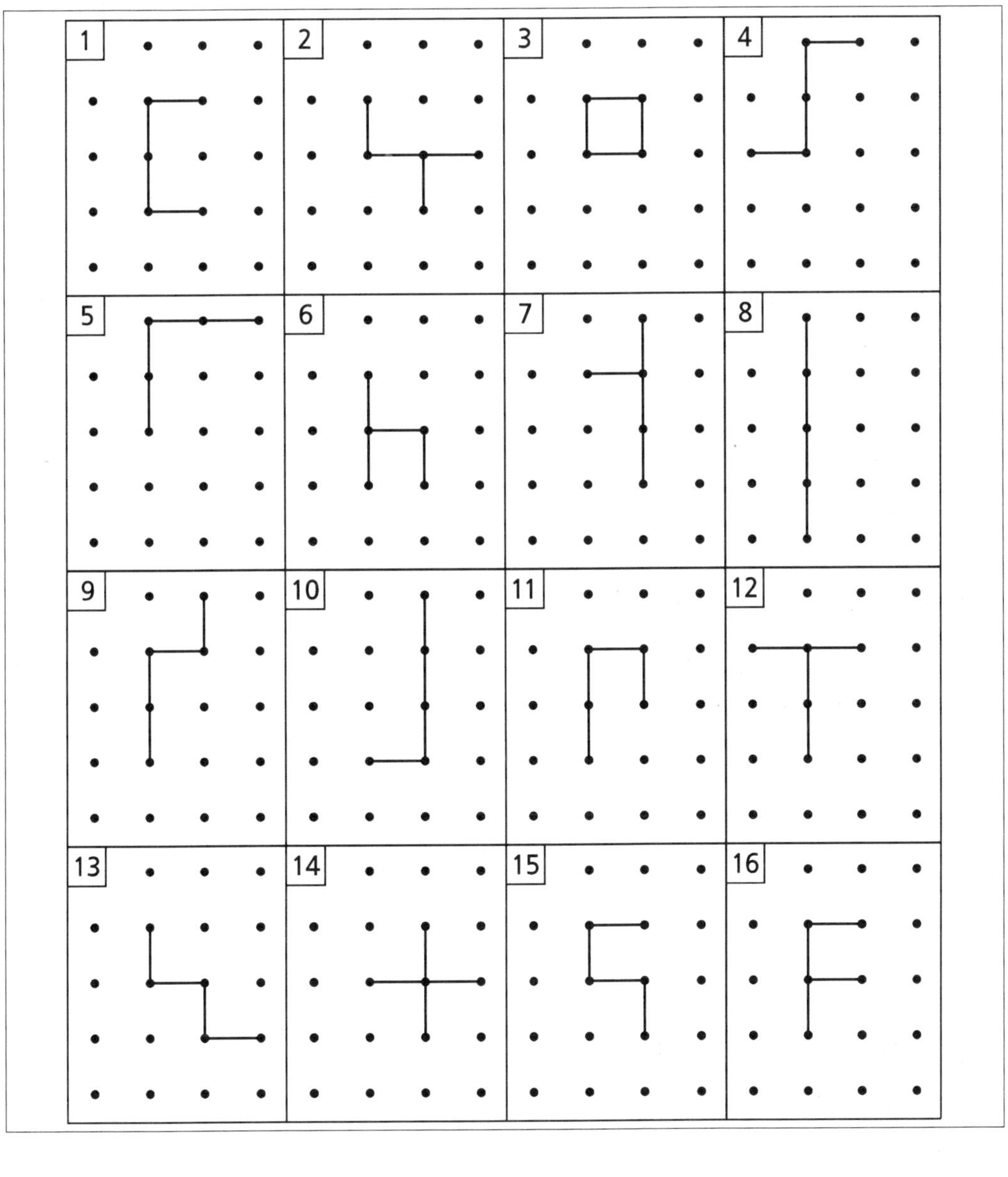

그림 9-1
이 그림들은 4개의 이쑤시개를 이용하여 만들 수 있는 16개의 평면 모양이다.

심화

만약 한 모둠이 다른 모둠보다 더 빨리 활동을 마친다면, 활동이 끝난 모둠원은 그들이 만든 모양을 이쑤시개 점종이에 그려볼 수 있게 한다. 이들에게 그림을 그리면서 같은 모양들이 있는지 다시 한 번 체크하도록 한다. 만약 이들이 같은 모양을 발견한다면, 찾지 못한 모양을 발견하는 활동을 계속해야 한다.

두 번째 활동 : 발견한 것에 대해 토의하기

교수·학습지침

1. 이번 수업의 마지막 부분이나 다음 날, 학생들이 발견한 것을 주제로 전체 학급 토의를 갖는다.
2. 학생들이 순서대로 자신이 창작한 모양을 묘사할 때, 그 모양들을 이쑤시개 점종이에 그려서 OHP로 보여준다.
3. 모든 학생들이 16개의 모든 모양이 기록된 결과에 만족할 때, 각 모양에 번호나 이름을 붙여준다. (이때 붙여준 번호와 이름은 앞으로의 학급 토의 중 사용한다.)
4. 16개의 서로 다른 모양 중 정사각형이 유일한 다각형이라는 것을 지적해 준다. 마당을 에워싸는 울타리와 같은 방식으로 다각형이란 공간을 연결하고 닫는 선분을 가지고 있다는 사실과 관련된 토의를 주재한다. 다른 이쑤시개 모양들을 통하여, 선분들이 공간을 둘러싸지 않은 모양들은 다각형이라고 하지 않는다는 것에 대해서도 토의한다.

세 번째 활동 : 이쑤시개 카드 게임하기

학생들은 그들이 만든 16가지 모양을 사용해서 이쑤시개 카드 게임 놀이를 할 것이다. 우선 이 게임을 위해 학생들이 카드를 만들도록 한다.

준비물

- 4인 1 모둠 당 이쑤시개 점종이가 인쇄된 판지 1장 또는 2장
- 개인당 가위 1개
- 4인 1 모둠 당 고무줄 1개

교수·학습지침 : 카드 만들기

1. 학생들은 제공된 이쑤시개 점종이 위에 16개의 서로 다른 모양을 옮겨 그리고 OHP 화면을 보고 각각의 모양에 번호를 붙인다.

2. 학생들은 16개의 모양을 선을 따라 오려, 16장의 직사각형 카드를 만든다.
3. 각 모둠의 학생들이 모두 동의하는 단순한 디자인을 각 카드의 뒷면에 그린다.
4. 학생들은 고무줄을 이용하여 모든 카드를 함께 묶어두고, 그들의 카드 묶음을 교사에게 제공한다.

교사는 위의 설명을 학생들이 그들의 활동 중 확인할 수 있도록 하기 위하여 칠판에 붙여두는 것이 좋다. 또한, 4명의 모둠원이 역할 분담을 어떻게 해야 할 지에 관련된 토의를 하도록 제안하는 것도 좋다. 예를 들어, 다른 두 학생들이 카드 뒷면에 그릴 디자인에 관하여 결정하는 동안, 나머지 두 학생은 이쑤시개 모양을 그릴 수 있다. 또는 학생들이 각각의 단계를 모둠원과 함께 활동하기를 원하거나 이 일을 완성할 수 있는 또 다른 접근법을 발견할 수 있다.

학생들이 작업을 할 때 교사는 그들의 활동을 둘러봄으로써 활동에 참여하지 않는 학생이 있는지를 확인해야 한다. 만약 교사가 이러한 광경을 발견한다면, 그 모둠의 테이블에 앉아서 4명의 학생들과 그들이 어떻게 일을 분배해야만 그 모둠에 있는 모든 학생들이 활동에 참여할 수 있는지에 관해 토의한다.

학생들이 그들의 카드 묶음을 교사에게 건넬 때, 16개의 모양이 모두 있는지 확인한다. 확인이 끝나면, 모둠원에게 이쑤시개 카드 게임을 하는 방법을 가르쳐 준다.

교수·학습지침 : 이쑤시개 카드 게임하기

1. 게임자 1은 카드 묶음에서 임의로 카드 하나를 고르고 4개의 이쑤시개를 사용하여 카드에 그려진 그림을 그린다. 이 학생은 자신이 만든 모양을 책상의 가운데에 전시한다.
2. 게임자 1은 자신이 고른 카드를 다시 카드 묶음 안에 집어넣어 섞은 후, 모든 카드를 4명의 모둠원에게 나누어 준다. (교사는 모둠원에게 다음과 같이 질문한다. "만약 카드 16장을 각각의 학생에게 똑같이 나누어주려고 한다면, 각각의 학생은 모두 몇 장의 카드를 가질까요? 그 답을 어떻게 알았어요?")

   만약 어떤 모둠에 모둠원이 3명뿐이라면, 게임자 1은 첫 번째 카드를 앞면이 보이도록 책상위에 놓아두고, 나머지 15장의 카드를 배분한다. (마찬가지로 같은 질문을 한다. "너희들은 각각 몇 장의 카드를 가질까요? 그 답을 어떻게 알았어요?")
3. 각각의 게임자는 자신이 받은 카드들을 다른 사람들이 볼 수 있도록 책상 위에 일렬로 나열한다.
4. 게임자 1은 책상 가운데 전시된 이쑤시개 모양을 본다. 그리고 그는 자신의 앞에 있

는 4장의 카드들을 본다. 게임자 1은 책상의 가운데에 있는 이쑤시개 모양으로부터 이쑤시개 하나를 이용하여 자신이 가지고 있는 4장의 카드들 중의 한 모양을 만들 수 있는 카드가 있는지를 찾는다.

예를 들어, 책상의 가운데에 있는 이쑤시개 모양이 그림 9-1의 4번 모양이라고 하고, 게임자 1이 1번 카드를 갖고 있다고 하자. 이러한 상황에서, 그는 자신의 1번 카드를 4번 카드의 모양으로 배열된 이쑤시개 모양 옆에 놓는다. 그 다음 그는 4개의 이쑤시개를 사용하여, 4번 모양으로부터 이쑤시개 하나를 이동하여 1번 모양을 어떻게 만들 수 있는지를 보여준다. (아래 참고)

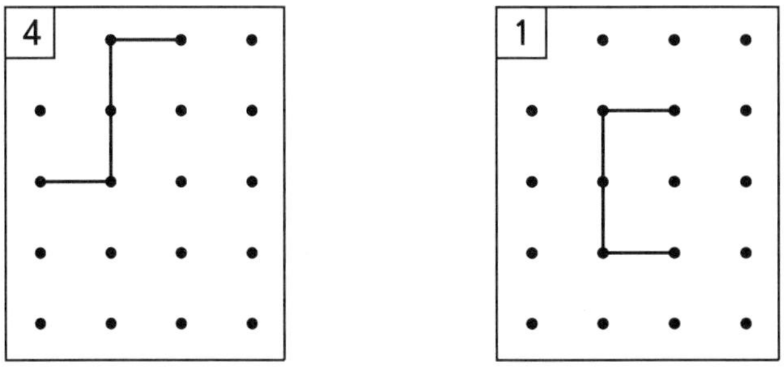

5. 게임자 2는 자신의 카드를 보고 똑같은 활동을 한다. 게임자 2는 게임자 1이 만든 모양으로부터 이쑤시개 하나를 이동하여 만들 수 있는 모양을 자신의 카드 중에서 선택한다. (아래 참고)

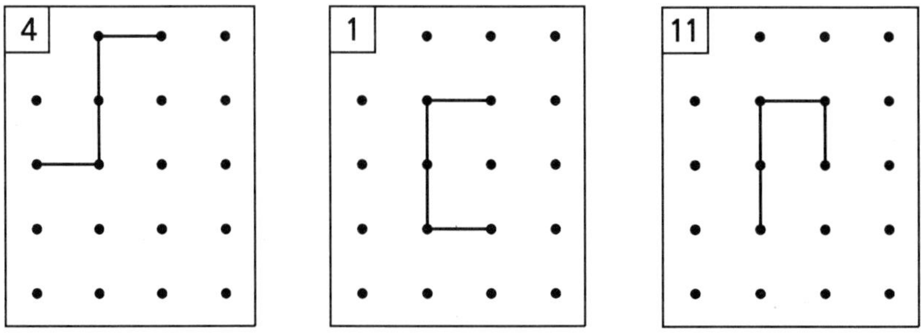

6. 게임자들은 순서대로 카드를 놓고 이쑤시개를 이동하고, 바로 앞에 놓인 모양으로부터 단지 한 개의 이쑤시개의 위치를 이동하여 만들 수 있는 패턴이 그려진 카드를 이용하여 게임을 한다.

이 게임은 경쟁이 아닌 협동 게임이다. 이 게임 활동을 할 때 모둠원끼리 서로 돕는다. 만약 어떤 학생이 카드 게임을 할 수 없다면, 이 학생은 "나는 패스"라고 말한다. 이 아이디어는 모둠원이 궁극적으로 그들의 모든 카드를 책상 가운데에 놓기 위한 것이다.

때때로, 한 모둠은 다른 카드를 이용할 수 없을 수 있다. 만약 이러한 상황이 발생한다면, 그 모둠의 모든 학생들은 그들이 꼼짝할 수 없는 상황을 인정해야 한다.

이 게임을 여러 번 한 후, 몇몇 학생들은 미리 생각하여 한 장의 카드도 막힘없이 모든 카드를 책상 위에 놓을 수 있게 할 것이다. 만약 교사가 여러 모둠에서 이러한 전략적 추론을 생각했다는 것을 알아차린다면, 학생들이 게임을 시작하기에 "좋은" 카드, 게임하기에 쉽거나 어려운 카드에 관한 그들의 아이디어를 공유하는 전체 학급 토의를 한다. 어떤 학생들은 지금까지의 그들의 경험을 토대로 그러한 전략을 이해할 것이다. 또 다른 학생들은 이러한 생각을 이해하기 위해 추가 게임을 필요로 할 수 있다.

심화

- 학생들은 그들이 **이쑤시개 게임**을 할 때 그들이 사용한 전략을 글로 적는다. 그들은 어떠한 모양이 다른 모양으로 바꾸기 쉽고 어떠한 모양은 그렇지 않은지를 설명한다.
- 학생들이 **이쑤시개 게임** 카드를 추가로 한 세트 더 만들고 그것을 집으로 가져가도록 한다. 학생들은 이 게임을 가족과 함께 한다.

네 번째 활동 : 이쑤시개 카드를 순서에 따라 배열하기

교사는 학생들이 이쑤시개를 이용한 활동에 익숙해질 때, 다음의 원형 패턴 배열로 혼자서 또는 짝과 함께 카드들을 배열하도록 한다.

> 카드들을 원 모양으로 배열한다. 각각의 카드는 배열된 순서에 따라 하나의 이쑤시개를 이동하여 만들 수 있는 모양을 나타내어야 한다. 마지막 카드의 이쑤시개 모양에서 하나의 이쑤시개를 이동하여 첫 번째 놓인 카드에 제시된 모양이 되어야 한다.

심화

가정학습 과제로서, 학생들은 그들의 **이쑤시개** 카드를 이용하여 가족 구성원에게 원형 패턴 배열에 따라 카드를 배열하는 방법을 가르친다.

펜토미노(Pentominoes)

펜토미노란 무엇인가? 만약 교사가 펜토미노에 친숙하지 않다면, 다른 관련된 조각 게임과 관련지어 생각하는 것이 펜토미노를 이해하는데 도움이 될 것이다. 도미노는 2개의 정사각형을 가지고 있다. 트리오미노는 3개의 정사각형을 가지고 있다. 테트로미노는 4개의 정사각형을 가지고 있다. 그리고 펜토미노는 5개의 정사각형을 가지고 있다.

펜토미노를 조립하고 조작하는 것은 학생들에게 평면 모양을 가지고 연습할 수 있는 기회를 준다. 아래에 설명한 펜토미노를 포함하는 많은 활동에 관한 설명은 Marilyn Burns(2000)의 『*About Teaching Mathematics: A K-8 Resource, Second Edition*』으로부터 가지고 왔다.

펜토미노 만들기

준비물

- 4인 1 모둠 당 정사각형 타일이 들어있는 봉지 하나(약 50~60개의 타일)
- 4인 1 모둠 당 모눈종이 여러 장 (주의: 이 활동을 한 후에, 교사는 학생들에게 펜토미노 조각들을 가지고 여러 개의 상자를 만들도록 요청하고, 정육면체로 이 상자들을 채우도록 한다. 학생들이 이 장에서 소개하는 활동을 할 때 사용하는 정육면체의 종류나 크기에 따라 모눈종이를 고를 수 있다. 특별히, 학생들이 연결정육면체(Snap Cubes)를 이용할 것이라면, $\frac{3}{4}$인치의 모눈종이를 선택한다. 1인치의 정육면체를 사용한다면, 1인치의 모눈종이를 이용한다. 퀴즈네어 연결정육면체를 사용한다면, 2cm의 모눈종이를 사용한다. 교사는 이 책의 부록에서 이 모든 형태의 모눈종이 형식을 찾을 수 있다. 만약 교사가 어떤 정육면체도 갖고 있지 않다면, 학생들은 이 입체 도형 활동을 위하여 각설탕을 사용할 수 있다. 이 상황에서는 $\frac{1}{2}$인치의 모눈종이를 이용한다. 이 모눈종이도 부록에서 찾을 수 있다.)
- 개인당 가위 1개

교수 · 학습 지침

1. 학생들이 각자 3개의 조각을 이용하여 지난 11월에 조작해보았던 2종류의 직사각형 모양의 창유리 배열을 만들어 보도록 한다. (아래 그림 참고)

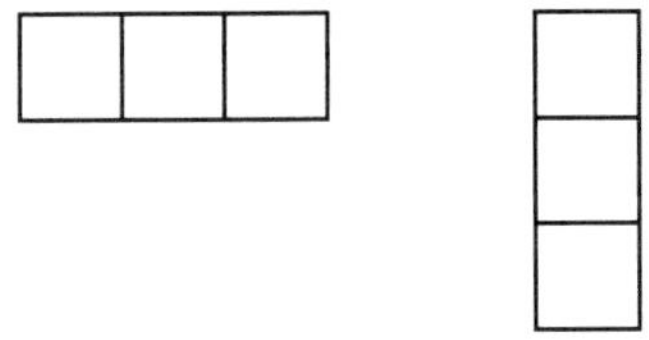

2. 학생들이 각자 3개의 조각을 이용하여 만들 수 있는 직사각형 모양이 아닌 모양을 만들어 보도록 한다. (아래 그림 참고.) 이들 모양을 칠판에 그려준다.

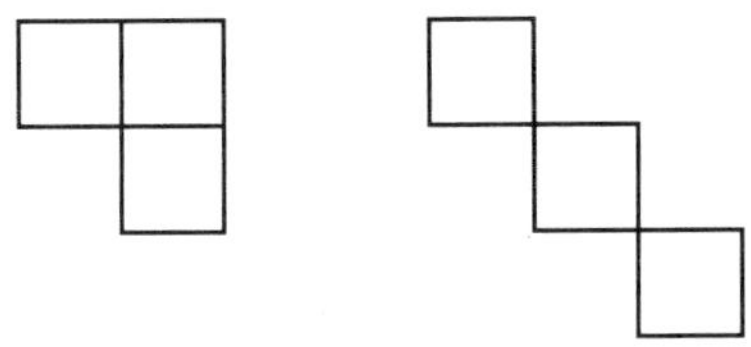

3. 오늘의 활동을 위한 규칙을 정해준다. 정사각형 타일의 변 하나가 다른 정사각형 타일의 변 하나에 완전히 맞닿을 수 있게 한다. 이 타일들을 이용하여 만든 모양은 꼭 직사각형 배열이어야 할 필요는 없다. 첫 번째 그린 모양은 규칙에 따라 변과 변 끼리 맞닿게 한 것이고, 두 번째 모양은 그렇지 않다는 것을 지적해 준다.
4. 학생들에게 4개의 타일을 이용하여 새로운 규칙에 맞는, 가능한 모든 모양을 만들어 보게 한다. 5가지 모양이 만들어질 수 있다. (아래 그림 참고.) 학생들이 자신들이 만든 모양들을 칠판에 그리거나 머리 위로 들어 보임으로써 다른 학생들과 공유할 수 있게 한다. 이러한 모양을 테트로미노(Tetrominoes)라고 한다.

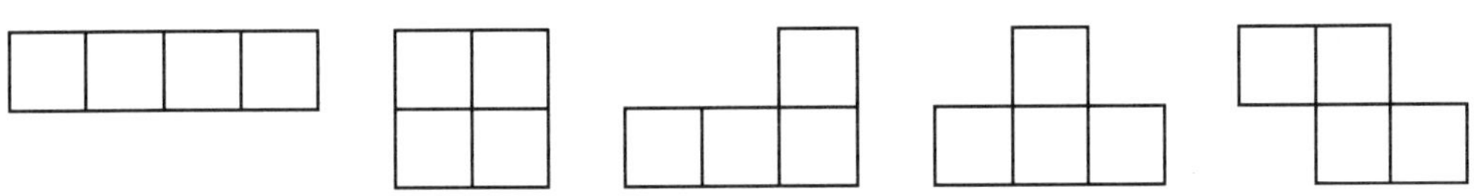

5. 각 모둠이 5개의 타일을 배열하여 만들 수 있는 서로 다른 모양을 탐색할 수 있게 한다. 이 모양들을 펜토미노라고 부른다는 것을 설명해 준다. 학생들이 다양한 모양을 찾을 때 합동인 것에 유의해야 함을 상기시킨다.
6. 일단 4명으로 이루어진 한 모둠에서, 그들이 가진 색타일을 이용한 활동을 통하여, 가능한 펜토미노 모양을 모두 발견(모두 12개이다[63])하였다고 생각했을 때, 학생들이 그들이 발견한 모양을 적합한 크기의 모눈종이에 베껴 그리고 가위로 오리도록 해라(모눈종이의 종류는 “위의 준비물” 참고.)

63) 입체 모양까지 고려하면 29가지가 있지만, 여기서는 평면 모양만을 고려한 것이다. 평면 모양 12가지는 다음과 같다.

7. 학생들이 종이 펜토미노를 회전하고 뒤집어봄으로써 합동인 것을 골라낼 수 있게 한다. 일단 학생들이 중복된 모양을 제거하고 새로운 모양을 발견하면, 그들이 오려낸 모양조각들을 모둠 봉투 속에 넣어 두도록 한다.

   합동이 되는 모양을 모두 확인한 후, 학생들은 자신들이 모든 펜토미노 조각을 가졌는지 교사에게 물어볼 것이다. 이때, 오히려 학생들에게 "너희들이 모든 펜토미노 조각을 가졌다고 생각해요? 왜 그렇게 생각해요?"라고 질문을 던진다. 몇몇 학생들은 답을 알아내기 위하여, 그들이 조각 하나를 따로따로 움직이도록 시도해야하는, 체계적인 접근을 고안해낼 수도 있을 것이다. 이 토의 후에, 아래에 설명되어 있는 심화를 소개해 준다.
8. 일단 모든 모둠이 12개의 펜토미노 모양을 모두 발견하면, 다음에 올 대화의 명확성을 위하여 각 모양에 이름이나 숫자를 붙이도록 한다.

심화

각 학생들은 모눈종이를 이용해서 두꺼운 종이에 여러 가지 모양의 펜토미노를 그려서 이것들을 잘라내어 자신만의 펜토미노 조각들을 갖는다. 학생들은 각 모양의 뒷면에 자신의 이름을 작성하고 자신의 이름을 쓴 봉투 속에 이것들을 집어넣는다.

펜토미노 원형 패턴 배열

준비물

- 12개의 펜토미노 조각이 그려진 활동지 (부록 참고)
- 개인 또는 두 명당 판지로 만든 펜토미노 조각이 그려진 카드 묶음 1세트
- 개인당 가위 1개

교수 · 학습 지침

카드들을 원 모양으로 배열한다. 각각의 카드는 배열된 순서에 따라 오직 한 개의 정사각형 타일만을 움직여 만들 수 있는 다른 모양이어야 한다. 이 활동은 혼자서 또는 짝 활동으로 할 수 있다.

펜토미노 퍼즐

준비물

- 두 명 또는 4인 1 모둠 당 5×12 모눈퍼즐판
- 두 명 또는 4인 1 모둠 당 펜토미노 조각이 그려진 카드 묶음 1세트 (주의: 퍼즐판 위의 정사각형의 크기는 펜토미노 조각의 정사각형 크기와 같아야 한다.)
- 개인당 가위 1개

교수·학습 지침

학생들이 12개의 모든 펜토미노 조각을 이용하여 5×12 모눈퍼즐판을 채운다. 만약 학생들이 이 활동을 좋아한다면, 6×10 모눈퍼즐판이나 4×15 모눈퍼즐판을 제시하여 학생들이 그들이 가진 12개의 모든 펜토미노 조각을 이용하여 이들 모눈퍼즐판을 덮을 수 있도록 한다.

심화

- 두 학생들이 12개의 펜토미노 조각이 그려진 카드 묶음 1세트를 이용하여 5×12 모눈퍼즐판을 채운다. 두 명의 학생이 게임을 할 때, 게임자들은 순서대로 모눈퍼즐판 위에 조각을 채운다. 게임의 마지막에 상대편 학생이 펜토미노 조각을 퍼즐판에 올리는 것을 불가능하게 하면, 이 게임에서 이기는 것이다. 이 게임에서는 모든 조각을 사용할 필요가 없다. (Burns 2000, p.82)
- 학생들은 그들의 펜토미노 카드를 집에 가지고 가서 가족과 함께 펜토미노 원형 배열 게임을 하고 위에 제시한 다양한 펜토미노 퍼즐 게임을 할 수 있다.

펜토미노를 이용하여 넓이와 둘레 탐구하기

준비물

- 12개의 펜토미노 모양이 그려진 활동지 (부록 참고)
- 두 명 또는 4인 1 모둠 당 12×18인치의 모눈종이 한 장
- 개인당 가위 1개
- 4인 1 모둠 당 풀 1개

교수·학습 지침

1. 학생들에게 배열된 창유리의 둘레와 넓이를 구했던 경험을 상기시킨다.

2. 학생들이 보인 반응들을 이용하여, 창유리 배열의 몇 가지 예를 칠판에 그리고 학생들에게 각각의 넓이와 둘레를 구하도록 한다.
3. 몇 가지 펜토미노의 모양을 칠판이나 OHP를 이용하여 그린다.
4. 학생들에게 교사가 그린 펜토미노 모양의 넓이를 구하도록 한다. 이상적으로 말하면, 아이들은 각 펜토미노 모양(5개의 사각형으로 이루어짐)의 넓이가 똑같다는 것을 이해할 것이다.
5. 이제, 각 펜토미노를 '울타리' 즉 둘레의 길이에 관하여 이야기한다. 학생들이 개미 한 마리가 각 펜토미노의 둘레를 따라 걷고 있다는 상상을 하게 한다. 이 개미가 시작점으로 돌아오기 전에 몇 개의 변을 지나는지 질문한다. 이 방법을 이용하여 한 개 또는 두 개의 펜토미노 모양을 직접 설명한다. (아래 참고).

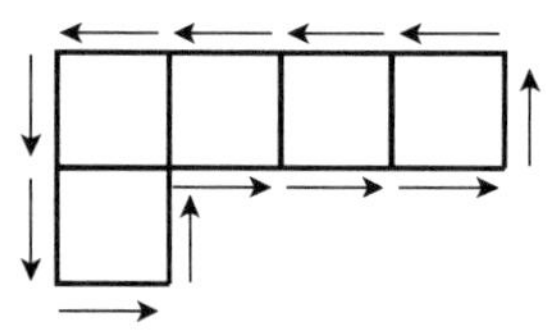

넓이=5
둘레의 길이=12

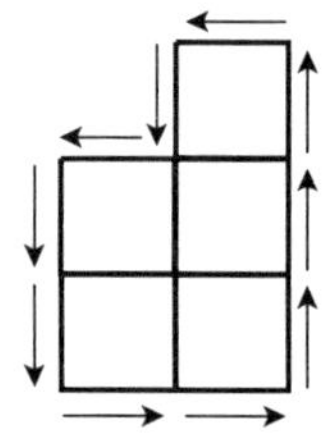

넓이=5
둘레의 길이=10

6. 학생 두 명당 한 세트의 펜토미노 복사본을 나누어 준다. 모양을 자르고 12×18인치의 색모눈종이에 풀로 붙인다. 각 모양의 옆에 둘레의 길이와 넓이를 구하여 표시하도록 한다.

펜토미노 타일들을 접어 상자 만들기

이 활동은 학생들이 평면 모양으로부터 입체 모양으로 변경하는 데에 도움을 준다.

교수 · 학습 지침

1. 4인 1 모둠 당 펜토미노 모양이 그려진 종이가 포함된 모둠 봉투를 나누어 준다.
2. 학생들이 펜토미노 모양을 2가지로 분류하도록 한다. 즉, 뚜껑이 없는 상자 모양을 접을 수 있는 펜토미노 모양들과 접을 수 없는 모양들로 나눈다. 학생들에게 십자가 모양의 펜토미노를 이용하여 뚜껑이 없는 상자 모양을 접을 수 있다는 것을 미리 보여준다.
3. 학생들에게 펜토미노의 어떤 조각이 상자의 바닥 부분이 될 수 있는지 물어본다.
4. 바닥 부분의 조각에 X자로 표시하고, 만약 이것이 뚜껑이 없는 상자를 접을 수 있는 모양인지 아닌지 확인하기 위해서 직접 접어 본다.

우유상자 펜토미노

이 활동은 학생들이 입체 모양으로부터 평면 모양으로 변경하는 데에 도움을 준다.

준비물

- 4인 1 모둠 당 잘 씻어 말린 15개 또는 16개의 빈우유곽

교수 · 학습 지침

1. 우유곽들을 나누어 준다.
2. 각 4인 1 모둠에게 그들이 갖고 있는 우유곽을 평면이 서로 다른 펜토미노 모양이 되도록 모서리를 따라 오리도록 한다.

상자

이 조사는, 학생들이 평면 모양과 입체 모양의 관계를 이해할 수 있는 추가적인 기회를 제공한다. 이 활동에 관한 더 자세한 사항은 『*Math by All Means: Geometry, Grade 3*』를 참고하기 바란다.

상자 비교하기

이 활동의 목적은 학생들이 2개의 상자를 골라 그 둘의 공통점과 차이점을 찾는 것이다.

준비물

- 학생들이 집에서 가져오거나 교사가 제공한 다양한 모양의 빈 상자 배열(뚜껑이 붙어 있거나 그렇지 않은 것). 상자들은 학생들이 책가방에 넣을 수 있도록 충분히 작아야 한다. 상자의 개수는 학생들의 수보다 약 12개가 더 많아야 한다.

교수 · 학습 지침

1. 교실 둘레에 빈 책상을 놓아 모든 상자들을 배열한다.
2. 학생들이 둘 씩 서로 짝을 이루게 한다.
3. 학생들에게 상자를 하나씩 골라서 자신의 책상위에 올려놓고 교실 한 가운데에 모이도록 한다.

4. 교사가 고른 2개의 상자를 들어 보인다. 학생들에게 두 상자의 공통점과 차이점에 대해 말하도록 요청한다. 그들의 답을 칠판에 판서한다. 학생들이 질문에 대한 답을 하기 위하여 기하 단어장을 이용해도 좋다는 것을 확인해 둔다. 포스터에 그들이 사용한 새로운 용어를 추가시킨다.
5. 학생들이 말할 때 그들이 다면체의 용어를 사용하도록 돕는다. 예를 들어, 만약 한 학생이 상자의 옆쪽(side)을 언급한다면, 그 학생이 말하려고 하는 것이 변인지 면인지를 설명할 수 있게 도와준다. 만약 또 다른 학생이 상자의 모퉁이에 관하여 말한다면, 교사는 학생들에게 **꼭짓점**이라는 용어를 소개해도 좋을 것이다. **다면체, 정다면체, 직육면체, 모서리, 면, 꼭짓점**과 같은 용어들을 기하 단어장에 추가한다.

   다음은 큰 시리얼 상자와 작은 크래커 상자를 비교하는 학급 토의 후에 작성한 "공통점과 차이점" 차트의 예시이다.

공통점	차이점
• 둘 다 6개의 면을 가지고 있다.	• 한 개는 크고 다른 하나는 작다.
• 둘 다 직사각형 모양의 면을 가지고 있다.	• 한 개는 검다. 다른 것은 그렇지 않다.
• 둘 다 덮개를 가지고 있다.	• 한 개는 시리얼을, 다른 하나는 크래커를 담고 있다.
• 둘 다 8개의 꼭짓점을 가지고 있다.	
• 둘 다 상자 속에 음식물을 담고 있다.	• 한 상자의 두 면은 정사각형 모양이다. 다른 하나는 그렇지 않다.
• 둘 다 12개의 모서리를 가지고 있다.	

6. 학생들이 다시 그들의 책상으로 돌아가서 그들이 고른 두 개의 상자의 공통점과 차이점을 찾아 작성하게 한다.

상자 퍼즐 만들기

준비물

- 여러 개의 상자
- 4인 1 모둠 당 18×24인치 크기의 판지 한 장. 각 모둠의 종이 색깔이 서로 달라야 함(각 모둠의 색깔을 기록하여 게시해 준다.)

교수 · 학습 지침

1. 방과 후, 18×24인치 크기의 판지 한 장에 직육면체 상자의 여섯 개의 면을 모두 베껴 그린다. 두꺼운 펜을 이용하여 이들 면의 윤곽선을 그려서 학생들이 6개의 면을 쉽게 볼 수 있도록 한다. 직선을 그릴 때에는 자를 이용한다.

2. 교사가 베껴 그린 상자를 포함하여 6-7개의 서로 다른 상자를 학급구성원 앞의 책상 위에 배열한다. 학생들에게 교사가 베껴 그린 그림을 보여준다.
3. 학생들에게 교사가 그린 그림이 앞에 놓인 상자들 중 어떠한 상자인지 물어본다. 그리고 그 이유를 설명하도록 한다. 학생들끼리 그들의 생각을 공유할 수 있게 한다.
4. 학생들에게 그들이 생각한 답을 어떻게 발견하였는지 질문한다. 만약 학생들이 상자들의 다른 면을 보기 원한다면 교사는 상자를 들어 회전시키며 모든 면을 보여준다.
5. 각 모둠에 다양한 상자들을 배분해 준다. 학생들에게 상자를 하나 골라서 판지 한 장에 여섯 개의 면을 모두 베껴 그리도록 한다. 학생들에게 6개의 면을 판지 한 장에 모두 포함될 수 있도록 그려야 한다고 안내한다. 직선을 그릴 때에는 자를 사용하도록 격려한다.
6. 모둠별 판지에 모둠원의 이름을 작성하고, **상자 퍼즐**이란 용어를 적도록 한다. 그리고 모둠에서 베껴 그린 상자의 이름을 판지 뒷면에 작은 글씨로 작성하도록 한다(예를 들어, 시리얼 상자, 크래커 상자 등). 이 활동을 일찍 끝낸 모둠은 다른 상자를 이용하여 퍼즐을 만들도록 한다.
7. 다음 날, 모든 상자들을 교실 곳곳에 흩어 놓고, 상자 퍼즐 활동지를 각 모둠에 나누어주는데, 이 때 자기 모둠에서 만든 활동지는 제외한다. (모둠에서 사용한 색깔을 사용하여 분류한다. 만약 한 모둠에서 노란색 판지를 이용하여 퍼즐을 만들었다면, 이 활동지는 그 모둠을 제외한 다른 모둠에 나누어 준다.)
8. 학생들이 퍼즐을 해결할 수 있도록 하고 그들의 이름을 활동지 앞면에 기록하게 한다. 만약 학생들이 문제 해결을 어려워한다면, 그들이 퍼즐을 만든 모둠원의 도움을 받을 수 있게 한다.

상자 수수께끼 만들기

준비물

- 여러 개의 상자
- 12×18인치 크기의 판지, 적어도 3가지의 색상, 두 명당 서로 다른 색의 종이 두 장씩
- 두 명당 적어도 세 가지 색의 두꺼운 실
- 가위, 풀, 자

교수·학습 지침

1. 방과 후, 직육면체 모양의 상자를 선택하고 상자의 각 면들을 판지에 베껴 그려 합동

인 면이 같은 색의 종이에 있도록 한다. 베껴 그린 종이를 가위로 오려 상자의 면과 일치하도록 알맞게 붙인다. 그 다음, 상자의 각 모서리에 실을 붙이는데, 이 때 같은 길이의 모서리는 같은 색의 실로 붙인다.

2. 다음 날, 학생들에게 교사가 만든 상자를 보여준다. 학생들에게 상자가 왜 이렇게 서로 다른 색의 종이로 덮여 있는지 질문한다. 그리고 상자의 각 모서리에 서로 다른 실을 사용하였는지 질문한다. 자를 이용하여 상자의 모서리를 측정함으로써 같은 길이를 갖고 있는 모서리가 있다는 것을 보여준다.
3. 그 다음, 학생들이 교사의 상자에 관한 수수께끼를 작성하는 것을 돕는다. 예를 들어, 만약 상자가 크래커 상자라면, 다음과 같은 질문을 수수께끼를 만들 수 있다.

- 나의 상자는 6개의 면을 갖고 있다.
- 나의 상자는 12개의 모서리를 갖고 있다.
- 나의 상자에 있는 4개의 모서리의 길이는 $8\frac{1}{2}$이다.
- 나의 상자에 있는 8개의 모서리의 길이는 $4\frac{1}{2}$이다.
- 나의 상자의 윗면과 아랫면은 정사각형이다.
- 나의 상자는 8개의 모서리를 갖고 있다.

4. 이제 학생들끼리 짝을 짓고, 그들만의 상자를 하나 선택하여, 교사가 학생들에게 준비했던 방법과 같은 방법으로 상자를 준비하게 한다. 학생들이 자신이 선택한 상자를 장식하여, 같은 색으로 합동인 면을 나타내고, 같은 색의 실로 같은 길이의 모서리를 표현할 수 있게 한다. 학생들이 그들의 상자를 준비한 후, 수수께끼를 만들게 한다.
5. 학생들이 자신들이 만든 수수께끼에 서명하도록 한다. 각자가 만든 문제를 푼 학생이 있다면, 문제를 낸 학생들이 문제를 푼 학생들과 함께 답을 확인한다.

단위 정육면체 상자 만들기

이 활동과 이 장에 있는 남은 활동들은 『*Exploring Solids and Boxes*』(Battista and Clements, 1995)에서 소개된 것이다.

준비물

- 4인 1 모둠 당 몇 개의 연결정육면체, 퀴즈네르정육면체, 각설탕, 다른 정육면체들
- 모둠별 펜토미노 조각(만약 펜토미노 조각의 정사각형의 크기가 교사가 갖고 있는 정육면체의 한 면의 크기와 같다면 펜토미노 조각을 이용하고, 만약 그렇지 않다면, 교사가 갖고 있는 정육면체의 한 면의 크기와 같도록 모눈종이로 만든 펜토미노 조각이 그려진 종이를 이용한다.)(314쪽 참고)
- 4인 1 모둠 마다 투명 테이프 한 개
- 학생 마다 가위 한 개

교수 · 학습 지침

1. 펜토미노 조각이 그려진 모둠 종이를 한 장씩 나누어 준다. 또는 교사가 갖고 있는 정육면체의 모양과 같은 펜토미노 조각을 사용한다면, 그 종이들을 나눠주고, 학생들이 오릴 수 있도록 한다.
2. 정육면체 하나의 주위로 십자가 모양의 펜토미노를 접어서 펜토미노 모양을 뚜껑이 없는 상자 모양으로 만들 수 있다는 것을 보여준다. 테이프를 사용하여 상자의 모서리끼리 맞닿을 수 있게 한다.
3. 학생들이 교사의 상자에 관하여 관찰한 것을 서로 상의하여 의견을 공유할 수 있게 한다. 예를 들어, 어떤 학생들은 하나의 면이 정사각형 모양이라는 것을 발견할 수 있다. "얼마나 많은 모서리와 꼭짓점이 있나요? 몇 개의 면이 있나요?"와 같은 질문을 한다. 이 상자는 뚜껑이 없으므로 5개의 면만 갖고 있음을 기억해야 한다.
4. 학생들이 펜토미노 조각 중 뚜껑 없는 상자를 구성할 수 있는 모양을 다시 한 번 찾을 수 있게 한다. 이 때, 갖고 있는 정육면체를 이용하여 학생들 스스로 뚜껑 없는 상자를 만들 수 있게 한다.

2-정육면체 상자 만들기

준비물

- 개인당 2개의 정육면체
- 개인당 학생들이 갖고 있는 정육면체의 한 면의 크기와 같은 모눈종이 2장
- 4인 1 모둠 당 투명 테이프 한 개
- 개인당 가위 한 개

교수 · 학습 지침

1. 각 학생들이 모눈종이로부터 모양을 오려서 2개의 정육면체의 외곽을 감쌀 수 있는 뚜껑 없는 상자를 만들도록 한다. 『*Exploring Solids and Boxes*』에 따르면, 학생들이 그리고 오려내는 각각의 모양은 아래의 규칙을 따라야 한다.

   - 각 모양은 연속된 종이조각으로 만들어야 한다.
   - 각 모양은 모눈종이의 변을 따라 접혀야 한다.
   - 어떤 면도 중복하여 겹쳐져서는 안 된다.

2. 이 과정은 몇 번의 시도와 실패를 포함한다. 모눈종이에 모양을 그린 후, 학생들은 이 모양을 오려내고 접어봄으로써 위에 제시된 규칙에 맞는 뚜껑 없는 상자인지 아닌지를 확인할 수 있다. 만약 실패하였다면, 학생들은 그 모양을 옆에 두고 다른 모양으로 또 다시 시도한다. 어떤 학생들은 평면 모양을 입체 모양으로 접어 만드는 데에 어려움이 없다. 다른 학생들은 실험해 볼 수 있는 충분한 시간이 필요하다. 마지막으로, 학생들이 그들이 갖고 있는 정육면체 상자의 모양들을 서로 공유하고, 그들의 전략을 확인하게 해라. 모양을 평가한다.

상자를 채우는 퍼즐 만들기

준비물

- 연결정육면체, 퀴즈네르정육면체, 각설탕, 다른 정육면체들(학생 한 명당 20개씩)
- 상자를 채우는 퍼즐에 적합한 모눈종이의 유인물 A, B, C(학생 한 명당 한 장씩)(한 변이 2㎝인 정사각형, 부록 참고)
- 각 퍼즐 유인물이 복사되어 있는 OHP용 필름
- OHP 기계
- 개인당 가위 한 개
- 4인 1 모둠 당 투명 테이프 한 개
- 개인당 줄이 그어진 종이 한 장씩

교수 · 학습 지침

1. 상자를 채우는 퍼즐 유인물 A가 복사되어 있는 OHP용 필름을 보여준다.

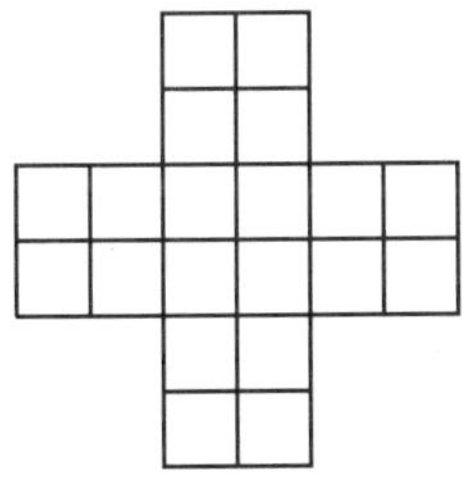

이 상자 안에 정육면체를
몇 개 넣을 수 있어요?
왜 그렇게 생각했어요?

2. 학생들에게 제시된 그림을 오려서 상자를 만든다면, 이 상자에 정육면체가 몇 개가 들어 갈 수 있다고 생각하는지 질문한다. 학생들에게 예상하게 한 후 그들의 생각을 물어본다. 그들의 계산과 추론을 칠판에 판서한다. "수학적 대화"를 장려한다. 예를 들면 "나는 1 층에 4개의 정육면체가 있다는 것을 직접 확인하였다. 여기에 2층이 있기 때문에, 나는 4의 2배는 8이라는 것을 안다."
3. 유인물 A의 복사본을 정육면체가 들어있는 봉지와 함께 각 모둠에 나누어 준다. 각 학생들이 모양을 오려내고, 상자 모양을 만들고, 그리고 자신이 예상했던 숫자의 정육면체들이 자신이 만든 상자 안에 들어갈 수 있는지 확인하도록 한다.
4. 다음으로, 학생들에게 다른 두 개의 유인물 B와 C를 나누어 준다. 각 유인물을 보고, 각 학생들은 유인물 B의 상자에 몇 개의 정육면체가 들어갈 수 있는지 예상하고, 자신의 생각을 설명한다. 학생들은 유인물 C도 똑같은 방법으로 활동한다.
5. 모든 판서가 끝나면, 학생들은 자신의 뚜껑 없는 상자를 만들고, 그 안에 정육면체를 채워보고, 그들의 유인물에 답을 기록한다.

심화

학생들이 상자를 채우는 퍼즐을 자기 스스로 만들게 하고 다른 학생들이 그 문제를 풀도록 한다.

입체 마을 만들기

학기 말은 학생들의 수학적 사고를 확장시킬 수 있는 입체 도시 만들기에 적합한 시기이다.

준비물

- 학급용 정육면체 한 세트
- 학급용 지오블록 한 세트
- 학급용 십진블럭 한 세트
- 12×18인치 판지 12개

교수 · 학습 지침

1. 학생들에게 그들이 그리는 길과 도로 등을 기반으로 하여 직접 입체 마을을 만들 것이라고 설명해 준다. 학생들은 이것이 완성되면 그들의 마을에 관한 최소 4개의 질문을 작성할 필요가 있다. 학생들은 4명씩 한 모둠이 되어 활동한다.
2. 각 모둠은 그들이 작업할 입체 도형의 재료를 선택하여야 하고, 그 재료가 포함된 봉지와 기반이 되는 판지를 구해온다.
3. 학생들은 이 프로젝트를 위해 속도를 정한다. 교사는 순회하며, 격려하고, 수학적 질문을 경청한다. 지오블록을 사용하는 학생들은, "선생님, 우리가 만든 마을에서 직육면체를 몇 개나 볼 수 있어요?"와 같은 질문을 할 수 있다. 정육면체를 사용하는 학생들은, "3개의 건물이 각각 12개의 정육면체를 이용한 직육면체 모양이다. 이 3개의 건물에 몇 개의 정육면체가 있을까요?", "우리가 만든 마을에서 선생님은 모두 몇 개의 정사각형 면을 발견할 수 있는가?"와 같은 질문을 할 수 있다.
4. 2-3일 후에, 학생들은 기반이 되는 판지의 배치도와, 건물 그리기, 그리고 4개의 수학적 질문을 모두 완성한다.
5. 학급구성원들은 한 두 시간의 시간을 더 해서 다른 모둠이 만든 것을 살펴보고, 각 마을에 관련된 질문들에 답한다.

심화

- 학생들에게 그들이 꾸민 마을에 장난감 자동차나, 인형, 동물 등을 추가하도록 하는 것도 좋다. 이들에게 또한 신호등이나 도로 표지판, 나무 등을 만들도록 해도 좋다. 모둠 토의를 통해 이러한 장식들을 얼마나 포함시킬 수 있으며, 어떠한 수학적 질문이 있을 수 있을지를 항상 강조하고, 또는 이 상황과 관련되어 생길 수 있는 이야기 문제를 결정한다.
- 『*Exploring Solids and Boxes: 3-D Geometry*』(Battista and Clements 1995, p. 69)을 참고하여, 아래에 있는 도시 건물 규정에 따라 모눈종이를 접어서 만든 상자들로 만드는 상자 도시에 대한 아이디어를 구해서 활동을 한다.
  1. 각 건물은 직육면체 모양을 가져야 한다.
  2. 각 건물은 바닥이 없는 상자로 만들어져야 한다.
  3. 각 건물은 한 장의 종이로 이루어져야 한다.
- 오로지 4장의 그래프 종이로 모든 건물을 만들어야 한다. 여러분은 한 장의 종이에서 한 개 이상의 건물을 만들 수 있어야 한다.
- 여러분은 적어도 3개의 서로 다른 모양의 건물을 만들어야 한다.

후 기

수학을 잘 지도한다는 것은
복잡한 노력이고, 왕도가 없다.

학교수학을 위한 원리와 규준,
류희찬, 조완영, 이경화, 나귀수, 김남균, 방정숙 역, 경문사

나는 1950년에 3학년이었다. 국어(문학)를 배우기 위해서, Basal Readers Reading Series에서 나온 책들을 읽고 어휘와 책 내용에 관한 채워넣기 학습지의 질문들에 답했었다. 때때로 이들 연습 문제들은 선다형 문항들도 있었다. 우리는 그 이야기에 대해서 논의를 해 본 적이 없었다. 그래서 우리는 그 이야기 속의 주인공들 또는 우리가 그 이야기에서 발견한 문제점들에 대한 우리 자신의 생각을 표현해 볼 수 있는 기회를 갖지 못했다. 우리는 학습지에 우리의 답들에 맞고 틀리고를 단순히 표시하기만 했다.

쓰기를 완전히 익히기 위해서, 우리는 오랜 시간을 들여서 대문자 표기법, 구두법, 정확한 철자를 위한 규칙들을 배웠다. 다시, 우리는 학습지의 채워넣기를 하였고 물론 일부 문제들은 선다형 문항들도 있었다. 우리는 우리 자신의 삶의 순간들에 대해서 글을 작성해 본 적이 없었다. 그리고 우리는 이야기를 작성해 본 적도 확실히 없다. 다시, 우리는 학습지에 우리의 답들을 표시하기만 했다.

수학을 학습하면서, 우리는 담임교사가 학생들에게 칠판에서 단계적으로 해야 하는 것을 보여주는 것을 쳐다보았다. 그러고 나서 수를 채워 넣어야 하는 학습지에 교사가 한 방법을 쫓아하였다. 한 페이지는 덧셈을 해야 하는 수들로 가득 차 있었다. 또 다른 페이지는 뺄셈을 해야 하는 수들로 가득 차 있었다. 이들 수들이 의미하는 바가 무엇인지를 논의는 없었다. 그리고 각 문제를 해결하는 방법은 단 한 가지 방법, 즉 교사가 시범을 보인 방법 밖에는 없었다. 우리가 학습지를 마쳤을 때, 교사는 우리의 답이 맞았는지 틀렸는지 학습지에 표시해 주었다. 때때로 우리는 오답들을 교정하였다.

지금은 2003년이다. 내가 지역에 있는 서점에 가서 교육 코너를 살펴보았을 때, 나는 학생들에게 정답을 채워 넣을 것을 요청하는 표준화된 시험들을 통과할 수 있도록 학생들을 도와주는 방법에 관한 책들이 여러 선반에 놓여 있는 것을 보았다. 이 선반들은 모든

교과목의 학습지와 문제지로 채워져 있다. 내가 1950년에 했던 것과 똑같은 방식으로 빈칸들을 채워 넣어야 하는 바로 그런 것들 말이다.

오늘날, 교육자들은 “시험을 통과하도록 지도하시오.”라는 엄청난 압력에 직면해 있다. 과거 교육에 얽매여서 아이들이 현 시대에 적응하지 못하게 하는 교육을 염려하는 교육자들은 모든 교과목에서 시험-준비 자료들을 자신들의 교육과정으로 대체하고 있다. 교사들이 자신의 교실에서 똑같은 압력을 받고 있다는 것을 나도 잘 알고 있다. 나는 확실히 나의 길이 옳다고 생각한다.

나는 이 책이 아이들이 자기 자신만의 고유한 전략을 이용해서 문제들을 이해하도록 격려 받을 때 아이들이 수학을 이해하고 수학에 대해 흥미를 가질 수 있다는 아이디어를 확고하게 하는데 일조하기를 희망한다. 수가 아이들이 일상생활에서 접하는 사물과 일상 그리고 학생들이 학교 및 집에서 하는 게임과 연결될 때 아이들은 또한 수의 의미를 발견한다.

I hear, and I forget;
I see, and I remember;
I do, and I understand.

이 중국 속담은 실제로 해 봄으로써 이해할 수 있다는 점을 우리에게 일깨워 준다. 우리의 아이들이 자신들의 문제 해결을 “행할” 때 그리고 우리가 이들의 의미 구성을 경청하면서 우리의 “교수”를 행할 때, 우리 모두의 수학에 대한 이해와 열정이 함께 성장할 것이다.

부 록

- 주사위 수 카드
- 1–100 수배열표
- 주고 받기
- 두 장 주고 받기
- 학급 공용물품 주문 양식
- 반인치짜리 격자 종이
- 학부모와 함께하는 원과 별 게임
- 학부모와 함께 하는 곱셈 빙고
- 곱셈 빙고 활동지
- 과학박물관 상점 가격목록표
- 판유리 차트
- T 차트와 1–100 수배열표
- 공통점 그리고 차이점
- 정육각형 채우기 퍼즐
- 나머지 게임
- 나머지 게임 활동지
- 과자
- 과자 나누기
- 분수 키트 게임
- 정육각형 탐구를 위한 패턴 블록 모양
- 노란색 육각형 만들기
- 브라우니
- 0에 얼마나 가까운가?
- 얼마나 0에 가까운가? 기록지
- 책 측정하기
- 곱셈 틱택토
- 이쑤시개 점종이
- 인치의 모눈종이
- 1인치의 모눈종이
- 2cm의 모눈종이
- 12가지 펜토미노 모양
- 상자를 채우는 퍼즐 유인물 A
- 상자를 채우는 퍼즐 유인물 B
- 상자를 채우는 퍼즐 유인물 C

주사위 수 카드

1	1	1	1	1
2	2	2	2	2
3	3	3	3	3
4	4	4	4	4
5	5	5	5	5
6	6	6	6	6

1–100 수배열표

1	2	3	4	5	6	7	8	9	10
11	12	13	14	15	16	17	18	19	20
21	22	23	24	25	26	27	28	29	30
31	32	33	34	35	36	37	38	39	40
41	42	43	44	45	46	47	48	49	50
51	52	53	54	55	56	57	58	59	60
61	62	63	64	65	66	67	68	69	70
71	72	73	74	75	76	77	78	79	80
81	82	83	84	85	86	87	88	89	90
91	92	93	94	95	96	97	98	99	100

주고 받기

준비물

- 2인 1모둠 당 조커를 제외한 한 벌의 카드
- Jack = 11, Queen = 12, King = 13, Ace = 1을 의미한다.
- 1-100 수배열표

규칙

1. 딜러가 카드를 섞고, 한 번에 한 장씩 짝에게 먼저 준다.

2. 각 놀이자는 자신의 카드 더미의 맨 윗 장을 상대방이 볼 수 있도록 뒤집는다.

3. 만약 경기자 1이 10을 가지고 있고, 경기자 2가 3을 가지고 있다면, 경기자 1은 덧셈("난 3 더하기 7은 10이라는 것을 알고 있어.")을 이용하여 10이 3보다 얼마나 더 큰지 또는 뺄셈("10에서 3을 빼면 7과 같아. 그러므로 10은 3보다 크지.")을 이용하여 설명하고, 두 카드를 모두 가져온다. 또는 1-100 수배열표에서 3을 찾아 7칸을 위로 세어 10을 손가락으로 가리킨다. 경기자 2는 경기자 1의 생각이 맞는지 잘 듣는다.

4. 만약 두 놀이자가 같은 수를 뒤집었다면 한 장의 카드를 더 뒤집는다.

5. 카드 더미의 모든 카드를 다 뒤집을 때까지 놀이를 한다. 더 많은 카드를 가져온 학생이 이긴다.

6. 두 놀이자가 덧셈과 뺄셈에 대한 생각을 공유해야만 한다는 것을 계속해서 강조한다.

두 장 주고 받기

준비물

- 2인 1모둠 당 조커를 제외한 한 벌의 카드
- Jack=11, Queen=12, King=13, Ace=1을 의미한다.
- 1–100 수배열표

규칙

1. 딜러가 카드를 섞고, 한 번에 한 장씩 짝에게 먼저 준다.

2. 각 놀이자는 자신의 카드 더미의 맨 위 2장을 상대방이 볼 수 있도록 뒤집는다.

3. 경기자 1은 자신의 카드 두 장의 합이 얼마인지 말한다. (1 더하기 8은 9) 경기자 2도 두 장의 카드를 조합한다. (13 더하기 4는 17이야) 경기자 2의 카드의 합이 더 크기 때문에, 경기자 2는 9와 17의 차를 설명한다. 아래와 같이 다양한 방법으로 할 수 있다.

   "9 더하기 1은 10이야. 10 더하기 7은 17이지, 따라서 9 더하기 8은 17과 같아. 차는 8이 되지."
   "1–100 수배열표에서 17에서 9까지 내려 세면, 8칸 세야함으로 차는 8이야."
   "17 빼기 9는 8과 같아."

   경기자 1은 경기자 2의 설명이 맞는지 잘 듣고, 경기자 2의 설명이 맞는다면 경기자 2는 4장의 카드를 가져간다. 그리고 경기자 1의 차례로 넘어간다.

4. 만약 두 놀이자가 같은 수를 뒤집었다면 두 장의 카드를 더 뒤집는다.

5. 카드 더미의 모든 카드를 다 뒤집을 때까지 놀이를 한다. 더 많은 카드를 가져온 학생이 이긴다.

6. 두 놀이자가 덧셈과 뺄셈에 대한 생각을 공유해야만 한다는 것을 계속해서 강조한다.

학급 공용물품 주문 양식

수량	물품명	가격
		. 달러
		. 달러
		. 달러
		. 달러
		. 달러
		총계 . 달러 거스름돈 . 달러

총계를 구한 방법:

거스름돈을 구한 방법:

반인치짜리 격자 종이

학부모와 함께하는 원과 별 게임

준비물

- 주사위 한 개
- 한 사람당 8절지 2장씩
- 한 사람당 연필 한 자루씩

규칙

1. 각 자 자신의 8절지를 8개의 직사각형이 되도록 접는다.
2. 상단 맨 왼쪽 칸에, 원과 별 게임이라고 적는다. 자신의 이름을 적고 **합계**라고 적는다. 짝의 이름을 적고 합계하고 적고, **둘의 차**라고 적는다. 각자의 나머지 7개 칸은 빈 칸으로 남겨 둔다. (7개의 칸이 비어 있을 것이다.)

   〈원과 별 게임〉
   Sharon의 합계 ________
   Sam의 합계 ________
   둘의 차 ________

3. 경기자 1이 주사위를 굴리고 직사각형의 윗줄 두 번째 칸에 주사위를 굴려서 나온 수만큼 원을 그린다. 그러고 나서, 경기자 1은 주사위를 다시 굴리고, 각각의 원 안에 주사위를 굴려서 나온 수만큼의 별을 그린다. 마지막으로, 경기자 1은 첫 번째 인수로서 원의 수 그리고 두 번째 인수로서 각 원 안의 별의 수를 갖는 곱셈식을 적는다. (예를 들어, $4 \times 3 = 12$)

   경기자 2는 경기자 1이 한 것이 맞는지를 점검한다. 그러고 나서, 경기자 2는 자신의 놀이를 하고 경기자 1이 자신이 한 것을 점검하도록 한다.
4. 이 게임은 7회 놀이를 하면 각 직사각형이 모두 채워진다.
5. 그러고 나서, 각 놀이자는 두 번째 종이를 꺼내어, 이것을 긴 변을 따라 반으로 접는다. 각자의 이름을 적은 후, 각 놀이자는 각자의 종이의 왼쪽에 **합계**라고 적고 오른쪽에 차라고 적는다. 다음으로, 각 놀이자는 각자의 곱의 합계를 구하고, 종이를 구하고 서로서로의 계산 결과를 점검한다.
6. 마지막으로, 놀이자들은 자신의 합계와 파트너의 합계의 차를 구하고 이것을 자신들의 활동지의 **둘의 차** 부분에 적는다. 둘이서 이 차에 동의하면, 둘은 **원과 별 게임** 활동지의 위줄 첫 번째 직사각형에 각자의 합계를 기록한다.
7. 각 놀이자의 두 장의 활동지를 함께 철해 두거나 클립으로 고정시켜 둔다.

주의 : 이 게임의 목적 중 하나는 협력이고 다른 하나는 수학(곱셈, 덧셈, 뺄셈)에 대한 이해이다. 즉, 이 게임은 경쟁을 목적으로 하는 게임이 아니다.

학부모와 함께 하는 곱셈 빙고

준비물

- 학급에서 구한 원과 별 게임 곱 자료
- 2장의 **곱셈 빙고** 활동지 (한 사람 당 한 장씩)
- 주사위 한 개씩

규칙

1. 자녀가 가져 온 **원과 별 게임** 곱 자료를 살펴보고 둘이서 이에 대해 논의한다. 일부 수가 더 많은 계수표시를 가진 이유는 무엇인가? 일부 수에는 계수표시가 없는 이유는 무엇인가?
2. **곱셈 빙고** 기록지를 이용해서(각자 자신의 것을 갖는다), 각자 주사위를 두 번 굴릴 때 나올 수 있을 것이라고 생각하는 곱들을 게임1 기록지에 기입한다. (원과 별 게임에서 했던 것처럼, 첫 번째 주사위의 눈의 수는 원의 수이고 두 번째 주사위의 눈의 수는 각 원 안의 별의 수이다) 어떤 수는 한 번 이상 적어도 된다.
3. 각자가 예상한 곱들을 게임1 기록지에 기입을 하고나면, 교대로 주사위를 굴리고 게임1 기록지에 곱이 있으면 그 곱을 지운다. 이 곱이 게임1 기록지에 한 번 이상 있을지라도, 경기자는 한번만 지울 수 있다. 각 놀이자는 상대방이 구한 곱에 대해서도 자신의 기록지에 그 곱이 있으면 지울 수 있다.
4. 승자는 이미 X가 되어 있는 것을 포함해서 한 줄로 4개의 곱을 먼저 지운 사람이다. 이 줄은 대각선, 가로, 세로로 한 줄이 될 수 있다.

심화

학부모와 자녀가 이 게임을 여러 차례 한 후, 학부모는 이 게임 기록지에 곱을 기록할 때 어떤 전략을 사용하는 것이 좋은지에 대해 자녀와 논의하는 것이 좋다.

주의 : 자녀가 주사위를 굴리면서 원과 별을 그리거나 콩을 묶어서 세는 행위를 한다면, 자녀는 동량의 묶음을 이해하고 있는 것입니다. 자녀가 사용하고 있는 전략을 격려해 주십시오. 학부모님은 자녀가 수에 대한 이해를 하기를 원할 것입니다. 일부 아이들은 곱셈을 하면서 뛰어세기를 하기 위해 1-100 수배열표를 사용합니다.

곱셈 빙고 활동지

게임 1

		X		

게임 2

		X		

게임 3

		X		

게임 4

		X		

과학박물관 상점 가격목록표

3달러	4달러	5달러
1. 종이접기용 종이	1. 만화경	1. 쿠쉬볼
2. 크리스털 보석 자석	2. 큰 확대 곤충 상자	2. 야광 태양계 스티커
3. 털로 된 새끼 물개	3. 판박이 종이	3. 풍선 지구본
4. 프리즘	4. 상어(비치볼)	4. 목재 공룡 모델 키트

판유리 차트

이름 ____________________ ________________에 맞는 직사각형 창문

이들 창문에 맞는 인수 쌍

T 차트와 1-100 수배열표

이름 ____________________

T-차트

(사물)	(속성, 부분들)

나는 ________(속성, 부분들)에 있는 _____(수)을(를) ______(사물)(씩) 뛰어세기를 하고 있다.

1	2	3	4	5	6	7	8	9	10
11	12	13	14	15	16	17	18	19	20
21	22	23	24	25	26	27	28	29	30
31	32	33	34	35	36	37	38	39	40
41	42	43	44	45	46	47	48	49	50
51	52	53	54	55	56	57	58	59	60
61	62	63	64	65	66	67	68	69	70
71	72	73	74	75	76	77	78	79	80
81	82	83	84	85	86	87	88	89	90
91	92	93	94	95	96	97	98	99	100

공통점 그리고 차이점

이름 ____________________ 여러분이 선택한 두 4-삼각형 다각형을 본뜬다.

이 두 다각형에 대해서 공통점은 무엇이고 차이점은 무엇인지 설명한다.

공통점	차이점

정육각형 채우기 퍼즐

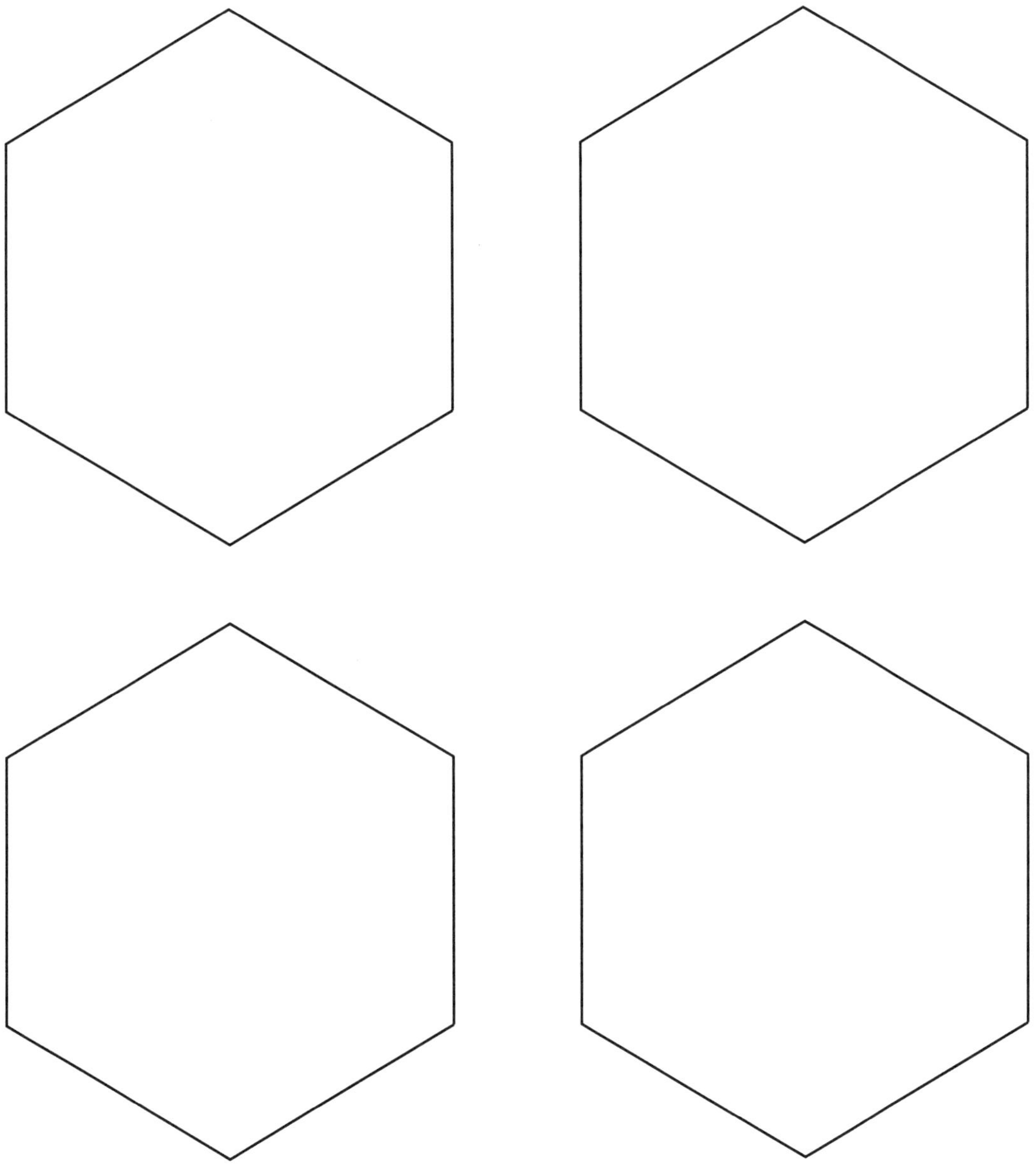

나머지 게임

준비물

- 페니, 콩, 종이 클립과 같은 말로 사용할 것 15개
- 6개의 종이 접시, 종이 또는 냅킨
- 주사위 1개

규칙

1. 경기자 1은 자신의 활동지 위에 자신의 이름을 적고, 주사위를 굴리고(예를 들어, 4가 나왔다고 하자.), 주사위의 눈의 수 만큼(이 경우 4)의 종이 접시(종이 또는 냅킨)를 취한다. 그러고 나서, 경기자 1은 15개의 말을 4개의 종이 접시 위에 공평하게 나누어 놓는다.
2. 그러고 나서, 경기자 1은 활동지 위에 발생한 것을 설명하는 수학식을 적는다. 이 경우 다음과 같이 적는다. 15÷4=3R3
3. 경기자 1은 나머지 3개는 자신의 앞에 놓고 나머지 말들과 종이 접시를 책상의 가운데로 갔다 놓는다. (위의 등식 후에 하는 다음 순서에는 12개의 말이 남아 있을 것이다.)
4. 경기자 2는 "1"~"3"의 단계를 반복한다.
5. 경기자들은 나머지가 하나도 남지 않을 때까지 게임을 계속한다.

심화

각 경기자가 가져간 말의 수가 몇 개인지를 구해서 각 경기자의 점수를 구한다. 승리자는 많은 말을 가져간 사람이 된다. 이 활동지의 하단에 각 경기자의 점수를 기록한다.

학부님께

자녀는 30분씩 두 번 지난 2 주 동안 이 게임을 했습니다. 이 게임은 아이들에게 등분제로서의 나눗셈을 경험할 수 있도록 합니다. 아이들은 말을 동량의 묶음으로 나누어야 하고, 나머지에 대해 학습하고, 그리고 나눗셈식을 기록합니다. 이번 주에 적어도 한 번 이 게임을 하시고 난 후, 앞으로 몇 주에 걸쳐서 이 게임을 계속해서 하시기 바랍니다. 학부모님과 자녀는 말의 수를 달리해서 이 게임을 하셔도 좋습니다.

학부모님과 자녀가 적어도 오늘 밤 또는 내일 밤 이 게임을 한 번 하시고 난 후, 다음 날 아이가 이 활동지를 학교로 가져가도록 하십시오. 우리는 나머지가 0이 있는 나눗셈식들과 왜 이런 식들이 발생했는지에 대해 토론하는 시간을 가질 것입니다.

나머지 게임 활동지

이름 ____________________

____

경기자 이름

________ ______ 개의 색타일을 ____개의 접시위에 똑같이 올려놓고 ____개가 남았다.

________ ______ 개의 색타일을 ____개의 접시위에 똑같이 올려놓고 ____개가 남았다.

________ ______ 개의 색타일을 ____개의 접시위에 똑같이 올려놓고 ____개가 남았다.

________ ______ 개의 색타일을 ____개의 접시위에 똑같이 올려놓고 ____개가 남았다.

________ ______ 개의 색타일을 ____개의 접시위에 똑같이 올려놓고 ____개가 남았다.

________ ______ 개의 색타일을 ____개의 접시위에 똑같이 올려놓고 ____개가 남았다.

________ ______ 개의 색타일을 ____개의 접시위에 똑같이 올려놓고 ____개가 남았다.

________ ______ 개의 색타일을 ____개의 접시위에 똑같이 올려놓고 ____개가 남았다.

________ ______ 개의 색타일을 ____개의 접시위에 똑같이 올려놓고 ____개가 남았다.

________ ______ 개의 색타일을 ____개의 접시위에 똑같이 올려놓고 ____개가 남았다.

________ ______ 개의 색타일을 ____개의 접시위에 똑같이 올려놓고 ____개가 남았다.

과자

과자 나누기

이름 ____________________ ____________________

____________________ ____________________

______개의 과자를 4명에게 똑같이 나누어 준다. 각 네모 안에 한 사람의 몫을 붙인다.

한 사람이 얼마 만큼 가졌어요? ____________________

분수 키트 게임

덮기

각 경기자는 각 자 앞에 1 전체 조각을 놓는다. 이 게임의 목표는 1 전체 조각을 완벽하게 들어내는 첫 번째 사람이 이기는 것이다. 분수 조각들이 겹치게 놓여서는 안 된다.

1. 경기자들은 교대로 $\frac{1}{2}$, $\frac{1}{4}$, $\frac{1}{8}$, $\frac{1}{8}$, $\frac{1}{16}$, $\frac{1}{16}$이 표시된 면을 갖고 있는 숫자 주사위를 굴린다.
2. 분수 주사위를 굴려서 나온 분수 크기의 분수 조각을 찾아서 1 전체 조각 위에 올려놓는다.
3. 게임이 끝나갈 무렵에 한 경기자가 $\frac{1}{8}$ 또는 $\frac{1}{16}$처럼 작은 조각이 필요할 때, 주사위를 굴려 더욱 큰 분수(즉, $\frac{1}{2}$ 또는 $\frac{1}{4}$)가 나왔다면 이 분수 크기의 분수 조각을 올려놓을 수 없다. 이 경기자는 정확하게 필요한 것을 굴려야 한다.

들어내기 : 첫 번째 활동

이 게임은 경기자들에게 동치분수에 대한 경험을 제공해 준다. 각 놀이자는 $\frac{1}{2}$ 2 조각으로 덥혀 있는 1 전체 조각을 가지고 시작한다. 이 게임의 목표는 1 전체 조각을 완벽하게 들어내는 첫 번째 사람이 이기는 것이다.

1. 경기자들은 교대로 $\frac{1}{2}$, $\frac{1}{4}$, $\frac{1}{8}$, $\frac{1}{8}$, $\frac{1}{16}$, $\frac{1}{16}$이 표시된 면을 갖고 있는 숫자 주사위를 굴린다.
2. 한 경기자가 이 주사위를 굴린 후, 이 경기자는 자신이 굴린 주사위 위에 있는 분수를 이용해서 1 전체 조각 위에 있는 분수와 교환하면서, 이에 대해 설명해야 한다. 예를 들어, "$\frac{1}{4}$이 나왔어요. 그래서 나는 1 전체 위에 있는 $\frac{1}{2}$을 $\frac{1}{4}$ 2 조각으로 교환할 것이에요. 이제 나는 1 전체 조각으로부터 $\frac{1}{4}$ 2 조각 중 하나를 제거할 것이에요." 다른 경기자는 이 추론을 점검해야 한다. 한 놀이자가 숫자 주사위에서 나온 분수와 같은 분수 조각을 이미 있다면, 이 놀이자는 교환 없이 이 조각을 제거할 수 있다.
3. 덮기에서와 마찬가지로, 이 놀이자는 마지막 남은 분수 조각을 제거하기 위해서 정확하게 이 분수 조각 크기의 숫자 주사위 눈을 굴려야 한다.

들어내기 : 두 번째 활동

이 두 번째 활동에서, 경기자는 들어내기: 첫 번째 활동에서 했던 것처럼 한 번 주사위를 굴렸을 때 교환과 제거를 한꺼번에 할 수 없다. 이 두 번째 활동에서, 경기자들은 교환과 제거 중 오직 한 가지만 할 수 있다. 경기자가 주사위를 굴린 후, 경기자는 아래의 세 가지 선택사항 중 한 가지만 선택할 수 있다.

1. 만일 그 경기자가 주사위의 분수가 1 전체 위에 있는 분수 조각들과 같을 때만 그 같은 분수 조각 하나만을 제거한다.
2. 1 전체 위에 있는 분수 조각들 중 어떤 것이든지 동치의 조각들로 바꾼다.
3. 아무것도 하지 않는다.

부모님을 위한 조언

학교에서 아이들은 분수와 관련된 언어 및 여러 가지 분수들 사이의 관계에 대해서 탐구하고 있습니다. 우리는 아이들 스스로 분수 키트를 만들었고, 분수 키트 조각들을 비교하고, 어느 조각이 다른 조각 보다 더 큰지에 대해 질문하고, 우리가 이것을 어떻게 알았는지, 어느 조각이 다른 조각 보다 작은지, 우리가 이것을 어떻게 알았는지, 그리고 어느 조각이 다른 조각과 같은지에 대해서 학급 토론을 하였습니다. 예를 들어, 한 아이는 "$\frac{1}{4}$는 $\frac{1}{8}$보다 크다. 왜냐하면 $\frac{1}{8}$ 2조각이 $\frac{1}{4}$과 같기 때문이다." 고 말합니다. 또 다른 아이는 "$\frac{3}{4}$은 1 전체 조각 보다 크다. 왜냐하면 $\frac{4}{4}$ 가 1 전체 조각과 같기 때문이다." 고 말합니다.

부모님과 자녀가 위의 게임들을 하면서 이와 같은 대화를 하시기 바랍니다. 부모님이 다음과 같은 질문을 자녀에게 하면 좋습니다.

> 왜 너는 _____을 ________으로 바꾸고 있나요?
> 어떻게 이들 두 분수들이 동치인지를 나에게 보여주세요.

이것이 이제 막 분수를 이해하는 단계임을 상기하시기 바랍니다. 자녀는 앞으로 2년 동안 더 분수에 대해서 형식적으로 좀 더 공부 할 것입니다.

정육각형 탐구를 위한 패턴 블록 모양

노란색 육각형 만들기

서로 다른 패턴 블록 조각들을 이용해서 노란 정육각형을 만들 수 있는 모든 서로 다른 방법을 찾으시오. 서로 다른 조각들만을 사용한 조합만 센다. 모두 찾았나요?

브라우니

0에 얼마나 가까운가?

준비물:

- 짝
- 주사위
- **0에 얼마나 가까운가?** 기록지

규칙

1. 게임자 1은 주사위를 굴린다. 이 게임자는 주사위의 수를 10의 자리에 쓸 것인지 1의 자리에 쓸 것인지 결정한다. (예를 들어, 5는 50도 될 수 있고 5도 될 수 있다.) 게임자 1은 100으로부터 이 수를 뺀다. 그리고 등식을 쓰고 기록지에 결과를 기록한다.

2. 게임자 2도 방법은 같다. 주사위를 굴리고 나온 주사위 수를 10의 자리에 둘 것인지 1의 자리에 둘 것인지 결정한다. 100으로부터 그 수를 빼고 기록한다.

3. 각 게임자가 7번 주사위를 굴릴 때까지 게임은 계속 된다.

4. 각 게임자는 7번의 라운드 후에 0에 가까운 게임자가 이기게 되고 남은 숫자가 얼마이건 간에 상대방 게임자가 남긴 수가 획득한 점수가 된다.

5. 만약 한 게임자가 7번의 라운드를 하기 전에 0에 도달하거나 0보다 적게 되면, 이 게임은 끝난다. 그러면, 다른 게임자가 이기게 되고 상대방의 이전 놀이에 있던 점수를 획득한 점수가 된다.

얼마나 0에 가까운가? 기록지

	게임자 1	게임자 2
라운드 1	100 – ____	100 – ____
라운드 2	– ____	– ____
라운드 3	– ____	– ____
라운드 4	– ____	– ____
라운드 5	– ____	– ____
라운드 6	– ____	– ____
라운드 7	– ____	– ____

	게임자 1	게임자 2
라운드 1	100 – ____	100 – ____
라운드 2	– ____	– ____
라운드 3	– ____	– ____
라운드 4	– ____	– ____
라운드 5	– ____	– ____
라운드 6	– ____	– ____
라운드 7	– ____	– ____

책 측정하기

센티미터 자를 이용해서 책 측정하기

책 제목 : ________________________________

어림한 길이	실제 측정값	차이?
_____cm	_____cm	_____cm
어림한 너비	실제 측정값	차이?
_____cm	_____cm	_____cm
어림한 두께	실제 측정값	차이?
_____cm	_____cm	_____cm

인치 자를 이용해서 책 측정하기

책 제목 : ________________________________

어림한 길이	실제 측정값	차이?
_____in	_____in	_____in
어림한 너비	실제 측정값	차이?
_____in	_____in	_____in
어림한 두께	실제 측정값	차이?
_____in	_____in	_____in

곱셈 틱택토

경기자들은 두 가지 서로 다른 색으로 된 연결정육면체를 사용한다. 첫 번째 경기자가 게임판 아래에 있는 1-9로부터 두 인수를 선택하고, 각 수 위에 종이클립을 올려놓고, 이 두 수의 곱을 한 연결정육면체로 게임판 위에 표시한다. 두 번째 경기자는 두 종이클립 중의 하나를 다른 인수로 옮겨놓고, 곱을 구하고, 다른 연결정육면체로 이 곱을 표시한다. 한 경기자가 4개의 곱을 가로, 세로, 대각선으로 표시할 때까지 계속한다. 주의: 종이클립을 옮길 때, 이 종이클립을 다른 종이클립이 이미 놓여 있는 수 위에 올려놓는 것을 허용한다. 그래서 5×5와 같은 곱을 만들 수 있다.

1	2	3	4	5	6
7	8	9	10	11	12
15	16	18	20	21	24
25	27	28	30	32	35
36	40	42	45	48	49
54	56	63	64	72	81

1 2 3 4 5 6 7 8 9

이쑤시개 점종이

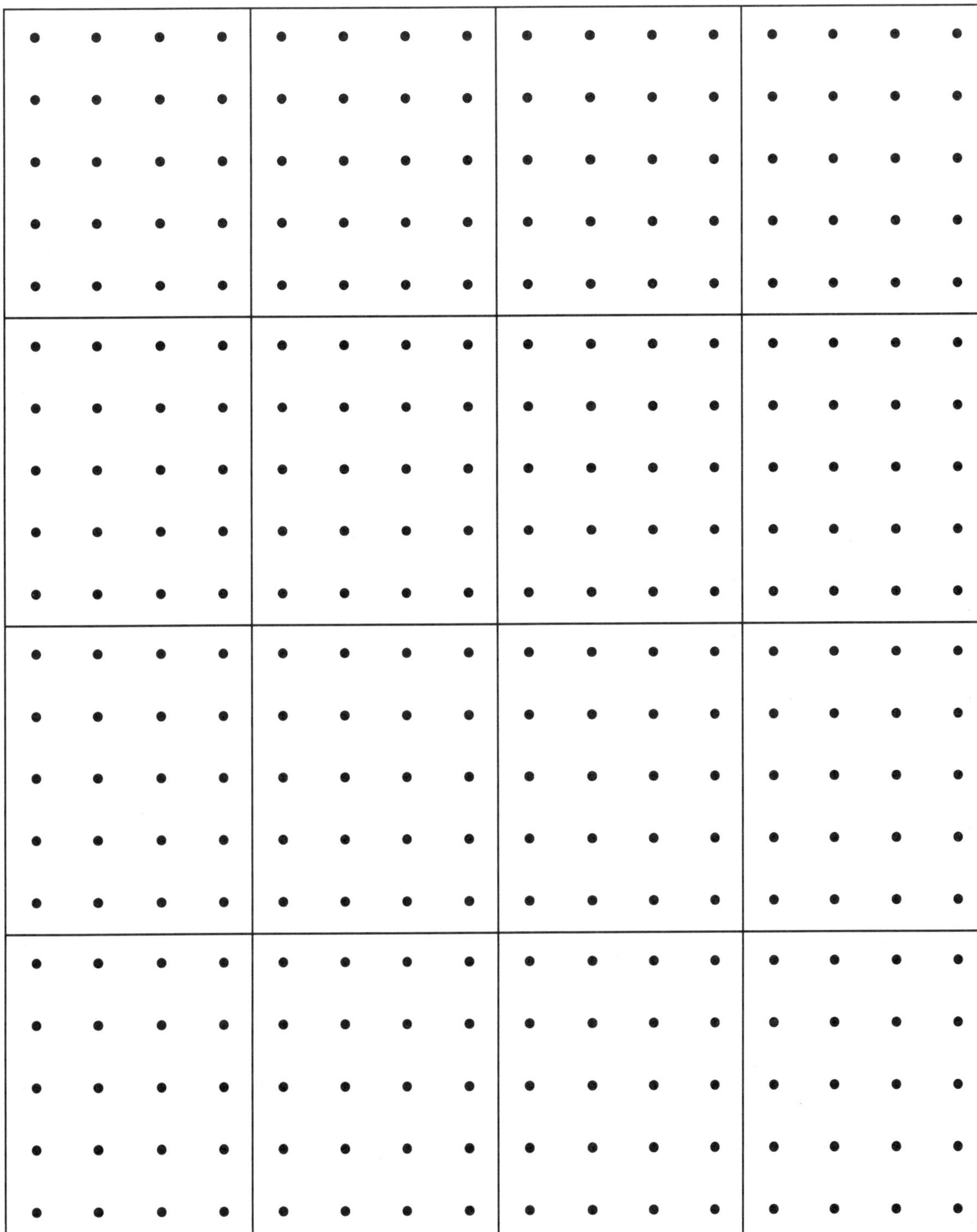

$\frac{3}{4}$ 인치의 모눈종이

1인치의 모눈종이

2cm의 모눈종이

12가지 펜토미노 모양

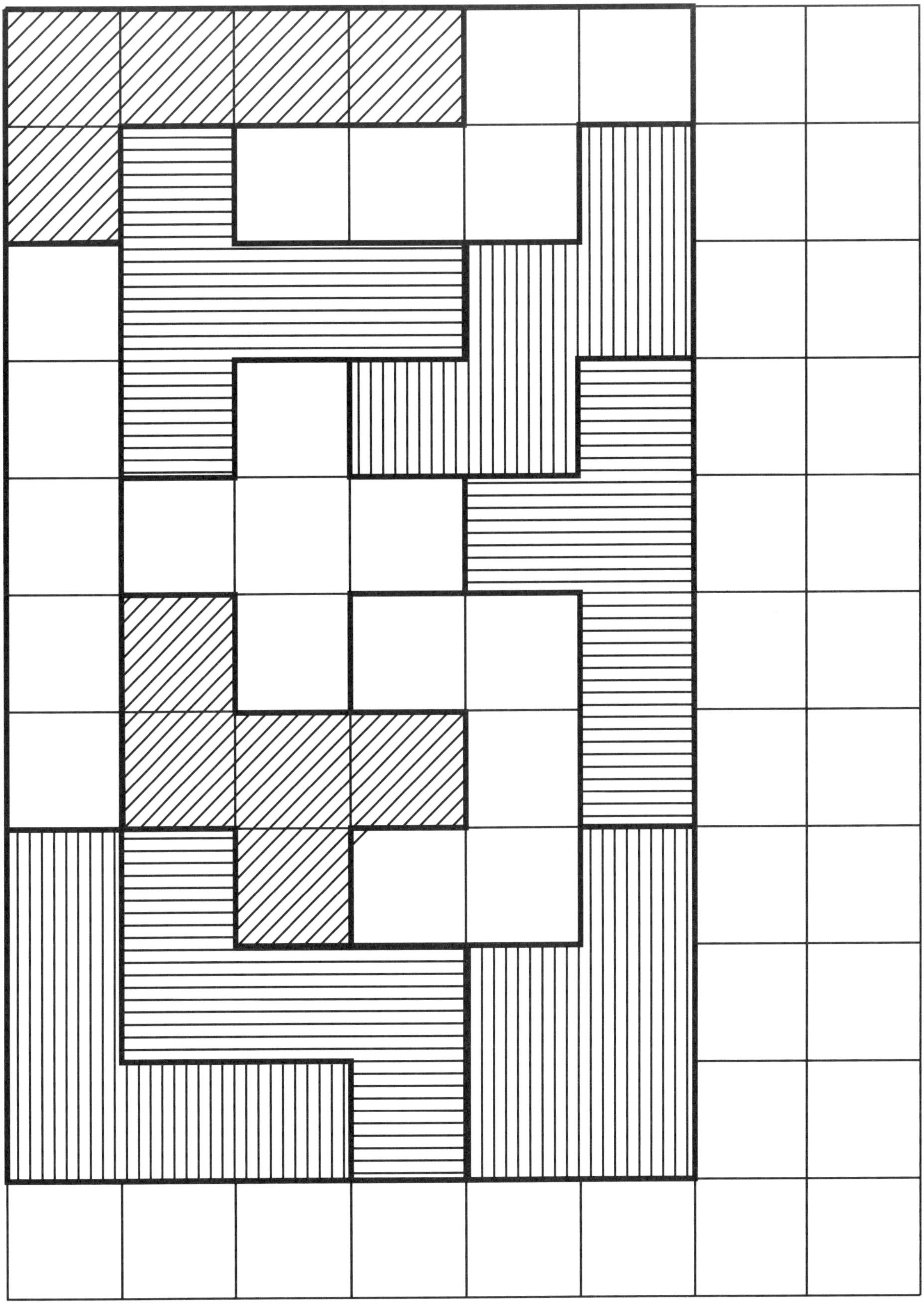

상자를 채우는 퍼즐 유인물 A

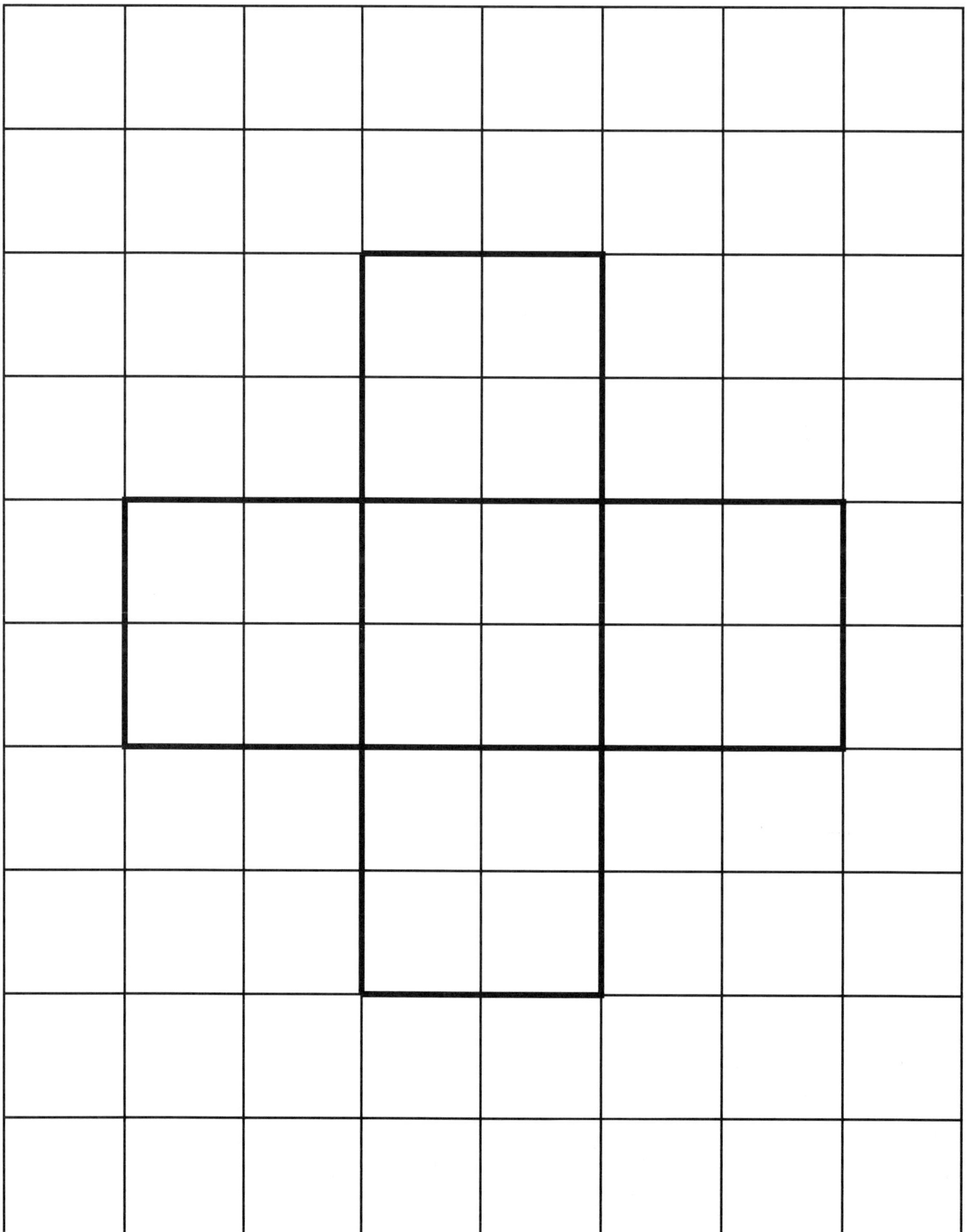

상자를 채우는 퍼즐 유인물 B

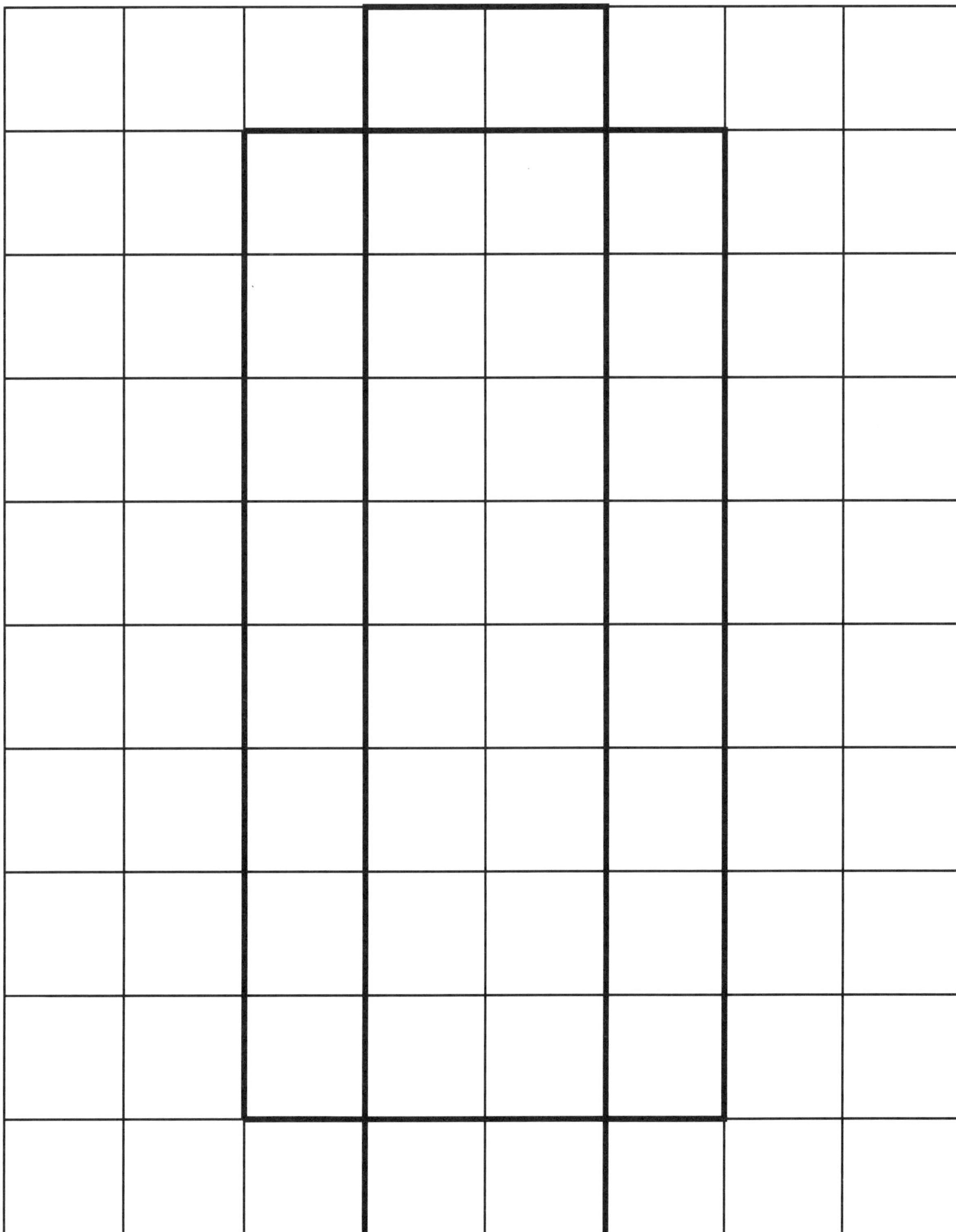

상자를 채우는 퍼즐 유인물 C

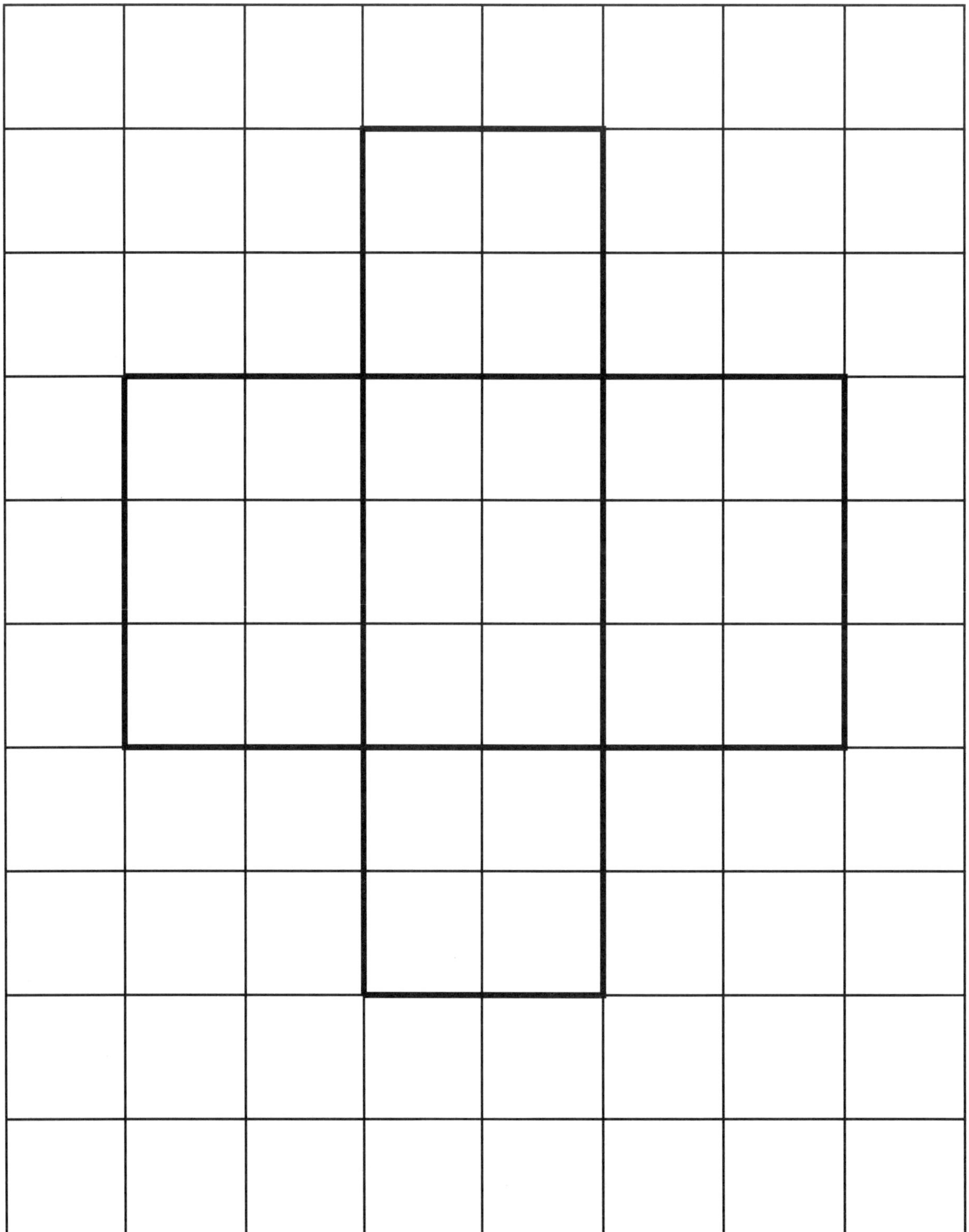

참고문헌

전문자료

출판사

Didax
395 Main Street
Rowley MA 01969
800 458 0024 phone
800 350 2345 fax
www.didaxinc.com

EAI Education
567 Commerce Street
Franklin Lakes NJ 07417
800 770 8010 phone
201 891 5689 fax
www.eaieducation.com

Educators Outlet
P. O. Box 397
Timnath CO 80547
800 315 2212 phone
970 224 3822 fax
www.educatorsoutlet.com

ETA/Cuisenaire
500 Greenview Court
Vernon Hills IL 60061-1862
800 445 5985 phone
800 382 9326 fax
www.etacuisenaire.com

William K. Sheridan & Associates
8311 Green Meadows Drive North
Lewis Center OH 43035
800 433 6259 phone
740 548 0485 fax
www.classroomgoodies.com

Math Solutions Publications
150 Gate 5 Road, Suite 101
Sausalito CA 94965
800 868 9092 phone
415 331 1931 fax
www.mathsolutions.com

NASCO
901 Janesville Avenue
Ft. Atkinson WI 53538
800 558 9595 phone
920 563 8296 fax
www.enasco.com

Scott Foresman (Dale Seymour Publications)
135 South Mount Zion Road
P. O. Box 2500
Lebanon IN 46052
800 552 2259 phone
800 841 8939 fax
www.scottforesman.com

Scholastic Inc.
P. O. Box 7502
Jefferson City MO 65102
800 724 6527 (option #3) phone
800 560 6815 fax
www.scholastic.com

Summit Learning
P. O. Box 755
Ft. Atkinson WI 53538-0755
800 777 8817 phone
800 317 2194 fax
www.summitlearning.com

전문도서

Akers, Joan, Cornelia Tierney, Claryce Evans, and Megan Murray. 1996. *Name That Portion*. Investigations in Number, Data, and Space Series. Palo Alto, CA: Dale Seymour Publications.

Battista, Michael T., and Douglas H. Clements. 1995. *Exploring Solids and Boxes: 3-D Geometry*. Investigations in Number, Data, and Space Series. Palo Alto, CA: Dale Seymour Publications.

Bresser, Rusty, and Caren Holtzman. 1999. *Developing Number Sense: Grades 3–6*. Sausalito, CA: Math Solutions Publications.

Burns, Marilyn. 2000. *About Teaching Mathematics: A K–8 Resource*. 2d ed. Sausalito, CA: Math Solutions Publications.

———. 2001. *Teaching Arithmetic: Lessons for Introducing Multiplication, Grade 3*. Sausalito, CA: Math Solutions Publications.

Economopoulos, Karen, and Susan Jo Russell. 1998. *Putting Together and Taking Apart, Grades 2 and 3*. Investigations in Number, Data, and Space Series. Palo Alto, CA: Dale Seymour Publications.

Mokros, Jan, and Susan Jo Russell. 1995. *Combining and Comparing, Grades 3 and 4*. Investigations in Number, Data, and Space Series. Palo Alto, CA: Dale Seymour Publications.

National Council of Teachers of Mathematics. 2000. *Principles and Standards for School Mathematics*. Reston, VA: National Council of Teachers of Mathematics.

Rectanus, Cheryl. 1994. *Math By All Means: Geometry, Grade 3*. Sausalito, CA: Math Solutions Publications.

Russell, Susan Jo, and Karen Economopoulos. 1995. *Mathematical Thinking at Grade 3*. Investigations in Number Data, and Space Series. Palo Alto, CA: Dale Seymour Publications.

Tank, Bonnie, and Lynne Zolli. 2001. *Teaching Arithmetic: Lessons for Addition and Subtraction, Grades, 2–3*. Sausalito, CA: Math Solutions Publications.

Tierney, Cornelia, and Mary Berle-Carman. 1995. *Fair Shares, Grades 3 and 4*. Investigations in Number, Data, and Space Series. Palo Alto, CA: Dale Seymour Publications.

Tierney, Cornelia, Mary Berle-Carman, and Joan Akers. 1995. *Things That Come In Groups*. Investigations in Number, Data, and Space Series. Palo Alto, CA: Dale Seymour Publications.

Wickett, Maryann, Susan Ohanian, and Marilyn Burns. 2002. *Teaching Arithmetic: Lessons for Introducing Division, Grades 3–4*. Sausalito, CA: Math Solutions Publications.

수학동화

Buckless, Andrea, with Marilyn Burns. 2000. *Too Many Cooks!* Illus. K. A. Jacobs. Hello Math Reader Series. New York: Scholastic.

Cleary, Beverly. 1950, 1990. *Henry Huggins*. Illus. Louis Darling. New York: HarperTrophy.

Cleary, Beverly. 1968, 1996. *Ramona the Pest*. Illus. Louis Darling. New York: HarperTrophy.

Coerr, Eleanor. 1986. *The Josefina Story Quilt*. Illus. Bruce Degen. New York: HarperTrophy.

Dahl, Roald. 1988. *Matilda*. Illus. Quentin Blake. New York: Puffin Books.

Ernst, Lisa Campbell, and Lee Ernst. 1990. *The Tangram Magician*. New York: Harry N. Abrams.

Flournoy, Valerie. 1985. *The Patchwork Quilt*. Illus. Jerry Pinkney. New York: Dial Books for Young Readers.

Friedman, Aileen. 1994. *The King's Commissioners*. Illus. Susan Guevara. New York: Scholastic.

Holtzman, Caren. 1995. *A Quarter from the Tooth Fairy*. Illus. Betsy Day. Hello Math Reader Series. New York: Scholastic.

Hutchins, Pat. 1986. *The Doorbell Rang*. New York: Mulberry Books.

Ling, Bettina, with Marilyn Burns. 1997. *The Fattest, Tallest, Biggest Snowman Ever*. Illus. Michael Rex. Hello Math Reader Series. New York: Scholastic.

Losi, Carol A., with Marilyn Burns. 1997. *The 512 Ants on Sullivan Street*. Illus. Patrick Merrell. Hello Math Reader Series. New York: Scholastic.

Maccarone, Grace, with Marilyn Burns. 1998. *Three Pigs, One Wolf, and Seven Magic Shapes*. Illus. David Neuhaus. Hello Math Reader Series. New York: Scholastic.

Mahy, Margaret. 1987. *17 Kings and 42 Elephants*. Illus. Patricia MacCarthy. New York: Dial Books for Young Readers.

McDonald, Megan. 2000. *Judy Moody Was in a Mood. Not a Good Mood. A Bad Mood*. Illus. Peter Reynolds. Cambridge, MA: Candlewick Press.

Myller, Rolf. 1962, 1990. *How Big Is a Foot?* New York: Dell Yearling.

Neuschwander, Cindy, with Marilyn Burns. 1998. *Amanda Bean's Amazing Dream: A Mathematical Story*. Illus. Liza Woodruff. New York: Scholastic.

Paul, Ann Whitford. 1991. *Eight Hands Round: A Patchwork Alphabet*. Illus. Jeanette Winter. New York: HarperCollins.

Pinczes, Elinor J. 1993. *One Hundred Hungry Ants*. Illus. Bonnie MacKain. New York: Houghton Mifflin.

Polacco, Patricia. 1998. *The Keeping Quilt*. New York: Aladdin.

Rocklin, Joanne. 1995. *How Much Is That Guinea Pig in the Window?* Illus. Meredith Johnson. Hello Math Reader Series. New York: Scholastic.

———. 1997. *One Hungry Cat*. Illus. Rowan Barnes-Murphy. Hello Math Reader Series. New York: Scholastic.

———. 1998. *The Case of the Backyard Treasure*. Illus. John Speirs. Hello Math Reader Series. New York: Scholastic.

———. 1999a. *The Case of the Shrunken Allowance*. Illus. Cornelius Van Wright and Ying-Hwa Hu. Hello Math Reader Series. New York: Scholastic.

———. 1999b. *Just Add Fun*. Illus. Martin Lemelman. Hello Math Reader Series. New York: Scholastic.

Schwartz, Amy. 1988. *Annabelle Swift, Kindergartner*. New York: Orchard Books.

Slater, Teddy. 2002. *Two Tickets to Ride*. Illus. Ronnie Rooney. Hello Math Reader Series. New York: Scholastic.

Slobodkina, Esphyr. 1940, 1987. *Caps for Sale: A Tale of a Peddler, Some Monkeys and Their Monkey Business*. New York: HarperTrophy.

Smucker, Barbara. 1995. *Selina and the Bear Paw Quilt*. Illus. Janet Wilson. New York: Dragonfly Books.

Tompert, Ann. 1990. *Grandfather Tang's Story*. Illus. Robert Andrew Parker. New York: Random House.

Viorst, Judith. 1978. *Alexander, Who Used to Be Rich Last Sunday*. Illus. Ray Cruz. New York: Atheneum.

Wilder, Laura Ingalls. 1953. *Little House in the Big Woods*. Illus. Garth Williams. New York: HarperTrophy.

Wood, Audrey. 1984. *The Napping House*. New York: Harcourt Brace.

찾아보기

(ㄱ)

가격 비교하기 260
가구와 공간 6
가까운 친숙한 수 21
가능한 메뉴 활동들 148
가로 형식 20
가로셈 268
가르칠만한 순간 181
가정 통신문 196
가정 153
가족 31
가족수 242
간식 시간 79
간식시간 29
같은 두 수의 합 +1, −1하기 21
공통점 그리고 차이점 133
개미들의 행렬 184
개방형 과제 iv
개방형 질문 215
개별 쓰기 과제 236
개별 지필 평가 118, 198
개별적으로 9조각 퀼트 블록 만들기 142
개인화수업 iii
거스름돈 계산하기 259
건포도 똑같이 나누고 세고 164
건포도 탐구 다시하기 163
게임 30, 83, 169, 212, 251, 278
결과가 주어진 문제 264
결과를 토론하는 것 69
경청 15, 236
경험 교사의 조언 6, 22, 29, 31, 35, 40, 42, 45, 55, 57, 59, 73, 77, 80, 82, 90, 95, 102, 111, 115, 157, 161, 169, 171, 173, 181, 183, 191, 208, 212, 215, 216, 217, 219, 220, 232, 233, 242, 243, 245, 252, 256, 265, 284, 288, 292
계산의 효율성 240
계수표시(tally marks) 22
곱셈 문장식 81, 95
곱셈 빙고 다시하기 278
곱셈 빙고 90
곱셈 연결 99
곱셈 이야기 문제 109
곱셈 조합 72
곱셈 조합의 숙달 193
곱셈 틱택토 279
곱셈/덧셈/뛰어세기의 연결 106
곱셈 75
곱셈과 나눗셈 이해하기 302, 303
곱셈에 관한 의사소통 111
곱셈의 구조 83
곱셈의 배열 모델 102

공간적 추론 ---------- 124
공통점과 차이점 ---------- 148, 307, 319
과자 나누기 다시하기 ---------- 232
과자 나누기 ---------- 185, 231
과자나누기 ---------- 177
교과서 ---------- 272
교사 ---------- 16
교사가 만든 문제들 ---------- 53, 294
교사가 만든 이야기 문제들 ---------- 112
교사가 할 질문의 레퍼토리 ---------- 16
교사와 학생이 함께 만든 문제들 ---------- 263
교사의 역할 ---------- 16, 22
교사의 질문 ---------- 3
교수 단계 ---------- 118
교수자료 ---------- 10
교실 계획 ---------- vii
교실 용품 구매 다시하기 ---------- 97
교실의 의사결정권자 ---------- 4
교육과정 ---------- 215
교환 ---------- 71
구잔과 구차 빼셈 문제 ---------- 242
구잔문제 ---------- 23
구차 빼셈 문제 ---------- 22
구차문제 ---------- 23
규칙 ---------- 130
그들 자신만의 방법 ---------- 40
그림으로 생각하기 ---------- 73
기계적인 반복을 통한 암기 ---------- 21
기하 ---------- 123
기하적 배열 ---------- 74
길 ---------- 146

(ㄴ)

나눗셈 ---------- 275
나눗셈 이야기 문제 ---------- 109
나머지 ---------- 156
나머지 나누기 ---------- 231
나머지가 있는 똑같이 나누기 문제 ---------- 181
나머지 게임 ---------- 170
나머지 게임 다시하기 ---------- 278
나의 규칙 알아맞히기 ---------- 30, 132
내림세기 ---------- 26
넓이 ---------- 147
노란색 정육각형 만들기 ---------- 224
놀이공원 표 똑같이 나누기 ---------- 185

(ㄷ)

다각형 ---------- 126
다각형 찾기 ---------- 148
다른 방법 ---------- 30, 166
다양한 문제해결 경험 ---------- 17
다양한 전략 ---------- 19
단원을 학습하는 동안에 메뉴 활동하기 ---------- 61
단원의 완성으로써 메뉴 활동하기 ---------- 61
단위 정육면체 상자 만들기 ---------- 322
달러 소비하기 ---------- 257
대칭과 비대칭 모양 ---------- 146
더 큰 조각과 교환하기 ---------- 227
덧셈과 곱셈을 결합 ---------- 71
덧셈과 빼셈의 관계 ---------- 22
독립 순환 모둠들 ---------- 116
돈 ---------- 46, 96, 174, 230, 257, 284
돈 합산하기 ---------- 262
동량 ---------- 20, 75
동량의 묶음 ---------- 29, 68, 100, 273
동전과 지폐의 조합 ---------- 262
동전은 몇 살인가? ---------- 246
동치관계 ---------- 207
돼지 ---------- 251

두 가지 다른 전략 29, 41
두 가지 유형의 나눗셈 문제 155
두 가지 전략 44, 77
두 개의 주머니 속의 동전 다시 하기 176
두 배가 된 개미 292
두 수 이상의 가수가 있는 덧셈 244
두 장 주고 받기 34
두 주머니에 있는 동전 49
두 주머니에 있는 동전 다시하기 98
둘레와 높이 측정하기 52
들어내기(Uncover) 222, 223
등분제 191
등분제 상황 200
등분하기(똑같이 나누기) 152
등장인물은 몇 살인가요? 247
등호 43
똑같이 나누기 152, 156
똑같이 묶기 152, 156
뛰어 세기 75

(ㄹ)

러그 미팅 공간 6
레몬 케이크 나누기 231

(ㅁ)

메뉴 60
메뉴 활동 60
메뉴의 형태 60
메뉴활동 301
메뉴활동시간 241
면담 236
몇 분 동안의 별들 283
모눈종이 12
모든 학생들이 따라야 하는 유일한 추상적 절차 263
모든 학습자 iv
모양들을 회전하기 133
묶음 짓기 52
묶음으로 되어 있는 것들 73, 107
묶음으로 되어 있는 것들 다시 하기 190
묶음의 수 156
묶음지어 세기 52
묶음짓기 19
문장식 79, 100
문장제 문제 58
문장제 문제를 푼 날 수 249
문제 해결 과정 273

(ㅂ)

박탈 29
발가락 세기 53
발견한 것에 대해 토의하기 310
배치 11
범위 164
벽과 게시판 공간 8
변화는 과자 나누기 182
병 속 페니 다시 하기 258
병 속의 연결정육면체 36
병 속의 콩 92
병 속의 콩 다시하기 280
부모 자원봉사자 115
부모에게 보내는 편지 6
분류하기와 구분 짓기 게임 30
분모가 같은 분수 207
분수 204, 206
(분수)덮기 221
분수 문장 쓰기 219
분수 키트 게임들 221
분수 키트 만들기 213

분수 키트를 사용해서 길이 측정하기 229
분수 토의하기 214, 217
분수와 나눗셈 사이의 관계 205
분자와 분모 사이의 관계 219
브라우니 나누기 232
빈 전지 활동지 12
빈칸 채우기 문제 94

(ㅅ)

사람과 주머니 수 세기 81
사물을 똑같이 묶기와 똑같이 나누기 157
상자 비교하기 319
상자 속 쌓기나무 93
상자 속의 쌓기나무 다시하기 281
상자 수수께끼 만들기 321
상자 퍼즐 만들기 320
상자 319
상자를 채우는 퍼즐 만들기 324
상황 속 문제 해결 4
선택 문항 93
설명할 것을 격려 69
성인 지원 순환 모둠들 116
성장상(成長像) 42
성질 126
성취도 시험 68
성취도 평가 272
세 번째 전략 77
세로 형식 20
세로셈 268
세어 내려가기 155
세어 올라가기 155
소수 89, 102
소재로 하는 수학 23
수감각 73
수로 생각하기 75
수업 자료를 재구성 viii
수업 중 명확한 의사소통 75
수업 중 평가(ongoing assessment) 42
수용가능한 제약 249
수학 교구 10
수학 동화 14, 98
수학 동화를 기반으로 한 활동 49, 98, 176, 231, 260
수학 메뉴 6
수학 토론 17
수학 폴더 13
수학 프로그램 계획하기 2
수학 3, 19, 71, 126, 155, 206, 242, 273, 306
수학동화를 기반으로 한 활동 288
수학은 이해를 필요로 한다는 사실 77
수학적 독립심 306
수학적 의사소통 204
순환 모둠 시간 221, 269
순환 모둠 시간표 115
순환 모둠(Station) 시간 114
순환 모둠 142, 286
숨겨진 보물찾기 262
시간 말하기 230
실수 3, 16, 23, 144
쓰기 수업 viii

(ㅇ)

아이들의 모둠들 208
아이들의 지적 능력 40
알사탕 사기 176
압력 68, 204
압박 263
약 268
어느 것이 더 많은지 결정하기 234

어림값 ---- 46, 164
어림과 측정 다시 하기 ---- 255
어림하고 측정하기 ---- 45
얼마나 되었나요? ---- 248
엉뚱한 모둠 ---- 211
여정 ---- 19
연결정육면체 덮기 ---- 253
오늘은 금 년 중 몇 번째 날인가? ---- 249
오늘의 수 ---- 8, 24, 82
오늘의 수를 위한 몇 가지 재미있는 규칙 ---- 25
오늘의 온도 ---- 26
오늘의 온도 다시하기 ---- 276
오답 ---- 327
오름세기 ---- 26
온도 그래프 ---- 9
우유 값 ---- 289
우유상자 펜토미노 ---- 319
원과 별 게임 ---- 74, 83
원과 별 게임 다시 하기 ---- 169
원과 별 게임 다시하기 ---- 278
월별 수학 공간 ---- 7
유혹 ---- 72
육각형 퍼즐 채우기 ---- 148, 149
의미 ---- 272
의사소통하는 능력 ---- 169
이름값 ---- 257
이쑤시개 카드 게임하기 ---- 310, 311
이쑤시개 카드를 순서에 따라 배열하기 ---- 313
이야기 문제 ---- 107, 110, 185, 190, 263
이야기 문제들 ---- 53, 232, 294
이집집단 ---- iii
이해하지 못한 하나의 절차 ---- 263
익숙한 수로 가기 ---- 75
인수쌍 ---- 173
일상 소재로 하는 수학 ---- 79, 157, 207, 245, 275
일제식 평가 방식 ---- 64
일찍 마친 모둠 ---- 176
임의단위 ---- 45, 92
입체 마을 만들기 ---- 325

(ㅈ)

자릿값 ---- 52
장기 프로젝트 ---- 306
재구성 ---- 2
쟁반 위에 있는 과자들 ---- 103
저녁 메뉴 ---- 241, 302
저녁 메뉴 활동 ---- 60
전멸(Wipeout) ---- 228
전통적인 9 블록 퀼트 만들기 ---- 143
전통적인 방식 ---- 156
전통적인 절차 ---- 28, 241
전형적인 절차 ---- 40
점심 값과 책 주문하기 ---- 284
점심 급식자수 세기 ---- 24
점심 세기 다시 하기 ---- 245
점심 식사 개수 그래프 ---- 10
점심급식자수 세기와 출결확인 다시 하기 ---- 207
접착식 노트 ---- 14
접착식 종이 ---- 62
정육각형 교환 ---- 227
제곱수 ---- 102
존중 ---- 153, 156
좀 더 큰 수를 앞에 놓고 덧셈하기 ---- 22
종이 퀼트 ---- 140
주고 받기 ---- 33
주머니의 수 ---- 80
주요 수학 아이디어(big math ideas) ---- 3

줄이 없는 종이 ---------- 12
줄이 있는 종이 ---------- 12
지금까지 등교일수 ---------- 82
지속성 ---------- 306
지필 교실작업 ---------- 117
지필(紙筆) 평가 ---------- 117
질문하도록 격려 ---------- 69

(ㅊ)

책갈피 팔기 ---------- 47
책과 관련된 문제 ---------- 265
책상 ---------- 7
책을 읽으면서 몇 페이지가 남았는가250
체계화된 활동지 ---------- 273
초인종이 울렸어 ---------- 177
추측하고 측정하기 다시 하기 ---------- 174
추측하고 측정하기 다시하기 ---------- 279
출결 확인 다시하기 ---------- 275
출결확인 ---------- 23
출석 그래프 ---------- 8
측정 ---------- 36, 92, 173, 229, 253, 279
측정 경험 ---------- 307
측정값 ---------- 46
친근수 ---------- 242
친근한 수 ---------- 37, 38
친숙한 수 ---------- 20

(ㅋ)

카드놀이 ---------- 12
코끼리 등분하기 ---------- 293
콩 몇 움큼 다시 하기 ---------- 254
쿼터로 거스름돈 계산하기 ---------- 99
퀼트와 관련된 그램책 읽기 ---------- 140

(ㅌ)

탕면 만들기 ---------- 231
탱그램 ---------- 136
탱그램 그림책들 ---------- 137
탱그램 세트 만들기 ---------- 138
탱그램 조각을 사용하여 도형 모양 만들기 ---------- 139
탱그램 퍼즐 ---------- 149
탱그램 퍼즐 카드 만들기 ---------- 138
테셀레이션 ---------- 127

(ㅍ)

파티를 위한 멋진 날 ---------- 104
판유리 배열 ---------- 100
패턴 블록 ---------- 146
패턴 블록 퍼즐 ---------- 146
패턴블록 ---------- 224
페니와 다임 ---------- 286
펜토미노 만들기 ---------- 314
펜토미노 원형 패턴 배열 ---------- 316
펜토미노 타일들을 접어 상자 만들기 318
펜토미노 퍼즐 ---------- 317
펜토미노(Pentominoes) ---------- 314
펜토미노를 이용하여 넓이와 둘레 탐구하기 ---------- 317
평가 ---------- 6, 64, 117, 197, 236
포함제 ---------- 191
포함제 문제 ---------- 285
포함제 상황 ---------- 201
포함하기(똑같이 묶기) ---------- 152
표준측정 단위 ---------- 92
표준측정단위 ---------- 240
표준화된 시험152, 204, 236, 268, 327
표준화된 시험 준비 ---------- 6

(ㅎ)

학교생활과 관련된 문제 264
학급 규칙 목록 17
학급 명부 13
학급 모둠의 수 159
학급 조작물의 목록 276
학급공용품 구입하기 47
학급문집 110
학급의 애완동물들 290
학년 말 306
학부모 면담 시간 119
학부모와의 대화 63
학생 274
학생 각자의 목소리 18
학생 인터뷰 197
학생들도 문제를 해결할 수 있다는 신념 15
학생들을 이해하는데 초점 16
학생들의 생각 18
학생들의 의미 있는 생각을 존중 29
학생들이 만든 문제들 300
학생들이 만든 이야기 문제들 114
학생들이 학교나 집에서 이미 겪은 경험을 나눗셈과 연결 153
학생이 만든 문제들 55
학습 기회 132
학습 환경 3, 16, 68, 124, 152, 204, 240, 272, 306
학습지 327
한 가지 이상의 전략 40
한 묶음의 크기 156
한 수를 익숙한 부분으로 쪼개기 75
한 움큼의 연결정육면체 281
한 줄로 선 개미 291
합동인 육각형 147
합병 문제 22
허용 29
현재까지 학교 등교일 수에 대한 등식 248
협동 게임 312
협동 활동 153
후식 메뉴 60, 303
후식문제 242

(0)

0에 얼마나 가까운가? 251

(1)

1 대 1 학생 인터뷰 199
1-100 수배열표 8
10 35
10에 가까운 수와 10의 배수를 이용하기 21
16가지 모양 발견하기 308
1달러 쓰기 50
1달러를 향한 경주 33
1분 동안 별 그리기 42
1분 동안 별 그리기 다시 하기 173

(2)

2-삼각형 모양 탐색하기 127
2-정육면체 상자 만들기 323

(3)

30초 95

(4)

4-삼각형 모양들을 분류하기 131

4-삼각형 문제 127
4-삼각형 탐구하기 130
4개의 이쑤시개 307
4인 1 모둠에서 건포도 나누기 167

(5)

5달러 똑같이 나누기 174

(8)

8명의 모둠 212

(9)

9조각 미니 퀼트 만들기 144

(B)

Billy의 상품권 96

(P)

Piaget의 인지발달론 iii

(T)

The Greedy Triangle 135
T차트 110, 134

저자 약력

김진호
Columbia University 수학교육학 박사
현재 대구교육대학교 교수

유대현
서울교육대학교 수학교육학 석사
현재 서울혜화초등학교 교사

이진경
서울교육대학교 수학교육학 석사
현재 서울중대초등학교 교사

구성주의 수학교실 3학년

2011년 2월 28일 초판 발행
2023년 3월 10일 초판 2쇄 발행

지은이 / Suzy Ronfeldt
옮긴이 / 김진호 · 유대현 · 이진경
펴낸이 / 오판근
펴낸곳 / 교우사

주 소 / 서울 동대문구 제기2동 148-19
전 화 / 925-2861(代), 편집부 / 925-2825
팩 스 / 925-2860

E-mail / kyowoo@kyowoo.co.kr
http://www.kyowoo.co.kr

등록 / 1994. 3. 24 제6-0256호

ISBN 978-89-8172-882-3 (94410)
978-89-8172-836-6 (세트)

값 30,000 원